普通高等教育"十三五"规划教材·电子信息类

电子工艺实习教程

主　编　李小斌　王　瑾
副主编　袁战军　商　莹　刘远聪
主　审　吴宏岐

華中科技大學出版社
http://www.hustp.com
中国·武汉

内容简介

电子工艺实习是所有电类专业和某些非电类专业必开的一门实践类课程，以训练学生基本电子工艺和电子装配基本技术为主，使学生对电子产品制造过程及典型工艺有个全面的了解。它是电类专业学生专业技能培训的重要环节，是实现理论知识向动手能力转化的重要途径。

本书从实用角度出发，以训练学生实际应用所需的基本知识、基本技能为出发点，以激发学生的学习兴趣和增强学生的自信心为目的，精选了简单、实用的实训项目，保证了每一个学生都能顺利完成实训项目。本书共分9章，分别为绪论、安全用电常识、电子装配常用工具与仪器、常用电子元器件的识别与测试、电子产品焊接技术与工艺、印制电路板的设计与制作、电子电路仿真实训、电子产品检测技术、电子工艺实训内容。

本书可作为普通高等院校理工科学生开展电子工艺实习与训练的教材，亦可作为电子科技创新实践、课程设计、电子设计竞赛等活动的实用指导书，同时也可供职业教育、技术培训及有关技术人员参考。

图书在版编目(CIP)数据

电子工艺实习教程/李小斌，王瑾主编. —武汉：华中科技大学出版社，2018.12(2021.7 重印)
普通高等教育"十三五"规划教材. 电子信息类
ISBN 978-7-5680-3578-1

Ⅰ.①电… Ⅱ.①李… ②王… Ⅲ.①电子技术-实习-高等学校-教材 Ⅳ.①TN-45

中国版本图书馆 CIP 数据核字(2018)第 279293 号

电子工艺实习教程
Dianzi Gongyi Shixi Jiaocheng

李小斌　王　瑾　主编

策划编辑：康　序
责任编辑：沈　萌
封面设计：孢　子
责任校对：李　琴
责任监印：朱　玢
出版发行：华中科技大学出版社(中国·武汉)　电话：(027)81321913
　　　　　武汉市东湖新技术开发区华工科技园　邮编：430223
录　　排：武汉三月禾文化传播有限公司
印　　刷：武汉科源印刷设计有限公司
开　　本：787mm×1092mm　1/16
印　　张：16.5
字　　数：417 千字
版　　次：2021 年 7 月第 1 版第 2 次印刷
定　　价：38.00 元

前言 PREFACE

电子工艺实习是所有电类专业和某些非电类专业必开的一门实践类课程，以训练学生基本电子工艺和电子装配基本技术为主，使学生对电子产品制造过程及典型工艺有个全面的了解。它是电类专业学生专业技能培训的重要环节，是实现理论知识向动手能力转化的重要途径。

传统的电子工艺实习，大多都是用时两周，通过让学生装配一个电子产品，达到使学生熟悉电子产品焊接、调试及常见工具仪器使用方法的目的。然而这种实习存在的主要问题是实训时间短，实训场地、设备有限，学生很难在有限的时间、有限的空间和有限的设备资源等条件下掌握所要求的技能，学生在课堂以外再无法进行巩固练习，从而影响了教学效果。

现代社会的发展、生产技术的进步及产业结构的调整，使得近年来用人单位对学生的实践技能要求越来越高，因此很多高校也在积极探索如何利用有限的空间、有限的时间和有限的设备资源等条件提高学生的实践教学效果。随着计算机的普及和虚拟实验技术的发展，我们看到了解决这一问题的希望，并且找到了解决这一问题的有效途径。

本书编者通过对生产一线的广泛调研和对大量学生的调查研究，结合自己多年的电子大赛和大学生创新创业项目教学经验，在参考了许多相关资料、借鉴了众多学者的研究成果的基础上精心规划了本书。本书从实用角度出发，以训练学生实际应用所需的基本知识、基本技能为出发点，以激发学生的学习兴趣和增强学生的自信心为目的，精选了简单、实用的实训项目，保证了每一个学生都能顺利完成实训项目。与以往的教材相比，本书最大的变化就是增加了虚拟实训章节。这样，学生在通过课堂学习掌握了电子产品的设计、制作工艺后，可以随时随地借助计算机实现较为复杂的电子系统设计、仿真、调试，并通过虚拟仪器练习各种仪器仪表的使用方法。学生不需要额外负担任何费用，就可以解决真实实验项目条件不具备或实际运行困难，涉及极端环境，高成本、高消耗、不可逆操作、大型综合训练等问题。

本书紧密结合专业特色和行业产业发展最新成果，以及学校定位和人才培养特点，充分考虑不同层次、不同类型学生介入实践教学项目的运行需求，选择了时长合理、难度适中的虚拟仿真实验及实践训练教学项目。其中，稳压电源、三极管电子门铃两个项目比较适合大二学生。宝鸡文理学院电子电气工程学院学生在第三个学期进行实训，选择稳压电源、三极管电子门铃两个实训项目，只要具备模拟电路知识，就可完成实训，而且学生制作好稳压电源直接用作三极管电子门铃电源，学生成就感满满，电路实现成功率100%。交通灯控制系统项目，既给出了C语言程序，又给出了汇编语言程序，适合电子工艺实习、课程设计及单片机项目开发实践使用。收音机制作项目为众多院校的传统训练项目，适合各个层次的学生实训。如果在大二开设电子工艺实习，本书编者建议在进行实际电路焊接和装配时最好选用多功能电路板，以便更好地训练初学者的看图接线、电路分析和调试能力。由于时间和篇幅关系，书中没有给出收音机的仿真实训，有兴趣的读者可自行研究。

参加本书编写的教师均为活跃在教学一线的高校“双师型”骨干教师，本书由宝鸡文理学院李小斌和陕西工业职业技术学院信息工程学院王瑾担任主编，陕西国际商贸学院袁战军和商莹及西北师范大学知行学院刘远聪担任副主编，宝鸡文理学院吴宏岐担任主审，李小斌负责编写第1章、第2章、第3章、第4章和第5章，王瑾负责编写第6章、第7章，袁战军、商莹负责编写第8章，刘远聪负责编写第9章。

本书在编写过程中，得到了华中科技大学出版社多位领导的大力支持和帮助，并参考、借鉴了众多学者的研究成果，文献中未能一一列出，在此一并表示诚挚的感谢！

为了方便教学，本书还配有电子课件等教学资源包，任课教师和学生可以登录“我们爱读书”网(www.ibook4us.com)免费注册并浏览，任课教师还可以发邮件至hustpeiit@163.com索取。

由于编者水平有限，书中难免存在不妥与疏漏之处，敬请广大读者提出宝贵意见，以便再版时修改。

编　者

2018年8月

目录 CONTENTS

第1章 绪 论

 1.1 工艺概述

1.1.1 工艺的发源与定义

工艺是生产者利用生产设备和生产工具，对各种原材料、半成品进行加工或处理，使之最后成为符合技术要求的产品的艺术（程序、方法、技术），它是人类在生产劳动中不断积累起来的并经过总结的操作经验和技术能力。

说到工艺，人们很自然会联想起熟悉的工艺美术品。对于一件工艺美术品来说，它的价值不仅取决于材料本身以及方案的设计，还取决于它的制作过程——制造者对于材料的利用、加工操作的经验和技能。古人常说"玉不琢，不成器"，这句话生动地道出了产品制造工艺的意义。

显而易见，工艺发源于个人的操作经验和手工技能。但是在今天，仍然简单地从这个角度来理解工艺，则是很不全面的。我们知道，市场竞争、商品经济使现代化的工业生产完全不同于传统的手工业。如果说，在传统的手工业中，个人的操作经验和手工技能是极其重要的，是因为那时人们对产品的消费能力低下，材料来源稀少或不易获得，产品的生产者是极少数人，生产的工具、设备等非常简陋，产品的款式、性能改变缓慢，生产劳动的效率十分低下，行业之间"老死不相往来"，学习操作技能和经验的方式是"拜师学艺"；那么可以说，在经济迅猛发展的当今世界，上面谈到的一切都已经发生了极大的变化。新产品一旦问世，马上会成为企业家们关注的焦点，只要是具有使用价值、设计成功、能够获得丰厚利润的产品，立刻就会招来各方面的投资并大批量地生产，引发亿万人的消费需求和购买欲望，与其相关的产品也会成批涌现出来。在产品的生产过程中，科学的经营管理、先进的仪器设备、高效的工艺手段、严格的质量检验和低廉的生产成本成为赢得竞争的关键，时间、速度、能源、方法、程序、手段、质量、环境、组织、管理等一切与商品生产有关的因素变成人们研究的主要对象。所以，现代化工业生产的制造工艺，与传统的手工业生产中的操作经验和人工技能相比较，两者之间已经有天壤之别了。

随着科学技术的发展，工业生产的操作者作为劳动主体的地位在获得增强的同时，也在一定的意义上发生了"异化"：生产者按照工艺规定的生产程序，只需要进行简单而熟练的操作——他们在严格缜密的工艺训练指导之下，每一个操作动作必须是规范化的；或者他们经验性的、技巧性的操作劳动被不断涌现出来的新型设备所取代。

在英语中，传统的手工工艺是 handicraft，工艺美术是 arts and crafts，而现代化的工业生产工艺是 industrial process 或 technological process。这两者的含义是截然不同的：前者具有技巧、手艺和操作者的灵感或经验的意味，而后者则强调突出了科学技术和工业化生产的整个过程。在国家技术监督局颁布的标准 GB/T 19000（IDT ISO9000）系列标准《质量管理体系标准》中，不再将 process 译成"工序"或"工艺"，而统一翻译为"过程"，它的定义：将输入转化为输出的一组彼此相关的资源（包括人员、资金、设备、技术、方法）和活动。事实上，这不仅仅是个翻译技巧的问题。《牛津现代高级英汉双解辞典》中对 process 的解释：相互关联的一系列的活动、经过、过程；一系列审慎采取的步骤、手续、程序；用于生产和实业中的方

法、工序、制法。

显然，对于现代化的工业产品来说，工艺不仅仅是针对原材料的加工和生产的操作而言，应该是针对从设计到销售包括每一个制造环节的整个生产过程。

对于工业企业及其产品来说，工艺工作的出发点是为了提高劳动生产率，生产优良产品及增加生产利润。它建立在对时间、速度、能源、方法、程序、生产手段、工作环境、组织机构、劳动管理、质量控制等诸多因素的科学研究之上。工艺学的理论研究及应用，指导企业从原材料采购进厂开始，加工、制造、检验的每一个环节，直到成品包装、入库、运输和销售（包括销售活动中的技术服务及用户信息反馈），为企业组织有节奏的均衡生产提供科学的依据。可以说，工艺在产品制造过程中形成一条完整的控制链，是企业科学生产的法律和法规，工艺学是一门综合性的科学。

自从工业化以来，各种工业产品的制造工艺日趋完善成熟，成为专门的学科，并在工科大、中专院校作为必修课程。例如，切削工艺学是研究用金属切削工具（借助机器设备）把各种原材料或半成品加工成符合技术要求的机械零件的工艺过程；又如，电机工艺学是以电磁学为理论基础，研究各种发电机、电动机的制造技术；还有各种化工工艺学、纺织工艺学、焊接工艺学、冶金工艺学、土木工程学等。

电子产品的种类繁多，主要可分为电子材料（导线类、金属或非金属的零部件和结构件）、元件、器件、配件、整件、整机和系统。其中，各种电子材料及元器件是构成配件和整机的基本单元，配件和整机又是组成电子系统的基本单元。这些产品一般由专业分工的厂家生产，必须根据这些产品的生产特点制定不同的制造工艺。同时，电子技术的应用极其广泛，产品可分为计算机、通信、自动控制、仪器仪表等几大类，根据工作方式及其使用环境的不同要求，其制造工艺又各不相同。所以，电子工艺学实际上是一个涉猎极其广泛的学科。

1.1.2 电子工艺学的特点

电子工艺学是一门在电子产品设计和生产中起着重要作用的，而过去又不受重视的技术学科。随着信息时代的到来，人们逐渐认识到，没有先进的电子工艺就制造不出高水平、高性能的电子产品。因此，我国的许多高等学校都相继开设了电子工艺课程。

作为一门与生产实际密切相关的技术学科，电子工艺学有着自己明显的特点，归纳起来主要有如下几点。

1. 涉及众多科学技术的学科

电子工艺与众多的科学技术学科相关联，其中最主要的有应用物理学、化学工程技术、光刻工艺学、电气电子工程学、机械工程学、金属学、焊接学、工程热力学、材料科学、微电子学、计算机科学等。除此之外，还涉及企业的财务、管理等众多学科。这是一门综合性很强的技术学科。

2. 形成时间较晚，发展迅速

电子工艺技术虽然在生产实践中一直被广泛应用，但作为一门学科而被系统研究的时间却不长。我国系统论述电子工艺的书籍不多，20 世纪 70 年代初第一本系统论述电子工艺的书籍才面世，20 世纪 80 年代后在部分高等学校中才开设相关课程。电子技术的飞速发展，对电子工艺提出了越来越高的要求，人们在实践中不断探索新的工艺方法，寻找新的工艺材料，使电子工艺的内涵及外延迅速扩展。可以说，电子工艺学是一门充满蓬勃生机的技术学科。

3. 实践性强

电子工艺的概念贯穿于电子产品的设计、制造过程，与生产实践紧密相连。所以，高等工科院校开设的电子工艺课程中，实践环节是极其重要的，是相关专业能否培养出合格的工程师的不可缺的环节。我们以往强调的培养学生动手能力的问题，在电子工艺课程中得到了具体的体现。

4. 电子工艺学科的技术信息分散，获取难度大

由于电子工艺涉及众多技术学科，相关的技术信息分散在这些学科中，电子工艺学与这些学科的关系是相辅相成的，成为技术关联密集的学科，所以，作为电子工艺工程师，对知识面、实践能力都有比较高的要求，也就是通常所说的复合型人才。当今的世界已进入知识经济的时代，大到一个国家，小到一个公司，对技术关键的重视程度都很高，技术封锁也是严密的，所以获取技术关键是非常困难的。

本书的任务在于讨论电子整机（包括配件）产品的制造工艺。这是由于，对于大多数接触电子技术的工程技术人员及广大 DIY 爱好者来说，主要涉及的是这类产品从设计开始，在试验、装配、焊接、调整、检验方面的工艺过程。对于各种电子材料及电子元器件，则是从使用的角度讨论它们的外部特性及其选择和检验。在本书后面的讨论中，凡说到"电子工艺"，都是指电子整机产品生产过程方面的内容。

就电子整机产品的生产过程而言，主要涉及两个方面：一方面是指制造工业的技术手段、设备条件和操作技能；另一方面是指产品在生产过程中的质量控制和工艺管理。我们可以把这两方面理解为"硬件"和"软件"之间的关系。显然，对于现代化电子产品的大批量生产、对于高等院校工科学生今后在生产中承担的职责来说，这两方面都是重要的，是不能偏废的。

1.1.3 电子工艺的发展历程

1. 电子工艺的早期——导线直连技术

作为电子科技重要组成部分的电子工艺技术，发展历史可以追溯到 19 世纪末 20 世纪初，以电报电话等电子产品的诞生和应用为起始。在印制电路技术进入电气互联领域前，电子产品的互联工艺是以导线直连完成的。

电子管的问世，宣告了一个新兴行业的诞生，它引领人类进入全新的发展阶段，电子技术的发展由此展开，世界从此进入了电子时代。电子管在应用中安装在电子管座上，而电子管安装在金属底板上，组装时采用分立引线进行器件和电子管座的连接，体积庞大的碳膜电阻、纸介电容以及大线圈都具有很长的引线，还有作为元器件连接支撑的焊片板，通过导线连接完成最终的电气互联。

这种组装工艺实现了早期的电子技术应用产品化，在人类社会发展中具有划时代意义。但是其最大的不足是庞大的体积和重量。1946 年诞生于美国的第一台电子计算机，总共安装了 17 468 只电子管、7200 个二极管、70 000 多只电阻器、10 000 多只电容器和 6000 只继电器，电路的焊接点多达 50 万个，机器被安装在一排 2.75 米高的金属柜里，占地面积为 170 平方米左右，总重量达到 30 吨。

显然，这样原始的组装工艺只能通过手工方式完成连接，制造模式也是手工作坊式的初级生产，随着印制电路板技术的诞生和逐步成熟，这样原始的方式必然被取代。但是直到今天，虽然有很多如 Protel 等的电路设计仿真软件，这样的连接方式也没有绝迹，在产品研发和业余电子制作中不时还能看到它的身影。

2. 电子工艺伟大的发明——印制电路

电子制造工艺技术中，最早、最伟大的技术发明应该非印制电路技术莫属。印制电路板对于电子产品，犹如住宅和道路对人类社会一样重要。

从 1903 年开始，德国、美国、英国等国的许多科技发明家和工程师，不断研究和探索电路连接及制造电路图形的方法，伟大的发明家爱迪生在 1904 年提出的电路制作思路，已经具有现代主流印制电路技术的概念。20 世纪 40 到 50 年代，不同国家、不同企业和研究机构经历数十年的共同探索和改进，发明了多种印制电路板制造工艺专利，终于制造出现代意义上的印制电路板，并大量应用于电子产品。

不断发展的 PCB 技术使电子产品设计、装配走向标准化、规模化、机械化和自动化，体积减小，成本降低，可靠性、稳定性提高，装配、维修简单等。在电子系统所有零部件中，没有比印制电路板更重要的了。没有印制电路板就没有现代电子信息产业的高速发展。

3. 电子工艺的发展契机——晶体管发明

印制电路的发明和应用开启了电子产品小型化、轻型化的大门，但是庞大笨重而耗电的电子管阻碍了这个历史进程。

1947 年贝尔实验室发明了半导体点接触式晶体管，从而开创了人类的硅文明时代。半导体器件的出现，低电压工作的晶体管器件的应用，不仅给人们带来了生活方式的改变，也使人类进入了高科技发展的快车道。晶体管加印制电路，催生了人类历史上第一个便携式产品——助听器，随后晶体管收音机更是开创了电子产品小型化、轻型化和大众化的时代。

4. 电子工艺起飞的引擎——集成电路

集成电路是近代最伟大的发明之一，是实现电子工艺跨越式发展的发动机，开始了信息时代伟大革命。作为所有电子装置核心的微型硅片，无可争辩地成为自原油以来最重要的工业产品；没有它，就不可能有个人计算机和手机，也没有因特网。半导体集成电路与电灯、电话和汽车一样彻底改变了世界。

5. 电子工艺的大发展——通孔插装技术

从印制电路进入实用化到集成电路应用初期约 30 年时间，电子制造工艺技术的主流是通孔插装技术，即有较长引线的晶体管、双列直插封装的集成电路和有引线的无源器件，通过印制电路板上的通孔，在电路板另一面进行焊接连接而制造印制电路板组件的工艺技术。

6. 电子工艺的当前主流——表面贴装技术

20 世纪 70 年代发展起来的表面贴装技术是克服通孔插装技术的局限性而发展起来的。表面贴装是将体积缩小的无引线或短引线片状元器件直接贴装在印制电路板铜箔上，焊点与元器件在电路板的同一面。

表面贴装技术从原理上说并不复杂，似乎只是通孔插装技术的改进，但实际上这种改进引发了从组装材料到工艺、设备等电子组装技术全过程的变革，实现了电子产品组装的高密度、高可靠、小型化、低成本，以及生产的自动化和智能化，完全可以称为组装制造技术的一次革命。

1.1.4 电子工艺的发展趋势

未来电子工艺技术的发展趋势是技术的融合与交汇、产品绿色化以及微组装技术的发展这三个方面。

1. 技术的融合与交汇

由于电子产品的日益微小型化和复杂化，传统的行业划分概念逐渐模糊，产业链上下游技术联系密不可分，因而解决组装技术问题和考虑组装技术发展时，思路不能仅仅局限于传统“组装”技术范围，而要以综合化、系统化的思路去研究和拓展技术思维。以下三个方面是已经日益明显的发展趋势。

1）封装技术与组装技术的融合

传统的观念认为封装技术属于半导体制造，其尺寸精确度和技术难度高于组装技术，属于高技术范畴，而组装技术则属于工艺范畴。但是自从片式元件进入 0603、0402 和 IC 封装节距小到 0.4/0.3 mm以来，组装定位和对准的精确度已经跨入微尺寸的范围，例如倒装片贴装，要求可重复精度小于 4 μm，接近微尺寸的下限。随着组装技术的进一步发展，封装技术与组装技术融合的趋势将更加明显，如图 1-1 所示。

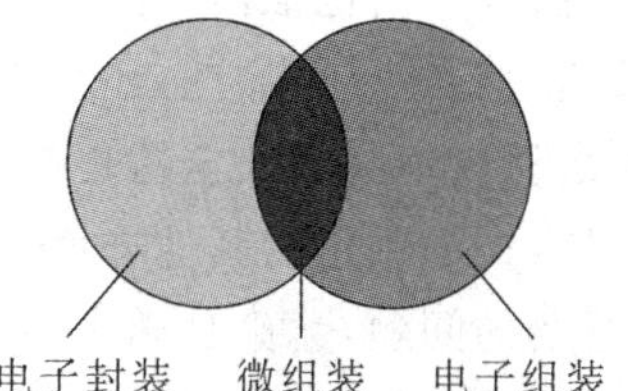

图 1-1　封装技术与组装技术的融合示意图

2）PCB 与 SMT 的渗透

PCB 的发明和应用是电子制造技术的重要里程碑，其技术的成熟和发展的深入程度在 SMT 之上，但近年来随着电子产品的日益微小型化和复杂化，再加上无铅化的要求，PCB 与 SMT 这两个相依的行业联系更加密切，相互关注、相互渗透的趋势与日俱增。

在 PCB 技术中关注和研究无铅焊接对 PCB 表面涂层性能和可靠性的影响已经很普遍，而 SMT 行业在发展中也发现组装质量和产品可靠性与 PCB 的关系越来越大，二者的进一步相互关注和相互渗透是组装技术发展的必然趋势。

3）元器件制造与板级组装技术的交汇

电子元器件与组装技术的关系，同印制电路板与组装技术的关系一样，属于一荣俱荣、一损俱损的搭档。随着电子产品复杂性的提高和技术发展的深入，一方面电子组装技术已经从被动应对不断推出的形形色色结构复杂、尺寸缩小的元器件贴装，逐渐开始关注元器件组装性能、标准化和元器件本身可靠性等问题，从而促进元器件制造的发展，进而推动整个电子制造技术整体进步；另一方面，不断发展的高密度组装促成元器件制造与板级组装技术的交汇——PCB 内嵌入元器件的新技术，如图 1-2 所示。

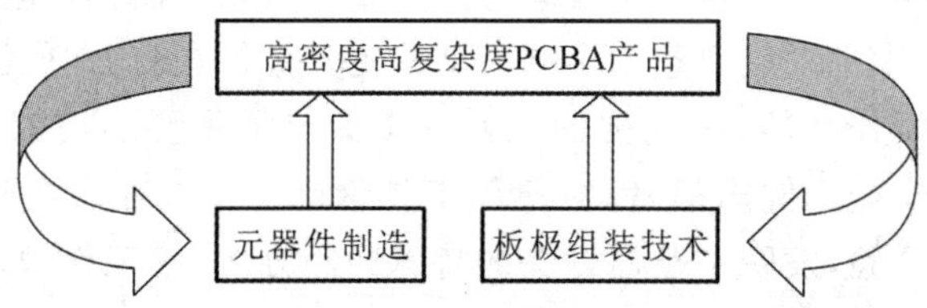

图 1-2　元器件制造与板级组装技术融合交汇

2. 产品绿色化

以欧盟 RoHS 指令为起点，继而 WEEE、EuP 和 REACH 指令相继推波助澜，在全世界掀起的绿色制造成为 21 世纪初在电子制造行业中影响最大的风暴。无铅化首当其冲，对已经趋于成熟的表面贴装技术提出的挑战，迄今依然没有找到理想的应对方案。

环境保护、节约资源是一个庞大的系统工程。然而仅对无铅化而言，由于人们现在实际使用的无铅焊料，其焊接温度比有铅焊料高出 30 ℃以上，据专家估计会使得能源损耗增加

18%。这对于现在全球面临的由于能耗剧增而导致气候变暖，造成地球的“温室效应”而引发种种前所未有的异常自然灾害来说，无铅的环境保护作用很有可能是“得失相当”甚至“得不偿失”。因而，现在无铅化远远不是具体实施的问题，而是从源头上继续探索的问题。

另一个绿色化进程是无卤，即在电子产品中不使用卤元素。多年来在电子产品大量使用的聚合物、印制电路板中，卤元素是最有效的阻燃剂。尽管研究机构已经提出多种卤素代替物，一部分厂商也推出无卤材料和无卤印制电路板，然而这些替代物及实际使用的无卤材料的长期稳定性和可靠性，还没有经过实际使用环境的长期考验，同时这些替代物及实际使用的无卤材料本身的安全性也缺乏可靠的实验证明。

另外，在绿色化的其他方面，例如绿色设计、能源效率、产品回收并大部分循环使用等更多、更复杂的问题，无论是学术界的研究，还是企业界的实施，绿色化的进程只是刚刚开始，对电子组装业现在和长期的影响，目前还很难评估。

3. 微组装技术的发展

早在 20 世纪 80 年代中期，随着电子产品小型化的需求、集成电路的快速发展和新型微小型化封装的不断涌现以及表面组装技术的蓬勃发展，科技界就正式提出了微组装技术的概念和术语。经过近 30 年的发展，尽管已经有许多新产品，例如智能传感器和精密生物化学分析仪被开发并成功的结合，应用到交通运输和生物医学产品中，但是对于大多数机电系统产品而言，许多早期的产品化期望并未实现。

导致微组装系统和微系统产品化发展缓慢的因素是多种多样的。基本原因是微组装系统的极端复杂性，它涉及的领域已经远远超过了电子学和电子制造系统的领域。它是微电子、精密机械、光电子、材料、自动控制甚至生物医学和流体力学等技术学科交融综合的一门新兴技术学科。其基础则涉及物理学、化学、力学、光学、生物学和系统与控制学等。如此众多学科的交融综合所涉及的许多原理和理论，以及对在科学研究和工程实践中不断出现的新现象、新问题的深入认识和试验，需要科技界和工业界坚持不懈的努力。

1.1.5 我国电子产品制造工艺的现状

以前，由于我国工业水平起点较低，各种制造工艺学也比较落后。20 世纪 50 年代，我国工程技术人员到国外(主要是苏联和东欧各国)学习工业产品的制造工艺，各大专院校开始设置相应的工艺学课程，为这些工程技术的教育、普及、研究、发展打下了良好的基础。

在新中国成立之初，我国工业处于百废待兴的发展阶段，各行各业的技术竞赛和技术交流十分广泛，涌现出一大批人们熟悉的全国劳动模范。他们在自己平凡的工作岗位上，刻苦钻研新的工艺技术和操作技能，为我国的工业进步做出了重要的贡献。例如，当年只有 18 岁的上海德泰模型厂学徒工倪志福，针对使用工具钢麻花钻头在合金钢上钻孔经常烧毁的现象，不断摸索，总结经验，发明了普通钻头的特殊磨制方法，使工作效率提高了几十倍。用这种方法磨制的钻头被称为“倪志福钻头”而蜚声海内外。经过我国金属切削专家多年的分析研究，于 20 世纪 60 年代初向全世界公布了这种钻头的切削机理，同时还推出了适合在各种不同材料上钻孔的钻头磨制标准。直到现在，“倪志福钻头”还在金属机械加工中普遍应用。是否会磨制这种钻头，已经作为考核机械技术工人技能的基本试题。

电子工业是在最近几十年里才发展起来的新兴工业，在日本、美国等工业发达国家中(也可以说在全世界范围内)，电子工业发展的速度之快、产品市场竞争的程度之激烈，都是前所未有的。各个厂家、各种产品的制造工艺一般都相互保密，对外技术转让一般都有所保留。等到我国经济从 20 世纪 70 年代末期开始改革时，电子工业已经与国际水平相差悬殊，电子工艺学的研究基本上处于空白状态，工科大专院校普遍缺乏电子工艺学教育，派往国外的留学进修人员也由于技术保密而一般不能进入工程关键部门学习。我国传统的教育观念及经济体制也使电子工艺学的宣传教育十分薄弱，各行业企业之间的工艺交流很少开展。

从新中国成立之初到21世纪的今天，我国的电子工业从无到有，直到现在我国已成为全世界电子产品制造的“加工厂”，发生了巨大的变化。当年仅有几家无线电修理厂，发展到今天，已经形成了门类齐全的电子工业体系。在第一个五年计划期间，国家投入大量资金，在北京东郊地区建起了一批大型电子骨干企业，对带动全国电子工业的发展起到了重要的作用。这片规模宏大的电子城，曾经是新中国电子工业的象征和骄傲。现在，几十年过去了，中国的电子工业历经了改革开放的洗礼、资产重组的调查、商业经济的冲突，发生了巨大的变化。电子产品制造业的热点转移到我国东南沿海地区。从宏观上看，世界各工业发达国家和地区的电子厂商纷纷在珠江三角洲和长江三角洲建设了工厂，这里制造的电子产品行销全世界；但在某些城市和地区，电子产品制造企业的发展和生存却举步维艰，很少有技术先进、能够大批量生产的产品，缺乏稳定的工艺技术队伍，很少有知名度高的过硬品牌。所以，就我国电子产品制造业的整体来说，虽然不断从发达国家引进最先进的技术和设备，却一直未能形成系统的、现代化的电子产品制造工艺体系。我国电子行业的工业现状是“两个并存”：先进的工艺与陈旧的工艺并存，先进的技术与落后的管理并存。

由于以上原因，就造成了这样的结果：很多产品在设计时的分析计算非常精确，实际生产出来的质量却不理想，性能指标往往达不到设计要求或者不够稳定；有些产品从图纸到元器件全部从发达国家引进，而生产出来的却比“原装机”的质量差，实现国产化困难；相当多的电子新产品的“设计”还只是停留在仿造国外产品的水平上，对于设计机理的研究及如何根据国内实际工艺条件更新设计的工作却没有很好地落实；在有些小厂或私营企业中，缺乏必要的技术力量，完全没有实现科学的工艺管理，工人照着“样板”或“样机”操作，还停留在“小作坊”的生产方式中。

事实是，国内外或者国内各厂家生产的同类电子产品相比，它们的电路原理并没有太大的差异，造成质量水平不同的主要原因存在于生产手段及生产过程之中，即体现在电子工艺技术和工艺管理水平的差别上。在我国经济比较发达的沿海城市，或者工艺技术力量较强、实行了现代化工艺管理的企业中，电子产品的质量就比较稳定，市场竞争力就比较强。同样，对于有经验的电子工程技术人员来说，他们的水平主要反映在设计方案时充分考虑了加工的可能性和工艺的合理性上。

众所周知，三十多年以来的经济改革，使我国的电子工业走上了腾飞之路。但迄今为止，我国还有一部分大、中型工业企业的经济体制转轨尚未结束，管理机制转变的痛苦既是不可避免的，也给工艺技术的发展进步造成了一些负面的影响。原来的大、中国有型企业纷纷划小核算单位，使工艺技术人员和工艺管理人员的流失成为比较普遍的现象；对于那些工艺技术及管理本来就落后的小型工厂或私营企业，市场的剧烈波动、产品的频繁转向使之无暇顾及工艺问题，工艺技术落后、工艺管理混乱、工艺纪律不严和工艺材料不良的情况及假冒伪劣的产品常有发生。但是应该相信，一旦企业度过了经济改革的困难阶段、建立起科学的管理机制，就需要一大批懂得现代科学理论的工艺技术人员；特别是在我国已经成为世界贸易组织成员的今天，贯彻ISO9000质量管理体系标准、推行3C认证已经成为我国一项重要的技术经济政策，加强电子工艺学的普及教育，开展电子产品制造工艺的深入研究，对于培养具有实际工作能力的工程技术人员和工艺管理人员，对于我国电子工业赶超世界先进水平，其意义及重要性是显而易见的。

在经济飞速发展的今天，全世界进入了后工业化时代，在工业产品的制造过程中，科学的管理成为第一要素，缜密而有序的工艺控制、质量控制成为生产组织的灵魂，研究并推广现代化的工艺技术，已经成为工程技术人员的主要职责。

1.2 电子工艺的工作程序

电子工艺的工作程序是指产品从预研制阶段、设计性试制阶段、生产性试制阶段，直到批量性生产（或质量改进）的各阶段中有关工艺方面的工作规程。工艺工作贯穿于产品设计、制造的全过程。

1.2.1 产品预研制阶段的工艺工作

1. 参加新产品的设计调研和老产品的用户访问

企业在确定新产品主持设计师的同时，应该确定主持工艺师。主持工艺师应该参加新产品的设计调研和老产品的用户访问工作。

2. 参加新产品的设计和老产品的改进设计方案论证

针对产品结构、性能、精度的特点和企业的技术水平、设备条件等因素，进行工艺分析，提出改进产品工艺性的意见。

3. 参加新产品的初样试验与工艺分析

对按照设计方案研制的初样进行工艺分析，对产品试制中可采用的新工艺、新技术、新型元器件及关键工艺技术进行可行性研究试验，并对引进的工艺技术进行消化吸收。

4. 参加新产品的初样鉴定会

参加新产品的初样鉴定会，提出工艺性评审意见。

1.2.2 产品批量生产阶段的工艺流程

1. 完善和补充全套工艺文件

按照完整性、正确性、统一性的要求，完善和补充全套工艺文件。

2. 定制批量生产的工艺方案

批量生产的工艺方案，应该在总结生产试制阶段情况的基础上，提出批量投产前需要进一步改进、完善工艺、工装和生产组织措施的意见和建议。批量生产工艺方案的主要内容有：

(1) 对生产性试制阶段工艺、工装检验情况的小结；

(2) 工序控制点设置意见；

(3) 工艺文件和工艺装备的进一步修改、完善意见；

(4) 专用设备和生产线的设计制造意见；

(5) 有关新材料、新工艺、新技术的采用意见；

(6) 对生产节拍的安排和投产方式的建议；

(7) 装配、调试方案和车间平面布置的调整意见；

(8) 提出对特殊生产线及工作环境的改造与调整意见。

3. 进行工艺质量评审

在产品批量投产之前，工艺质量评审要围绕批量生产的工序工程能力进行。特别是对于生产批量大的产品，要重点审查生产薄弱环节的工序工程能力。审查的具体内容有：

（1）根据产品批量进行工序工程能力的分析；

（2）对影响设计要求和产品质量稳定性的工序的人员、设备、材料、方法和环境五个因素的控制；

（3）工序控制点保证精度及质量稳定性要求的能力；

（4）关键工序及薄弱环节工序工程能力的测算及验证；

（5）工序统计、质量控制方法的有效性和可行性。

4. 组织、指导批量生产

按照生产现场工艺管理的要求，积极采用现代化的科学管理方法，组织、指导批量生产。

5. 产品工艺技术总结

产品工艺技术总结应该包括下列内容：

（1）生产情况介绍；

（2）对产品性能与结构的工艺性分析；

（3）工艺文件成套性审查结论；

（4）产品生产定型会的资料和结论性意见。

1.3 电子工艺的管理

在电子工业工艺标准化技术委员会和机械电子工业部第二研究所发布的《电子工业工艺管理导则》中，规定了企业工艺管理的基本任务、工艺工作内容、工艺管理组织机构和各有关部门的工艺管理职能等。

1.3.1 电子工艺管理的基本任务

工艺工作贯穿于生产的全过程，是保证产品质量、提高生产效率、安全生产、降低消耗、增加效益、发展企业的重要手段。为了稳定提高产品质量、增加应变能力、促进科技进步，企业必须加强工艺管理，提高工艺管理的水平。

工艺管理的基本任务是在一定的生产条件下，应用现代科学理论和手段，对各项工艺工作进行计划、组织、协调和控制，使之按照一定的原则、程序和方法有效地进行。

1.3.2 电子工艺管理人员的主要工作内容

1. 编制工艺发展计划

为了提高企业的工艺水平，适应产品发展需要，各企业应根据全局发展规划、中远期和近期目标，按照先进与适用相结合、技术与经济相结合的方针，编制工艺发展规划，并制订相应的实施计划和配套措施。

工艺发展计划包括工艺技术措施规划（如新工艺、新材料、新装备和新技术攻关规划等）和工艺组织措施规划（如工艺路线调整、工艺技术改造规划等）。

工艺发展规划应在企业总工程师（或技术副厂长）的主持下，以工艺部门为主进行编制，并经厂长批准实施。

2. 工艺技术的研究与开发

工艺技术研究与开发的基本要求如下：

（1）工艺技术的研究与开发是提高企业工艺水平的主要途径，是加速新产品开发、稳定提高产品质量、降低消耗、增加效益的基础。各企业都应该重视技术进步，积极开展工艺技术的研究与开发，推广新技术、新工艺。

（2）为搞好工艺技术的研究与开发，企业应给工艺技术部门配备相应的技术力量，提供必要的经费和试验研究条件。

（3）企业在进行工艺技术的研究与开发工作时，应该认真学习和借鉴国内外的先进科学技术，积极与高等院校和科研单位合作，并根据企业的实际情况，积极采用和推广已有的、成熟的研究成果。

3. 产品生产的工艺准备

产品生产的工艺准备的主要内容有：

（1）新产品开发和老产品改进的工艺调研和考察；

（2）产品设计的工艺性审查；

（3）工艺方案设计；

（4）设计和编制成套工艺文件；

（5）工艺文件的标准化审查；

（6）工艺装备的设计与管理；

（7）编制工艺定额；

（8）进行工艺质量评审；

（9）进行工艺验证；

（10）进行工艺总结和工艺整顿。

4. 生产现场工艺管理

生产现场工艺管理的基本任务、要求和主要内容有：

（1）生产现场工艺管理的基本任务是确保安全文明生产，保证产品质量，提高劳动生产率，节约材料、工时和能源消耗，改善劳动条件；

（2）制定工序质量控制措施；

（3）进行定制管理。

5. 工艺纪律管理

严格工艺纪律是加强工艺管理的主要内容，是建立企业正常生产秩序的保证。企业各级领导及有关人员都应严格执行工艺纪律，并对职责范围内工艺纪律的执行情况进行检查和监督。

6. 开展工艺情报工作

工艺情报工作的主要内容包括：

（1）掌握国内外新技术、新工艺、新材料、新装备的研究与使用情况；

（2）从各种渠道收集有关的新工艺标准、图纸手册及先进的工艺规程、研究报告、成果论文和资料信息，进行加工、管理，开展服务。

7. 开展工艺标准化工作

工艺标准化的主要工作范围为：

（1）制定推广工艺基础标准（术语、符号、代号、分类、编码及工艺文件的标准）；

（2）制定推广工艺技术标准（材料、技术要素、参数、方法、质量控制与检验和工艺装备的技术标准）；

（3）制定推广工艺管理标准（生产准备、生产现场、生产安全、工艺文件、工艺装备和工艺定额）。

8. 开展工艺成果的申报、评定和奖励

工艺成果是科学技术成果的重要组成部分，应该按照一定的条件和程序进行申报，经过评定审查，对在实际工作中做出创造性贡献的人员给予奖励。

9. 其他工艺管理措施

(1) 制定各种工艺管理制度并组织实施；

(2) 开展群众性的合理化建议与技术改进活动，进行新工艺和新技术的推广工作；

(3) 有计划地对工艺人员、技术工人进行培训和教育，为他们更新知识、提高技术水平和技术能力，提供必要的方便及条件。

1.3.3 电子工艺管理的组织结构

企业必须建立权威性的工艺管理部门和健全、统一、有效的工艺管理体系。

本着有利于提高产品质量及工艺水平的原则，结合企业的规模和生产类型，为工艺管理机构配备相应素质和数量的工艺技术人员。

1.3.4 电子工艺文件的管理

1. 工艺文件的定义及其作用

按照一定的条件选择产品最合适的工艺过程(即生产过程)，将实现这个工业过程的程序、内容、方法、工具、设备、材料及每一个环节应该遵守的技术规程，用文字表示的形式，称为工艺文件。工艺文件的主要作用如下：

(1) 组织生产，建立生产秩序；

(2) 指导技术，保证产品质量；

(3) 编制生产计划，考核工时定额；

(4) 调整劳动组织；

(5) 安排物资供应；

(6) 工具、工装、模具管理；

(7) 经济核算的依据；

(8) 巩固工艺纪律；

(9) 产品转厂生产时的交换资料；

(10) 各企业之间进行经验交流。

工艺文件要根据产品的生产性质、生产类型、复杂程度、重要程度及生产的组织形式编制。应该按照产品的试制阶段编制工艺文件。一般设计性试制阶段，主要是验证产品的设计(结构、功能)和关键工艺，要求具备零、部、整件工艺过程卡片及相应的工艺文件。生产性试制阶段主要是验证工艺过程和工艺装备是否满足批量生产的要求，不仅要求工艺文件正确、成套，在定型时还必须完成会签、审批、归档手续。工艺文件的编制要做到正确、完整、统一、清晰。

2. 电子产品工艺文件的分类

根据电子产品的特点，工艺文件通常可以分为基本工艺文件、指导技术的工艺文件、统计汇编资料和管理工艺文件用的格式四类。

基本工艺文件是供企业组织生产、进行生产技术准备工作的最基本的技术文件，它规定了产品的生产条件、工艺路线、工艺流程、工具设备、调试及检验仪器、工艺装置、工时定额。一切在生产过程中进行组织管理所需要的资料，都要从中取得有关的数据。基本工艺文件应该包括：

(1) 零件工艺过程；

(2) 装配工艺过程；

(3) 元器件工艺表、导线及加工表等。

指导技术的工艺文件是不同专业工艺的经验总结，或者是通过试验、生产实践编写出来的用于指导技术和保证产品质量的技术条件，主要包括：

(1) 专业工艺规程；

(2) 工艺说明及简图；

(3) 检验说明(方式、步骤、程序等)。

统计汇编资料是为企业管理部门提供各种明细表，作为管理部门规划生产组织、编制生产计划、安排物资供应、进行经济核算的技术依据，主要包括：

(1) 专用工装；

(2) 标准工具；

(3) 材料消耗定额；

(4) 工时消耗定额。

管理工艺文件用的格式包括：

(1) 工艺文件封面；

(2) 工艺文件目录；

(3) 工艺文件更改通知单；

(4) 工艺文件明细表。

3. 工艺文件的成套性

电子工艺文件的编制不是随意的，应该根据产品的具体情况，按照一定的规范和格式配套齐全，即应该保证工艺文件的成套性。

产品设计性试制的主要目的是考验设计是否合理、能否满足预定的功能、各种技术指标及工艺可行性。当然，也应该考虑在产品设计定型以后是否已经具备了进入批量生产的主要条件(如关键零部件、元器件、整机加工工艺是否已经过关等)。通常，整机类电子产品在生产性试制定型时至少应该具备下列几种工艺文件：

(1) 工艺文件封面；

(2) 工艺文件明细表；

(3) 自制工艺装备明细表；

(4) 材料消耗工艺定额明细表；

(5) 材料消耗工艺定额汇总表。

产品生产定型后，该产品即可转入正式大批量生产。因此，工艺文件就是指导企业加工、装配、生产路线、计划、调度、原材料准备、劳动组织、质量管理、工模量具管理、经济核算等工作的主要技术依据。所以，工艺文件的成套性，以及文件内容的正确性、完整性、统一性，在产品生产定型时尤其应该加以重点审核。

4. 电子工艺文件的计算机处理及管理

随着计算机的广泛应用及其在处理、存储文字和图形功能等方面的迅速发展，工艺文件的制作、管理逐渐电子文档化。所以，掌握电子工艺文件的计算机辅助处理方法及过程是十分必要的。

从前面的介绍知道，电子工艺文件基本上可以分成两类：工业技术类和工艺管理类。前者主要是电子工程图，后者的作用是为前者的保存及实施提供依据。

可以用来绘制电子工程图的计算机辅助处理软件很多，总结起来有两大类：

(1) 通用的计算机辅助设计软件 CAD(computer aided design)，如 AutoCAD 等；

(2) 电路设计自动化软件 EDA(electronic design automatic)。

电路设计自动化软件 EDA 是根据电路设计的特点而专门开发的。EDA 是集电路原理图绘制、电路仿真、多层印质电路板设计(包含印制电路板自动布线)、可编程逻辑器件设计、电路表格生成等多项功能于一体的电路设计自动化软件。在国内实用较为广泛的此类软件有 Protel、Proteus、PADS、OrCAD 和 EWB 等。有关计算机辅助印制电路板图的设计电子工程图的相关内容，在本书的第 6 章中有介绍。

可以用来编制工艺文件电子文档的应用软件也有很多种，目前在国内使用最为广泛的是通用办公自动化软件 Office 系列，其基本功能有：

(1) 用文字处理软件编写各种企业管理和产品管理文件；

(2) 用表格处理软件制作各种计划类、财务类表格；

(3) 用数据库管理软件处理企业运作的各种数据；

(4) 编制上述各种文档的电子模板，使电子文档标准化。

5. 工艺文件电子文档的安全问题

用计算机处理、存储工艺文件，毫无疑问，比较以前手工抄写、手工绘图的“白纸黑字”的工艺管理文件，省去了描图、晒图的麻烦，减少了存储、保管的空间，修改、更新、查询都成为举手之劳。但正是因为电子文档太容易修改更新而且不留痕迹，误操作和计算机病毒的侵害都可以导致错误，带来严重的后果。

(1) 必须认真执行电子行业标准 SJ/T 10629.1～6《计算机辅助设计文件管理制度》，建立 CAD 设计文件的履历表，对每一份有效的电子文档签字、备案；

(2) 定期检查、确认电子文档的正确性，刻成光盘，存档备份。

1.4 电子工艺新技术

1. 全印制电子技术

加成法，一种古老的印制电路板制造方法，由于现代导电材料和喷墨打印技术的发展而重现曙光，甚至会成为印制电路板技术的一次新的革命。这种技术就是近年来越来越受到世界瞩目的打印印制电路板技术，或者称为打印电子技术。后者不仅可以实现传统印制电路板的功能，而且可以实现电感、电容、电阻等元件，甚至晶体管、电池等功能组件的打印制造，因而被称为全印制电子技术。

所谓打印印制电路板技术，是采用与喷墨打印机打印纸质文件一样的方法，将传统 PCB 制造工艺需要几十道复杂工序才能完成的电路图形，轻而易举地“打印”到基板上而制造出印制电路板。打印印制电路板技术有四大优点：

(1) 工序短。不要制板、曝光、蚀刻等复杂工序，仅需 CAD 布图、钻孔、前处理、喷墨印制、固化即可。

(2) 省资源。加成法的最大优点为节约铜材及光敏、蚀刻等材料。

(3) 环保。由于不要掩模、显影、蚀刻等化学过程，几乎无“三废”。

(4) 灵活。可以打印精细线条，可适用于刚性板基体，可以用卷到卷生产方式，能高度自动化，多喷头并行动作可获得高生产能力，可以用于三维组装，可实现有源和无源等功能件的集成。

2. 光印制电路板技术

光印制电路板技术就是将光与电整合，以光信号做信息传输，以电信号进行运算的新一代封装-组装技术。将目前发展得非常成熟的传统印制电路板加上一层导光层，使得电路板的使用发展到光传输领域。

光印制电路板开发应用涉及光电子、集成电路、高分子材料、印制电路工艺、电子组装工艺等各个领域，需要多学科、多领域专业技术的融合交叉，目前该项目技术仍然处于初级发展阶段，但得到了市场的广泛认可。

3. 逆序组装工艺技术

近年来，一种被称为逆序组装的全新的电子制造工艺引人注目，尽管目前这种技术还处于实验室研究和评估阶段，但工艺思路的创新性和相比常规工艺的优越性令人耳目一新。

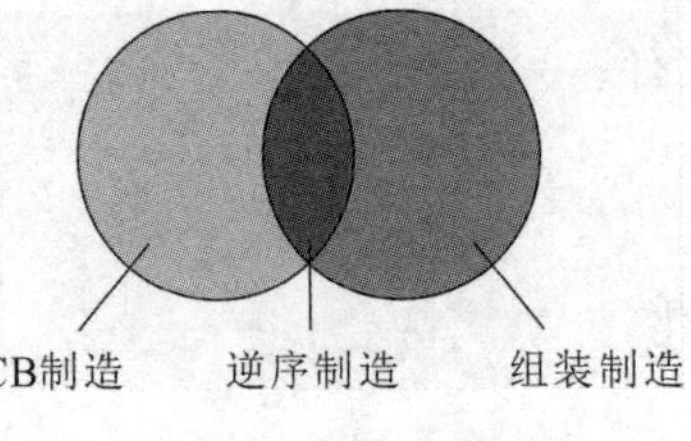

图 1-3 逆序组装技术架构

所谓逆序组装工艺是相对常规工艺而言的，如图1-3所示。常规的电子组装工艺，无论是通孔插装还是表面贴装，都是先设计制造印制电路板，而后在印制电路板上安装元器件，并通过焊接完成电路连接，即先布线后安装元器件；逆序组装工艺则是先放置好元器件再进行布线，将 PCB 制造和组装制造融合在一起了。

思 考 题

1. 什么是工艺？工艺的起源和现代工艺的特点是什么？
2. 电子工艺包括哪些方面的工艺过程？我国电子工业的现状如何？
3. 产品预研试制阶段要做哪些工艺工作？
4. 产品批量生产阶段要做哪些工艺工作？
5. 电子工艺新技术有哪些？

第2章 安全用电常识

2.1 电子产品装配操作安全

这里所说的电子产品组装泛指工厂规模化生产以外的各种电子装接工作，例如电器维修、电子实验、电子产品研制、电子工艺实习以各种电子制作等。其特点是大部分情况下为少数人甚至个人操作，操作环境和条件千差万别，安全隐患复杂而没有明显的规律。

2.1.1 用电安全

尽管电子装接工作通常称为“弱电”工作，但实际工作中免不了要接触“强电”。一般常用工具(例如电烙铁、电钻、电热风机等)、仪器设备和制作装置大部分是需要接强电才能工作的，因此用电安全是电子装接工作的首要关注点。为了防止发生用电事故，必须十分重视安全用电。安全用电包括人身安全和设备安全。当发生用电事故时，不仅会损坏用电设备，而且还可能引起人身伤亡、火灾或爆炸等严重事故。因此，学习安全用电是十分必要的。实践证明以下三点是安全用电的基本保证。

1. 增强安全用电意识

将安全用电的观念贯穿在工作的全过程，是安全的根本保证。任何制度、任何措施，都是由人来贯彻执行的，忽视安全是最危险的隐患。

用电安全格言：

(1) 只要用电就存在危险。

(2) 侥幸心理是事故的催化剂。

(3) 投向安全的每一分精力和物质永远保值。

2. 采取基本安全措施

工作场所的基本安全措施是保证安全的物质基础。基本安全措施包括以下几条：

(1) 工作室电源符合电气安全标准。

(2) 工作室总电源上装有漏电保护开关。

(3) 使用符合安全要求的低压电器(包括电线、电源插座、开关、电动工具、仪器仪表等)。

(4) 工作室或工作台上有便于操作的电源开关。

(5) 从事电力电子技术工作时，工作台上应设置隔离变压器。

(6) 调试、检验较大功率的电子装置时，工作人员不少于两人。

3. 养成安全操作习惯

习惯是一种下意识的、不经思索的行为方式。安全操作习惯可以经过培养逐步形成使操作者终身受益。根据经验，主要安全用电操作习惯有以下几种：

(1) 人体触及任何电气装置和设备时先断开电源。断开电源一般指真正脱离电源(例如拔下电源插头，断开刀闸开关或断开电源连接)，而不仅仅是断开设备电源开关。

(2) 测试、装接电力线路采用单手操作。

(3) 当操作交流电时，穿上橡胶鞋或者站在绝缘体(例如橡胶板或木质品)上。

(4) 当操作交流电时，避免自己处于危险的位置上，因为万一由于触电而使肌肉产生痉挛，往往摔伤比触电本身更严重。

(5) 触及电路的任何金属部分之前都应进行安全测试。

2.1.2 机械损伤

电子产品组装工作中机械损伤比在机械加工中少得多，但是如果放松警惕、违反安全规程仍然存在一定危险。例如使用螺丝紧固螺钉可能打滑伤及自己的手，剪短印制电路板上元件引线时，线段飞射打伤眼睛等事故都曾发生。而这些事故如果严格遵守安全制度和操作规程，树立牢固的安全保护意识，是完全可以避免的。

2.1.3 防止烫伤

烫伤在电子装接工作中是频繁发生的一种安全事故，这种烫伤一般不会造成严重后果，但也会给操作者造成伤害。只要注意操作安全，烫伤完全可以避免。造成烫伤的原因及防止措施有以下几种。

1. 接触过热固体

(1) 电烙铁和电热风枪，特别是电烙铁表面温度可达 400～500 ℃，而人体所能耐受的温度一般不超过 50 ℃，直接触及电烙铁头肯定会造成烫伤。工作中烙铁应放置在烙铁架并置于工作台右前方。观测烙铁温度可用烙铁头溶化松香，不要直接用手接触烙铁头。

(2) 电路中发热电子元器件，如变压器、功率器件、电阻、散热片等，特别是电路发生故障时有些发热器件可达几百摄氏度高温，如果在通电状态下触及这些元器件不仅可能造成烫伤，还可能有触电危险。

2. 过热液体烫伤

电子装接工作中接触到的主要有溶化状态的焊锡及加热溶液（如腐蚀印制电路板时加热腐蚀液）。

3. 电弧烫伤

准确地讲应称为“烧伤”，因为电弧温度可达数千摄氏度，对人体损伤极为严重。电弧烧伤常发生在操作电气设备过程中，例如较大功率的电器（特别是电感性负载，例如电机、变压器等）不通过启动装置而直接接到刀闸开关上，由于电路感应电动势刀闸开关之间可产生数千甚至上万伏电压，足以击穿空气而产生强烈电弧。

2.1.4 电子实习实训教学场所安全要求

电子实习实训教学场所应该满足安全必须的要求，确保学生不受伤害或尽可能地减小伤害。具体要求简单叙述如下：

(1) 使用面积与安全通道：实习实训基地应根据师生的健康、安全和设备配置要求，确定其使用面积与安全通道，并符合国家相关规定。

(2) 采光：实训室的采光应按照 GB/T 50033—2013 的有关规定。

(3) 照明：实习实训室的照明要求符合 GB 50034—2013 的有关规定。

(4) 通风：应符合 GBJ16 的有关要求，有条件应配置抽风装置或烟雾过滤器。

(5) 电气安装：应符合 GB 16895 的有关规定，配置标准漏电保护器。

(6) 消防：应符合 GBJ16 的有关规定，配备足够的电气灭火器材。

(7) 安全标志：应符合 GB 2893—2008、GB 2894—2008 的有关要求。

(8) 安全与卫生：应符合 GBZ 1—2010 的有关要求；各种仪器设备的安装使用符合国家或行业标准。

(9) 室内应有明确实习实训安全规程的公告板，并配置于醒目位置。

(10) 配备小药箱(包括外伤和烫伤药品等)。

2.2 电气事故与防护

电气事故种类繁多，一般常见事故可归纳为人身安全、实验设备安全和电气火灾三大类。

2.2.1 人身安全

安全保护首先保护人身安全。随着自动化程度以及人们生活水平的提高，各类电气设备广泛进入企业、社会和家庭生活中，与此同时，在生产生活中，使用电气设备所带来的不安全事故也不断发生。因此，学习安全用电基本知识，掌握常规触电防护技术，是保证用电安全的有效途径。

人体本身就一个导体，所以人体也是可以导电的。电流经过人体会对人身造成伤害，这就是所谓的触电。并且，触电事故是没有任何预兆的，一旦发生，立刻就会产生严重的后果，而且很难自救。

1. 触电危害

触电是指人体触及带电体后，电流对人体造成的伤害。触电对人体造成的危害主要有两种，即电击和电伤。

1) 电击

电击是指电流通过人体内部，严重干扰人体正常的生物电流，破坏人体内部组织，影响呼吸系统、心脏及神经系统的正常功能，严重时甚至危害生命。

2) 电伤

电伤是电流的热效应、化学效应、机械效应及电流本身作用造成的人体外表创伤。电伤会在人体皮肤表面留下明显的伤痕，常见的有灼伤、电烙伤和皮肤金属化等现象。在触电事故中，电击和电伤常会同时发生。一般来讲，电伤是非致命的，真正对人体有危险的是电击。

2. 影响触电危险程度的因素

1) 人体电阻

人体电阻是不确定的电阻，皮肤干燥时一般为 100 kΩ 左右，而一旦潮湿可降到 1 kΩ。人体不同，对电流的敏感程度也不一样，一般地说，儿童较成年人敏感，女性较男性敏感。患有心脏病者，触电后的死亡可能性就更大。

2) 电流大小对人体的影响

设人体与大地接触良好，土壤电阻忽略不计，由于人体电阻比中性点工作接地电阻大得多，加于人体的电压几乎等于电网相电压，这时流过人体的电流为：

$$I_b = \frac{U_\varphi}{R_b + R_0} \tag{2-1}$$

式中：U_φ——电网相电压(V)；

R_0——电网中性点工作接地电阻(Ω)；

R_b——人体电阻(Ω)；

I_b——流过人体的电流(A)。

由此，通过人体的电流 I_b 越大，人体的生理反应就越明显，感应就越强烈，引起心室颤动所需的时间就越短，致命的危害就越大。按照通过人体电流的大小和人体所呈现的不同状态，电流对人体的作用大致可分为下列三种，如表 2-1 所示。

表 2-1　电流对人体作用情况

直电流/mA	对人体的作用	类　型
1～4	有刺激感，电疗仪器取此电流	感觉电流
5～9	感到痛苦，但可自行摆脱	摆脱电流
10～50	引起肌肉痉挛，时间长有危险	摆脱电流
50～100	呼吸麻痹，心房开始震颤，强烈的热感觉，呼吸困难	摆脱电流
100～250	强烈痉挛/失去知觉/心脏停止	致命电流

① 感觉电流：能引起人感觉到的最小电流值。

② 摆脱电流：人体触电后能自主摆脱电源的最大电流。

③ 致命电流：在较短的时间内危及生命的电流。

总之，通过人体的电流越强，触电死亡的时间越短。在有防止触电保护装置的情况下，人体允许通过的电流一般可按 30 mA 考虑。

3）电流的类型

工频交流电的危害性大于直流电，因为交流电主要是麻痹破坏神经系统，往往难以自主摆脱。一般认为 40～60 Hz 的交流电对人最危险。随着频率的增加，危险性将降低。当电源频率大于 2000 Hz 时，所产生的损害明显减小，但高压高频电流对人体仍然是十分危险的。

4）电流的作用时间

人体触电，通过电流的时间越长，越易造成心室颤动，生命危险性就越大。据统计，触电 1～5 min 内急救，90%有良好的效果，10 min 内 60%救生率，超过 15 min 希望甚微。

触电保护器的一个主要指标就是额定断开时间与电流乘积小于 30 mA·s。实际产品一般额定动作电流 30 mA，动作时间 0.1 s，故小于 30 mA·s 可有效防止触电事故。

5）电流路径

电流通过头部可使人昏迷；通过脊髓可能导致瘫痪；通过心脏会造成心跳停止，血液循环中断；通过呼吸系统会造成窒息。因此，从左手到胸部是最危险的电流路径，从手到手、从手到脚也是很危险的电流路径，从脚到脚是危险性较小的电流路径。

6）安全电压

安全电压是指人体不戴任何防护设备时，触及带电体不致受电击或电伤的电压。安全电压的上限值(50 V)＝人体电阻下限值(1000 Ω)×致命电流值(50 mA)。

国家标准制定了安全电压系列，称为安全电压等级或额定值，这些额定值指的是交流有效值，有 42 V、36 V、24 V、12 V、6 V 等几种。

3. 常见的触电方式

1）单极触电

当人站在地面上或其他接地体上，人体的某一部位触及一相带电体时，电流通过人体流入大地(或中性线)，称为单极触电，如图 2-1、图 2-2 所示。

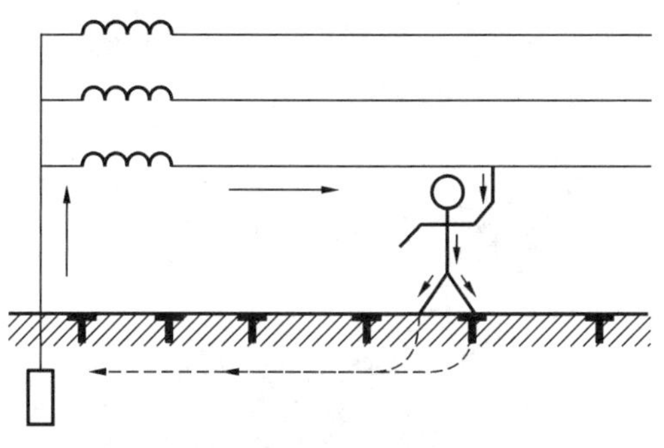
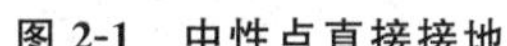
图 2-1 中性点直接接地

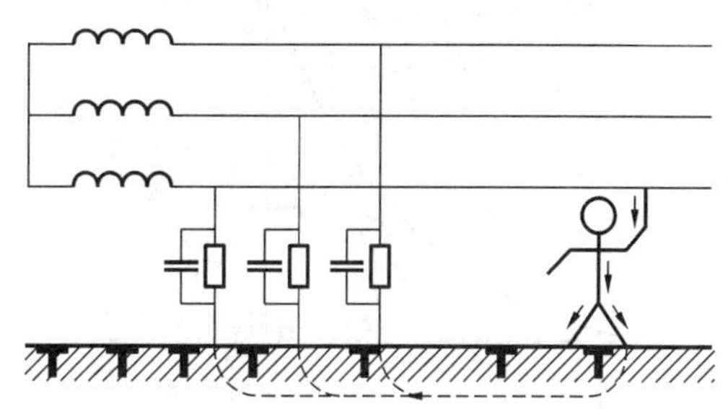
图 2-2 中性点不直接接地

注意事项 一般情况下，接地电网的单极触电中，直接接地比不直接接地电网的危险性大。因此，在生活、工作中，要避免单极触电，操作时必须穿上胶鞋或站在干燥的木凳上。

2）双极触电

双极触电是指人体两处同时触及同一电源的两相带电体，以及在高压系统中，人体距离高压带电体小于规定的安全距离，造成电弧放电时，电流从一相导体流入另一相导体的触电方式，如图 2-3 所示。两相触电加在人体上的电压为线电压，因此不论电网的中性点接地与否，其触电的危险性都最大。

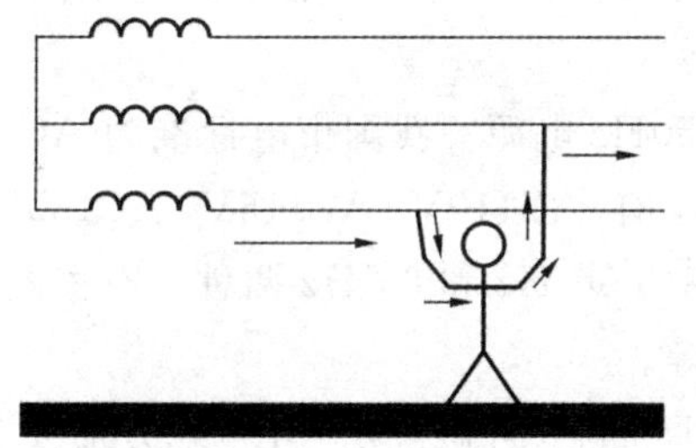
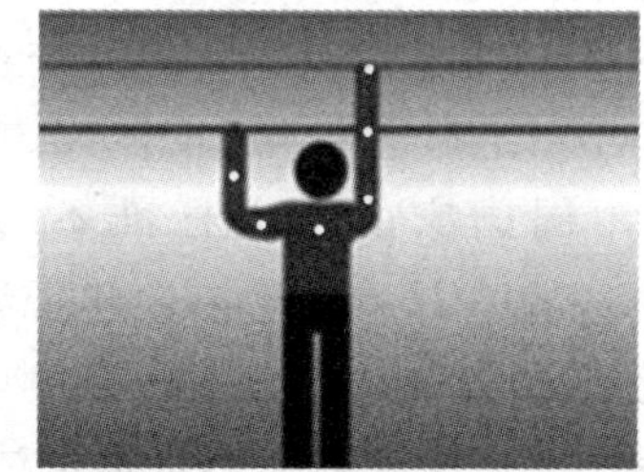
图 2-3 双极触电

注意事项 一旦出现双极触电情况，为救触电者，必须立即断开电源！

3）跨步电压触电

当带电体接地时有电流向大地流散，在以接地点为圆心、半径为 20 m 的圆面积内形成分布电位。人站在接地点周围，两脚之间（以 0.8 m 计算）的电位差称为跨步电压 U_k，如图 2-4 所示，由此引起的触电事故称为跨步电压触电。高压故障接地处，或有大电流流过的接地装置附近都可能出现较高的跨步电压。离接地点越近、两脚距离越大，跨步电压值就越大。一般 10 m 以外就没有危险。

4）剩余电荷触电

剩余电荷触电是指当人触及带有剩余电荷的设备时，带有电荷的设备对人体放电造成的触电事故。设备带有剩余电荷，通常是由于检修人员在检修中摇表测量停电后的并联电容器、电力电缆、电力变压器及大容量电动机等设备时，检修前后没有对其充分放电所造成的。

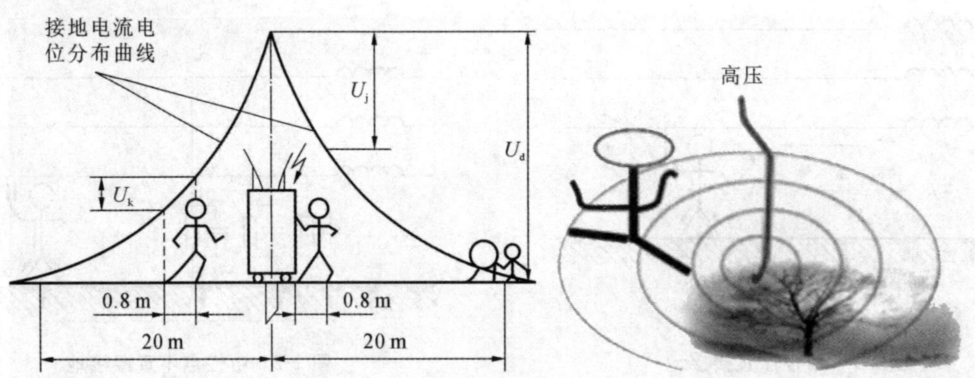

图 2-4　跨步电压触电

2.2.2　实验设备安全

在现代的生活、生产中存在着大量的电气设备，这些设备都需要电提供能源，因此各行各业的各种不同设备都有其安全使用问题。我们在这里讨论的，仅限于实验室的用电仪器、设备安全使用及最基本的安全常识。

1. 实验设备接电前检查

将用电设备接通电源，看似再简单不过了，其实不然。有的比较昂贵的仪器设备，可能因处理不当，在接通电源的一瞬间变成废物；有的设备本身故障会引起整个供电网异常，造成难以挽回的损失，甚至危及生命财产安全。

仪器设备不一定都是接 AC(交流)220V/50Hz 电源。我国市电标准为 AC220V/50Hz，但是世界上不同国家的市电标准不一样，有 AC110V、AC115V、AC120V、AC127V、AC225V、AC230V、AC240V 等电压，电源频率由 50 Hz 和 60 Hz 两种。有些小型电气设备要求低压直流(DC)如 DC5V、DC9V、DC18V 等。

环境电源不一定都是 220 V，特别是对工厂企业、科研院所，有些地方需要 AC380V，有些地方需要 AC36V，有些地方可能需要 DC12V。

总之，不管是新仪器设备还是使用过的仪器设备，都要仔细阅读产品说明或者产品上的标签，查看清楚电源供电要求及仪器设备的线路是否有问题，即使是一台合格产品，在运输过程中也有可能出现问题。

设备接电前“三查”准备工作：

1）查设备铭牌

按照国家用电设备相关标准，设备都应在醒目处有该设备要求电压、频率、电源容量的铭牌或标志，有的设备配有详细的说明书。

2）查环境电源

电源容量是否与设备吻合。

3）查设备本身

电源线是否完好，外壳是否带电。一般用万用表对用电设备进行如图 2-5 所示的简单检测。

2. 设备使用异常的处理

用电设备在使用中可能发生以下几种异常情况：

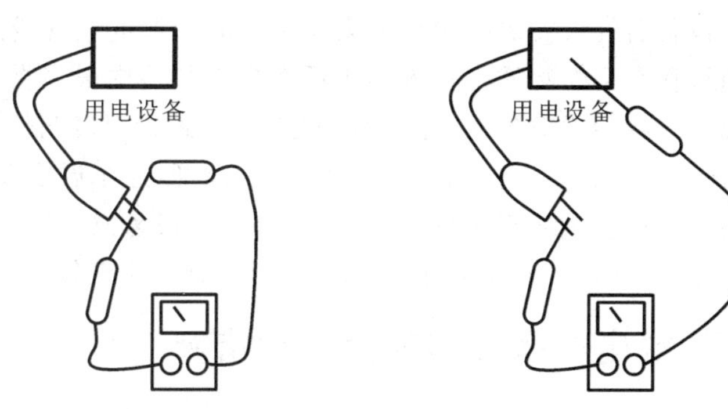

图 2-5 用万用表检测用电设备

(1) 设备外壳或手持部位有麻电感觉。

(2) 开机或使用中熔断丝烧断。

(3) 出现异常声音,如噪声加大、有内部放电声、电机转动声音异常等。

(4) 异味,最常见的为塑料味、绝缘漆挥发出的气味甚至烧焦的气味。

(5) 机内打火,出现烟雾。

(6) 有些指示仪表数值突变,超出正常范围。

对异常情况的处理办法:

(1) 凡遇上述异常情况之一,应尽快断开电源,拔下电源插头,对设备进行检修。

(2) 对烧坏熔断器的情况,决不允许换上大容量熔断器工作,一定要查清原因后再换上同规格熔断器。

(3) 及时记录异常现象及部位,避免检修时再通电。

(4) 对有麻电感觉但未造成触电的现象不可忽视。这种情况往往是绝缘受损但未完全损坏,相当于电路中串联了一个大电阻,暂时未造成严重后果,但随着时间的推移,绝缘逐渐完全破坏,电阻急剧减小,危险增大,因此必须及时检修。

2.2.3 电气火灾

火灾是造成人们生命和财产损失的重大灾害。随着现代电气化程度的日益提高,在火灾事故总数中,电气火灾所占比例不断上升。而且随着城市化进程的加快,电气火灾损失的严重性也逐渐上升,研究电气火灾原因及其预防意义重大。

据统计,目前电气火灾发生原因集中在电气线路和电器设备两个方面。

1. 电气线路

(1) 建筑电气线路容量不足,经过长时间的使用,电线绝缘层部分可能已老化破损,造成漏电、短路、超负荷,引起火灾。

(2) 电线连接不规范,敷设线路时电线接头技术处理不符合技术要求,由于电线表面氧化、松动、接触不良引起局部过热,引燃周围可燃物。

(3) 乱接临时线和使用劣质插座板导致电气短路或异常高温进而产生火灾。

2. 电器设备

(1) 电热器使用后未断电,接触或附近有易燃物质引发火灾。

(2) 电器受潮,产生漏电打火,从而引发火灾。

(3) 电器质量低劣、发热过高且绝缘隔热、散热效果差而引起火灾。

电气线路和电器设备引发火灾的直接导火索是上述有问题的电气线路或电器设备，直接接触可燃物质或附近存在可燃物质。在人们生活和生产环境中很多物质都是可燃的，当它们被加热到一定温度时就会燃烧起来，这个能燃烧起来的最低温度叫作自燃温度，又叫自燃点。许多固体、液体物质的自燃点很低，只有一百多摄氏度，这个温度在电气线路和电器设备故障中很容易达到。可燃气体不仅见明火就燃烧，而且极易发生爆炸，引发严重后果。有些固体物质达到自燃温度时，会分解出可燃气体，可燃气体与空气发生氧化而燃烧。

2.3 常见的触电类型及其安全保护措施

2.3.1 常见的触电类型

根据前面介绍的触电方式和保护接地、保护接零中需要注意的问题，可归纳出日常和工作中常见的触电有以下几个原因。

(1) 火线的绝缘皮破坏，其裸露处直接接触了人体，或接触了其他导体，间接接触了人体。

(2) 潮湿的空气导电，不纯的水导电，湿手触开关。

(3) 电气外壳未按要求接地，其内部火线外皮破坏接触了外壳。

(4) 零线与前面接地部分断开以后，与电器连接的原零线部分通过电器与火线连接转化成了火线。

(5) 人站在绝缘物体上，却用手扶墙或其他接地导体。

(6) 人站在木桌、木椅上，而木桌、木椅却因潮湿等原因转化成为导体。

2.3.2 防止触电的安全意识和原则

1. 用电设备接通之前的四项检查

(1) 查电源线有无破损。

(2) 查插头有无内部松动，在不带电的条件下插入插座后其插头有无外露金属。

(3) 查插头的 N 极与 L 极有无短路，它们与用电设备的金属外壳有无通路。

(4) 查用电设备所需电压值是否与供电电压相符。

2. 日常用电原则

(1) 不接触低压带电体。

(2) 不靠近高压带电体。

3. 焊装实习安全规则

(1) 不要惊吓正在操作的人员，不要在工作场所打闹。

(2) 烙铁头在没有确信脱离电源时，不能用手摸。

(3) 烙铁头上多余的焊锡不要乱甩，以免烫伤他人，特别是往身后甩危险更大。

(4) 易燃品远离电烙铁。

(5) 拆焊有弹性的元器件时，不要离焊点太近，并将可能弹出焊锡的方向向外。

(6) 插拔电烙铁等电路的电源插头时，要手拿插头，不可抓电源线向外拔。

(7) 用螺丝刀拧紧螺钉时，另一只手不要握在螺丝刀刀口方向。

(8) 用剪线钳剪掉过长引线时，要让导线朝工作台或空地飞出，以免飞出伤人。

(9) 讲究文明工作，各种工具设备摆放合理、整齐。

2.3.3 防止触电的技术措施

1. 绝缘

(1) 绝缘,是为防止人体触及,用绝缘物把带电体封闭起来。瓷、玻璃、云母、橡胶、木材、胶木、塑料、布、纸和矿物油等都是常用的绝缘材料。应当注意,很多绝缘材料受潮后会丧失绝缘性能或在强电场作用下会遭到破坏,丧失绝缘性能。

(2) 屏护,即采用遮拦、护罩、护盖箱闸等把带电体同外界隔绝开来。电气开关的可动部分一般不能使用绝缘,而需要屏护。高压设备不论是否有绝缘,均应采取屏护。

(3) 间距,就是保证必要的安全距离。间距除用来防止触及或过分接近带电体外,还能起到防止火灾、防止混线、方便操作的作用。在低压工作中,最小检修距离应不小于 0.1 m。

2. 接地和接零

把电气设备的金属外壳及与外壳相连的金属构架用接地装置与大地可靠地连接起来,以保证人身安全的保护方式,叫保护接地,简称接地。把电气设备的金属外壳及与外壳相连的金属构架与中性点接地的电力系统的零线连接起来,以保护人身安全的保护方式,叫保护接零(也叫保护接中线),简称接零。

保护接地一般用在 1000 V 以下的中性点不接地的电网与 1000 V 以上的电网中。保护接零一般用在 1000 V 以下的中性点接地的三相四线制电网中,目前供照明用的 380/220 V 中性点接地的三相四线制电网中广泛采用保护接零措施。在中性点不接地的系统中,假设电动机的 A 相绕组因绝缘损坏而碰触金属外壳,外壳带电,如图 2-6 所示,在没有保护接地的情况下,当人体接触外壳时,电流经过人体和另外两根火线的对地绝缘电阻 R_e、R_c(如果导线很长,还要考虑导线与大地间的电容)而形成回路。如果另外两根火线对地绝缘不好,流过人体的电流会超过安全限度而发生危险。在有保护接地的情况下,当人体接触带电的外壳时,电流在 A 相碰壳处分为两路,一路经接地装置的电阻 R_d,一路经人体电阻 R_r,这两路汇合后再经另外两根火线的对地绝缘电阻 R_e 和 R_c 形成回路。由于 $R_e \ll R_r$,所以通过人体的电流很小,这就避免了触电危险。

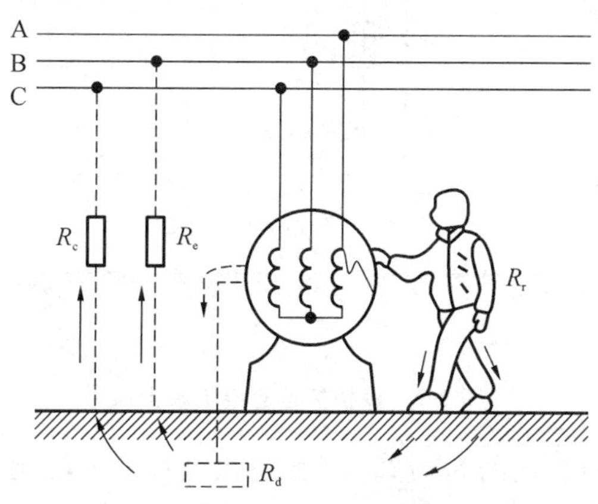

图 2-6　保护接地示意图

根据电气安装规程规定,在 1000 V 以下中性点接地系统中,用电设备不允许采用保护接地,如图 2-7 所示。这是因为当某一相绝缘破损与金属外壳接触时,电流 I_d 便会经过大地回到变压器的中性点,而这时流过保险丝的电流很可能小于保险丝的熔断电流,保险丝不断,金属外壳仍与电源相连。金属外壳对地的电压 U_d 等于 I_d 在 R_d 上的电压降,而 $I_d=$

$U_{相}/(R_0+R_d)$，$U_d=U_{相}R_d/(R_0+R_d)$。在一般三相四线制系统中，$U_{相}$ 是 220 V，R_0 约 4 Ω，R_d 通常都超过 4 Ω，即使 R_d 与 R_0 一样，也按 4 Ω 计，金属外壳的对地电压也为 110 V，超过安全电压。

在 1000 V 以下中性点接地系统中，应该采取如图 2-8 所示的保护接零，一旦某一根绝缘破损与金属外壳接触，就会形成单相短路，电流很大，于是保险丝熔断（或自动开关自动切断电路），电动机脱离电源，从而避免了触电危险。

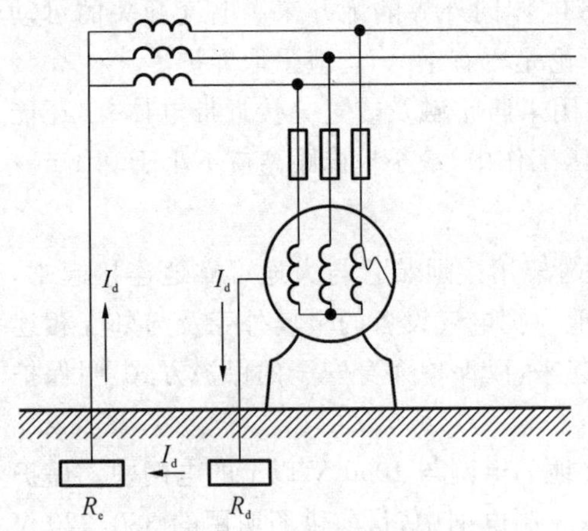

图 2-7　中性点接地系统不允许采用保护接地

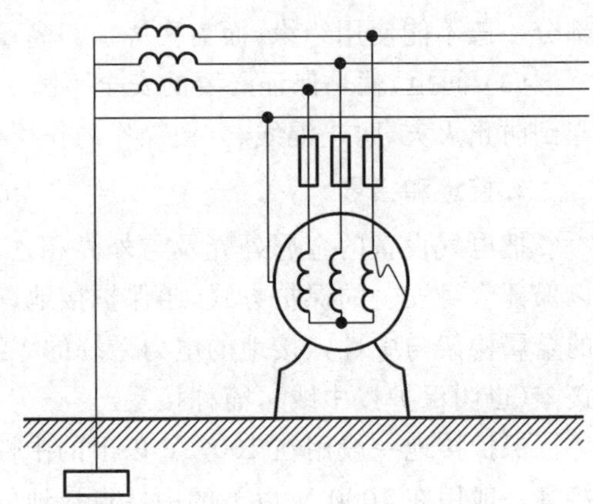
图 2-8　保护接零

许多单相家用电器的电源线接到三脚插头上，三脚插头的粗脚连着家用电器的金属外壳。这种插头要插到单相三孔插座上，插座的粗孔应该用导线与电源的中线相连。绝不允许在插座内将粗孔与接工作中线的孔相连。因为一旦用电器的工作中线断线，如图 2-9 所示，发生外壳带电时，保险丝不熔断，而会引起触电事故。

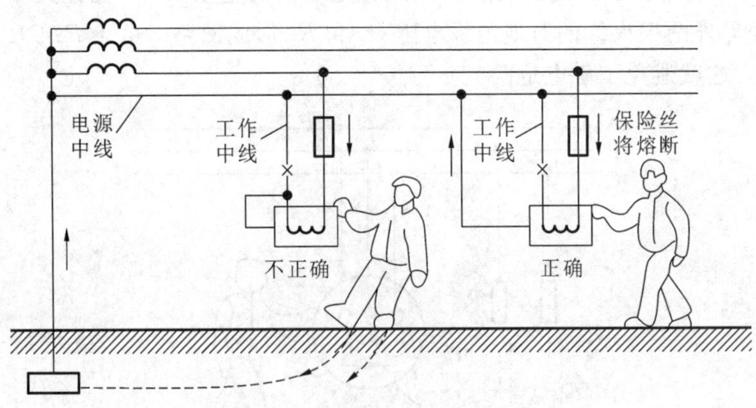

图 2-9　保护接零应接电源中线

在三相四线制中性点接地的 380/220 V 照明供电系统中，由于普遍采用保护接零。若保护接零的中线切断，可能造成触电事故，所以一般只在相线上装熔断器，不允许在中线上装熔断器。但是单相双线照明供电线路，由于接触的大多数是不熟悉电气的人，有时由于修理或延长线路而将中线和相线接错，所以中线和相线上都接保险丝（熔断器）。

3. 装设漏电保护装置

为了保证在故障情况下人身和设备的安全，应尽量装设漏电流动作保护器。它可以在设备及线路漏电时通过保护装置的检测机构转换取得异常信号，经中间机构转换和传递，然后促使执行机构动作，自动切断电源，起到保护作用。

4. 采用安全电压

这是用于小型电气设备或小容量电气线路的安全措施。根据欧姆定律，电压越大，电流也就越大。因此，可以把可能加在人身上的电压限制在某一范围内，使得在这种电压下，通过人体的电流不超过允许范围，这一电压就叫作安全电压。

5. 合理选用电器装置

电器、照明设备、手持电动工具以及通常采用单相电源供电的小型电器，有时会引起火灾，其原因通常是电气设备选用不当或由于线路年久失修、绝缘老化造成短路，或由于用电量增加、线路超负荷运行、维修不善导致接头松动，电器积尘、受潮，热源接近电器，电器接近易燃物和通风散热失效等。其防护措施主要是合理选用电器装置。例如：在干燥少尘的环境中，可采用开启式和封闭式；在潮湿和多尘的环境中，应采用封闭式；在易燃易爆的危险环境中，必须采用防爆式。防止电气火灾，还要注意线路电器负荷不能过高，电器设备安装位置距易燃、可燃物不能太近，注意电器设备运行是否异常，注意防潮等。

6. 雷电的防护

雷电危害的防护一般采用避雷针、避雷器、避雷网、避雷线等装置将雷电直接导入大地。避雷针主要用来保护露天变配电设备、建筑物和构筑物，避雷线主要用来保护电力线路，避雷网和避雷带主要用来保护建筑物，避雷器主要用来保护电力设备。

7. 电磁危害的防护

电磁危害的防护一般采用电磁屏蔽装置。高频电磁屏蔽装置可由铜、铝或钢制成。金属或金属网可有效消除电磁场的能量，因此可以用屏蔽室、屏蔽服等来防护。屏蔽装置应有良好的接地装置，以提高屏蔽效果。

2.3.4 触电急救

一旦发生触电，应尽快采取现场急救，具体方法可参考如下。

1. 切断电源

发生触电事故时，首先要马上切断电源，使人脱离电流损害的状态，这是抢救成功的首要因素。

(1) 出事附近有电源开关或电源插头时，可立即将闸刀打开，将插头拔掉，以切断电源。

(2) 当带电的导线触及人体引起触电时，如果无法采用其他方法使人体脱离电源，可用绝缘的物体(如木棒、竹竿、手套等)将导线移掉。

(3) 必要时可用绝缘工具(如带有绝缘柄的电工钳、木柄斧头以及锄头等)切断电源。

2. 简单诊断救护

当伤员脱离电源后，应立即检查伤员全身情况，特别是呼吸和心跳，发现呼吸、心跳停止时，应立即就地抢救。

(1) 轻症，即神志清醒，呼吸心跳均自主者，就地平卧，严密观察，暂时不要站立或走动，防止继发休克或心衰。

(2) 呼吸停止，心跳存在者，就地平卧，解松衣扣，通畅气道，立即进行口对口人工呼吸。

(3) 心跳停止，呼吸存在者，应立即做胸外心脏按压。

(4) 呼吸、心跳均停止者，则应在人工呼吸的同时施行胸外心脏按压。现场抢救最好两人分别施行口对口人工呼吸及胸外心脏按压，以 1∶5 的比例进行，即人工呼吸 1 次，心脏按压 5 次。如此交替进行，一直坚持到医务人员到现场接替抢救。

(5) 处理电击伤时，应注意有无其他损伤。如触电后弹离电源或自高空跌下，常并发颅脑外伤、血气胸、内脏破裂、四肢和骨盆骨折等。如有外伤、灼伤，均需同时处理。

(6) 现场抢救中，不要随意移动伤员，若确需移动，抢救中断时间不应超过 30 s。移动伤员或将其送医院，除应使伤员平躺在担架上并在背部垫以平硬阔木板外，应继续抢救，心跳、呼吸停止者要继续人工呼吸和胸外心脏按压，在医院医务人员未接替前救治不能中止。

思 考 题

1. 发现有人触电应如何抢救？在抢救时应注意什么？
2. 什么叫短路？造成短路的主要原因有哪些？怎样防止短路火灾？
3. 什么叫跨步电压？用图描述。
4. 什么叫漏电？漏电怎么会引起火灾？如何防范漏电？
5. 实验中应该遵守哪些操作安全守则？如何保护自己的人身安全？

第3章 电子装配常用工具与仪器

 3.1 常用五金工具

在组装电子整机产品时，特别是在安装、修整机箱中的机械结构和金属部件的过程中，经常要用到各种五金工具，如各种钳子、螺丝刀、扳手、锉刀和量具（钢板尺、盒尺和卡尺）。在研制电子样机时，还可能需要使用以下设备或工具：手电钻、台钻、微型钻、各种规格的麻花钻头、样冲、丝锥、丝锥绞杠、圆板牙、圆板牙绞手、钳桌、台虎钳、手虎钳、手锤、手锯、平台及画线工具、钣金剪、铁圆规、砂轮、砂纸、油石、磨刀石、棕毛刷、搪瓷皿、吹风机等。有条件的，还应该配备小型仪表机床。上述工具的使用方法，应该在金工实习中学会掌握，不再赘述。这里仅对在印制电路板上装配元器件时所用的工具进行简单的介绍。

3.1.1 钳子

1. 斜口钳

斜口钳也叫偏口钳，可以用于剪断导线或其他较小金属塑料等物件，如图 3-1(a)所示。

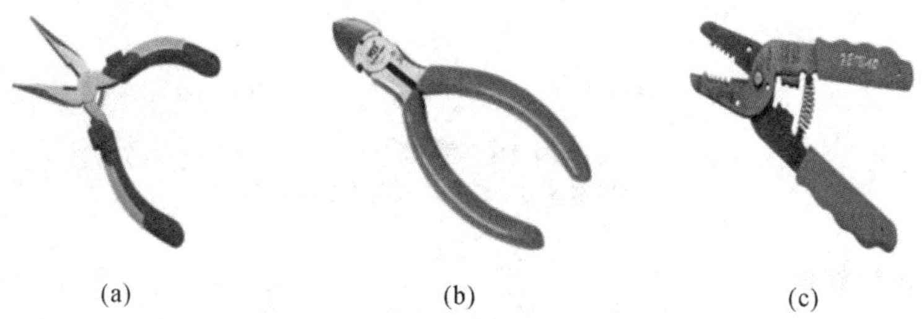

(a) (b) (c)

图 3-1 斜口钳、尖嘴钳、剥线钳

(a) 斜口钳 (b) 尖嘴钳 (c) 剥线钳

并拢斜口钳的钳口，应该没有间隙，在印制板装配焊接以后，使用斜口钳剪断元器件的多余引线比较方便。

2. 尖嘴钳

如图 3-1(b)所示，尖嘴钳的钳口形状有平口和圆口两种，一般用来处理小零件，如导线打圈、小直径导线的弯曲，适合在其他工具难于达到的部位进行操作。但不能用于扳弯粗导线，也不能用来夹持螺母。

3. 剥线钳

如图 3-1(c)所示，剥线钳适用于剥去导线的绝缘层。使用时，将需要剥皮的导线放入合适的槽口，特别注意剥皮时不能剪断或损伤导线。剥线钳剪口的槽并拢以后应为圆形。

3.1.2 螺丝刀

螺丝刀是一种用来拧转螺丝钉以迫使其就位的工具，通常有一个薄楔形头，可插入螺丝钉头的槽缝或凹口内——京津冀鲁晋豫和陕西方言称为“改锥”，安徽和湖北等地称为“起子”，中西部地区称为“改刀”，长三角地区称为“旋凿”。主要有一字（负号）和十字（正号）两种。常见的还有六角螺丝刀，包括内六角和外六角两种。

无论使用哪种螺丝刀，都要注意根据螺钉尺寸合理选择。一般只能用手拧螺丝刀，不能外加工具扳动旋转，也不应该把螺丝刀当成撬棍或凿子使用。在电气装配中常用的螺丝刀具有如下特点：

(1) 螺丝刀手柄绝缘良好，通常用塑料制成。

(2) 有些螺丝刀旋杆的端部经过磁化处理，可以利用磁性吸起小螺钉，便于装配操作。

1. 普通螺丝刀

如图 3-2(a)所示，普通螺丝刀就是头柄造在一起的螺丝批，容易准备，只要拿出来就可以使用，但由于螺丝有很多种不同长度和粗度，有时需要准备很多支不同的螺丝批。

2. 带试电笔的螺丝刀

电工等操作人员使用这种改锥非常方便，既可以用它来指示工作对象是否带电，还能用来旋转小螺钉。试电笔常见的有氖泡指示和液晶指示两种，如图 3-2(b)所示。它们的共同特点是在测电回路中串联有一个兆欧级的电阻，把检测电流限制在安全范围内。

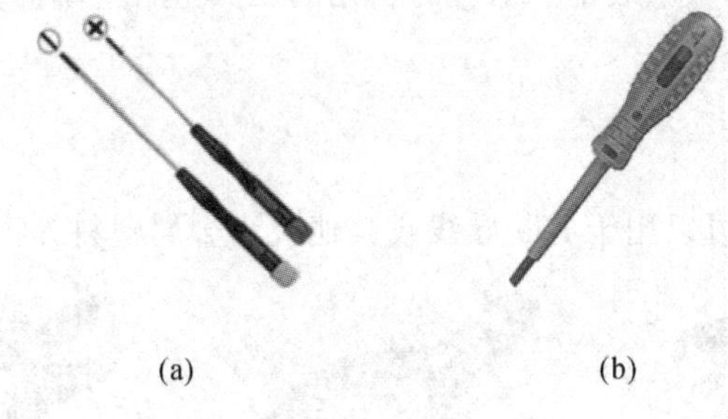

(a)　　(b)

图 3-2　螺丝刀

(a) 普通螺丝刀　(b) 带试电笔的螺丝刀

3. 半自动螺钉旋具

半自动螺钉旋具又称半自动螺丝刀，外形如图 3-3(a)所示。半自动螺丝刀具有顺旋、倒旋和同旋三种动作方式。当开关置于同旋挡时，相当于一把普通的螺丝刀；当开关至于顺旋或倒旋位置时，用力顶压旋具，旋杆即可连续顺旋或倒旋。这种螺丝刀适用在批量大、要求一致性强的产品生产中使用。

4. 自动螺钉旋具

自动螺钉旋具有电动和气动两种类型，广泛用于流水生产线上小规格螺钉的装卸。小型自动螺钉旋具如图 3-3(b)所示。这类旋具的特点是体积小、质量轻、操作灵活方便，可以大大减轻劳动强度，提高劳动效率。自动螺钉旋具设有限力装置，使用中超过规定扭矩时会自动打滑，这对在塑料部件上装卸螺钉极为有利。

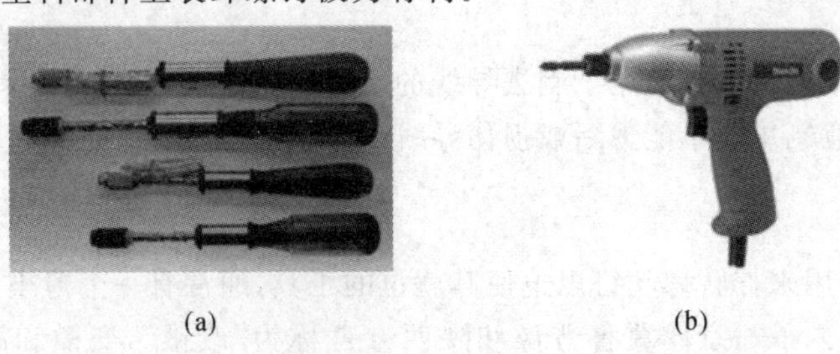

(a)　　(b)

图 3-3　螺钉旋具

(a) 半自动螺钉旋具　(b) 自动螺钉旋具

5. 螺母旋具

螺母旋具如图 3-4 所示，也叫套筒螺丝刀。它用于装卸六角螺母，使用方法与螺钉旋具相同。

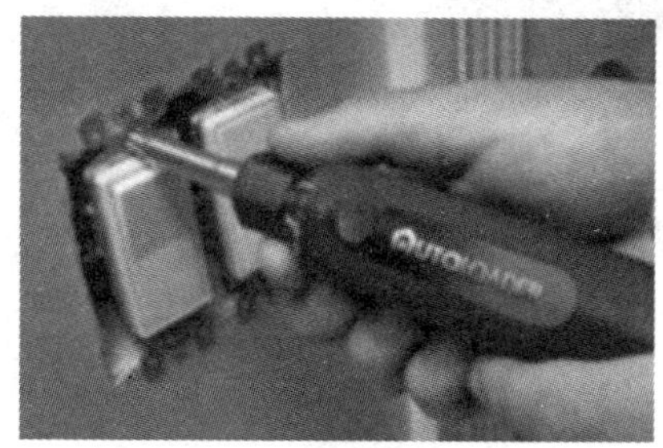

图 3-4　螺母旋具

3.1.3　镊子

镊子适用于夹持细小的元器件和导线，在焊接某些怕热的元器件时，用镊子夹住元器件的引线，还能起到散热的作用。若夹持较大的零件，应该换用头部带齿的大镊子或平口钳。镊子头部出现变形就不好用了。

3.1.4　起拔器

集成电路起拔器用于从集成电路插座上拔下双列直插封装的集成电路芯片，有不同的规格对应于不同封装的芯片。集成电路起拔器的外形如图 3-5 所示。

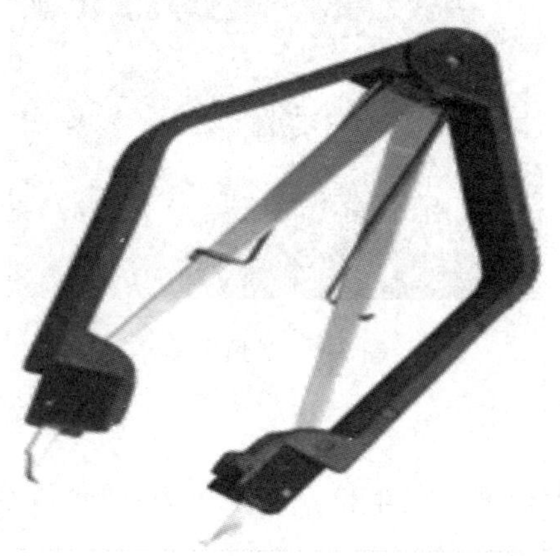

图 3-5　集成电路起拔器

3.1.5　防静电腕带

如图 3-6 所示，防静电腕带的材料是弹性编织物，佩戴在操作人员的手腕上，内侧材料具有导电性。与人的皮肤接触，可以把人体积累的静电通过一个 1 MΩ 的电阻，沿自由伸缩的导线释放到保护零线上。

按照防静电的安全要求，所有在电子产品插装生产线上工作的操作者必须佩戴防静电腕带。佩戴防静电腕带必须注意：

(1) 防静电腕带必须与手腕紧密接触并避免松脱，不要把它套在衣袖上。

(2) 防静电腕带导线另一端的夹头必须在保护零线上固定妥当。安全管理人员要经常检测人手和地面之间的电阻，应该为 0.5～50 MΩ。

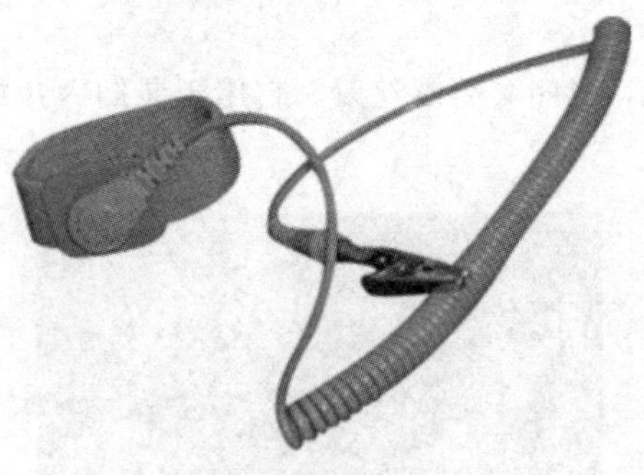

图 3-6 防静电腕带

3.1.6 简单工量具

在企业产品生产过程中，技术工人经常需要借助相应的测量器具对所加工的产品和零件的尺寸和形状进行监控，以保证产品的质量符合设计装配工艺要求。这种用来测量和检验产品的尺寸、形状或性能的工具，称作量具。量具的种类很多，电子工艺实习过程常用的有游标卡尺、钢直尺、千分尺，如图 3-7 所示。钢直尺由于测量误差大，一般不用于精确测量。

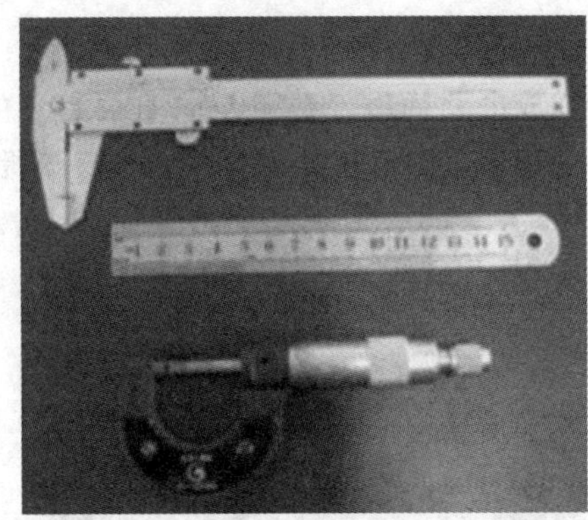

图 3-7 常用量具

1. 长度计量单位

我国采用国际单位作为长度计量单位。主单位为米(m)，常用单位有毫米(mm)、微米(μm)。它们之间的换算关系为：

$$1\ \text{m}=1\times10^{3}\ \text{mm}=1\times10^{6}\ \mu\text{m}$$

我们在电子产品设计时也经常用到英制长度计量单位，它和国际单位之间的换算关系为：

1 英尺(ft)＝12 英寸(in)， 1 in＝25.4 mm

2. 游标卡尺

游标卡尺是一种等精度的量具，测量范围很广，可以测量工件外径、孔径、长度、深度以及沟槽宽度等。

由图 3-8 可以看出，游标卡尺由主尺、副尺、锁紧螺钉、卡脚、探测杆等组成。上端两卡脚可测量孔径、孔距和槽宽等；下端两卡脚可测量外圆、外径和外形长度等；卡尺的尾部还有一根细长的探测杆，用来测量孔和沟槽的深度，如图 3-9 所示。

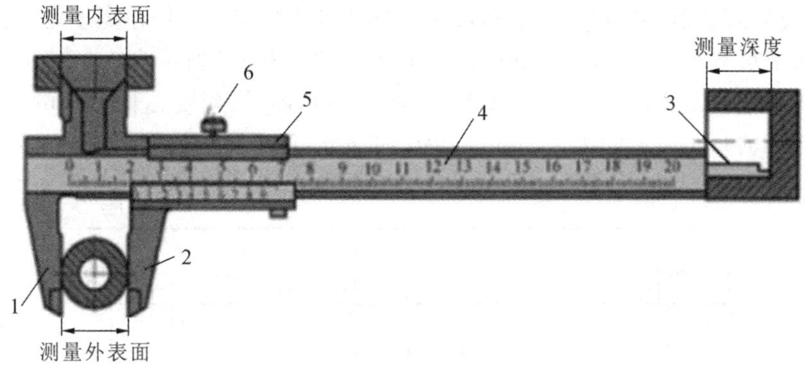

图 3-8 游标卡尺

1—固定卡脚(量爪);2—活动卡脚;3—探测杆;4—主尺;5—副尺;6—锁紧螺钉

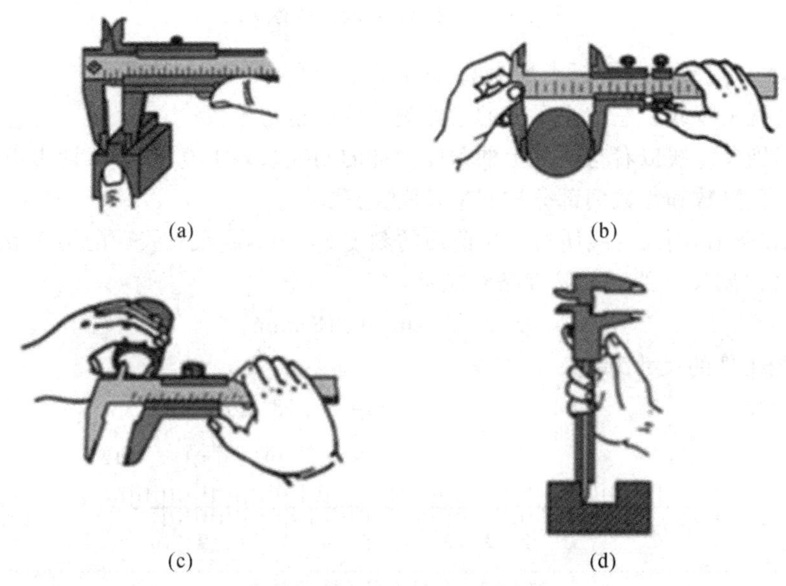

(a) (b) (c) (d)

图 3-9 游标卡尺测量工件示意图

(a) 测量工件宽度 (b) 测量工件外径 (c) 测量工件内径 (d) 测量工件深度

游标卡尺使用时,将卡脚并拢,查看游标和主尺身的零刻度线是否对齐。如果对齐就可以进行测量,如没有对齐则要记取零误差。游标的零刻度线在尺身零刻度线右侧的叫正零误差,在尺身零刻度线左侧的叫负零误差(这种规定方法与数轴的规定一致,原点以右为正,原点以左为负)。测量时,右手拿住尺身,大拇指移动游标,左手拿待测外径(或内径)的物体,使待测物位于外测量爪之间,当与量爪紧紧相贴时,即可读数,如图 3-10 所示。

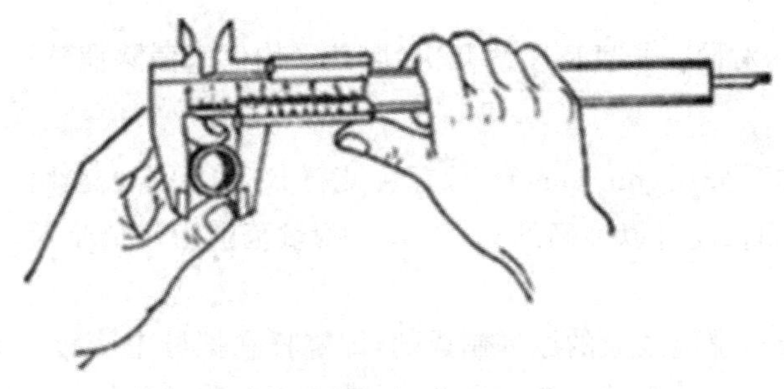

图 3-10 游标卡尺测量示意图

游标卡尺的读数值(测量精度)是指尺身(主尺)与游标(副尺)每格宽度之差。按其测量精度分,游标卡尺有 0.1 mm、0.05 mm、0.02 mm 三种。图 3-8 所示为 0.02 mm 精度的游标卡尺,其刻线原理如图 3-11 所示。主尺上每小格 1 mm,副尺刻度总长 49 mm 并等分为 50 小格,因此副尺的每小格长度为 49 mm/50＝0.98 mm,最小测量精度为:1 mm－0.98 mm＝0.02 mm。

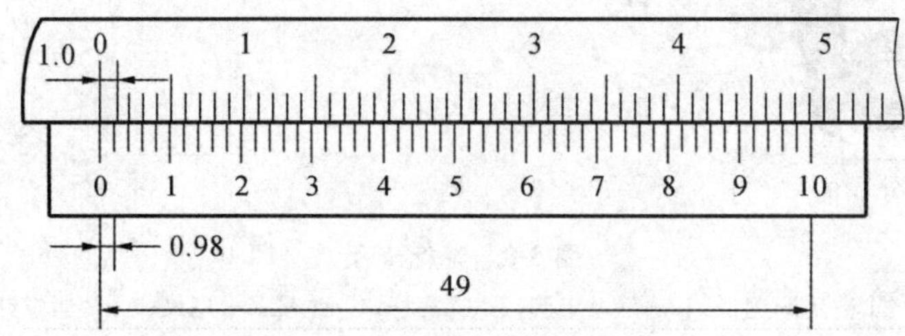

图 3-11　0.02 mm 精度的游标卡尺

以精度为 0.02 mm 的游标卡尺为例,读数方法,可分三步;

(1) 根据副尺零线以左的主尺上的最近刻度读出整毫米数;

(2) 根据副尺零线以右与主尺上的刻度对准的刻线数乘上 0.02 mm 读出小数;

(3) 将上面整数和小数两部分加起来,即为总尺寸。

如图 3-12 所示,副尺 0 线所对主尺前面的刻度 64 mm,副尺 0 线后的第 9 条线与主尺的一条刻线对齐。副尺 0 线后的第 9 条线表示:

$$0.02\times 9\ \text{mm}=0.18\ \text{mm}$$

所以被测工件的尺寸为:

$$64\ \text{mm}+0.18\ \text{mm}=64.18\ \text{mm}$$

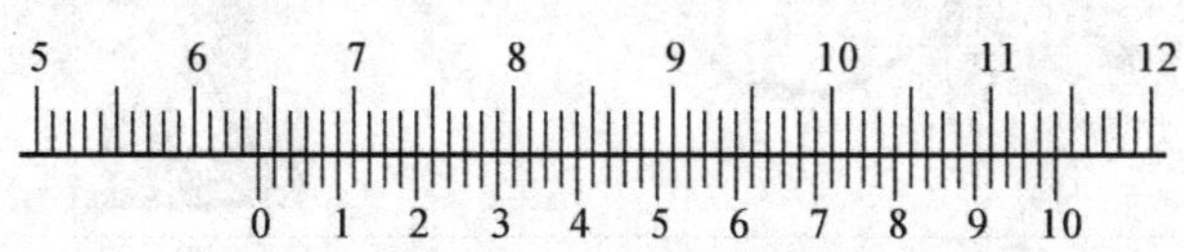

图 3-12　游标卡尺读数示意图

游标卡尺使用时要注意以下几点:

(1) 游标卡尺是比较精密的测量工具,要轻拿轻放,不得碰撞或跌落地下。使用时不要用来测量粗糙的物体,以免损坏量爪,不用时应置于干燥的地方防止锈蚀。

(2) 测量时,应先拧松紧固螺钉,移动游标不能用力过猛。两量爪与待测物的接触不宜过紧。不能使被夹紧的物体在量爪内挪动。

(3) 读数时,视线应与尺面垂直。如需固定读数,可用紧固螺钉将游标固定在尺身上,防止滑动。

(4) 实际测量时,对同一长度应多测几次,取其平均值来消除偶然。

3. 螺旋测微器

螺旋测微器又称千分尺(micrometer)、螺旋测微仪、分厘卡,是比游标卡尺更精密的测量长度的工具,用它测长度可以准确到 0.01 mm,测量范围为几个厘米。螺旋测微器的结构如图 3-13 所示。

螺旋测微器是依据螺旋放大的原理制成的,即螺杆在螺母中旋转一周,螺杆便沿着旋转轴线方向前进或后退一个螺距的距离。因此,沿轴线方向移动的微小距离,就能用圆周上的

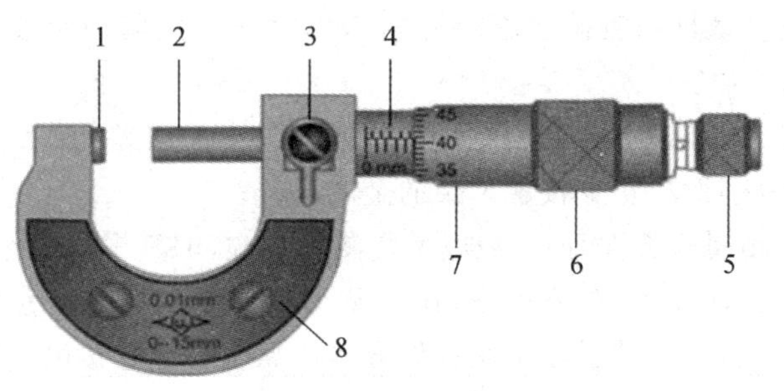

图 3-13　螺旋测微器

1—测砧；2—测微螺杆；3—止动旋钮；4—固定套筒；5—微调旋钮；6—粗调旋钮；7—活动套筒；8—尺架

读数表示出来。螺旋测微器的精密螺纹的螺距是 0.5 mm，可动刻度有 50 个等分刻度，可动刻度旋转一周，测微螺杆可前进或后退 0.5 mm，因此旋转每个小分度，相当于测微螺杆前进或后退 0.5 mm/50＝0.01 mm。可见，可动刻度每一小分度表示 0.01 mm，所以螺旋测微器可准确到 0.01 mm。由于还能再估读一位，可读到毫米的千分位，故又名千分尺。

使用千分尺时先要检查其零位是否校准，因此先松开锁紧装置，清除油污，特别是测砧与测微螺杆间接触面要清洗干净。检查微分筒的端面是否与固定套管上的零刻度线重合，若不重合，应先旋转旋钮，直至螺杆要接近测砧时，旋转测力装置，当螺杆刚好与测砧接触时会听到喀喀声，这时停止转动。如两零线仍不重合（两零线重合的标志是：微分筒的端面与固定刻度的零线重合，且可动刻度的零线与固定刻度的水平横线重合），可将固定套管上的小螺丝松动，用专用扳手调节套管的位置，使两零线对齐，再把小螺丝拧紧。不同厂家生产的千分尺的调零方法不一样，这里仅是其中一种调零的方法。检查千分尺零位是否校准时，要使螺杆和测砧接触，偶尔会发生向后旋转测力装置两者不分离的情形。这时可用左手手心用力顶住尺架上测砧的左侧，右手手心顶住测力装置，再用手指沿逆时针方向旋转旋钮，可以使螺杆和测砧分开。

读数时，先以微分筒的端面为准线，读出固定套管下刻度线的分度值（只读出以毫米为单位的整数），再以固定套管上的水平横线作为读数准线，读出可动刻度上的分度值，读数时应估读到最小刻度的十分之一，即 0.001 mm。如果微分筒的端面与固定刻度的下刻度线之间无上刻度线，测量结果即为下刻度线的数值加可动刻度的值；如果微分筒端面与下刻度线之间有一条上刻度线，测量结果应为下刻度线的数值加上 0.5 mm，再加上可动刻度的值，如图 3-14(a)读数为 8.384 mm，图 3-14(b)读数为 7.923 mm。

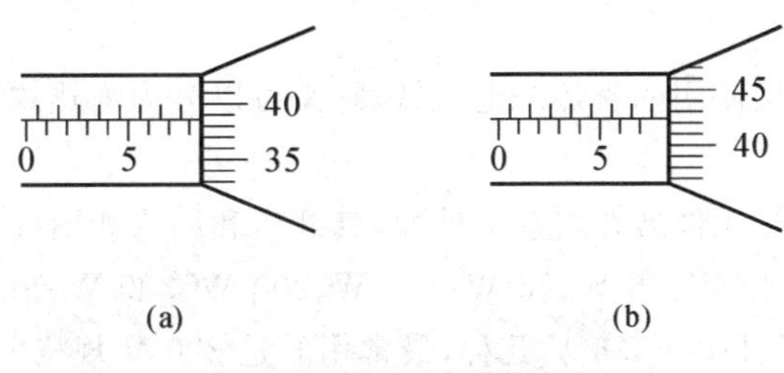

图 3-14　螺旋测微器读数示意图

使用千分尺要注意的事项有：

(1) 千分尺是一种精密的量具，使用时应小心谨慎，动作轻缓，不要让它受到打击和碰撞。千分尺内的螺纹非常精密，使用时要注意：① 旋钮和测力装置在转动时都不能过分用力；② 当转动旋钮使测微螺杆靠近待测物时，一定要改旋测力装置，不能转动旋钮使螺杆压

在待测物上；③ 当测微螺杆与测砧已将待测物卡住时或在旋紧锁紧装置的情况下，绝不能强行转动旋钮。

(2) 有些千分尺为了防止手温使尺架膨胀引起微小的误差，在尺架上装有隔热装置。实验时应手握隔热装置，而尽量少接触尺架的金属部分。

(3) 使用千分尺测同一长度时，一般应反复测量几次，取其平均值作为测量结果。

(4) 千分尺用毕后，应用纱布擦干净，在测砧与螺杆之间留出一点空隙，放入盒中。如长期不用可抹上黄油或机油，放置在干燥的地方。注意不要让它接触腐蚀性的气体。

3.2 焊接与拆焊工具

3.2.1 电烙铁

电烙铁是手工焊接的主要工具，世界上最早用于大批量生产的电烙铁是德国人制造的，如图 3-15 所示。

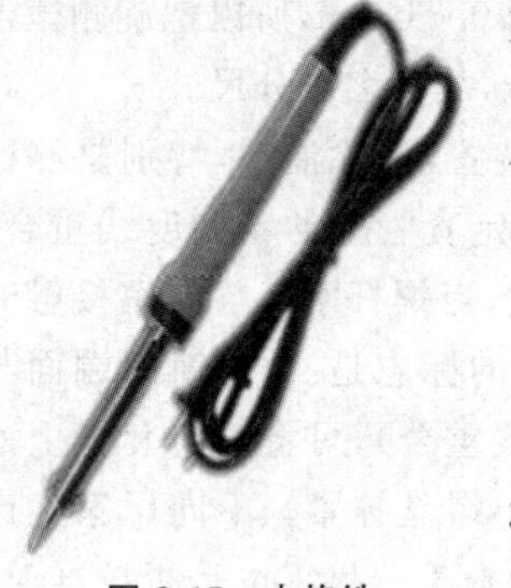

图 3-15 电烙铁

随着生产技术的发展，已经有很多种类的电烙铁。选择适合的电烙铁并合理地利用它，是保证焊接质量的基础。

根据用途、结构的不同，电烙铁可以分为以下种类。

按加热方式分类有直热式、感应式等。

按功能分类有单用式、两用式、调温式、恒温式等。

电烙铁按功率大小可分为 20 W、30 W、75 W、100 W、300 W等多种，电烙铁的功率与其内部电阻的关系如表 3-1 所示。

表 3-1 电烙铁功率与其内部电阻的关系

功率/W	电阻/kΩ
20	2.4
30	1.6
75	大于 0.6
100	约为 0.5

此外，还有特别适合于野外维修使用的低压直流电烙铁和气体燃烧式电烙铁。

1. 直热式电烙铁

最常用的是单一焊接使用的直热式电烙铁，它又可以分为内热式和外热式两种。

1) 外热式电烙铁

外热式电烙铁的发热元件装在烙铁头外面，其外形和结构如图 3-16(a)所示。外热式电烙铁的规格按功率分有 30 W、45 W、75 W、100 W、200 W、300 W 等，以 30～100 W 的最为常见；工作电压有 220 V、110 V、36 V 几种，最常用的是 220 V 规格的。

2) 内热式电烙铁

内热式电烙铁的发热元件装在烙铁头的内部，从烙铁头内部向外传热，所以被称为"内热式"，其外形和结构如图 3-16(b)所示。它具有发热快、体积小、质量轻和耗电量低等特点。内热式电烙铁的能量转换效率高，可以达到 85%～90%。同样发热量和温度的电烙铁，内热式的体积和质量都优于其他种类。例如，20 W 内热式电烙铁的实际发热功率与 25～40 W

的外热式电烙铁相当。头部温度可达到350 ℃左右;它发热速度快,一般通电2 min就可以进行焊接。

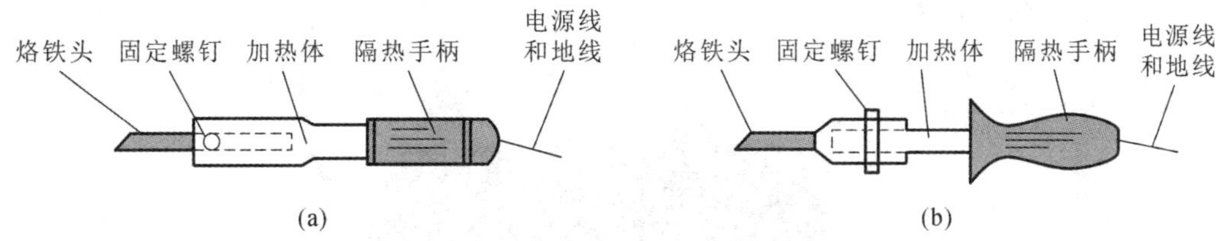

图3-16 外热式、内热式电烙铁的外形和结构

(a) 外热式电烙铁 (b) 内热式电烙铁

烙铁头在使用中容易因高温而被氧化和腐蚀,使表面变得凸凹不平,甚至被折断,因此常需要打磨镀锡或者更换。新换的烙铁头必须浸锡,如果不浸锡而直接使用,就会被"烧死"而变得不粘锡。浸锡的方法是在木板上放少许松香、焊锡,电烙铁通电后,将发热的烙铁头在松香焊锡上来回挪动,直到烙铁头的前端部分均匀地镀上一层锡。因使用的场合不同,所选用的电烙铁类型、烙铁头的类型也不同。如图3-17所示是几种常用的烙铁头。

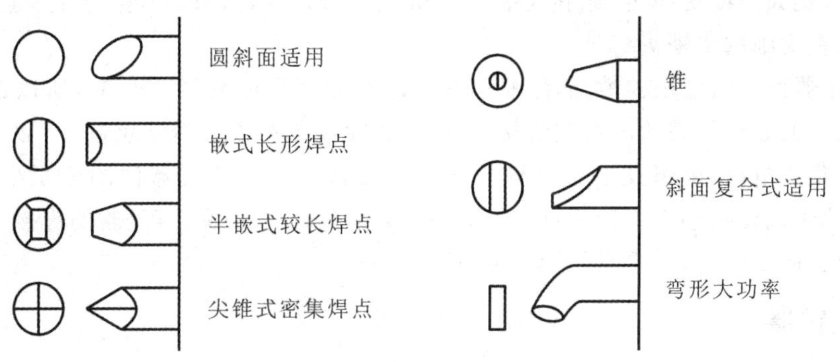

图3-17 几种常用的烙铁头

2. 感应式电烙铁

感应式电烙铁叫作速热烙铁,俗称焊枪。它里面实际上是一个变压器,这个变压器的次级实际只有一匝。当变压器初级通电时,次级感应出的大电流通过加热体,使同它相连的烙铁头迅速达到焊接所需要的温度。

3. 调温式(恒温式)电烙铁

调温式(恒温式)电烙铁有自动和手动调温两种。手动调温实际上就是将电烙铁接到一个可调电源(如调压器)上,由调压器上的刻度可以设定电烙铁的温度,如图3-18所示。

自动恒温式电烙铁依靠温度传感元件监测烙铁头的温度,并通过放大器将传输器输出的信号放大,控制电烙铁的供电电路,从而达到恒温的目的。这种电烙铁也有将供电电压降为24 V、12 V低压或直流供电形式的,这对于焊接操作安全来说,无疑是大有益处的,但相应的价格提高使这种电烙铁的推广受到限制。

恒温式电烙铁的优越性是明显的:

(1) 断续加热,不仅省电,而且电烙铁不会过热,寿命延长;

(2) 升温时间快,只需40～60 s;

(3) 烙铁头采用渗镀铁镍的工艺,寿命较长;

(4) 烙铁头温度不受电源电压、环境温度的影响。例如,50 W、270 ℃的恒温式电烙铁,

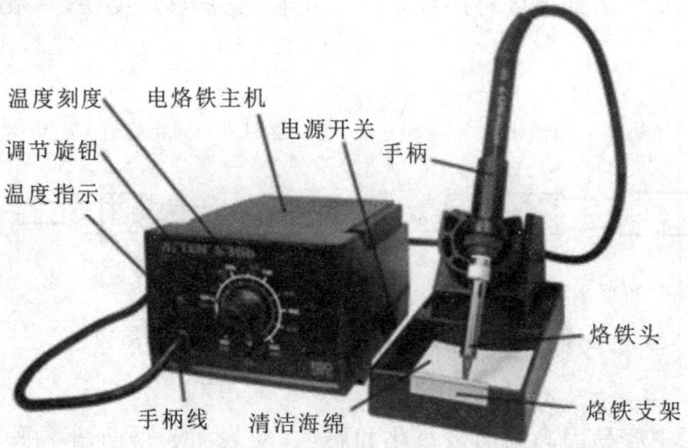

图 3-18　调温式电烙铁

电源电压在 180～240 V 的范围内均能恒温，电烙铁通电很短时间内就可达到 270 ℃。

SMT 电路板上的元器件微小、导线密集，手工焊接不仅需要娴熟的技术，对电烙铁也有更高的要求，例如温度更稳定、结构更精巧。焊接 THT 电路板的电烙铁虽然也能使用，但至少要换上更尖细的烙铁头。

SMT 元器件对温度比较敏感，维修时必须注意温度不能超过 390 ℃，所以最好使用恒温式电烙铁。假如使用普通电烙铁焊接 SMT 元器件，烙铁功率不要超过 20 W。为防止感应电压损坏集成电路，电烙铁的金属外壳必须可靠接地。片状元器件的体积小、引脚间距小，烙铁头的尖端要略小于焊接面，应该选用针锥形(I 型)烙铁头；有经验的焊接工人在快速拖焊集成电路的引脚时，更愿意使用刀形(K 型)烙铁头。

3.2.2　吸锡器

维修电子产品时还常用到吸锡器，一款常见的吸锡器如图 3-19 所示，它小巧轻便、价格低廉。

3.2.3　热风焊台

热风焊台如图 3-20 所示，最早是从日本 HAKKO(白光)公司引进的产品，现在国内生产的厂家和品牌很多。

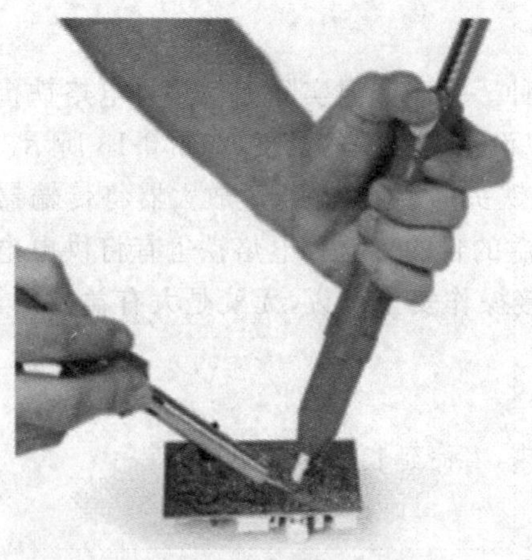

图 3-19　一款常见的吸锡器

图 3-20　热风焊台

热风焊台的前面板上有一个电源开关(POWER)和两个旋钮，分别用来设定热风的温度(HEATER)和调节热风的风量(AIR CAPACITY)，大多数焊台的前面板上还有显示温度的数码管，指示当前的热风温度；旁边一个红色指示灯闪烁时，表示“正在加热”，当它稳定地点亮时，表示“保温在显示温度”。

热风焊台通过耐热胶管把热风送到喷筒(也叫热风枪或热风筒、热风头)出口。喷筒前端可以根据焊接对象的形式和大小安装专用喷嘴。

热风焊台主要用于电子产品的维修，更多的是用来从电路板上拆焊插装式和贴片式元器件，有经验的技术工人也可以用来焊接 SMT 元器件。

3.2.4 电热镊子

电热镊子是一种专用拆焊 SMC 贴片原件的高档工具，它相当于两把组装在一起的电烙铁，只有两个电热芯独立安装在两侧，同时加热。接通电源以后，捏合电热镊子夹住 SMC 元件的两个焊端，加热头的热量熔化焊点，很容易把元件取下来，电热镊子如图 3-21 所示。组合式 L 型、S 型加热头和相应的固定基座，可用来对各种 SO 封装的集成电路、三极管、二极管进行加热。其中头部较宽的 L 型加热片用于拆卸集成电路，头部较窄的 S 型加热片用于拆卸三极管和二极管。使用时，将一片或两片 L 型、S 型加热片用螺丝钉固定在基座上，然后装配到电烙铁发热芯的前端。

3.2.5 吸锡铜网线

吸锡铜网线俗称吸锡线，是一种用细铜丝编织成的扁网状编带，如图 3-22 所示。把吸锡线用电烙铁压到电路板的焊盘上，由于毛细作用，熔化的焊锡会被吸锡线吸走。在维修 SMT 电路板时，常用这种方法清理焊盘。

图 3-21　电热镊子

图 3-22　吸锡铜网线

 3.3 电子测量仪器与仪表

按照测量仪器的功能，电子测量仪器可分为专用和通用两大类。专用电子测量仪器是为特定的目的而专门设计制作的，适用于特定对象的测量，例如，光纤测试仪器专用于测试光纤的特性，通信测试仪器专用于测试通信线路及通信过程中的参数。通用电子测量仪器

是为了测量某一个或某一些基本电参量而设计的，适用于多种电子测量。

通用电子测量仪器按其功能又可细分为以下几类：

① 信号发生器：用来提供各种测量所需的信号，根据用途不同，又有不同波形、不同频率范围和各种功率的信号发生器，如低频信号发生器、高频信号发生器、函数信号发生器、脉冲信号发生器、任意波形信号发生器和射频合成信号发生器。

② 电压测量仪器：用来测量电信号的电压、电流、电平等参量，如电流表、电压表（包括模拟电压表和数字电压表）、电平表、多用表等。

③ 频率、时间测量仪器：用来测量电信号的频率、时间间隔和相位等参量，如各种频率计、相位计、波长表等。

④ 信号分析仪器：用来观测、分析和记录各种电信号的变化，如各种示波器（包括模拟示波器和数字示波器）、波形分析仪、失真度分析仪、谐波分析仪、频谱分析仪和逻辑分析仪等。

⑤ 电子元器件测试仪器：用来测量各种电子元器件的电参数，检测其是否符合要求。根据测试对象的不同，可分为晶体管测试仪（如晶体管特性图示仪）、集成电路（模拟、数字）测试仪和电路元件（如电阻、电感、电容）测试仪（如万用电桥和高频 Q 表）等。

⑥ 电波特性测试仪：用来测量电波传播、干扰强度等参量，如测试接收机、场强计、干扰测试仪等。

⑦ 网络特性测试仪器：用来测量电气网络的频率特性、阻抗特性、功率特性等，如阻抗测试仪、频率特性测试仪（又称扫描仪）、网络分析仪和噪声系数分析仪等。

⑧ 辅助仪器：与上述各种仪器配合使用的仪器，如各类放大器、衰减器、滤波器、记录器，以及各种交直流稳压电源。

下面我们仅介绍在本书实训内容中涉及的几种常见的测试仪器与仪表的使用。

3.3.1 数字万用表

万用表又称为复用表、多用表、三用表、繁用表等，是电子工艺实训中不可缺少的测量仪表，一般以测量电压、电流和电阻为主要目的。万用表是一种多功能、多量程的测量仪表，一般万用表可测量直流电流、直流电压、交流电流、交流电压、电阻和音频电平等，有的还可以测交流电流、电容量、电感量及半导体的一些参数（如 β）等。

万用表按显示方式分为指针万用表和数字万用表，数字万用表和指针万用表的基本功能是相同的，但数字万用表不存在满度值的折算和倍率乘数的问题。值得一提的是，数字万用表红表笔接内置电池的正极，黑表笔接电池负极，而指针万用表则相反，因此在测量 PN 结时结果是截然相反的，要引起注意。

下面以胜利 VC890C＋数字万用表为例，简单介绍其使用方法和注意事项。

1. 外观及操作面板说明

如图 3-23 所示是胜利 VC890C＋数字万用表的面板介绍。

2. 电阻的测量

表笔接法与量程挡位如图 3-24 所示。

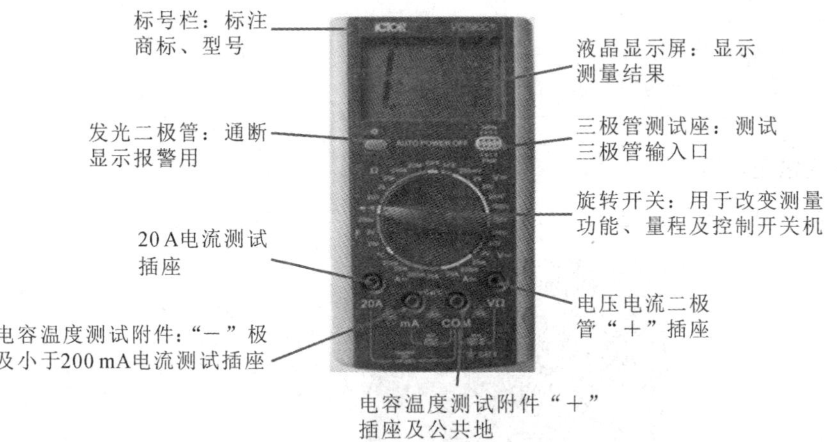

图 3-23　数字万用表面板介绍

图 3-24　电阻测量的表笔接法与量程挡位

注意：电阻超量程时会显示“1”，这时应将开关转至较高挡位上；当测量值超过 1 MΩ 时，需要几秒读数才稳定，这是正常的；不能带电测量电阻；测量结果直接从显示屏读出。

3. 二极管及电路通断测试

二极管及电路通断测试时的表笔接法与量程挡位如图 3-25 所示。

图 3-25　二极管及电路通断测试时的表笔接法与量程挡位

注意:(1) 通断:若待测端之间阻值低于 70 Ω,则内置蜂鸣器发声、发光二极管发光;
(2) 二极管:反向显示为“1”,正向显示值近似正向压降。

4. 直流电压的测量

测量直流电压时的表笔接法与量程挡位如图 3-26 所示。

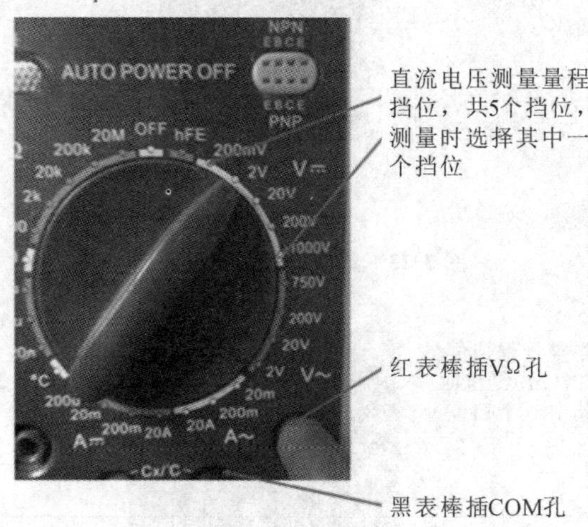
直流电压测量量程挡位，共5个挡位，测量时选择其中一个挡位
红表棒插VΩ孔
黑表棒插COM孔
AUTO POWER OFF

图 3-26　测量直流电压时的表笔接法与量程挡位

注意:(1) 对被测电压没有概念时,先选 1000V 挡试测,再选合适挡位;
(2) 测试时如显示“1”,表明已超量程,应换到高量程挡位;
(3) 测量的极性显示于显示屏上。

5. 直流电流的测量

测量直流电流时的表笔接法与量程挡位如图 3-27 所示。

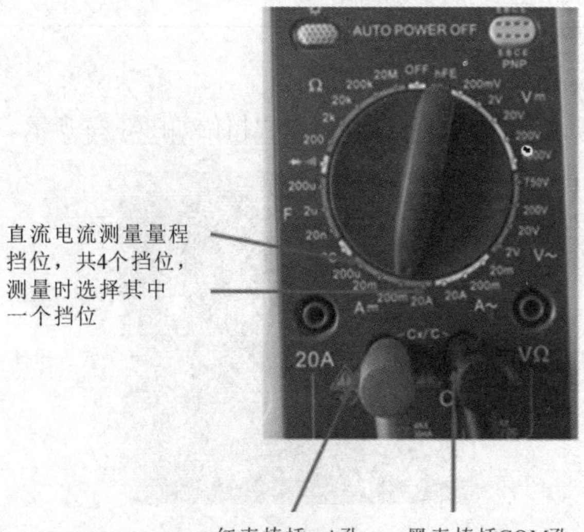
直流电流测量量程挡位，共4个挡位，测量时选择其中一个挡位
红表棒插mA孔
黑表棒插COM孔
AUTO POWER OFF

图 3-27　测量直流电流时的表笔接法与量程挡位

注意：(1) 应将表笔串联到被测电路中，测量值和红表笔极性显示在显示屏上；
(2) 对被测电流没有概念时，先选 200mA 挡试测，再选合适挡位；
(3) 测试时如显示“1”，表明已超量程，应换到高量程挡位；
(4) 测量 20A 电流红表笔插入 20A 孔，挡位开关置于 20A 处。

6. 电容的测量

测量电容时的表笔接法与量程挡位如图 3-28 所示。

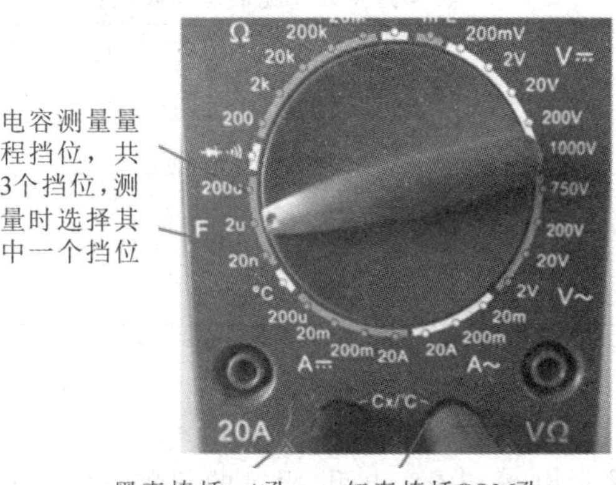

电容测量量程挡位，共3个挡位，测量时选择其中一个挡位
黑表棒插mA孔
红表棒插COM孔

图 3-28　测量电容时的表笔接法与量程挡位

注意：(1) 测试前应对电容充分放电；
(2) 测试电解电容时，红表笔接其正极；
(3) 对被测电容容量没有概念时，先选最高挡试测，再选合适挡位；
(4) 测试时如显示“1”，表明已超量程，应换到高量程挡位；
(5) 用大电容挡测试，如显示一些不稳定数值，则表明电容严重漏电或已击穿。

7. 三极管 hFE 的测量

测量三极管时的电极插孔与量程开关如图 3-29 所示。

AUTO POWER OFF
NPN
PNP
三极管电极插孔
量程开关置于hFE处

图 3-29　测量三极管时的电极插孔与量程开关

注意：(1) 先判断管型和基极(具体判定方法请参见本书第 4 章)；
(2) 根据管型和基极将三极管插入相应插孔；
(3) 判断集电极和发射极并读出放大倍数。

8. 常见故障与注意事项

万用表使用后，应及时调至“OFF”挡位以节省电池。长时间不用时，请取出电池。数字万用表常见故障与解决办法如表 3-2 所示。

表 3-2　数字万用表常见故障与解决办法

故 障 现 象	检查部位及方法
没显示	(1) 电源未接通； (2) 换电池
符号出现	换电池
显示误差大	换电池

3.3.2　数字电桥

数字电桥就是能够测量电感、电容、电阻、阻抗的仪器，这是一个传统习惯的说法，最早的阻抗测量用的是真正的电桥方法，随着现代模拟和数字技术的发展，这种测量方法早已被淘汰，但 LCR 电桥的叫法一直沿用至今。如果是使用了微处理器的 LCR 电桥，则叫 LCR 数字电桥。一般用户又称之为 LCR 测试仪、LCR 电桥、LCR 表、LCR Meter 等。

下面以 YD2811A 型 LCR 数字电桥为例，简单介绍其使用方法和注意事项。

1. 外观及操作面板说明

如图 3-30 所示是 YD2811A 型 LCR 数字电桥的面板。

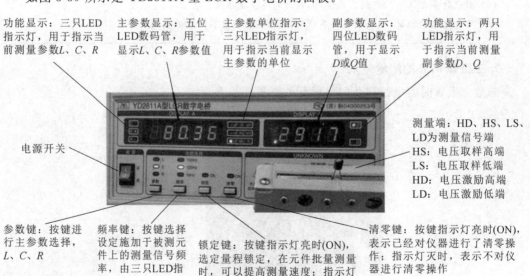

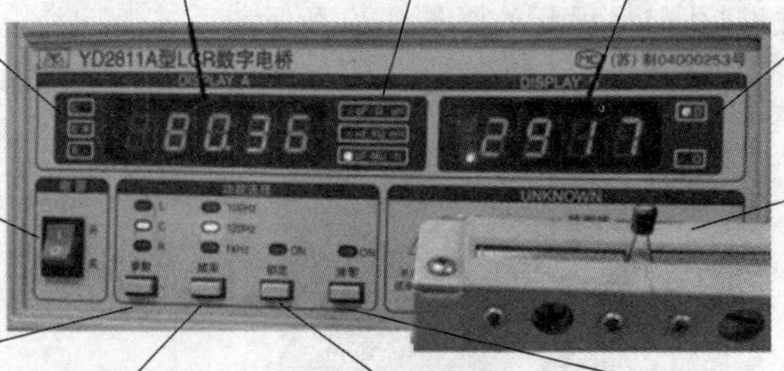
功能显示：三只LED指示灯，用于指示当前测量参数L、C、R
主参数显示：五位LED数码管，用于显示L、C、R参数值
主参数单位指示：三只LED指示灯，用于指示当前显示主参数的单位
副参数显示：四位LED数码管，用于显示D或Q值
功能显示：两只LED指示灯，用于指示当前测量副参数D、Q
YD2811A型LCR数字电桥
电源开关
测量端：HD、HS、LS、LD为测量信号端
HS：电压取样高端
LS：电压取样低端
HD：电压激励高端
LD：电压激励低端
参数键：按键进行主参数选择，L、C、R
频率键：按键选择设定施加于被测元件上的测量信号频率，由三只LED指示灯进行指示
锁定键：按键指示灯亮时(ON)，选定量程锁定，在元件批量测量时，可以提高测量速度；指示灯灭时，为量程选择自动
清零键：按键指示灯亮时(ON)，表示已经对仪器进行了清零操作；指示灯灭时，表示不对仪器进行清零操作

图 3-30　数字电桥的面板功能介绍

2. 数字电桥使用方法与注意事项

(1) 插入电源插头,将前面板电源开关调至"ON",显示窗口应有变化的数字显示,否则请重新启动仪器。

(2) 预热 10 min 以上,待机内达到热平衡后,进行正常测量。

(3) 根据被测元件,选用合适的测量夹具或测量电缆,被测元件应清洁,使之与测量端保持良好的接触。

(4) 根据被测元件的要求选择相应的测量条件。

● 测量参数

用参数键选择合适的测量参数,电感 L、电容 C、电阻 R,选定的参数在仪器面板上由 LED 指示灯指示。

● 测量频率

根据被测元件的测量标准和使用要求选择合适的测量频率,按频率键使仪器指示在指定的频率上。选定的频率在仪器前面板上由 LED 指示灯指示。

YD2811:100 Hz、1 kHz、10 kHz。

YD2811A:100 Hz、120 Hz、1 kHz。

● 清零功能

数字电桥通过对存在于测量电缆或测量夹具上的杂散电阻进行清除以提高仪器的测量精度,这些阻抗以串联或并联的方式叠加在被测元件上,清零功能便是将这些参数测量出来,将其存储于仪器中,在元件测量时自动将其减去,从而保证仪器测量的准确性。

仪器清零包括两种清零校准:短路清零和开路清零。测电容时,先将测量夹具或测量电缆开路,按清零键使"ON"灯亮;测电阻、电感时,用短、粗的裸体导线短路,按清零键,使"ON"灯亮。

如果要重新清零,则按清零键,使"ON"灯熄灭,再次按清零键,使"ON"灯点亮,即完成再次清零。

● 选择测量方式

YD2811A 有两种测量方式:自动或锁定。由锁定键进行选择。YD2811A 共分五个量程,不同的量程决定了不同的测量范围,所有量程构成了仪器完整的测量范围。当量程处于自动状态时,仪器根据测量的数据自动选择最佳的量程,此时,最多可能需要 3 次选择才能完成最终的量程。

当量程处于锁定状态时,仪器不进行量程选择,在当前锁定的量程上完成测量,提高了测量的速度。通常对一批相同的元件进行测量时选择量程锁定,设定时先将被测元件插入夹具,待数据稳定后,按锁定键,锁定指示灯"ON"亮,则完成锁定设置。

3.3.3 函数信号发生器

函数信号发生器又称信号源或振荡器,函数信号发生器在电路实验和设备检测中具有十分广泛的用途。函数信号发生器能够产生多种波形,如三角波、锯齿波、矩形波(含方波)、正弦波等。函数信号发生器因实现方法不同有很多种型号,在这里以 EE1641B1 型函数信号发生器/计数器为例来讲述其主要功能。

EE1641B1 型函数信号发生器/计数器是一种精密的测试仪器,具有连续信号、扫频信号、函数信号、脉冲信号等多种输出信号和外部测频功能,由五位数字显示信号的频率,频率连续可调,由三位数字显示信号的幅度,另外此仪器还可作为量程为 0.2 Hz～20 MHz 的频率测量计；输出和显示的精度为 0.1%。

1. EE1641B1 型函数信号发生器/计数器面板

EE1641B1 型函数信号发生器/计数器面板功能如图 3-31 所示。

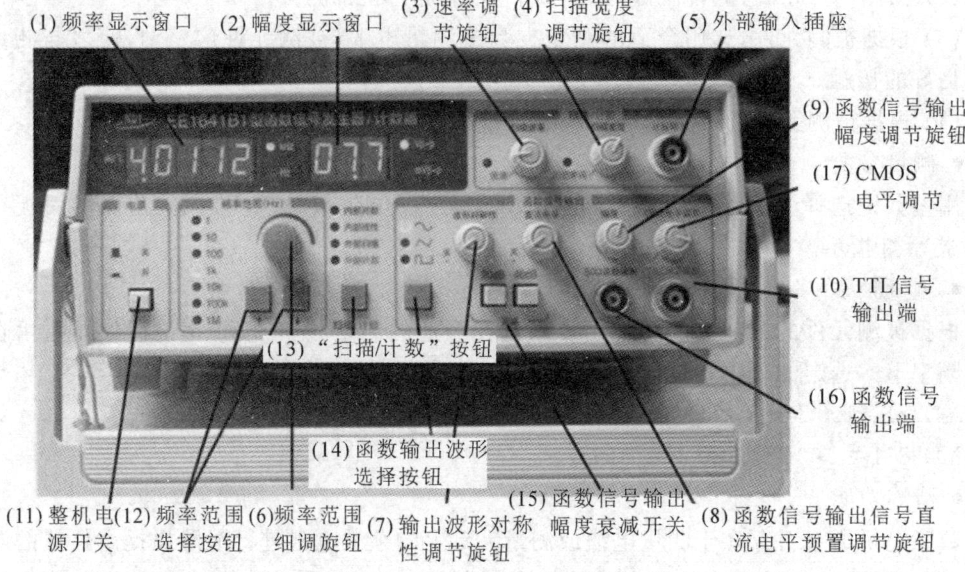

图 3-31　EE1641B1 型函数信号发生器/计数器面板功能

2. EE1641B1 型函数信号发生器/计数器控制键及其作用

(1) 频率显示窗口：显示输出信号的频率或外测频信号的频率，用五位数字显示信号的频率，且频率连续可调(输出信号时)。

(2) 幅度显示窗口：显示函数输出信号的幅度，由三位数字显示信号的幅度。

(3) 速率调节旋钮：调节此电位器可以改变内扫描的时间长短。在外测频时，逆时针旋到底(绿灯亮)，为外输入测量信号经过低通开关进入测量系统。

(4) 扫描宽度调节旋钮：调节此电位器可调节扫频输出的扫频范围。在外测频时，逆时针旋到底(绿灯亮)，为外输入测量信号经过衰减"20dB"进入测量系统。

(5) 外部输入插座：当"扫描/计数"功能选择在外扫描外计数状态时，外扫描控制信号或外测频信号由此输入。

(6) 频率范围细调旋钮：调节此旋钮可改变一个频程内的频率范围。

(7) 输出波形对称性调节旋钮：调节此旋钮可改变输出信号的对称性。当电位器处在关闭或者中心位置时，则输出对称信号。输出波形对称性调节按钮可改变输出脉冲信号空度比，与此类似，输出波形为三角或正弦时，可将三角波调变为锯齿波，正弦波调变为正与负半周分别为不同角频率的正弦波，且可移相 180°。

(8) 函数信号输出信号直流电平预置调节旋钮：调节范围为－5 V～＋5 V(50 W 负载)，当电位器处在中心位置时，则为 0 电平，由信号电平设定器选定输出信号所携带的直流电平。

(9) 函数信号输出幅度调节旋钮：调节范围 20 dB。

(10) TTL 信号输出端：输出标准的 TTL 幅度的脉冲信号，输出阻抗为 600 W。

(11) 整机电源开关：此按键按下时，机内电源接通，整机工作。此键释放为关掉整机电源。

(12) 频率范围选择按钮:调节此旋钮可改变输出频率的一个频程,共有七个频程。

(13)“扫描/计数”按钮:可选择多种扫描方式和外测频方式。

(14) 函数输出波形选择按钮:可选择正弦波、三角波、脉冲波输出。

(15) 函数信号输出幅度衰减开关:“20dB”“40dB”键均不按下,输出信号不经衰减,直接输出到插座口;“20dB”“40dB”键分别按下,则可选择 20 dB 或 40 dB 衰减。

(16) 函数信号输出端:输出多种波形受控的函数信号,输出幅度 20Vp-p(1 MW 负载)、10Vp-p(50 W 负载)。

(17) CMOS 电平调节:调节输出的 CMOS 电平,当电位器逆时针旋到底(绿灯亮)时,输出为标准的 TTL 电平。

3.3.4 模拟示波器

示波器是一种用途十分广泛的电子测量仪器。它能把肉眼看不见的电信号变换成看得见的图像,便于人们研究各种电现象的变化过程。利用示波器能观察各种不同信号幅度随时间变化的波形曲线,还可以用它测试各种不同的电量,如电压、电流、频率、相位差、调幅度等。

模拟示波器的工作方式是直接测量信号电压,并且通过从左到右穿过示波器屏幕的电子束在垂直方向描绘电压。

下面以 YB4340C 模拟示波器为例,简单介绍其基本使用方法。

1. 基本操作

操作面板如图 3-32 所示。

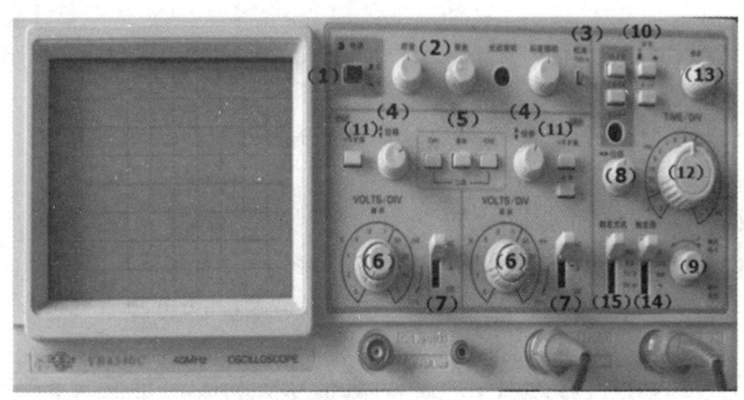

图 3-32 YB4340C 模拟示波器面板

图 3-32 中主要按键以及旋钮的功能如下:

(1) 电源开关:按入此开关,仪器电源接通,指示灯亮。

(2) 聚焦:用以调节示波管电子束的焦点,使显示的光点成为细而清晰的圆点。

(3) 校准信号:此端口输出幅度为 0.5 V、频率为 1 kHz 的方波信号。

(4) 垂直位移:用以调节光迹在垂直方向的位置。

(5) 垂直方式:选择垂直系统的工作方式。

CH1:只显示 CH1 通道的信号。

CH2:只显示 CH2 通道的信号。

交替:用于同时观察两路信号,此时两路信号交替显示,该方式适合在扫描速率较快时使用。

断续：两路信号断续工作，适合在扫描速率较慢时同时观察两路信号。

叠加：用于显示两路信号相加的结果，当 CH2 极性开关被按入时，则两信号相减。

CH2 反相：按入此键，CH2 的信号被反相。

(6) 灵敏度选择开关(VOLTS/DIV)：选择垂直轴的偏转系数，从 2 mV/div～10 V/div 分 12 个挡级调整，可根据被测信号的电压幅度选择合适的挡级。

(7) 耦合方式(AC、GND、DC)：选择垂直通道的输入耦合方式。

AC：信号中的直流分量被隔开，用以观察信号的交流成分。

DC：信号与仪器通道直接耦合，当需要观察信号的直流分量或被测信号的频率较低时应选用此方式。

GND 输入端处于接地状态，用以确定输入端为零电位时光迹所在位置。

(8) 水平位移：用以调节光迹在水平方向的位置。

(9) 电平：用以调节被测信号在变化至某一电平时触发扫描。

(10) 极性：用以选择被测信号在上升沿或下降沿触发扫描。

(11) ×5 扩展：按入后扫描速度扩展 5 倍。

(12) 扫描速率选择开关(TIME/DIV)：根据被测信号的频率高低，选择合适的挡极。当扫描"微调"置校准位置时，可根据度盘的位置和波形在水平轴的距离读出被测信号的时间参数。

(13) 微调：用于连续调节扫描速率，调节范围≥2.5 倍，逆时针旋足为校准位置。

(14) 触发源：用于选择不同的触发源。

CH1：双踪显示时，触发信号来自 CHl 通道；单踪显示时，触发信号则来自被显示的通道。

CH2：双踪显示时，触发信号来自 CH2 通道；单踪显示时，触发信号则来自被显示的通道。

内：使用被测信号作为触发信号，如通道 CH1、通道 CH2。

外：触发信号来自外接输入端口。

(15) 触发方式：选择产生扫描的方式。

自动：当无触发信号输入时，屏幕上显示扫描光迹，一旦有触发信号输入，电路自动转换为触发扫描状态，调节电平可使波形稳定地显示在屏幕上，此方式适合观察频率在 50 Hz 以上的信号。

常态：无信号输入时，屏幕上无光迹显示，有信号输入时，且触发电平旋钮在合适位置上，电路被触发扫描，当被测信号频率低于 50 Hz 时，必须选择该方式。

TV-V/TV-H：测电视机场或行信号。

2. 模拟示波器的校准

模拟示波器在使用之前都必须先对其进行校正。而所谓对模拟示波器的校正，是将模拟示波器的原来波形在测试之前正确调试出来。也就是说，校正出来的波形要与模拟示波器本身所设定的参数一致(这些参数通常会在校正的测试点标志出来)。模拟示波器校准的接法与波形如图 3-33 所示。

校准的具体步骤如下：

(1) 把校准信号接入 CH2 通道。

(2) 扫描方式选择自动，通道选择 CH2，耦合方式选择 GND，把地线通过垂直位移旋钮调整到屏幕中央，可上下调节 POSITION、DC BALT 和 INTER 来实现。

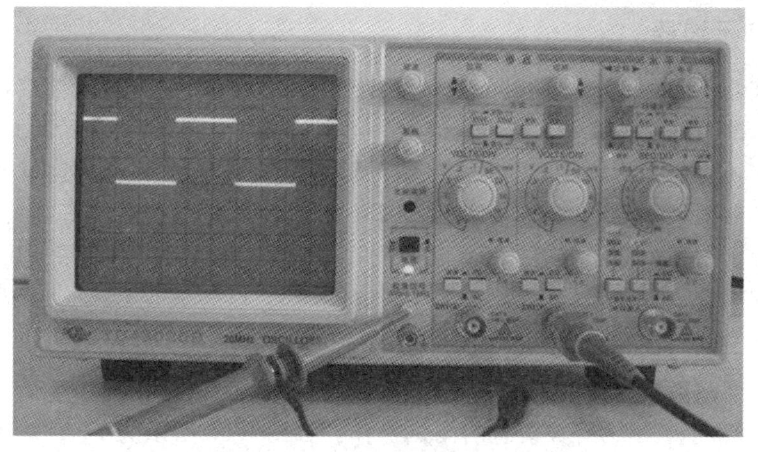

图 3-33 模拟示波器校准的接法与波形

(3) 耦合方式选择 DC,调整电压灵敏度开关以及扫描速率选择开关到合适位置,使屏幕显示 2～3 个周期的波形,读出幅度和周期,并计算出频率。

读数为:$V_{p-p}=0.2\ V/DIV\times2.5DIV=0.5\ V$

$T=0.2\ ms/DIV\times5DIV=1\ ms$

$f=1/T=1\ kHz$

(4) 将上述结果与示波器上标注的"校准信号 .5V_{p-p} 1 kHz"值对比,如果一致即完成校准。

3. 测量正弦波

如图 3-34 所示,显示的 $f=2$ kHz、$V_{p-p}=5$ V 的正弦波的测量,实验步骤与校准步骤基本相同,但示波器的耦合方式应选择 AC。

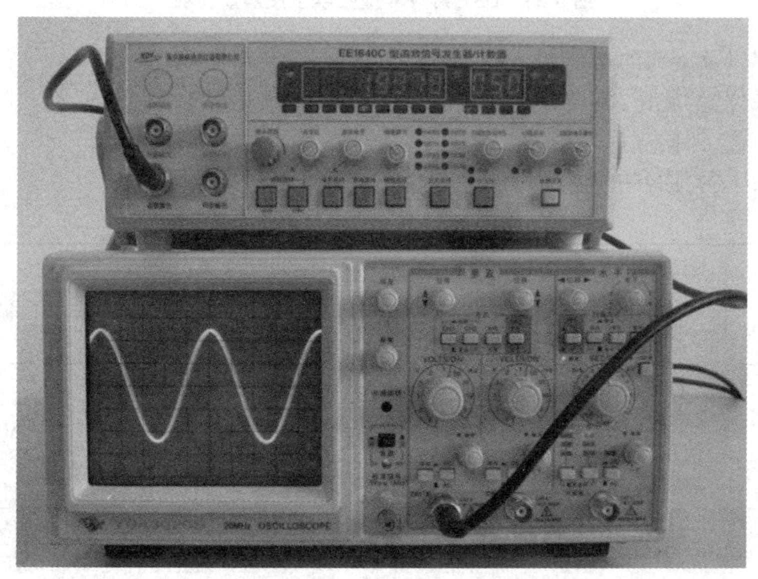

图 3-34 正弦波的测量

读数为:$V_{p-p}=1\ V/DIV\times5DIV=5\ V$

$T=0.1\ ms/DIV\times5DIV=0.5\ ms$

$f=1/T=2\ kHz$

3.3.5 数字示波器

数字示波器，英文 digital oscilloscope，是由数据采集、A/D 转换、软件编程等一系列的技术制造出来的高性能示波器。数字示波器一般支持多级菜单，能提供给用户多种选择、多种分析功能。还有一些示波器可以提供存储功能，实现对波形的保存和处理。

数字示波器因具有波形触发、存储、显示、测量、波形数据分析处理等独特优点，其使用日益普及。由于数字示波器与模拟示波器之间存在较大的性能差异，如果使用不当，会产生较大的测量误差，从而影响测试任务。

1. 数字示波器面板介绍

数字示波器前面板分为若干功能区，下面将概要介绍示波器前面板上的各种控制按钮和旋钮，以及屏幕上显示的有关信息的测试操作。如图 3-35 所示为 DST 系列 B 型数字示波器前面板。

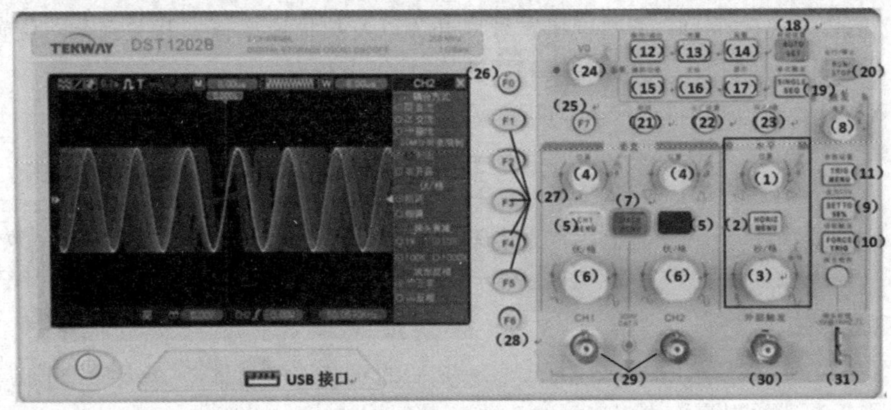

图 3-35 DST 系列 B 型数字示波器前面板

主要按键以及旋钮的功能如下：

(1)“水平位置”旋钮：旋转该旋钮可以控制触发相对于屏幕中心的位置。按下该旋钮可以使触发点复位，即回到屏幕中心。

(2)“HORIZ MENU”水平菜单按钮，菜单详细内容如表 3-3 所示。

表 3-3 “HORIZ MENU”水平菜单内容说明

选　项	设　定	说　明
窗口控制	主窗口 子窗口	双窗口显示时，用于选中主或子窗口，选中时窗口高亮显示。单窗口模式下按此选项，进入双窗口模式
Mark	向右 向左 设置/清除 清除/全部	Mark 功能只在双窗口模式下使用，提供用户在感兴趣的波形记录位置设置标签，并且通过“向左”“向右”来搜寻这些标签，将窗口定位到该标签所在处，做进一步观测
释抑时间	无	选中该菜单后可以通过多功能旋钮来调节触发释抑时间，调节范围为 100 ns～10 s，在选中该菜单的情况下，按下多功能旋钮使时间归为初始值 100 ns
自动播放	无	该功能在双窗口模式下有效，按下该菜单按钮，从左到右以一定的速度自动滑动，扩展窗口中将显示对应位置的波形，直到主扫描窗口的最右端停止(仅 1000 B 系列支持)

(3)“秒/格”时基旋钮：用来改变水平时间刻度，水平放大或压缩波形。如果停止波形采集(使用“运行/停止”或“单次序列”按钮实现)，“秒/格”控制就会扩展或压缩波形。在双窗口模式下，按下旋钮，用于选择主、子窗口。选中主窗口时，旋转或单窗口模式下功能相同；选中子窗口时，旋转该旋钮用于缩放子窗口波形放大倍数，波形放大倍数最大为1000倍。

(4)“垂直位置”旋钮：该按钮在屏幕上下移动通道波形，在双窗口模式下同时控制两个窗口波形的移动，两个窗口的波形移动方向相同，且按照一定的比例关系。按下该按钮，波形回到屏幕垂直位置中间。两个通道分别对应两个旋钮。

(5)(CH1、CH2)MENU菜单：显示“垂直”菜单选项并打开或关闭对通道波形显示，如表3-4所示。

表3-4 (CH1、CH2)MENU菜单说明

选项	设定	说明
耦合方式	直流 交流 接地	“直流”通过输入信号的交流和直流成分。 “交流”阻挡输入信号的直流分量，并衰减低于10 Hz的信号。 “接地”断开输入信号
20 MHz带宽限制	开启 关闭	打开带宽限制，以减少显示噪声；过滤信号，减少噪声和其他多余高频分量
伏/格	粗调 细调	选择“伏/格”旋钮的分辨率。 粗调定义一个1-2-5序列，细调将分辨率改为粗调设置之间的小步进
探头衰减	1×、10×、100×、1000×	根据探极衰减系数选取其中一个值，以保持垂直标尺读数。使用1×探头时带宽减小到6 MHz
波形反相	正常 反相	相对于参考电平反相(倒置)波形

(6)“伏/格”旋钮：控制示波器如何放大或衰减通道波形的信源信号，屏幕上显示波形的垂直尺寸随之放大或减小(按下这个按钮，也可以进行粗调和细调的切换)。

(7)MATH MENU(数学菜单)按钮：显示波形的数学运算。

(8)“电平”旋钮：使用边沿触发或脉冲触发时，“电平”旋钮设置采集波形时信号所必须越过的幅值电平。

(9)“SET TO 50%”按钮：触发电平设置为触发信号峰值的垂直中点。

(10)“FORCE TRIG”强制触发按钮：不管触发信号是否适当，都完成采集。如采集已停止，则该按钮不产生影响。

(11)“TRIG MENU”触发菜单：按下此键可显示触发功能菜单。常用的是边沿触发，该菜单说明如表3-5所示。

表3-5 “TRIG MENU”触发菜单说明

选项	设定	说明
触发类型		示波器在默认情况下使用边沿触发，使用“边沿触发”可以在达到触发阀值时，在示波器输入信号的边沿进行触发
边沿 视频 脉冲 斜率 超时 交替		

续表

选　　项	设　　定	说　　明
触发信源	CH1 CH2 EXT EXT/5 市电	选择输入信源作为触发信号。 当选择"CH1""CH2"时，不论波形是否显示，都不会触发某一通道；选择"EXT"时，不显示触发信号，允许触发电平范围是＋1.6 V到－1.6 V。选择"EXT/5"与"EXT"选项一样，但以5倍系数衰减信号，允许的触发电平范围是＋8 V到－8 V。 "市电"选项把来自电源线导出的信号作为触发信源
触发方式	自动 正常	选择触发的方式。 在默认情况下，示波器选择"自动模式"，当示波器在一定时间内（根据"秒/格"设定）未检测到触发时，就强制其触发。在80 ms/格或更慢的时基设置下将进入扫描模式。 选择"正常"模式，仅当示波器检测到有效的触发条件时才更新显示波形。在用新波形替换原有波形之前，示波器将显示原有波形。当仅想查看有效触发的波形时，才使用此模式。使用此模式，示波器只有在第一次触发后才显示波形
耦合	交流 直流 高频抑制 低频抑制	选择输入触发电路的触发信号成分。 "交流"选项，阻碍直流分量，并衰减10 Hz以下的信号。 "直流"选项，选择通过信号的所有分量。 "高频抑制"选项，衰减80 kHz以上的高频分量。 "低频抑制"选项，阻碍直流分量，并衰减8 kHz以下的低频分量

(12) 保持/调出：显示设置和波形的保存/调出菜单。

(13) 测量：显示自动测量菜单。

(14) 采集：显示采集参数。

(15) 辅助功能：显示辅助功能菜单。

(16) 光标：显示光标菜单。

(17) 显示：显示显示菜单。

(18) AUTO SET(自动设置)：自动设置示波器控制状态，以产生适用于输出信号的显示图形。

(19) SINGLE SEQ(单次序列)：采集单个波形图，然后停止。

(20) RUN/STOP(运行/停止)：连续采集波形和停止采集波形的切换。

(21) HELP(帮助)：显示帮助设置菜单。

(22) DEFAULT SETUP(出厂设置)：调出多数厂家的选项和控制设置。

(23) 存入U盘：可以将屏幕上的显示全部保存到USB存储设备中，相当于计算机的截屏功能。

(24) V0：多功能旋钮在不同的菜单项下(具体查看每个菜单的操作)，支持菜单项选择(MEASURE)、光标移动、电平移动(斜率触发)；按下该旋钮可支持数据复位(触发释抑、超时时间、斜率时间)、选中菜单确定等多种功能，操作极为方便。

(25) F7：DST3000B和DST4000B机型，该键用于虚线框和十字架显示框两个模式的切换。DST1000B机型，该键用于单双窗口模式的快速切换。

(26) F0：菜单消隐/开启键，按下该按钮，屏幕右侧的菜单项消失，示波器全屏显示；再次按下后菜单出现。DST3022B系列不支持该功能。

(27) F1～F5:这 5 个按键作为多功能键,在每个菜单模式下,负责选择屏幕中对应的菜单项。

(28) F6:该功能键主要起到翻页和确定作用,如“下一页”“上一页”,按下自校正时,出现的自校正对话框中会有“按 F6 按键确认……”等字样。

(29) CH1、CH2:通道波形显示所需的输入连接器。待测信号由此连接输入。

(30) EXT TRIG(外部触发):外部触发源所需的输入连接器。外部的触发信号由此连接输入。

(31) 探头补偿:电压探头补偿器的输出与接地。用来调整探头与输入电路的匹配。探头补偿器接地和 BNC 屏蔽连接到地面。请勿将电压源连接到这些接地终端。

2. 显示区

数字示波器如图 3-36 所示。

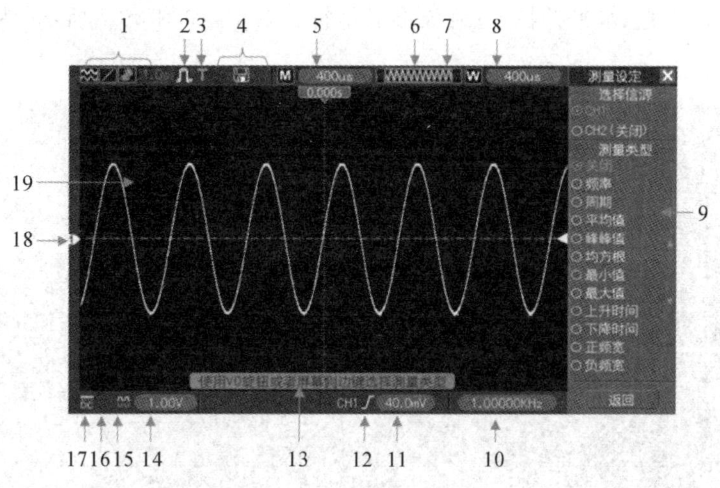

图 3-36 数字示波器显示区

(1) 示波器设置状态信息。

(2) 不同采集模式:采样、峰值、平均。

(3) 触发状态表示信息。

(4) 示波器工具图标。

(5) 主时基读数显示。

(6) 主时基视图。

(7) 显示扩展窗口在数据内存中的位置和数据长度。

(8) 扩展窗口(当前波形窗口)时基。

(9) 操作菜单,对应不同的功能键,菜单显示信息不相同。

(10) 频率计数显示。

(11) 当前波形的垂直位置。

(12) 当前波形的触发类型。

(13) 弹出式信息提示。

(14) 触发电平数值。

(15) 波形是否反相图标。

(16) 20 M 带宽限制,变亮说明开启,灰色表示关闭。

(17) 通道耦合标记。

(18) 通道标记。

(19) 当前波形显示窗口。

3. 数字示波器测量未知信号

如果需要观测某个电路中的一未知信号，但是又不了解这个信号的具体幅度和频率等参数，就可以使用这个功能快速测量出该信号的频率、周期和峰值。具体步骤如下：

(1) 将示波器探头的开关设定为10X。

(2) 按下CH1 MENU(CH1菜单)按钮，调节探头菜单为10X。

(3) 将通道1(CH1)的探头连接到电路的测试点上。

(4) 按下"AUTO SET"按钮。

示波器将自动设置波形到最佳显示效果，在这个基础上，如果您要进一步优化波形显示，可以手动调整垂直、水平挡位，直到波形显示符合要求，如图3-37所示，然后可直接读出峰值、频率等。

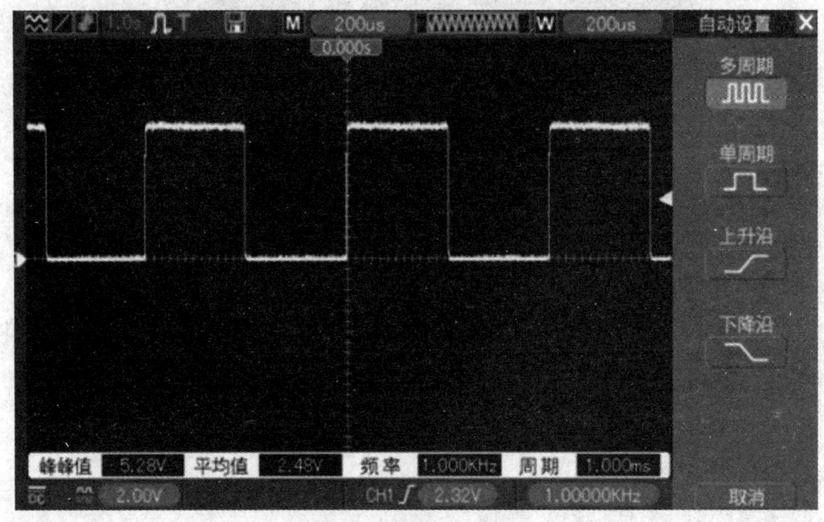

图3-37 被测信号结果

3.3.6 直流稳压电源

直流稳压电源是能为负载提供稳定直流电源的电子装置。直流稳压电源的供电电源大都是交流电源，当交流供电电源的电压或负载电阻变化时，稳压器的直流输出电压都会保持稳定。直流稳压电源随着电子设备向高精度、高稳定性和高可靠性的方向发展，对电子设备的供电电源提出了更高的要求。

直流稳压电源一般可以分成两类，包括线性和开关型。线性电源的优点是稳定性高，纹波小，可靠性高，易做成多路，输出连续可调的成品；缺点是体积大，较笨重，效率相对较低。开关电源的优点是体积小，重量轻，稳定可靠；缺点是相对于线性电源来说纹波较大。开关电源又可分为AC/DC、DC/DC、通信电源、电台电源、模块电源、特种电源等类别。

直流稳压电源的技术指标可以分为两大类：一类是特性指标，反映直流稳压电源的固有特性，如输入电压、输出电压、输出电流、输出电压调节范围；另一类是质量指标，反映直流稳压电源的优劣，包括稳定度、等效内阻(输出电阻)、纹波电压及温度系数等。

下面以兆信RXN-302D线性可调直流稳压电源为例介绍可调稳压电源的使用方法。

1. 外观及操作面板说明

如图 3-38 所示是兆信 RXN-302D 线性可调直流稳压电源的面板。

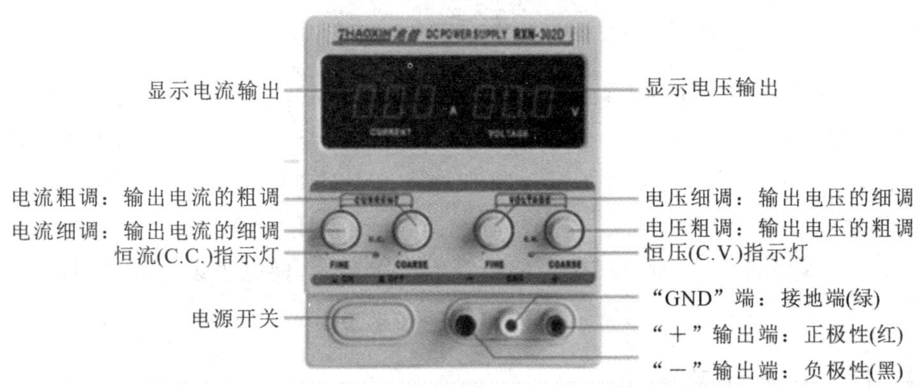

图 3-38 RXN-302D 稳压电源面板功能

2. 稳压电源的使用方法与注意事项

RXN-302D 电源是电压 0～50 V，电流 0～5 A，连续可调，由 LED 屏显示电压值和电流值。电压、电流调节各有两个旋钮，一个是粗调，一个是细调。

在给用电设备加电之前，首先要确认用电设备的电压和电流的大小，检查输出连接线的正负极是否正确，在不接入设备的情况下，打开可调稳压电源的开关，将电压调整到设备所需要的电压，然后关掉开关，将电源的输出线接入用电设备，再打开电源开关即可。

注意事项 如果接入用电设备后发现电压值达不到设定值，这时要观察电流旋钮侧的电流指示灯是否亮，如果亮了，说明电流设定值太小，旋转电流调整旋钮，使电流指示灯熄灭。如果电流旋钮旋到底，电流指示灯仍然不熄灭，那就是用电设备的功率过大，或者是用电设备严重短路，这是可调稳压电源的过流保护功能。

思 考 题

1. 电烙铁的分类有哪些？
2. 防静电腕带的作用是什么？为何要强调在电子产品制造工艺中重视防静电？
3. 恒温式烙铁的优点有哪些？用在何种场合？
4. 试举例说明常用焊接工具的用途。
5. 简述示波器的测试步骤。
6. 发光二极管好坏的测量方法有几种？

第4章 常用电子元器件的识别与测试

任何一个电子装置、设备或系统，无论简单或复杂，都是由少则几个到几十个、多则成千上万个作用各不相同的电子元器件组成的。可以这样说，没有高质量的电子元器件，就没有高性能的电子设备。从事电子设计制造的技术人员都知道，欲使电路具有优良的性能，达到预定的高指标，必须确实掌握、精心选择、正确使用电子元器件。实践证明，一种崭新的电子元器件的出现，都会带来电路设计的一次革命，使电子设备的性能产生一次质的飞跃。

4.1 电子元器件

电子元器件是电子产业发展的基础，是组成电子设备的基础单元，位于电子产业的前端，电子制造技术每次升级换代都是由于元器件的变革引起的；同时元器件也是学习掌握电子工艺技术的基础，无论是初学还是要进一步提高，都离不开电子元器件这个基本环节。

4.1.1 电子元器件的定义

什么是电子元器件？不同领域的电子元器件的概念是不一样的。

1. 狭义的电子元器件

在电子学中，电子元器件的概念是以电原理来界定的，即能够对电信号（电流或电压）进行控制的基本单元。因此只有电真空器件（以电子管为代表）、半导体器件和由基本半导体器件构成的各种集成电路才称为电子元器件。电子学意义上的电子元器件范围比较小，可称为狭义的电子元器件。

2. 通义的电子元器件

在电子技术特别是应用电子技术领域，电子元器件的定义是具有独立电路功能、构成电路的基本单元，其范围扩大了许多，除了狭义的电子元器件外，不仅包括了通用的电抗元件（通常称为三大基本元件的电阻、电容、电感器）和机电元件（连接器、开关、继电器等），还包括了各种专用元器件（包括电声器件、光电器件、敏感元器件、显示器件、压电器件、磁性元件、保险元件以及电池等）。一般电子技术类书刊提到的电子元器件指的就是它们，因此可称为通义的电子元器件。

3. 广义的电子元器件

在电子制造工程中，特别是产品制造领域，电子元器件的范围又扩大了。凡是构成电子产品的各种组成部分，除了通义的电子元器件，还包括各种结构件、功能件、电子专用材料、电子组件、模块部件（例如稳压/稳流电源，AC/DC、DC/DC 电源转换器，可编程控制器，LED/液晶屏组件，以及逆变器、变频器等），以及印制电路板（一般指未装配元器件的裸板）、微型电机（伺服电机、步进电机等）等，都纳入元器件的范围，这种广义的电子元器件概念，一般只在电子产品生产企业供应链范围内应用。

三种元器件概念之间的关系如图 4-1 所示。

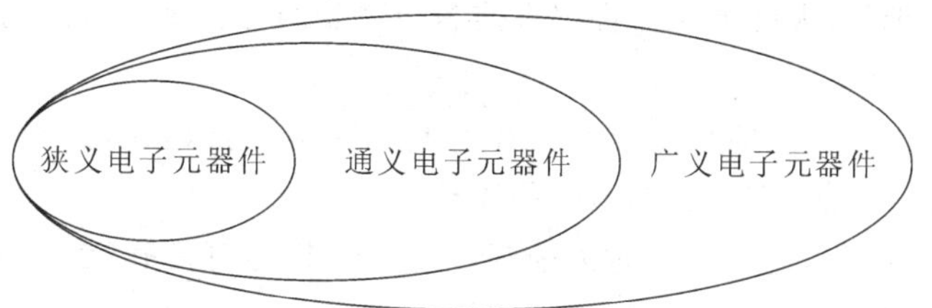

图 4-1　三种元器件概念之间的关系

4.1.2　电子元器件的分类

电子元器件有多种分类方式，应用于不同的领域和范围。

1. 按制造行业划分——元件与器件

元件与器件分类是按照元器件制造过程中是否改变材料分子组成与结构来区分的，是行业划分的概念。在元器件制造行业，器件是由半导体企业制造，而元件则由电子零部件企业制造。

元件是指加工中没有改变分子成分和结构的产品。例如电阻、电容、电感器、电位器、变压器、连接器、开关、石英、陶瓷元件、继电器等。

器件是指加工中改变分子成分和结构的产品。主要是各种半导体产品，例如二极管、三极管、场效应管、各种光电器件、各种集成电路等，也包括电真空器件和液晶显示器等。

随着电子技术的发展，元器件的品种越来越多、功能越来越强，涉及范围也在不断扩大，元件与器件的概念也在不断变化，逐渐模糊。例如有时说元件或器件时实际指的是元器件，而像半导体敏感元件实际按定义应该称为器件等。

2. 按电路功能划分——分立与集成

分立器件是指具有一定电压电流关系的独立器件，包括基本的电抗元件、机电元件、半导体分立器件（二极管、双极型三极管、场效应管、晶闸管）等。

集成器件通常称为集成电路，指一个完整的功能电路或系统采用集成制造技术制作在一个封装内，组成具有特定电路功能和技术参数指标的器件。

分立器件与集成器件的本质区别是：分立器件只具有简单的电压电流转换或控制功能，不具备电路的系统功能；而集成器件则具有完全独立的电路或系统功能。实际上，具有系统功能的集成电路已经不是简单的“器件”和“电路”，而是一个完整的产品，例如数字电视系统，已经将全部电路集成在一个芯片内，习惯上仍然称其为集成电路。

3. 按工作机制划分——无源与有源

无源元件与有源元件，也称为无源器件与有源器件，是根据元器件工作机制来划分的，一般用于电路原理讨论。

无源元件是指工作时只消耗元器件输入信号电能的元器件，本身不需要电源就可以进行信号处理和传输。无源元件包括电阻、电位器、电容、电感、二极管等。

有源元件正常工作的基本条件是必须向元件提供相应的电源，如果没有电源，元件将无法工作。有源元件包括三极管、场效应管、集成电路等，是以半导体为基本材料构成的元器件，也包括电真空器件。

4. 按组装方式划分——插装与贴装

在表面组装技术出现前，所有元器件都以插装方式组装在电路板上。在表面组装技术应用越来越广泛的现代，大部分元器件都有插装与贴装两种封装，一部分新型元器件已经淘汰了插装式封装。

插装是指组装到印制电路板上时需要在印制电路板上打通孔，引脚在电路板另一面实现焊接连接的元器件，通常有较长的引脚和体积。

贴装是指组装到印制电路板上时无须在印制电路板上打通孔，引线直接贴装在印制电路板铜箔上的元器件，通常是短引脚或无引脚片式结构。

5. 按使用环境分类

电路元器件种类繁多，随着电子技术和工艺水平的不断提高，大量新的元器件不断出现，对于不同的使用环境，同一元器件也有不同的可靠性标准，相应不同的可靠性有不同的价格，例如同一元器件，军用品的价格可能是民用品的十倍甚至更多，工业品介于二者之间。

民用品：适用于对可靠性要求一般，性价比要求高的家用、娱乐、办公等领域。

工业品：适用于对可靠性要求较高，性价比要求一般的工业控制、交通、仪器仪表等领域。

军用品：适用于对可靠性要求很高，价格不敏感的军工、航天航空、医疗等领域。

6. 电子工艺对元器件的分类

电子工艺对元器件的分类，既不按纯学术概念去划分，也不按行业分工划分，而是按元器件的应用特点来划分。

不同领域不同分类是不足为怪的，迄今也没有一种分类方式可以完美无缺。实际上在元器件供应商那里，分类没有一定之规。

4.1.3 电子元器件的发展趋势

现代电子元器件正在向微小型化、集成化、柔性化和系统化方向发展。

1. 微小型化

元器件的微小型化一直是电子元器件发展的趋势，从电子管、晶体管到集成电路，都是沿着这样一个方向发展。各种移动产品、便携式产品以及航空航天、军工、医疗等领域对产品微小型化、多功能化的要求，促使元器件越来越微小型化。

但是单纯的元器件的微小型化不是无限的。片式元件封装的出现使这类元件微小型化几乎达到极限，集成电路封装的引线间距在达到 0.3 mm 后也很难再减小。为了产品微小型化，人们在不断探索新型高效元器件、三维组装方式和微组装等新技术、新工艺，将产品微小型化不断推向新的高度。

2. 集成化

元器件的集成化可以说是微小型化的主要手段，但集成化的优点不限于微小型化。集成化的最大优势在于实现成熟电路的规模化制造，从而实现电子产品的普及和发展，不断满足信息化社会的各种需求。集成电路从小规模、中规模、大规模到超大规模的发展只是一个方面，无源元件集成化、无源元件与有源元件混合集成、不同半导体工艺器件的集成化、光学与电子集成化以及机光电元件集成化等，都是元器件集成化的形式。

3. 柔性化

元器件的柔性化是近年出现的新趋势，也是元器件这种硬件产品软化的新概念。可编程器件(PLD)特别是复杂的可编程器件(CPLD)和现场可编程阵列(FPGA)以及可编程模拟电路(PAC)的发展，使得器件本身只是一个硬件载体，载入不同程序就可以实现不同电路功能。可见，现代的元器件已经不是纯硬件了，软件器件以及相应的软件电子学的发展，极大地拓展了元器件的应用柔性化，适应了现代电子产品个性化、小批量多品种的柔性化趋势。

4. 系统化

元器件的系统化，是随着系统级芯片（SOC）、系统级封装（SIP）和系统级可编程芯片（SOPC）的发展而发展起来的，通过集成电路和可编程技术，在一个芯片或封装内实现一个电子系统的功能，例如数字电视 SOC 可以实现从信号接收、处理到转换为音视频信号的全部功能，一个电路就可以实现一个产品的功能，元器件、电路和系统之间的界限已经模糊了。

集成化、系统化使电子产品的原理设计简单了，但有关工艺方面的设计，例如结构、可靠性、可制造性等设计内容更为重要，同时，传统的元器件不会消失，在很多领域还是大有可为的。从学习角度看，基本的半导体分立器件、基础三大元件仍然是入门的基础。

4.2 电阻器

1. 电阻器的相关概念

电子在物体内做定向运动时会遇到阻力，这种阻力称为电阻。在物理学中，用电阻（resistance）来表示导体对电流阻碍作用的大小。

对于两端元器件，凡是伏安特性满足 $U=RI$ 关系的理想电路元器件，都叫作电阻器。电阻器（resistor）简称电阻，其阻值大小就是比例系数 R，当电流的单位为安培（A）、电压的单位为伏特（V）时，电阻的单位为欧姆（Ω）。电阻器是在电子电路中应用最为广泛的元器件之一，在电路中起分压、限流、耦合、负载等作用。

2. 电阻器的分类

（1）电阻器按照阻值特性可分为固定电阻器、可变电阻器和特种电阻器三种。

（2）电阻器按照制造的材料可分为绕线电阻器、碳膜电阻器、金属膜电阻器等，如表 4-1 所示。

（3）电阻器按照功能可分为负载电阻器、采样电阻器、分流电阻器、保护电阻器等。

表 4-1 几种常用电阻器的性能及用途比较

名　称	性能特点	用　途	阻值范围
绕线电阻器	热稳定性好、噪声小、阻值精度极高，但体积大、阻值低、高频特性差	通常在大功率电路中作为负载，不可用于高频电路	0.1 Ω～5 MΩ
碳膜电阻器	有良好的稳定性，阻值范围宽，高频特性好，噪声较小，价格低廉	广泛应用于常规电子电路	1 Ω～10 MΩ
合成碳膜电阻器	阻值范围大，但噪声大、频率特性不好	主要用做高阻、高压电阻器	10 Ω～ 106 MΩ
金属膜电阻器	耐热性能好，工作频率范围大，稳定性好，噪声较小	应用于质量要求较高的电子电路中	1 Ω～200 MΩ
金属氧化膜电阻器	抗氧化性能强，耐热性好；因膜层厚度限制，阻值范围小	应用于精度要求高的电子电路中	1 Ω～200 kΩ

3. 电阻的参数与识别

固定电阻器文字符号为 R，图形符号为—▭—，单位为 Ω。

不同种类电阻的表示法：RT 表示碳膜电阻，RJ 表示金属膜电阻，RX 表示绕线电阻。

阻值识别的方法主要有直标法、文字符号表示法、色标法和数码表示法等。

(1) 直标法是把重要参数值直接标在电阻体表面的方法，如图 4-2 所示。

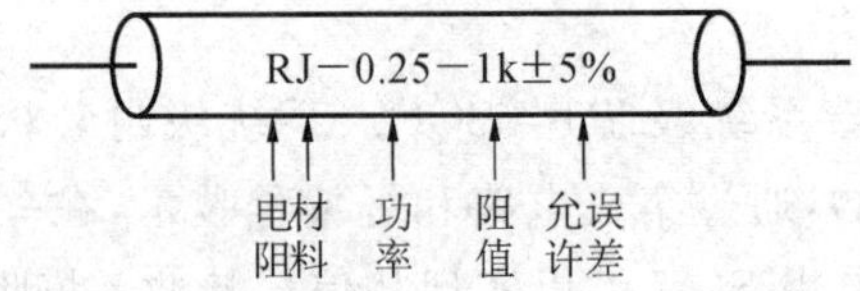

图 4-2 直标法

(2) 文字符号表示法是用文字和符号共同表示其阻值大小的方法，如图 4-3 所示。

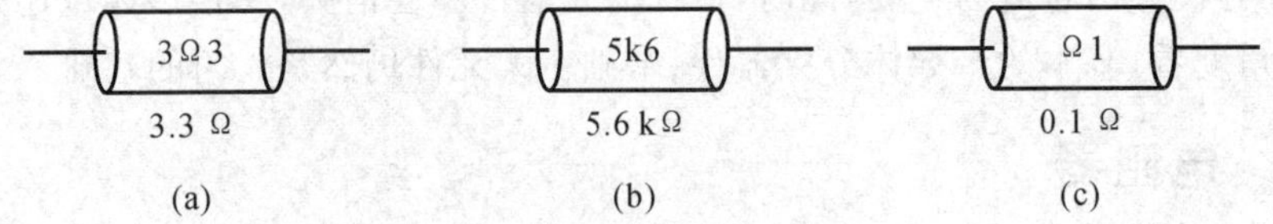

图 4-3 文字符号表示法

(3) 色标法的表示方法如下所述。用颜色代表数字，如：

棕	红	橙	黄	绿	蓝	紫	灰	白	黑
1	2	3	4	5	6	7	8	9	0

用色环表示数值，用金、银、棕表示参数允许误差，如金±5%、银±10%、棕±1%。

四环电阻：前 2 环代表有效数，第 3 环为 10 的倍乘数，第 4 环为允许误差。

例如，250 Ω±10%，如图 4-4 所示。

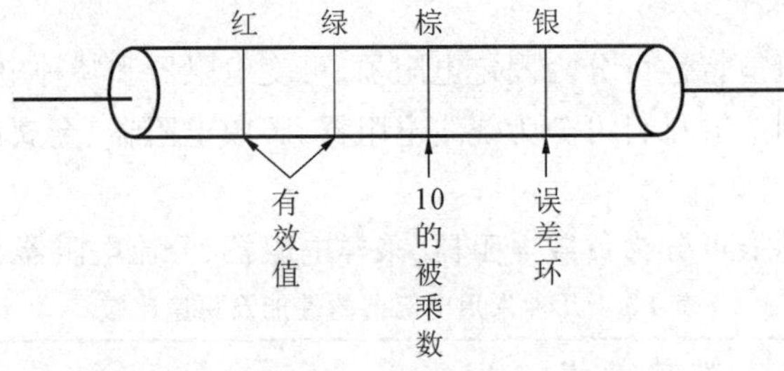

图 4-4 四环电阻

五环电阻：前 3 环代表有效数，第 4 环为 10 的倍乘数，第 5 环为允许误差。

例如，21 400 Ω±1%（精密电阻），如图 4-5 所示。

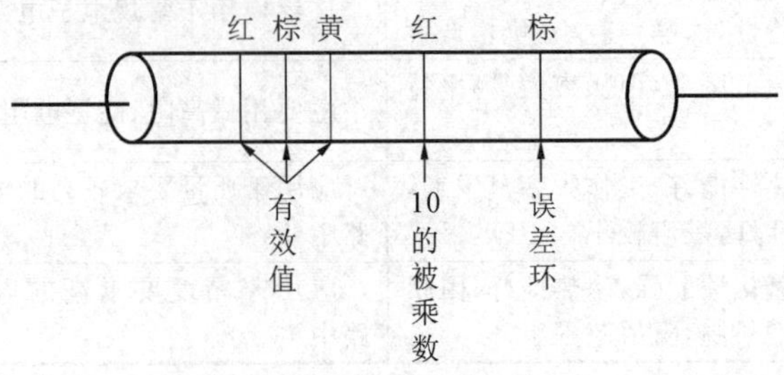

图 4-5 五环电阻

如果金色、银色是在 10 的倍乘数位置，则金色表示 10^{-1}、银色表示 10^{-2}。

(4) 数码表示法常见于集成电阻器和贴片电阻器等。其前两位数字表示标称阻值的有效数字,第三位表示“0”的个数。例如,在集成电阻器表面标出 104,则代表电阻器的阻值为 10×10^4 Ω。

4. 电阻的测量

1) 电阻器的好坏判断

电阻器的好坏判断,可首先观察其引线是否折断、电阻阻身有无损坏。若完好,则可用万用表合适的挡位进行检测,如果事先无法估计电阻器的阻值范围,应先采用较大量程测量,然后逐步减小至合适挡位。测试时若表上显示出电阻值,并与标称阻值相比较,在偏差范围内,则表明电阻正常;若显示为“0”,则表明电阻短路;若显示为“1”(表示无穷大),则表明电阻断路。

在检测敏感电阻时,若敏感源(如光、热等)发生明显变化,则敏感电阻阻值应发生相应变化,否则可判定敏感电阻出现故障。

2) 电阻器的测量方法

当使用数字万用表测量电阻时,应首先将两支表笔短路,校 0 测出两支表笔间的电阻值,然后测出需要测量的电阻的阻值,并减去两表笔间的阻值,最后才是被测电阻的真实电阻值。

在印制电路板上测量阻值时,应采用正反两次测量的方法。由于与之相连的元器件对测量结果有影响,正常测量结果应小于或者等于标称阻值。若正反两次测量有一次大于标称阻值而且超出偏差范围,则说明此电阻有问题,可拆下来单独测量。

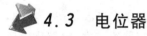

4.3 电位器

1. 电位器与可变电阻

电位器与可变电阻从原理上说是一致的,电位器就是一种可连续调节的可变电阻器。除特殊品种外,对外有三个引出端,靠一个活动端(也称为中心抽头或电刷)在固定电阻体上滑动,可以获得与转角或位移成一定比例的电阻值。

当电位器用作电位调节(分压)时习惯称为电位器,它是一个四端元件,而电位器作为可调电阻使用时,是一个二端元件。

可见电位器与可变电阻是因使用方式不同而演变出的不同称呼,有时统称为可变电阻。习惯上人们将带有手柄、易于调节的称为电位器,而将不带手柄或调节不方便的称为可变电阻(也称微调电阻)。

2. 电位器的分类与型号

目前使用逐渐增多的电子电位器或称数字电位器,其实际是数控模拟开关加一组电阻器构成的功能电路,仅借用“电位器”的名称而已。目前已有多种型号的数字电位器集成电路上市,其特性和应用与一般集成电路相同。

3. 电位器的参数

1) 额定功率

电位器上两个固定端允许耗散的最大功率为额定功率。使用中应注意,额定功率不等于中心轴头与固定端的功率。线绕电位器系列(W)为 0.025、0.05、0.1、0.25、0.5、1、2、3 等。

2) 滑动噪声

当电刷在电阻体上滑动时,电位器中心端与固定端电压出现无规则的起伏现象,称为电位器的滑动噪声。它是由电阻体电阻率分布不均匀性和电刷滑动时接触电阻的无规律变化引起的。

3）分辨力和机械零位电阻

电位器对输出量可实现的最精细的调节能力，称为分辨力。线绕电位器不如非线绕电位器的分辨力高。理论上的机械零位，实际由于接触电阻和引出端的影响，电阻一般不是零。某些应用场合对此电阻有要求，应选用机械零位电阻尽可能小的品种。

4）阻值的变化规律

常见电位器阻值变化规律分线性变化、指数变化和对数变化。此外，根据不同需要还可制成按其他函数规律变化的电位器，如正弦、余弦等。

4.4 电容器

1. 电容的相关概念

电容是表征电容器容纳电荷本领的物理量。电容器应满足 $i=C\times(\mathrm{d}u/\mathrm{d}t)$ 的伏安特性，其容量大小用字母“C”表示，电容的基本单位是法拉（F）。法拉这个单位比较大，所以经常采用较小的单位，如毫法、微法、纳法、皮法等。在电路中，电容器常用于谐振、耦合、隔直、旁路、滤波、移相、选频等电路。

2. 电容的分类

电容器的细分种类很多，一般按照结构和材料两种方式来进行分类。按照结构不同可分为固定电容器、可变电容器和微调电容器等三类；按照介质材料不同可分为有机固体介质电容器、无机固体介质电容器、电解质电容器、气体介质电容器、复合介质电容器等。其中，有机固体介质电容器又可分为玻璃釉电容器、云母电容器和瓷介电容器等三类；电解质电容器又可分为铝电解电容器、铌电解电容器和钽电解电容器等三类。表 4-2 列出了几种常见电容器的性能及用途比较。

表 4-2 几种常见电容器的性能及用途比较

名　称	性　能	用　途	容量范围
玻璃釉电容器	抗潮湿，体积小，重量轻，可在高温条件下工作	小型电子仪器	0.1～10 μF
云母电容器	精密度高，可靠稳定，频率特性好，不易老化，容量小	无线电中高电压、大功率设备	5～51 000 pF
瓷介电容器	体积小，绝缘性好，稳定性好，电气性能优异，容量小，机械强度低	高频、高压电路	1～6800 pF
铝电解电容器	重量轻，单位体积电容量较大，介电常数较大，稳定性差，有极性	交流旁路和滤波	1～10 000 μF
钽电解电容器	稳定性好，体积小，容量大，寿命长，有极性	滤波、交流旁路，适宜于小型化电路	1～1000 μF

3. 电容的参数与识别

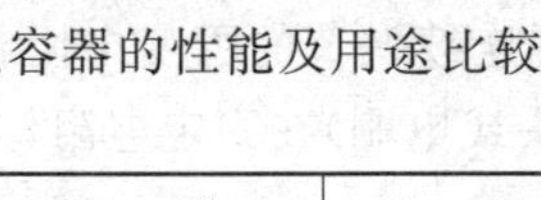

有极性电容 —+|├—

无极性电容 —||—

图 4-6　电容器图形符号

(1) 固定电容器文字符号为“C”，图形符号如图 4-6 所示。

(2) 容量单位有法拉（F）、毫法（mF）、微法（μF）、纳法（nF）、皮法（pF）等，其转换公式为 $1\ \mathrm{F}=10^3\ \mathrm{mF}=10^6\ \mu\mathrm{F}=10^9\ \mathrm{nF}=10^{12}\ \mathrm{pF}$。

(3) 容量识别方法与电阻器相似，有直接法、数字法、文字符号法和色标法等。

① 直标法的规则是：凡不带小数点的整数，不标单位，其单位为 pF；凡带小数点的数，不标单位，其单位为 μF，如图 4-7 所示。

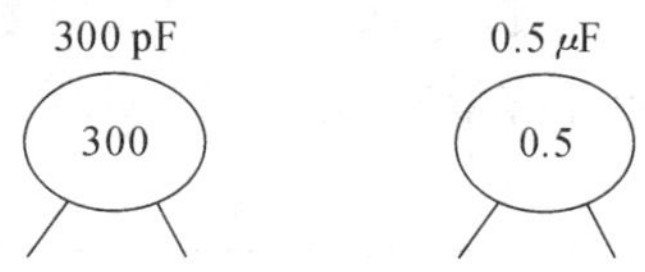

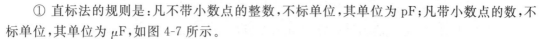

图 4-7　电容器容量直标法

② 数字法的规则是：前 2 位数为有效数，第 3 位为 10 的倍乘数(若第 3 位数字为 9，表示 10^{-1})，单位为 pF，如图 4-8 所示。

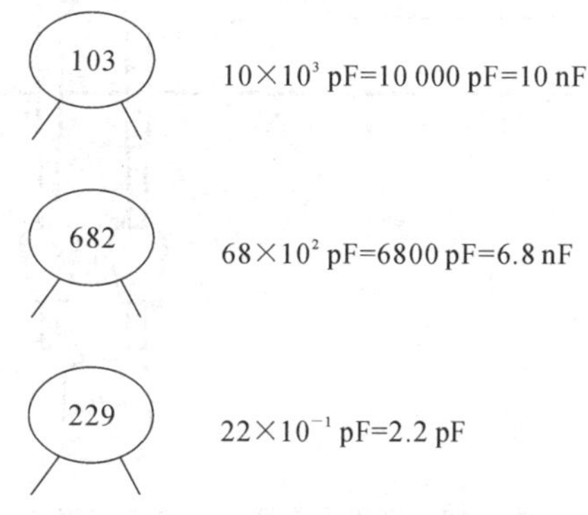

图 4-8　电容器容量数字法

③ 文字符号法：用数字和字母的组合来表示电容的容量。通常用两个数字和一个字母来标称，字母前为容量值的整数，字母后为容量值的小数，字母代表的是容量的单位。例如，8.2 pF 标注为 8p2，10 nF 标注为 10n，如图 4-9 所示。

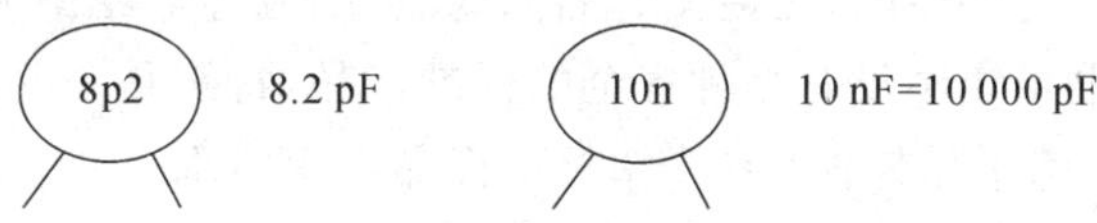

图 4-9　电容器容量文字符号法

④ 色标法与电阻的色标法类似，其单位为 pF。除以上几种表示方法外，新型的贴片还使用一个字母加一个数字或一种颜色加一个字母来表示其容量。

4. 电容的测量

1) 电容器的好坏判断

① 在测量电容器之前，必须将电容器两只引脚进行短路(放电)，以免电容器中存在的电荷在测量时向仪表放电而损坏仪表。

② 在测量电容器时，不能用手并接在被测电容器的两端，以免人体漏电电阻与被测电容器并联在一起，引起测量误差。

③ 用数字万用表检测电容器充放电现象，可将数字万用表拨至适当的电阻挡挡位，将两支表笔分别接在被测电容的两引脚上，这时屏幕显示值将从“000”开始逐渐增加，直至显示溢出符号“1”。若始终显示“000”，说明电容器内部短路；若始终显示“1”，说明电容器内部开路，也可能是所选择的电阻挡挡位不合适。观察电容器充电的方法是：当测量较大的电容

器时，选择低电阻挡；当电容较小时，选择高电阻挡。

2）电容器容量测量

通过以上测试确定电容器好坏后，再用数字万用表或 RLC、LC 专用表测量其实际电容值。需要注意的是：标称电容器容量超过 20 μF 时不能在数字万用表上测量，应用 RLC 测试仪测量。RLC 测试仪测量电容器容量值如图 4-10 所示。

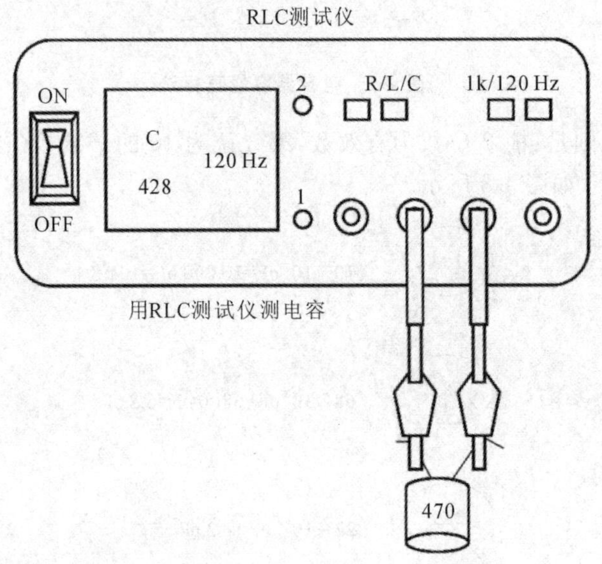

图 4-10 测量电容器容量值示意图

4.5 电感器与变压器

1. 电感的概念

电感器一般又称为电感线圈，在谐振、耦合、滤波、陷波等电路中应用十分普遍。与电阻器、电容器不同的是，电感线圈没有品种齐全的标准产品，特别是一些高频小电感，通常需要根据电路要求自行设计制作，本书主要介绍标准商品电感线圈。

1）自感和互感

当线圈中有电流通过时，线圈的周围会产生磁场。当线圈自身电流发生变化时，其周围的磁场也随之变化，从而使线圈自身产生感应电动势，这种现象叫作自感。当两个电感线圈相互靠近时，一个电感线圈的磁场变化将影响另一个电感线圈，这种现象叫作互感。

2）电感器

电感器又称电感线圈，是利用自感作用的一种元器件。它是用漆包线或纱包线等绝缘导线在绝缘体上单层或多层绕制而成的。其伏安特性应满足 $u=L\times(\mathrm{d}i/\mathrm{d}t)$。

电感器的电感大小用字母“L”表示。电感的基本单位是亨利(H)。电感器在电路中起调谐、振荡、阻流、滤波、延迟、补偿等作用。其单位换算为 $1\mathrm{H}=10^3\ \mathrm{mH}=10^6\ \mu\mathrm{H}$。

3）变压器

变压器是利用多个电感线圈产生互感来进行交流变换和阻抗变换的一种元器件。它一般由导电材料、磁性材料和绝缘材料三部分组成。在电路中，变压器主要用于交流电压、电流变换、阻抗变换和缓冲隔离等。

2. 电感的分类

电感器一般可分为小型固定电感器、固定电感器、微调电感器等。

(1) 小型固定电感器:这一类电感器中最常用的是色码电感器。它是直接将线圈绕在磁芯上,再用环氧树脂或者塑料封装起来,在其外壳上标示电感量的电感器。

(2) 固定电感器:它可以细分为高频阻(扼)流线圈和低频阻(扼)流线圈等。高频阻流线圈采用蜂房式分段绕制或多层平绕分段绕制而成,在普通调频收音机里就用到这种线圈。低频阻流线圈是将铁芯插入到绕好的空芯线圈中而形成的,常应用于音频电路或场输出电路。

(3) 微调电感器:它是通过调节磁芯在线圈中的位置来改变电感量大小的电感器。半导体收音机中的振荡线圈和电视机中的行振荡线圈等就属于这种电感器。

3. 电感的识别

(1) 电感器的基本参数主要有以下几个。

① 标称电感量:电感器的电感量可以通过各种方式标示出来,电感量的基本单位是亨利(H)。

② 额定电流:允许长时间通过线圈的最大工作电流。

③ 品质因数(Q 值):它是指线圈在某一频率下所表现出的感抗与线圈的损耗电阻的比值,或者说是在一个周期内储存能量与消耗能量的比值($Q=\omega L/R$)。品质因数 Q 值的大小取决于线圈的电感量、工作频率和损耗电阻,其中,损耗电阻包括直流电阻、高频电阻、介质损耗电阻。Q 值越高,电感的损耗越小,其效率也就越高。

④ 分布电容(固有电容):线圈的匝与匝之间,多层线圈的层与层之间,线圈与屏蔽层、地之间都存在电容,这些电容成为线圈的分布电容。把分布电容等效为一个总电容 C 加上线圈的电感 L 以及等效电阻 R,就可以构成如图 4-11 所示的等效电路图。在直流和低频情况下,图中的 R 和 C 可以忽略不计,但是当频率提高时,R 和 C 的影响就会增大,进而影响到 Q 值。所以电感线圈只有在一定频率以下工作时,才具有较明显的电感特性。

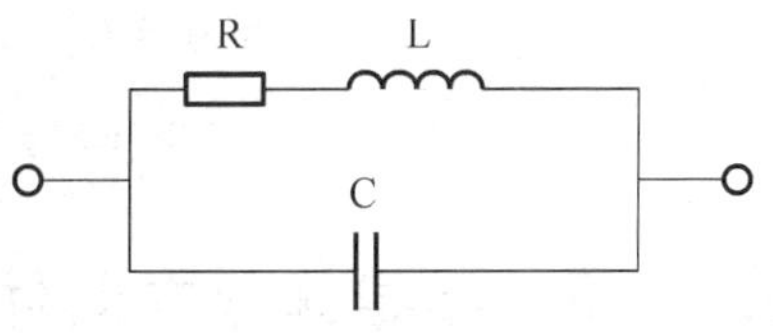

图 4-11 分布电容等效电路

(2) 电感器的标识方法主要有直标法、文字符号法、色标法和数码表示法等。

① 直标法:直标法直接用数字和文字符号标注在电感器上,由三个部分组成,前面的数字和字母分别表示电感量的大小和单位,最后一个字母表示其允许误差。

② 文字符号法:小功率电感器一般采用这种方法标注,使用 N 或 R 代表小数点的位置,对应的单位分别是 nH 和 μH,最后一位字母表示允许误差。

③ 色标法:一般采用四环标注法,其单位为 μH,紧靠电感体一端的色环是第一环,前两环为有效数字,第三环为 10 的倍乘数,第四环为误差环。

④ 数码表示法:默认单位为 μH,前两位数字为有效数字,第三位数字为 10 的倍乘数;用 R 表示小数点的位置,最后一个字母表示允许误差。

(3) 电感器的检测电感线圈的参数一般使用专用的电感测量仪或者电桥进行测试。一般情况下,根据电感器本身的标识以及它的外形尺寸来选用合适的电感测量挡位,因为电感的可替代性比较强,使用数字万用表测量电感器时主要是检测其性能。使用合适的电阻挡对电感器进行检测时,若测得的电阻值远大于标称值或者趋近于无穷大,则说明电感器断路；若测得的电阻值过小，说明线圈内部有短路故障。

4. 变压器的识别

按照变压器的工作频率可将其分为高频变压器、中频变压器、低频变压器和脉冲变压器等。按照耦合材料可分为空芯变压器、铁芯变压器和磁芯变压器等。

变压器主要由铁芯和绕组组成。铁芯由磁导率高、损耗小的软磁材料制成；绕组是变压器的电路部分，初级绕组、次级绕组以及骨架组成的线包需要与铁芯紧密结合以免产生干扰信号。变压器的主要参数有以下几个。

① 变压比：次级电压与初级电压的比值或次级绕组匝数与初级绕组匝数之比。

② 额定功率：在规定的电压和频率下，变压器能长期正常工作的输出功率。

③ 效率：变压器输出功率与输入功率的比值。此外，变压器的参数还有空载电流、空载损耗、温升、绝缘电阻等。

变压器的检测方法是：将数字万用表的转换开关拨至 2k(20k)或 200Ω 挡位置，用两支表笔分别接在变压器初级两端或次级两端，测出初级电阻和次级电阻，如图 4-12 所示。如果测出初级电阻或次级电阻为 0 或∞，则说明该变压器内部短路或开路，变压器已损坏。

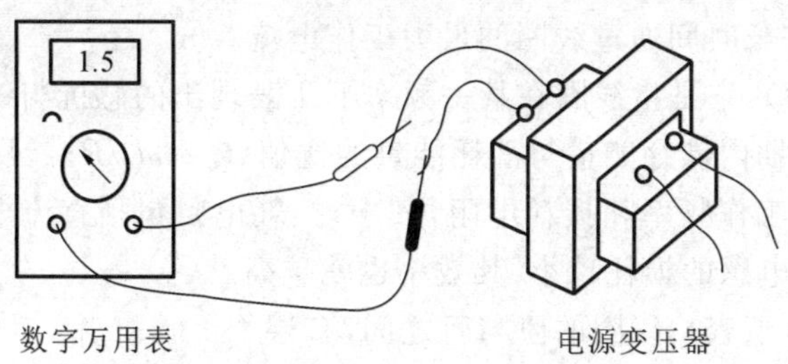

图 4-12 电源变压器初级和次级电阻测量

4.6 半导体分立器件

1. 半导体分立器件的概念

导电性能介于导体与绝缘体之间的材料叫作半导体。由半导体材料制成的具有一定电路作用的器件叫作半导体器件。半导体器件因具有体积小、功能多、成本低、功耗低等优点而得到广泛的应用。半导体器件包括半导体分立器件和半导体集成器件。这里主要介绍一些常见的半导体分立器件。

2. 半导体分立器件的分类与命名

1）半导体分立器件的分类

半导体分立器件主要有二端器件(晶体二极管)和三端器件(晶体三极管)两大类。

晶体二极管按材料可分为锗材料二极管和硅材料二极管两类；按用途可分为整流二极管、发光二极管、开关二极管、检波二极管、稳压二极管和光敏二极管等；按结构特点可分为点接触二极管和面接触二极管两类。

晶体三极管按材料可分为锗材料三极管和硅材料三极管；按电性能可分为高频三极管、低频三极管、开关三极管和高反压三极管等；按制造工艺可分为扩散三极管、合金三极管、台面三极管、平面及外延三极管等。

2）半导体分立器件的命名

在不同的国家，半导体器件型号的命名方法不同。现在世界上应用较多的命名方法主要有国际电子联合会半导体器件型号命名法，主要应用于欧洲国家，如意大利、荷兰、法国等；美国半导体器件型号命名法，主要指美国电子工业协会半导体器件型号命名法；日本半导体器件型号命名法等。

我国也有一套完整的半导体器件命名方法——中国半导体器件型号命名方法。按照规定，半导体器件的型号由五个部分组成，场效应器件、复合管、PIN 型管等无第一部分和第二部分，另外，第五部分表示器件的规格号，有些器件没有第五部分。具体每一部分的表示符号及其符号代表的意义如表 4-3 所示。

表 4-3　中国半导体器件型号命名法

第一部分用数字表示器件的电极数目		第二部分用字母表示器件的材料和极性		第三部分用字母表示器件的类型		第四部分用数字表示器件的序号
2	二极管	A B C D	N 型，锗管 P 型，锗管 N 型，硅管 P 型，硅管	A D G X P V W C Z L S N U K B T Y J	高频大功率管 低频大功率管 高频小功率管 低频小功率管 普通管 微波管 稳压管 参数管 整流管 整流堆 隧道管 阻尼管 光电器件 开关管 雪崩管 可控整流器 体效应器件 阶跃恢复管	—
3	三极管	A B C D E	EPNP 型，锗管 NPN 型，锗管 PNP 型，硅管 NPN 型，硅管 化合物材料			
—	—	—	—	CS FH PIN BT JG	场效应器件 复合管 PIN 型管 半导体特殊器材 激光器材	—

3. 半导体二极管

半导体二极管由一个 PN 结、电极引线和外加的密封管壳制作而成。

1）普通半导体二极管

普通半导体二极管的极性，可根据二极管单向导通的特性判断。将数字万用表拨至二极管挡，用两支表笔分别接在二极管的两个电极上，若屏显值为二极管正向压降范围（一般锗管的正向压降为 0.2～0.3 V，硅管的正向压降为 0.6～0.7 V。本课程后面章节涉及的 S2000 型直流稳压/充电电源制作所使用的二极管压降显示范围应该为“500～700 mV”），说明二极管正向导通，红表笔接的是正（＋）极，黑表笔接的是负（－）极，如图 4-13(a)所示。若屏显为“1”，说明二极管处于反向截止，反向为“1”。红表笔接的是负（－）极，黑表笔接的是正（＋）极，如图 4-13(b)所示。

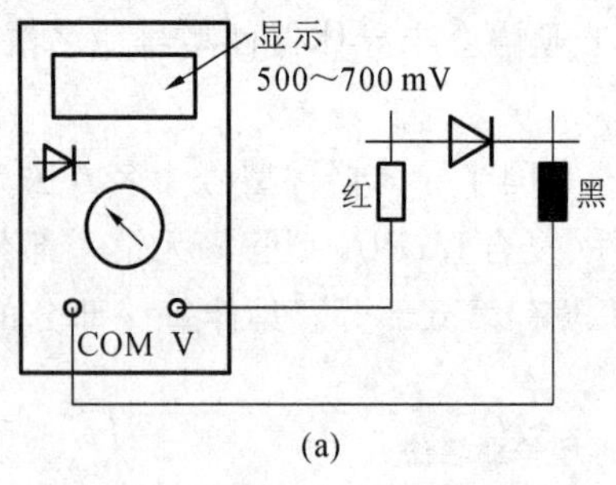

(a)

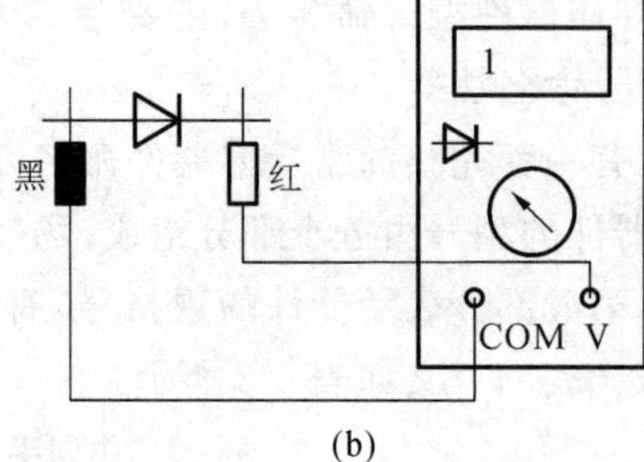

(b)

图 4-13　二极管的极性判别

(a) 正向导通　(b) 反向截止

若所使用的万用表没有二极管测试挡位，可以根据二极管正向阻值较小（一般是几百欧到几千欧）、反向阻值较大（几十千欧或以上）的特点来判断二极管极性。

普通半导体二极管的好坏判别及参数测量方法如下所述。

将数字万用表拨至二极管挡，如图 4-14(a)所示，用红表笔接正(＋)极，黑表笔接负(－)极，屏显应为正常压降范围；若交换表笔再测一次，如图 4-14(b)所示，屏显为"1"，则说明二极管合格。若两次均显示为"000"，说明二极管击穿短路；若两次均显示为"1"，说明二极管开路。

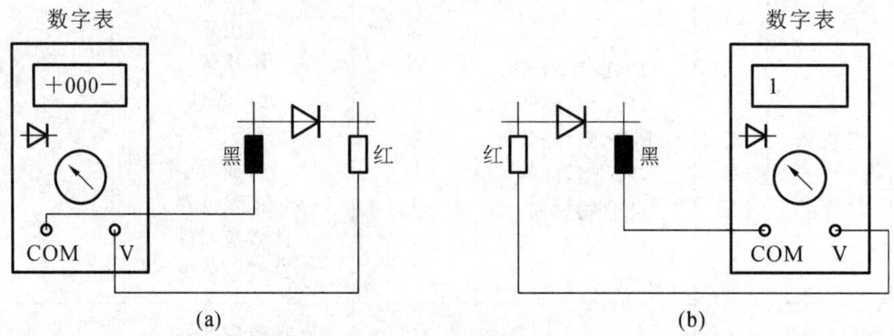

(a)　(b)

图 4-14　二极管的好坏判别

(a) 短路　(b) 开路

2）发光二极管的测量

发光二极管极性的识别与判别有以下 4 种方式。

① 根据发光二极管的引脚长短识别，通常长电极为正(＋)极，短电极为负(－)极。

② 根据塑封二极管内部极片识别，通常小极片为正(＋)极，大极片为负(－)极。

③ 将数字万用表转换开关拨至二极管挡，用红表笔接发光二极管正(＋)极，黑表笔接发光二极管负(－)极，测得数值为发光管正向压降范围（发光二极管正向压降一般为 1.6～2.1 V），调换表笔再测一次，若屏幕显示为"1"，则表明发光二极管合格正常。

④ 如图 4-15 所示，将发光二极管的正极插入 NPN 型管座的"C"孔中，负极插入"E"孔中，发光应为正常。若不发光，说明发光二极管已损坏或管脚插反，调换管脚重新测试。

4. 晶体三极管

晶体三极管是由两个 PN 结连接相应电极封装而成的。其主要参数有 hFE 直流放大系数和 β 交流放大系数。

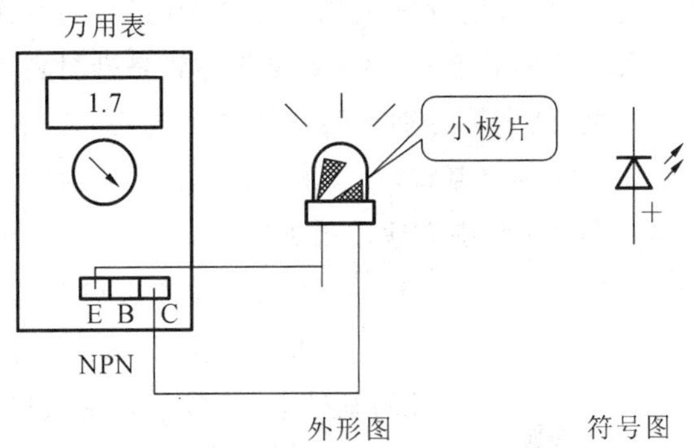

图 4-15 发光二极管正反向测量

（1）三极管的基极及类型判别如图 4-16 和图 4-17 所示。

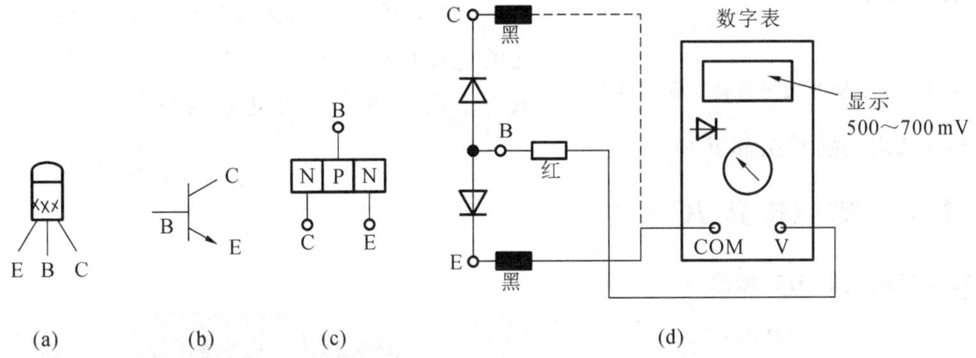

图 4-16 NPN 型三极管的基极及类型判别

（a）外形 （b）符号 （c）结构 （d）NPN 型管的 2 个 PN 结的等效图

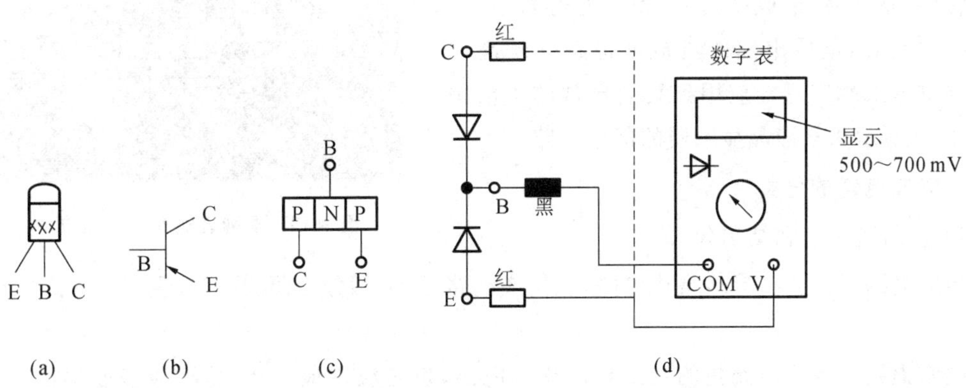

图 4-17 PNP 型三极管的基极及类型判别

（a）外形 （b）符号 （c）结构 （d）PNP 型管等效原理图

从图 4-16 可看出，NPN 型三极管的结构如图 4-16(c)所示，B 极引自 P 区，C 极、E 极分别从两个 N 区引出。

从图 4-17 可看出，PNP 型三极管的结构如图 4-17(c)所示，B 极引自 N 区，C 极、E 极分别从两个 P 区引出。

因而从二极管单向导通特性可以判别出管子的类型和基极。具体的判别步骤如下。

① 将数字万用表拨至二极管挡。

② 用红表笔固定某一电极，黑表笔分别接触另外两个电极，若两次都显示一定压降（一般是 0.5～0.7 V），证明红表笔接的是基极（B），被测晶体管是硅材料 NPN 型管。

③ 用黑表笔固定某一电极，红表笔分别接触另外两个电极，若两次都显示一定压降（一般是 0.5～0.7 V），证明黑表笔接的是基极（B），被测晶体管是硅材料 PNP 型管。

（2）集电极（C）和发射极（E）的判别方法步骤如下。

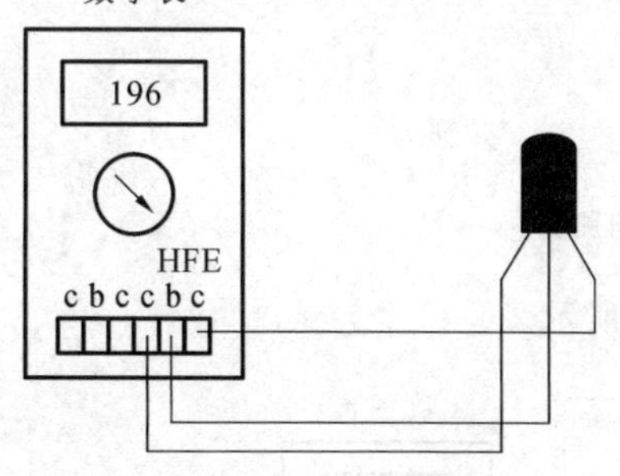

图 4-18　三极管放大倍数的测量（HFE）

① 先用上述方法判别三极管的基极及类别。

② 如图 4-18 所示，在判定三极管的类型和基极的基础上，将数字万用表拨至 HFE 挡，根据以上判定的三极管类型插入 NPN 或 PNP 测试孔，先把被测三极管基极插入 B 孔，余下两个电极分别插入 C 孔和 E 孔中，若屏显几十至几百，说明三极管接法正常，有放大能力，读数即为放大倍数，此时插入 C 孔的电极是集电极，E 孔的电极是发射极。若屏显几至十几，说明管子集电极与发射极插反，须重新调换测试来判别 C 极和 E 极。

4.7　集成电路 IC 元件

1. 集成电路的相关概念

集成电路（integrated circuit，IC）就是将晶体二极管、三极管、电阻、电容等元器件按照特定要求的电路连接制作在一块硅单晶片上。它具有体积小、重量轻、可靠性高、集成度高、互换性好等特点。随着科技的发展，集成电路的集成度也越来越高，集成电路也越来越广泛地应用到我们日常的生活中。如图 4-19 所示为某液晶显示器的部分电路。

图 4-19　双列直插 8 脚小集成块

2. 集成电路的分类

1）按制造工艺和结构分

集成电路可分为半导体集成电路、膜集成电路（又可细分为薄膜、厚膜两类）和混合集成电路。

通常提到的集成电路指的是半导体集成电路，也是应用最广泛、品种最多的集成电路，膜集成电路和混合集成电路一般用于专用集成电路，通常称为模块。

2）按集成度分

集成度指一个硅片上含有元件的数目，一般常用集成电路以中、大规模电路为主，超大规模电路主要用于存储器及计算机 CPU 等专用芯片中。

由于微电子技术的飞速发展，上述分类已不足以反映集成度的规模。一个硅片上集成千万只晶体管已经实现，若干年内可达 10 亿只以上。

3）按应用领域分

同一功能的集成电路按应用领域规定不同的技术指标，可分为军用品、工业用品和民用品(又称商用品)三大类。

在军事、航空、航天等领域,使用环境恶劣、装置密度高,对集成电路的可靠性要求极高,产品价格退居次要地位,这是军用品的特点。

对于民用品,在保证一定可靠性和性能指标的前提下,性能价格比高是产品成功的重要条件之一,显然如果在普通电子产品中选用了军用品是达不到高性能价格比的。

工业用品则是介于二者之间的一种产品,但不是所有集成电路都有这三个品种。

4) 按使用功能分

按使用功能划分集成电路是国外很多公司的通用方法,一些国际权威数据出版商就是按使用功能划分集成电路数据资料的。

5) 按半导体工艺分

① 双极型电路。在硅片上制作双极型晶体管构成的集成电路,由空穴和电子两种载流子导电。

② MOS 电路。参加导电的是空穴或电子一种载流子,又可分为以下 3 种。

NMOS 由 N 沟道 MOS 器件构成;

PMOS 由 P 沟道 MOS 器件构成;

CMOS 由 N、P 沟道 MOS 器件构成互补形式的电路。

③ 双极型-MOS 电路(BIMOS)。双极型晶体管和 MOS 电路混合构成集成电路,一般前者作为输出级,后者作为输入级。

双极型电路驱动能力强但功耗较大,MOS 电路则反之,双极型-MOS 电路兼有二者优点,MOS 电路中 PMOS 和 NMOS 已趋于淘汰。

6) 专用集成电路(ASIC)

专用集成电路是相对通用集成电路而言的。它是为特定应用领域或特定电子产品专门研制的集成电路,目前应用较多的有:

① 门阵列(GA);

② 标准单元集成电路(CBIC);

③ 可编程逻辑器件(PLD);

④ 模拟阵列和数字模拟混合阵列;

⑤ 全定制集成电路。

其中①~④项制造厂仅提供母片,由用户根据需要完成专用集成电路,因此也称为半定制集成电路(SCIC)。专用集成电路性能稳定、功能强、保密性好,具有广泛的前景和广阔的市场。

3. TTL、CMOS 集成电路简介

1) TTL 电路

TTL 电路的特点是:输出高电平高于 2.4 V,输出低电平低于 0.4 V。在室温下,一般输出高电平是 3.5 V,输出低电平是 0.2 V。最小输入高电平和低电平分别为 2.0 V 和 0.8 V,噪声容限是 0.4 V。最早的 TTL 门电路是 74 系列,后来发展到 74H、74L、74LS、74AS、74ALS 等系列。TTL 电路是电流控制器件,TTL 电路的速度快、传输延迟时间短(5~10 ns),但是功耗较大。

2）CMOS 电路

CMOS 电路的特点是：CMOS 电路输出高电平约为 0.9 V_{cc}，而输出低电平约为 0.1 V_{cc}，具有较宽的噪声容限。CMOS 电路是电压控制器件，CMOS 电路的速度慢、传输延迟时间长(25～50 ns)，但功耗低。

4. 集成电路的命名与替换

集成电路的品种型号繁多，其命名方法也因地域、公司或厂商的不同而不同。中国国家标准的集成电路型号命名由五个部分组成：国地标识、电路类型、电路系列和代号、温度范围和封装形式。各个部分表示方法及其含义如表 4-4 所示。

表 4-4　中国半导体集成电路型号命名法

第一部分 国地标识	第二部分 电路类型	第三部分 电路系列和代号	第四部分 温度范围	第五部分 封装形式	
C：中国制造	T：TTL 电路	与国际同品种保持一致， 如 TTL 可分为： 54/74××× 54/74H××× 54/74L××× 54/74S××× 54/74LS××× 54/74AS××× 54/74ALS××× 54/74F××× CMOS 可分为： 54/74HC××× 54/74HCT××× 4000 系列	C：0～70 ℃	W	陶瓷扁平
	H：HTTL 电路		G：－25～70 ℃	B	塑料扁平
	E：ECL 电路		L：－25～85 ℃	D	陶瓷直插
	C：CMOS 电路		E：－40～85 ℃	P	塑料直插
	M：存储器		R：－55～85 ℃	J	黑瓷直插
	U：微型机电路		M：－55～125 ℃	K	金属菱形
	F：线性放大器			T	金属圆形
	W：稳压器			—	
	D：音响、电视电路				
	B：非线性电路				
	J：接口电路				
	AD：A/D 转换器				
	DA：D/A 转换器				
	SC：通信专用电路				
	SS：敏感电路				
	SW：钟表电路				
	SJ：机电仪电路				
	SF：复印机电路				

集成电路是最能体现电子产业日新月异、飞速发展的一类电子元器件。它不仅品种繁多，而且新品种层出不穷，要熟悉各种集成电路几乎是不可能的，实际也没有必要。但对常用的集成电路有所了解则非常必要。这里从实用角度介绍常用集成电路的分类、封装、引脚识别等应用知识。

5. 集成电路封装与引脚识别

集成电路封装种类繁多，不同国家和地区的分类和命名方法也不一样，具体应用时需要查阅相关资料。表 4-5 所示为常见集成电路封装、引脚识别及特点。

表 4-5　常见集成电路封装、引脚识别及特点

封装	特点
金属圆形封装　TO-99	
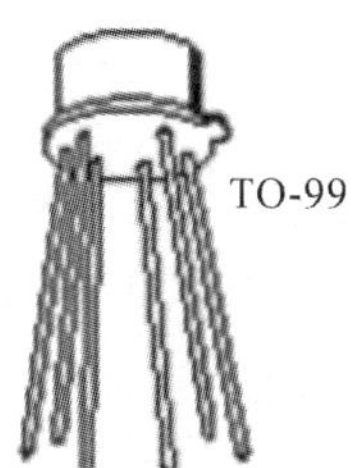	最初的芯片封装形式，引脚数 8～12，散热好，价格高，屏蔽性能良好，主要用于高档产品
PZIP(plastic zigzag in-line package)　塑料 ZIP 型封装	
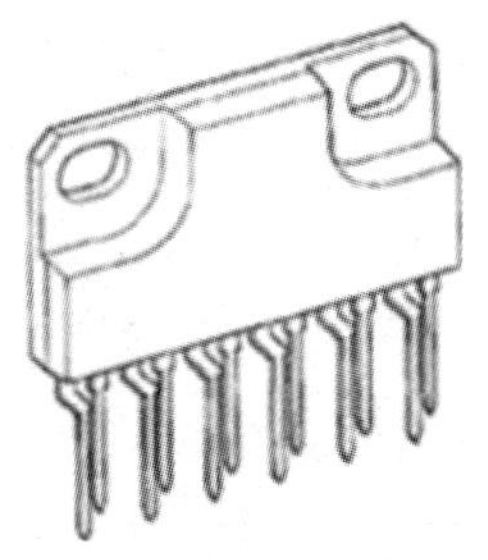	引脚数 3～16，散热性能好，多用于大功率器件
SIP(single in-line package)　单列直插式封装	
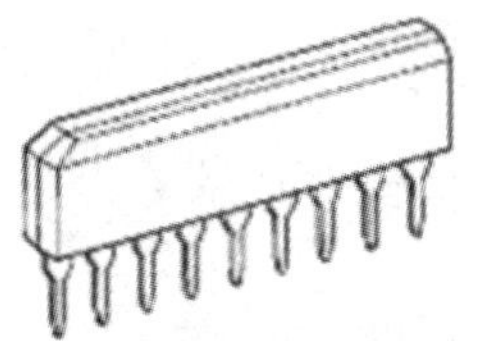	引脚中心距通常为 2.54 mm，引脚数 2～23，多数为定制产品。造价低且安装便宜，广泛用于民用品
DIP(dual in-line package)　双列直插式封装	
	绝大多数中小规模 IC 均采用这种封装形式，其引脚数一般不超过 100。适合在 PCB 板上插孔焊接，操作方便。塑封 DIP 应用最广泛
SOP(all out-line package)　双列表面安装式封装	
	引脚有 J 形和 L 形两种形式，中心距一般分 1.27 mm 和 0.8 mm 两种，引脚数 8～32，体积小，是最普及的表面贴片封装
PGA(pin grid array package)　插针网格阵列封装	
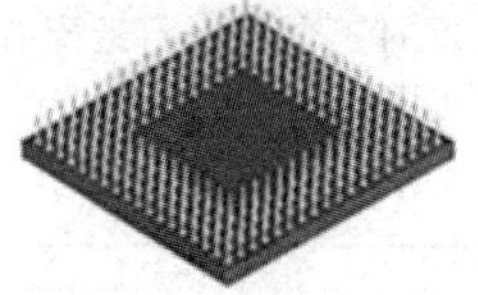	插装型封装之一，其底面的垂直引脚呈阵列状排列，一般要通过插座与 PCB 板连接。引脚中心距通常为 2.54 mm，引脚数 64～447。插拔操作方便，可靠性高，可适应更高的频率

续表

BGA(ball grid array package) 球栅阵列封装	
	表面贴装型封装之一，其底面按阵列方式制作出球形凸点用以代替引脚。适应频率超过 100 MHz，I/O 引脚数大于 208 Pin。电热性能好，信号传输延迟小，可靠性高
PLCC(plastic leaded chip carrier) 塑料有引线芯片载体	
	引脚从封装的四个侧面引出，呈 J 形。引脚中心距 1.27 mm，引脚数 18～84。J 形引脚不易变形，但焊接后的外观检查较为困难
CLCC(ceramic leaded chip carrier) 陶瓷有引线芯片载体	
	陶瓷封装，其他同 PLCC
LCCC(leaded ceramic chip carrier) 陶瓷无引线芯片载体	
	芯片封装在陶瓷载体中，无引脚的电极焊端排列在底面的四边。引脚中心距 1.27 mm，引脚数 18～156。高频特性好，造价高，一般用于军用品
COB(chip on board) 板上芯片封装	
	裸芯片贴装技术之一，俗称"软封装"。IC 芯片直接黏结在 PCB 板上，引脚焊在铜箔上并用黑塑胶包封，形成"帮定"板 。该封装成本最低，主要用于民用品
SIMM(single in-line memory module) 单列存储器组件	
	通常指插入插座的组件。只在印刷基板的一个侧面附近配有电极的存储器组件。有中心距为 2.54 mm(30 Pin)和中心距为 1.27 mm(72 Pin)两种规格

4.8 其他元器件

1. 机电元件

利用机械力或电信号的作用，使电路产生接通、断开或转换等功能的元件，称为机电元件。常见于各种电子产品中的开关、连接器(又称接插件)等都属于机电元件。

机电元件的工作原理及结构较为直观简明，容易为设计及整机制造者所轻视。实际上机电元件对电子产品的安全性、可靠性及整机水平影响很大，而且是故障多发点。正确选择使用和维护机电元件是提高电子工艺水平的关键之一。

机电元件品种繁多，中外各异，这里仅对常用的机电元件做简单介绍，如要深入了解请参考相关手册或产品样本。

2. 开关

开关是接通或断开电路的一种广义的功能元件，种类繁多。一般提到开关习惯上指的是手动式开关，像压力控制、光电控制、超声控制等具有控制作用的开关，实际已不是一个简单的开关，而包括较复杂的电子控制单元。至于常见于书刊中的“电子开关”则指的是利用晶体管、可控硅等器件的开关特性构成的控制电路单元，不属“机电元件”的范畴，为应用方便，也将它们列入“开关”的行列。

开关的“极”和“位”是了解开关类型必须掌握的概念。所谓的“极”指的是开关活动触点(过去习惯叫“刀”)，“位”则指静止触点(习惯也称为“掷”)。

开关的主要参数有：

(1) 额定电压：正常工作状态开关可以承受的最大电压，对交流电源开关则指交流电压有效值。

(2) 额定电流：正常工作时开关所允许通过的最大电流，在交流电路中指交流电压的有效值。

(3) 接触电阻：开关接通时，相通的两个接点之间的电阻值。此值越小越好，一般开关接触电阻应小于 200 mΩ。

(4) 绝缘电阻：开关不相接触的各导电部分之间的电阻值。此值越大越好，一般开关在 100 mΩ 以上。

(5) 耐压：也称抗电度强，指开关不相接触的导体之间所能承受的电压值。一般开关耐压大于 100 V，对电源开关而言，要求耐压不小于 500 V。

(6) 工作寿命：开关在正常工作条件下使用的次数，一般开关为 5000～10 000 次，要求较高的开关可达 5×10^4～5×10^5 次。

4.9 电子元器件的选择及应用

在电路原理图中，元器件是一个抽象概括的图形文字符号，而在实际电路中是一个具有不同几何形状、物理性能、安装要求的具体实物。一个电容器符号代表几十个型号，几百甚至成千上万种规格的实际电容器，如何正确选择才能既实现电路功能，又保证设计性能。对于一件电子产品而言，至关重要的是经济性和可靠性，正确选择电子元器件实在不是一种容易的事。这里从应用角度出发介绍元器件的选用要领。

1. 电子元器件的关键指标

在电子技术课程中学习元器件主要关注的是它的电气参数，而在电子工艺技术中则更注重元器件的工艺性能，例如焊接性能、机械性能等。

1）电子元器件的电气性能参数

电气性能参数用于描述电子元器件在电子电路中的性能，主要包括电气安全性能参数、环境性能参数和电气功能参数。

电气安全性能参数反映元器件在人身、财产安全方面的性能。通常，技术标准对这类参数都有严格的要求，主要技术参数有耐压、绝缘电阻等。环境性能参数反映了环境变化对元器件性能的影响，主要技术参数有温度系数、电压系数、频率特性等。电气功能参数通常表示该元器件的电气功能。不同的元器件，使用的主要功能参数是不一样的，例如电阻、电容、电感和三极管的主要功能参数分别是电阻抗、电容量、电感量和电流放大倍数。为了准确地描述一个元器件，可以使用多个功能参数，例如三极管的功能参数有电流放大倍数、开启电压、开关时间等。

2）电子元器件的使用环境参数

任何电子元器件都有一定的使用条件。环境参数规定了元器件的使用条件，主要包括气候环境参数和电源环境参数。

气候环境主要是指元器件的工作温度、湿度等。一般而言，通常规定最高温度、湿度和最低温度、湿度 。

电源环境是指电子元器件工作的电源电压、电源频率和空间电磁环境等。电子元器件在不同的电源环境下，其电气性能是不同的。如空间天线电波对元器件的影响、雷电对元器件的影响等。主要参数有额定工作电压、最大工作电压、额定功率、最大功率等。

3）电子元器件的机械结构参数

任何电子元器件都具有一定的形状和体积。在电子产品组装时，必须在结构和空间上合理安装元器件。机械结构参数主要包括外形尺寸、引脚尺寸、机械强度等。

在实际生产过程中，设备的振动和冲击是无法避免的。如果选用的元器件的机械强度不高，就会在振动时发生断裂，造成损坏，使电子设备失效。所以，在设计制作电子产品时，应该尽量选用机械强度高的元器件，并从整机结构方面采取抗振动、耐冲击的措施。

4）电子元器件的焊接性能

因为大部分电子元器件都是靠焊接实现电路连接的，所以元器件的焊接性能也是它们的主要参数之一。

电子元器件的焊接性能一般包括两个方面：一是引脚的可焊性，二是元器件的耐焊接性。可焊性是指焊接时引脚上锡的难易程度，为了提高焊接质量，减少焊接质量问题，应该尽量选用那些可焊性良好的元器件。

由于焊接时温度非常高，一般达到 230 ℃以上，无铅焊接更是到了 260 ℃，元器件能否在短时间内耐住焊接时的高温，是衡量元器件焊接性能的重要指标之一。

5）电子元器件的寿命

随着时间的推移和工作环境的变化，元器件的性能参数会发生变化。当它们的参数变化到一定限度时，尽管外加的工作条件没有改变，也会导致元器件不能正常工作或失效。元器件能够正常工作的时间就是元器件的使用寿命。

电子元器件的电气性能参数指标与其性能稳定可靠是两个不同的概念。性能参数良好的元器件，其可靠性不一定高；相反，规格参数差一些的元器件，其可靠性也不一定低。电子元器件的大部分性能参数都可以通过仪器仪表立即测量出来，但是它们的可靠性或稳定性必须经过各种复杂的可靠性试验，或者在经过大量的、长期的使用之后才能判断出来。

2. 电子元器件选择的基本准则

(1) 元器件的技术条件、技术性能、质量等级等均应满足装备的要求;

(2) 优先选用经实践证明质量稳定、可靠性高、有发展前途的标准元器件,慎重选择非标准及趋于淘汰的元器件;

(3) 应最大限度地压缩元器件的品种规格和生产厂家;

(4) 未经设计定型的元器件不能在可靠性要求高的产品中正式使用;

(5) 优先选用有良好的技术服务、供货及时、价格合理的生产厂家的元器件;

(6) 关键元器件要进行供应商质量及能力认定;

(7) 在性能价格比相等时,应优先选用国产元器件。

3. 质量控制与成本控制

大批量生产的电子产品,元器件特别是关键元器件的选择是十分慎重的,一般来说,要经过以下步骤才能确认。

(1) 选点调查:向有关厂商调查了解生产装备、技术装备、质量管理等情况,确认质量认证的通过情况。

(2) 样品抽取试验:按厂商标准进行样品质量认定。

(3) 小批量试用。

(4) 最终认定:根据试用情况确认批量订购。

(5) 竞争机制:关键元器件应选两个制造厂商,同时下订单,防止供货周期不能保证、缺乏竞争而质量不稳定的弊病。

对一般小批量生产厂商或科研单位,不可能进行上述质量认定程序,比较简单而有效的做法是:

(1) 选择经过国家质量认证的产品;

(2) 优先选择国家大中型企业及国家、部属优质产品;

(3) 选择国际知名的大型元器件制造厂商产品;

(4) 选择有信誉保证的代理供应商提供的产品。

同样功能的电子元器件,不同厂商生产的产品由于品质、品牌的差异,价格可能有较大差别;即使是同一厂商,针对不同的使用范围也有不同档次的产品。如何在保证质量的前提下达到可靠性与经济性的统一,是元器件选择的统筹兼顾技巧。

首要准则是要算综合账。在严酷的竞争市场上,产品的经济性无疑是设计制造者必须考虑的关键因素。但是如果片面追求经济,为了降低制造成本不惜采用低质元件,结果造成成品可靠性降低,维修成本提高,反而损害了制造厂的经济利益。粗略估算,当一个产品在使用现场因某个电子元器件失效而出现故障时,生产厂家为修复此元件花费的代价,通常为该元器件购买费用的数百倍至数万倍。这是因为通常一个电子产品的元器件数量都在数百乃至数千件,复杂的有数万至数十万件,有时要进行彻底检查才能确定失效元器件。加上运输、工作人员交通等费用,造成产品维修费用的上升;还未计算因可靠性不高造成企业信誉的损失。

从技术经济的角度讲,可靠性与经济性不是水火不容的,而是有个最佳点。选用优质元器件,会使研制生产费用增加,但同时会使使用和维修费用降低,若可靠性指标选择合适,可使总费用达到最低水平。更何况由于产品可靠性提高会使企业信誉提高,品牌无形资产增加。综合算账,经济性提高。

其次要根据产品要求和用途选用不同品种和档次的元器件。例如很多集成电路都有军用品、工业品和民用品三种档次，它们的功能完全相同，仅使用条件和失效率不同，但价格可差数倍至数十倍，甚至百倍以上。如果在普通家用电器中采用军品级元器件，将使成本提高，性能却不一定能提高多少。这是因为有些性能指标对家用电器没有多少实际意义，例如工作温度，民用品一般为 0～70 ℃，军用品为－55～125 ℃，在家电正常使用环境中是不会考虑如此条件的。所以按需选用才是最佳选择。

最后还要提及的是即使在一种电子产品中，也要合理地选择元器件的品种和档次。例如某电子产品在采用最先进集成电路的同时却选用低档的接插件和开关，由于这些接插件和开关的故障将集成电路的先进性能冲得一干二净；再如某仪器上与电位器串联的电阻器采用精密电阻，这无疑是一种浪费。

思　考　题

1. 阐述电子元器件的分类及特点。
2. 简述四环、五环色环电阻的识别方法及误差环的意义。
3. 如何判定电阻的好坏？
4. 如何测量电容的值？如何判定电容的好坏？
5. 如何测量电感值？如何判定电感的好坏？
6. 如何检测变压器？
7. 如何判定二极管的极性与好坏？如何判定二极管是锗管还是硅管？
8. 如何判定三极管的极性与好坏？
9. 集成电路 IC 器件有哪些分类？阐述几个你感兴趣的器件的特点。
10. 电子元器件的选用基本原则是什么？你如何看待质量、性能、价格之间的关系？

第5章 电子产品焊接技术与工艺

电子产品的元器件根据其外形大体可以分为插件式、贴片式两种，根据其电气特性可分为无源元件、有源器件两大类。在焊接中，我们通常称插件式元器件的焊接技术为通孔技术（THT，through hole technology），称贴片式无源元件为表面贴装元件（SMC，surface mounted components），称贴片式有源器件为表面贴装器件（SMD，surface mounted devices），业界也习惯将 SMD/SMC 的贴装技术统称为表面贴装技术（SMT，surface mounted technology）。在电子产品的生产过程中，焊接是十分重要的技术。无论是简单的元器件还是复杂的集成电路板，都需要通过电路连接来实现电子产品的功能。在各种电路连接方式中，焊接特别是锡焊是应用最广泛的一种技术，它能使电路中的各个连接部位既有良好的导电性能，又有较强的机械强度。可以说，锡焊技术直接关系到电子产品的质量和使用寿命。

根据不同的电路设计结果，在实际的自动化、半自动化电子产品生产过程中，焊接的工艺也不尽相同，先后出现过浸焊技术、波峰焊技术、表面贴装技术（包含印锡、点胶、贴装回流焊等技术）等。本章将重点讲解手工焊接技术与表面贴装技术 SMT。

5.1 焊接的基本知识

5.1.1 锡焊的机理

锡焊的基本原理是通过高温加热，使焊料在焊件上浸润、扩散，形成不可剥离的导电合金层，从而把焊件牢固地焊接在一起。其间包含以下三个主要过程。

1. 焊料对焊件的浸润

熔融焊料在金属表面形成均匀、平滑、连续并附着牢固的焊料层叫作浸润，也叫润湿。浸润程度主要取决于焊件表面的清洁程度及焊料表面的张力。在焊料的表面张力小，焊件表面无油污并涂有助焊剂的条件下，焊料的浸润性能较好。从图 5-1 可以看到水与玻璃试管、水银与玻璃试管之间的浸润现象。焊料与焊件的浸润程度可以通过浸润后焊料与焊件表面夹角的大小来判断。

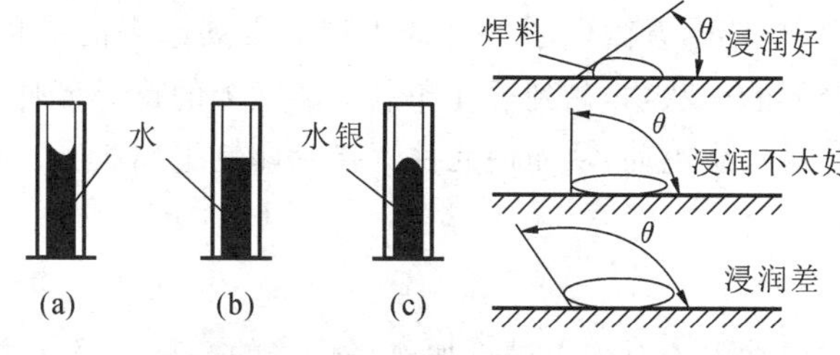

图 5-1 浸润现象及浸润程度

2. 扩散

高温加热被焊件和熔融焊料，两者的原子或分子在高温下相互运动渗透，形成表面合金层的过程叫作扩散。

3. 结合层

焊料和焊件金属彼此扩散，会在两者交界面形成多种组织的结合层。形成结合层是锡焊的关键，如果没有形成结合层，仅仅是焊料堆积在母材上，则为虚焊。结合层的厚度因焊接温度、时间不同而异，一般为 3～10 μm。

5.1.2 锡焊工艺的种类

随着焊接工艺的发展，焊接工艺的种类也越来越丰富。手工焊接是电子技术工程人员应具备的最基本的专业技能，也是我们学习这门课程应该熟练掌握的技能之一。与手工焊接技术相对应的是自动焊接技术，现今最常用的自动焊接技术包括波峰焊、浸焊、回流焊、脉冲加热焊等。

1. 波峰焊

波峰焊是一种自动焊接工艺，其整个生产流程都在自动生产线上进行，适用于批量生产。波峰焊的主要焊接过程是元件插装、喷涂助焊剂、预热、波峰焊接、冷却、切头清除和自动卸板。在生产过程中，必须对每道工序进行严格规范，否则其质量难以得到保证。图 5-2 所示为一款波峰焊机。

图 5-2　波峰焊机

2. 浸焊

浸焊是把装配好元器件的印制电路板浸入到盛有焊锡的槽内进行焊接的技术。浸焊适用于小批量的工业生产，其操作方便，但产品质量不易保证。

3. 回流焊

回流焊又叫再流焊，是伴随着微电子产品的出现而发展起来的一种新技术。它是把焊锡加工成一种拌有黏合剂的糊状物，黏到插在印制电路板上的待焊元件引线上，然后加热印制电路板使糊状物溶化而再次流动，从而使元件焊接到印制电路板上。回流焊的效率高、质量好，一致性也优良。

4. 脉冲加热焊

脉冲加热焊是通过脉冲电流对焊点进行加热来焊接的一种方式。这种焊接适用于小型集成电路的焊接。此外，还有超声波焊、热超声金丝球焊等，这些工艺均有各自的特点。

5.1.3 锡焊的材料

1. 锡焊材料

锡焊材料为锡(Sn)、铅(Pb)的合金。锡、铅合金为共晶合金，其熔点为 183 ℃。对于单独的锡，其熔点为 232 ℃，单独的铅其熔点为 327 ℃。烙铁头的温度一般在 200 ℃以下，完成一个焊点的时间一般控制在 3～5 s。

按照锡铅比例为 61.9/38.1 制成的焊锡材料性能是最好的，它具有以下优点。

(1) 熔点低。熔点低则加热温度低，可防止元器件损坏。

(2) 熔点和凝固点一致，可使焊点快速凝固，增加焊料强度。

(3) 流动性好，表面张力小，有利于提高焊点质量。

(4) 强度高，导电性好。

常用焊料的形状有丝状、圆片状、带状、球状、膏状等。其中，焊锡丝在手工焊接中使用最为广泛，焊锡丝为管状结构，中间夹有固体松香助焊剂。焊锡丝的直径种类很多，一般从 0.5 mm到 4 mm 不等。另一种较为常用的焊料是焊膏，焊膏由焊料合金与助焊剂制成糊状而成，适用于回流焊和贴装元器件的焊接。

2. 助焊剂

在锡焊工艺中，松香是良好的助焊剂，其特点是：在常温下几乎没有任何化学活力，呈中性，而当加热到熔化时表现为酸性，可与金属氧化膜发生化学反应，变成化合物而悬浮在液态焊锡表面，这就起到了保护焊锡表面不被氧化的作用。另外，松香无腐蚀，绝缘性强。

同时，松香焊剂还可以增加焊料的流动性，减少其表面张力。在焊接的过程中，焊料熔化后能否迅速地流动并附着在焊件表面直接影响着最终焊点的质量。

3. 阻焊剂

焊接时，焊料只需要熔化并附着在相应的焊件上，这就意味着印制电路板上除需要焊接的部分以外，其他部分不允许有焊料附着，用一种耐高温的阻焊涂层，使焊料只能在焊点部分进行焊接，这种阻焊涂层就是阻焊剂。印制电路板上常见的绿漆即为一种阻焊剂。

5.1.4 锡焊的条件及焊前准备

1. 锡焊的条件

只有当焊件、焊料及焊接的工具选用合适并满足一定条件时，才能更好地保证焊接出的焊点达到一定的指标。因此，在焊接前，必须做到以下几点。

(1) 焊件必须具有充分的可焊性。只有能被焊锡浸润的金属才具有可焊性，并非所有的金属材料都具有良好的锡焊可焊性。例如：铬、钼、钨、铝等金属的可焊性就非常差；黄铜、紫铜等金属容易焊接，但表面容易产生氧化膜，为了提高可焊性，一般必须采用表面镀锡、镀银等措施。

(2) 焊件表面必须保持清洁。为了使焊锡和焊件达到原子间相互作用的距离，焊件表面的任何污物杂质都应清除。

(3) 使用合适的焊剂。焊剂的作用是清除焊件表面氧化膜并减小焊料熔化后的表面张力，以利浸润。不同的焊件、不同的焊接工艺应选择不同的焊剂，如不锈钢、铝等材料，不使用特殊的焊剂是无法焊接的。

(4) 使用适当的加热温度并均匀加热。焊接时，不但要将焊锡加热熔化，而且要将焊件加热到熔化焊锡的温度。只有在足够高的温度下，焊料才能充分浸润焊件，并充分扩散形成合金结合层。

2. 焊前的准备工作

要想使整个焊接满足以上几个条件，需要做一些焊前的准备工作(预制)。

1）除去焊件表面的锈迹、油污、灰尘、氧化层

元器件引线一般都镀有一层很薄的钎料，但时间一长，引线表面会产生一层氧化层，影响焊接。所以除少量表面镀锡、镀银、镀金的引线外，大部分元器件都应预制。用砂纸或锐器去除焊件表面的杂物和氧化层。

2）镀锡

镀锡主要是为了使焊件具备充分的可焊性。对于导线或者某些没有经过预处理的元器件引线，需要事先镀上一层锡，这层锡镀在焊件的表面后会形成一种比原材料更加容易焊接的结合层，使焊接更加可靠。镀锡时要注意以下两点。

（1）加热温度要合适，加热时间应得当。温度过低，焊锡融化不了，加热温度过高，时间长，会烧坏元器件或使得焊点发灰，所以焊接的时间和温度都必须恰到好处。

（2）应使用有效的焊剂（松香）。松香经反复加热后会失效，发黑的松香实际不起作用，反而容易夹杂到焊点中造成焊接缺陷。

5.2 手工焊接技术

手工焊接是现代电子工艺中必不可少的一个弥补环节，是检测、维修中的必要手段。随着电子元器件封装更新换代的加快，由原来的直插式改为了平贴式，连接排线也由 FPC 软板替代，元器件的电阻电容经过了 1206、0805、0603、0402 后已迈向 0201 平贴式，BGA 封装后已使用了蓝牙技术，这些都说明电子发展已朝向小型化、微型化发展，手工焊接难度也随之增加，在焊接当中稍有不慎就会损伤元器件或引起焊接不良，所以一线手工焊接人员必须对焊接原理、焊接过程、焊接方法、焊接质量的评定及电子基础有一定的了解。

5.2.1 THT 手工焊接技术

5.2.1.1 焊接基本操作与要求

焊接操作的时候坐姿一定要端正，如图 5-3 所示。

图 5-3 焊接操作时的正确坐姿与危险坐姿

1. 电烙铁的拿法

电烙铁的拿法如图 5-4 所示。

（1）反握法：动作稳定，不易疲劳，适于大功率焊接。

（2）正握法：适于中等功率电烙铁的操作。

（3）握笔法：一般多采用握笔法，适用于轻巧型的电烙铁，如 30 W 的内热式。其烙铁头是直的，头端锉成一个斜面或圆锥状，适于焊接面积较小的焊盘。

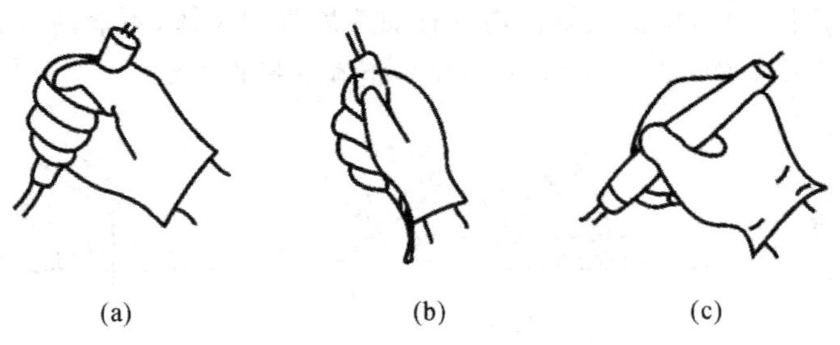

图 5-4　电烙铁的拿法

(a) 反握法　(b) 正握法　(c) 握笔法

2. 焊锡的拿法

连续焊锡和断续锡焊时焊锡丝的拿法如图 5-5 所示。

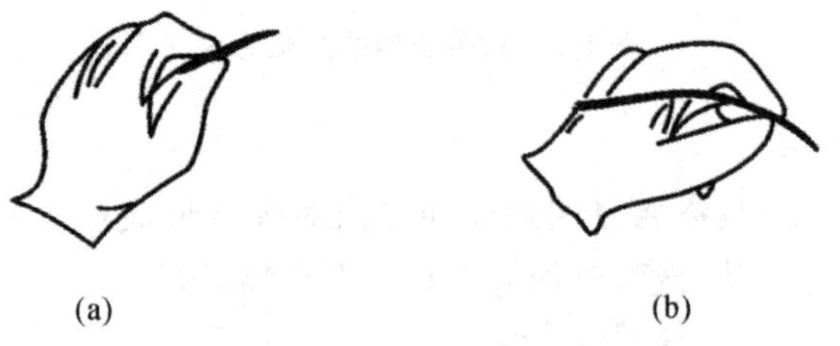

图 5-5　焊锡丝的拿法

(a) 连续焊锡时焊锡丝的拿法　(b) 断续焊锡时焊锡丝的拿法

3. 焊接操作五步法

(1) 前期准备，很重要，电烙铁及被焊器件的清洁等。准备好后，左手拿焊条，右手握烙铁，处于随时可施焊状态。

(2) 加热焊件。应注意加热焊件全体，烙铁头应靠在被焊元器件的引线上，电烙铁与印制电路板的夹角应为 30°～45°，时间一般为 2～3 s。

(3) 焊条送入。当焊件达到一定温度时，应立即送入焊条，焊条既要和焊盘接触，又要与元器件引线接触，待焊锡熔化后，浸满焊盘。

(4) 移开焊条。烙铁头不动。

(5) 移开电烙铁。焊锡浸润焊盘或焊件的施焊部位后移开电烙铁。

从第(2)步开始到第(5)步结束，时间应控制在 4～5 s。整个五步过程如图 5-6 所示。

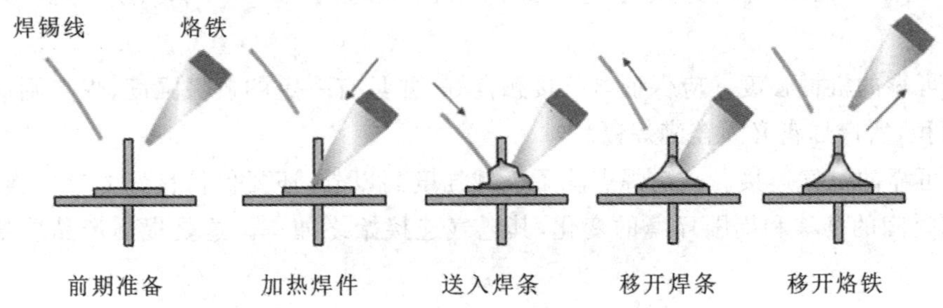

图 5-6　锡焊五步操作方法

4. 加热方法

加热时应采用正确的加热方法(见图 5-7)，让焊件上需要锡浸润的各部分均匀受热，图

5-7(a)、图 5-7(b)、图 5-7(c)中的电烙铁均没有加热焊件的全体,不能使所有焊件均匀受热,故不正确,而图 5-7(d)、图 5-7(e)、图 5-7(f)才是正确的操作方法。

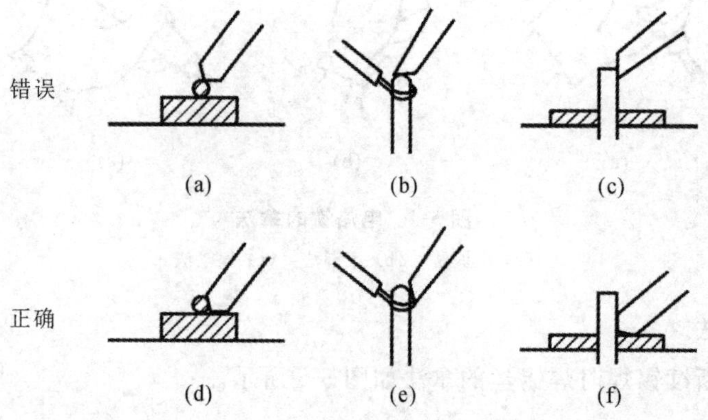

图 5-7 采用正确的加热方法

5. 撤离电烙铁的方法

撤离电烙铁应及时,而且撤离时的角度和方向对焊点形成也有一定影响。对于初学者而言,无论是焊锡还是电烙铁,撤离时均应垂直向上撤离,这样可使焊点光滑,不长毛刺。电烙铁撤离方向和焊锡量的关系如图 5-8 所示。

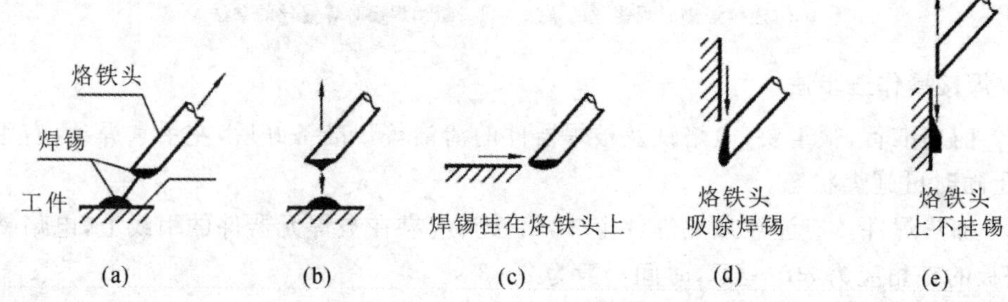

图 5-8 电烙铁撤离方向和焊锡量的关系

(a) 烙铁轴向 45°撤离 (b) 向上撤离 (c) 水平方向撤离 (d) 垂直向下撤离 (e) 垂直向上撤离

6. 焊点的质量要求

电子元器件在印制电路板上是靠焊点来固定的,因此一个焊点应达到以下几点要求。

(1) 可靠的机械强度。应保证电路接触良好,并具有一定的机械强度,焊点则应有足够的接触面积,所以焊盘必须盖满焊锡。

(2) 可靠的电气连接。一个焊点除了机械强度高以外,还要保持良好的电气连接,保证焊点随着时间的推移和周围环境的变化,其电气连接始终如一。这是提高产品质量和寿命的关键。

7. 焊点的检查

焊点的外观必须保证以下四点,如图 5-9 所示。

(1) 焊点的形状近似圆锥体,其锥体表面应成直线,切不可成气泡状曲线。焊锡料与焊件交界处的接触角应尽可能小且平滑。

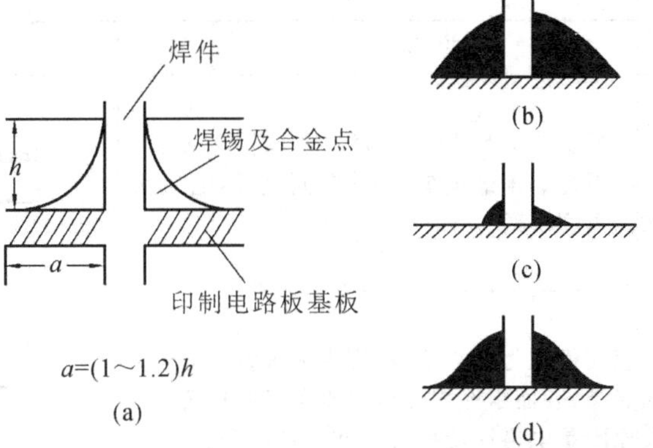

图 5-9　合格的焊点与焊锡量的掌握

(a) 合格焊点示意图　(b) 焊锡量过多　(c) 焊锡量过少　(d) 合适的焊锡量

(2) 表面有光泽且平滑。

(3) 焊点匀称，呈拉开裙状。

(4) 无裂纹、针孔、夹渣。

8. 常见焊点缺陷分析

常见的焊点缺陷有以下几种，如表 5-1 所示。

表 5-1　常见焊点缺陷分析

序　号	缺陷类型	缺陷分析	缺陷图示
1	焊料过多	从外观看，焊料过多的焊料面呈蒙古包形。这种焊点既容易造成短路，又浪费焊料，造成此种缺陷的主要原因是焊丝撤离过迟	焊料过多
2	焊料过少	其特点是焊料未形成平滑面，其危害是机械强度不够且容易造成假焊，产生的主要原因是焊丝撤离过早	焊料过少
3	桥接	相邻导线连接的情况非常容易造成电气短路。这主要是焊锡过多或电烙铁撤离方向不当所引起的	桥接
4	不对称	焊锡没流满焊盘会导致不对称，最大的害处是机械强度不足，产生的原因是焊料流动性不好，助焊剂不足或质量差，加热不足	不对称

续表

序号	缺陷类型	缺陷分析	缺陷图示
5	拉尖	出现尖端，外观不佳，容易造成桥接现象。其原因是助焊剂过少，加热时间过长，电烙铁撤离角度不对	拉尖
6	表面粗糙	表面粗糙为过热所致，焊点表面发白，无金属光泽，表面粗糙焊盘容易剥落且强度降低。其原因是电烙铁功率过大或加热时间过长	表面粗糙
7	冷焊	表面呈豆腐渣状颗粒，有时伴有裂纹。这种焊点强度低、导电性不好。产生冷焊点的原因是在焊料未凝固前，焊件抖动或电烙铁功率偏小	冷焊
8	浸润不良	焊料与焊件交界面接触角过大、不平滑，使焊盘温度低，造成电路不通或时通时断。避免的办法是：将焊件去净氧化层并清洗干净；助焊剂的质量要好，且助焊剂要充足；焊件要充分加热	浸润不良
9	松动	完成焊接后，导线或元器件引线可挪动，这种现象会造成假焊，在通电时电路导通不良或不导通。产生的原因是焊锡未凝固前引线移动造成空隙，焊件引线未处理好（浸润差或不浸润）	松动
10	松香焊	焊缝中夹有松香渣的情况容易引起焊接强度不足，导通不良，有可能时通时断，其原因是：助焊剂过多或已失效；焊接时间不足，加热不够	松香焊
11	浮焊	焊点剥落，浮在焊盘上（不是铜箔剥落，是焊锡与焊盘没有焊接上）。浮焊现象产生剥离，最容易引起断路，其原因是焊盘镀层不牢	浮焊
12	气泡	引线根部有喷火式焊料隆起，内部藏有空洞。这种现象暂时可导通，但时间久了容易引起导通不良	气泡
13	针孔	目测或低倍放大镜可见有针孔。这样的焊点强度不足，容易腐蚀，主要是焊盘孔与引线间隙太大或是焊料不足所致	针孔

5.2.1.2 元器件的引线成形工艺

元器件在安装前,应根据安装位置特点及工艺要求,预先将元器件的引线加工成一定的形状。成形后的元器件应既便于装配,又有利于提高装配元器件安装后的防震性能,保证电子设备的可靠性。

由于手工、自动两种不同焊接技术对元器件的插装要求不同,元器件引出线成形的形状有两种类型,手工焊接形状和自动焊接形状。手工焊接元器件成形的工艺要求有:

(1) 引线成形后,引线弯曲部分不允许出现模印、压痕和裂纹。

(2) 引线成形过程中,元器件本体不应产生破裂,表面封装不应损坏或开裂。

(3) 引线成形尺寸应符合安装尺寸要求。

(4) 凡是有标记的元器件,引线成形后,其型号、规格、标志符号应向上、向外,方向一致,以便于目视识别,如图 5-10 所示。

(5) 元器件引线弯曲处要有圆弧形,其 R 不得小于引线直径的 2 倍。

(6) 元器件引线弯曲处离元器件封装根部至少 2 mm。

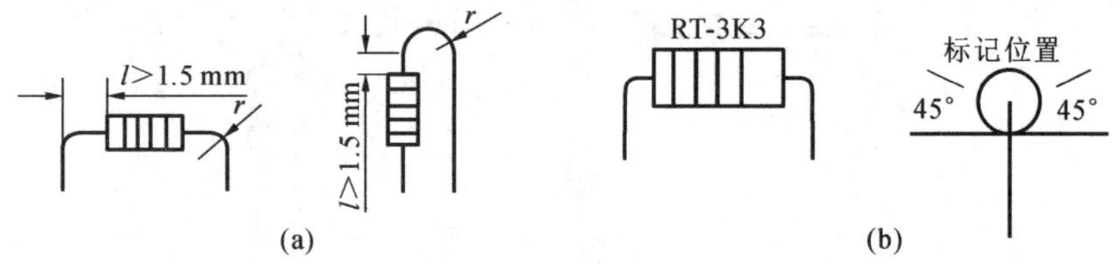

图 5-10 元器件引线弯曲成形与元器件成形及标记位置

(a) 元器件引线弯曲成形 (b) 元器件成形及标记位置

1. 轴向引线型元器件的引线成形加工

轴向引线型元器件有电阻、二极管、稳压二极管等,它们的安装方式一般有两种,如图 5-11所示。一种是水平安装,另一种是立式安装。具体采用何种安装方式,可视电路板空间和安装位置大小来选择。

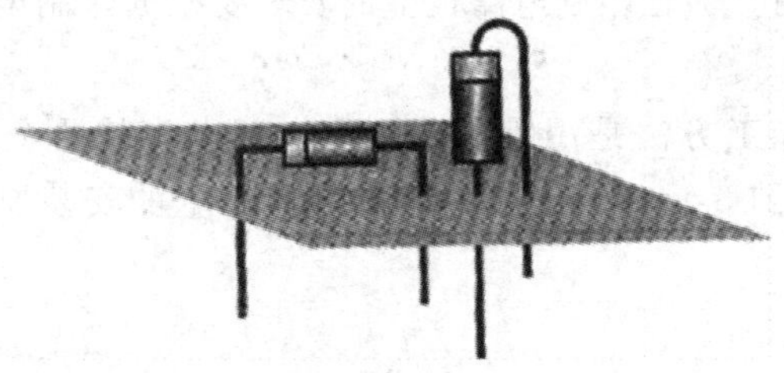

图 5-11 轴向引线元器件的安装图

1) 水平安装引线加工方法

(1) 一般用镊子(或尖嘴钳)在离元器件封装点 2~3 mm 处夹住其某一引脚。

(2) 再适当用力将元器件引脚弯成一定的弧度,如图 5-12 所示。

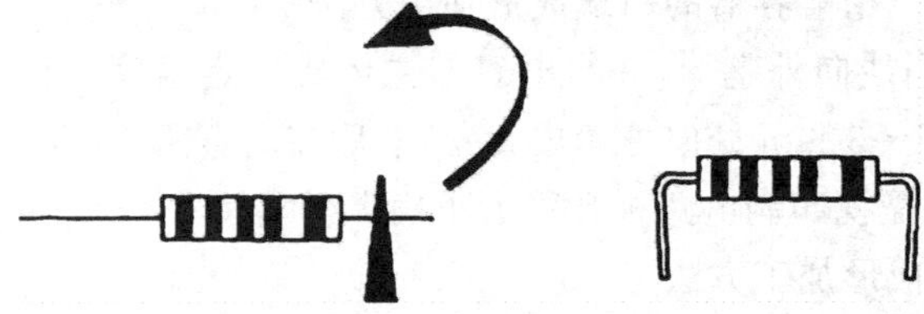

图 5-12 水平元器件成形示意图

(3) 用同样的方法对该元器件另一引脚进行加工成形。

(4) 引线的尺寸要根据印制板上具体的安装孔距来确定，且一般两引线的尺寸要一致。

注意：弯折引脚时不要采用直角弯折，且用力要均匀，尤其要防止玻璃封装的二极管壳体破裂，造成管子报废。

2) 立式安装引线加工方法

可以采用合适的螺丝刀或镊子在元器件的某引脚（一般选元器件有标记端）离元器件封装点 3～4 mm 处将该引线弯成半圆状，如图 5-13 所示。实际引线的尺寸要视印制电路板上的安装位置孔距来确定。

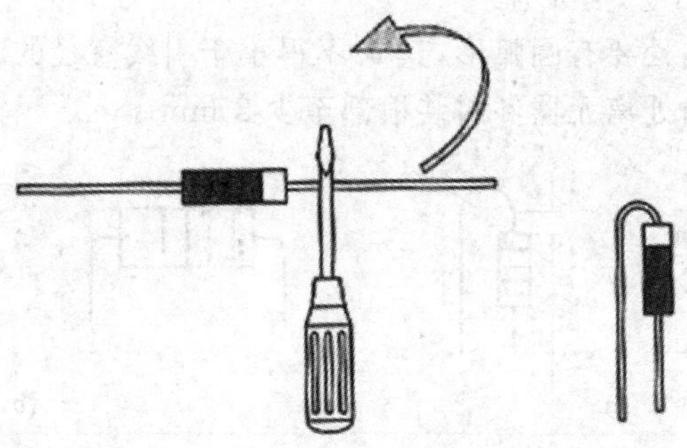

图 5-13　立式元器件成形示意图

2. 径向引线型元器件的引线成形加工

常见的径向引线型元器件有各种电容、发光二极管、光电二极管以及各种三极管等。

1) 电解电容引线的成形加工方法

(1) 立式电容器的加工方法是用镊子先将电容器的引线沿电容器主体向外弯成直角，离开4～5 mm处弯成直角。但在印制电路板上的安装要根据印制电板孔距和安装空间的需要确定成形尺寸。

(2) 卧式电容器的加工方法是用镊子分别将电解电容的两个引线在离开电容器主体3～5 mm处弯成直角，如图 5-14 所示。但在印制电路板上的安装要根据印制板孔距和安装空间的需要确定成形尺寸。

图 5-14　电解电容的插装方式

2) 瓷片电容器和涤纶电容器的引线成形加工方法

用镊子将电容器引线向外整形，并与电容器主体成一定角度。也可以用镊子将电容器的引线离电容器主体 1～3 mm 处向外弯成直角，然后在离直角 1～3 mm 处再弯成直角。在印制电路板上安装时，需视印制电路板孔距大小确定引线尺寸。

3) 三极管的引线成形加工方法

小功率三极管在印制电路板上一般采用直插的方式安装，如图 5-15 所示。

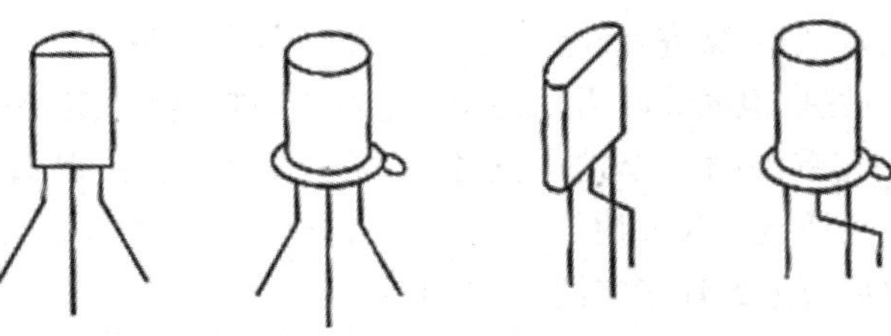

图 5-15　小功率三极管的直插安装

这时，三极管的引线成形只需用镊子将塑料封管引线拉直即可，3 根电极引线分别成一定角度。有时也可以根据需要将中间引线向前或向后弯曲成一定角度。具体情况视印制电路板上的安装孔距来确定引线的尺寸。

在某些情况下，若三极管需要按图 5-16 所示安装，则必须对引脚进行弯折。

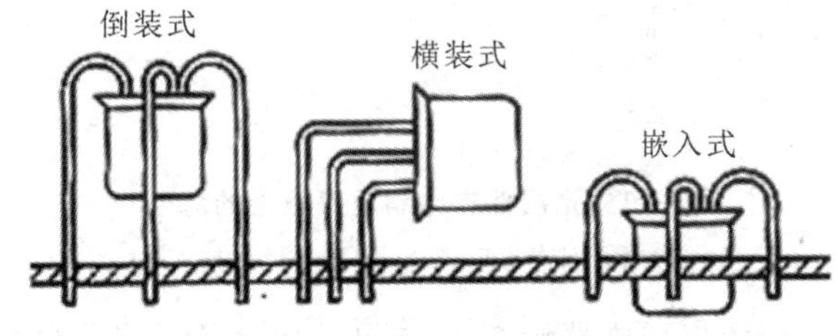

图 5-16　三极管的倒装、横装与嵌入

这时要用钳子夹住三极管引脚的根部，然后再适当用力弯折，如图 5-17(a)所示。而不应如图 5-17(b)所示那样直接将引脚从根部弯折。弯折时，可以用螺丝刀将三极管引线弯成一定圆弧状。

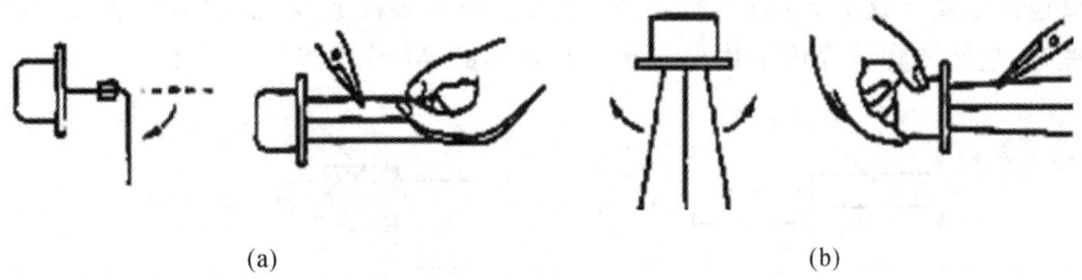

图 5-17　三极管引脚弯折方法

(a) 正确方法　(b) 错误方法

5.2.1.3　元器件的插装与焊接

元器件的插装主要有贴板插装和悬空插装两种，如图 5-18 所示。

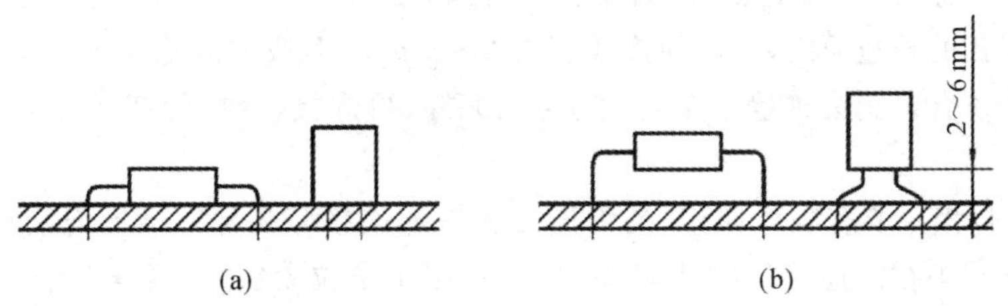

图 5-18　元器件的插装形式

(a) 贴板插装　(b) 悬空插装

贴板插装稳定性好，插装整齐，简单方便，但不利于元器件散热。

悬空插装有利于散热，但插装时需要控制一定高度，难以保持美观一致。悬空高度一般取 2～6 mm。到底采用哪种插装方式，应根据实际需要确定。一般而言，只要不是特殊要求，位置允许，采用贴板插装较为方便。

元器件在印制电路板上的焊接如图 5-19 所示。

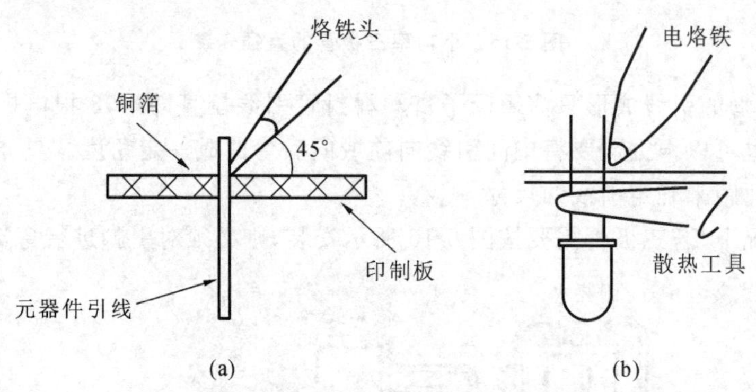

图 5-19　元器件在印制电路板上的焊接

(a) 电烙铁对焊点加热　(b) 辅助散热示意图

一般来讲，元器件引线的焊接应选用 20～35 W 的电烙铁，其烙铁头选用尖锥形，这种烙铁头适于焊密集焊点。加热时，烙铁头应同时接触印制电路板上的铜箔和元器件引线及焊锡丝，对较大的焊盘即直径大于 5 mm 的焊盘，焊接时可移动电烙铁(即电烙铁绕焊盘转动以免长时间停留导致局部过热)。耐热性差的元器件应使用工具辅助散热。

在电子产品生产工艺中，必须重视导线的焊接。导线的种类繁多，有单股导线(或称硬导线)，漆包线就属于这类导线；多股导线，绝缘层内有多根导线，也称多股线或软线；排线，也称扁平线，这类线在计算机中用得非常多。常用的导线如图 5-20 所示。

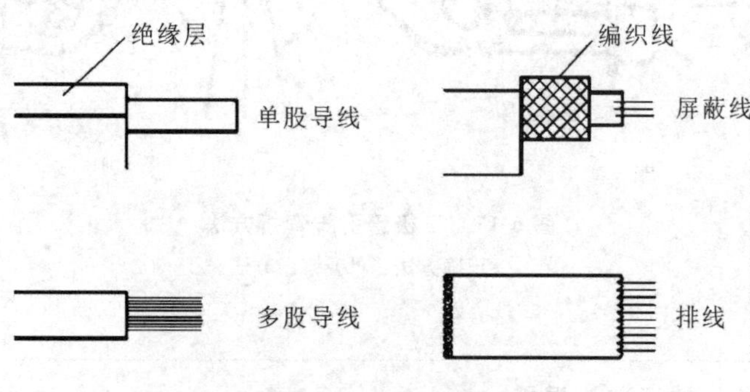

图 5-20　常用的导线

(1) 导线焊前处理。无论是什么样的导线，施焊前都必须剥去末端绝缘层，剥去绝缘层的多少根据焊接的长短而定，一般的连线剥去 2～3 mm，多股线的绝缘层剥去后，还必须把裸露的线紧密绞合。剥去绝缘层后，一定要先镀锡，再焊接，否则焊接不牢，容易出现焊接故障。

(2) 导线焊接主要有绕焊连接、钩焊连接和搭焊连接等几种。绕焊连接在焊接前先把镀好锡的导线端头在需连接的物体端头绕一圈，用钳子拉紧缠牢，两被焊物体的表面要贴紧，然后施焊。钩焊连接将镀好锡的导线端头弯成钩状，钩在被焊物体的合适位置并用钳子夹紧后施焊。搭焊连接在搭焊导线时，需预先将搭焊导线的两端进行焊前处理并镀上锡，然后将镀好锡的导线搭在被焊物体上，即右手拿电烙铁施于被放导线的物体上，左手将预制好的导线合理地搭在合适的位置，等到导线和被焊物体上的焊锡均熔化后，方可撤离电烙铁，拿导线的左手不要抖动，等到焊锡凝固后才可松开。导线与片状端子的焊接如图 5-21 所示。

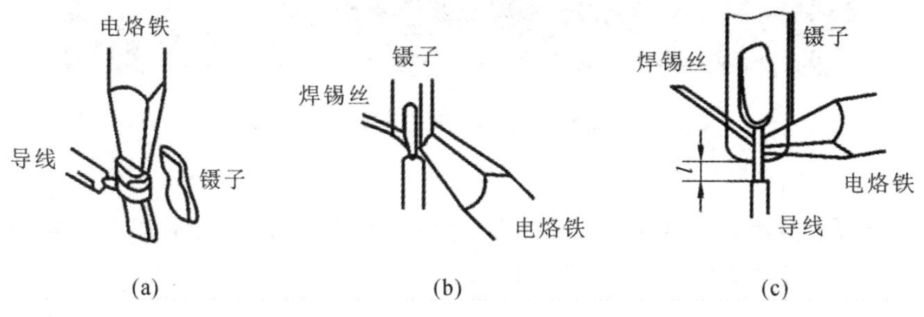

图 5-21　导线与片状端子的焊接

(a) 绕焊连接　(b) 钩焊连接　(c) 搭焊连接

5.2.1.4　焊后处理

焊后处理主要包括以下两点：

(1) 剪去元器件上的多余引线，避免多余引线倒折造成短路。注意防止多余的引线扎手，不要对焊点施加剪切力以外的其他力。

(2) 检查印制电路板上所有元器件引线的焊点，修补焊点缺陷。

5.2.2　SMD /SMC 手工焊接技术

当印制板上含有贴片类元器件且采用手工焊接的方式时，常见的有点焊法、拖焊法、梳锡法等三种方法。不论采用何种方法，焊接时都要准备需要的工具、材料，焊接技术要达到预期要求，要遵守必需的步骤。下面先讲述 SMD/SMC 手工焊接必要的知识点，再以三个实例来讲解三种焊接方法。

5.2.2.1　焊接基本要求

1. 工具及材料

准备好必要的焊接材料与工具，15～20 W 电烙铁、锥形尖头烙铁头、镊子、焊锡丝、高温海绵、毛刷、清洗剂等。

2. 焊接要点

当印制板上面同时含有贴片类元器件和插件类元器件时，应该先焊接贴片类元器件，再焊接其他插件类元器件。

焊接贴片类元器件时一定要注意器件的方向和极性。

焊接贴片类元器件时应遵循由低到高、先易后难原则，通常先焊接贴片集成类器件，再焊接贴片三极管、电阻、电容类器件。

不同外形的贴片类元器件有不同的焊接要求，下面列举几类常见元器件的焊接要求。

1) 矩形器件

理想末端焊点宽度等于元件末端可焊宽度或焊盘宽度，元件可焊部分与焊盘重叠 J 部分如图 5-22 所示。

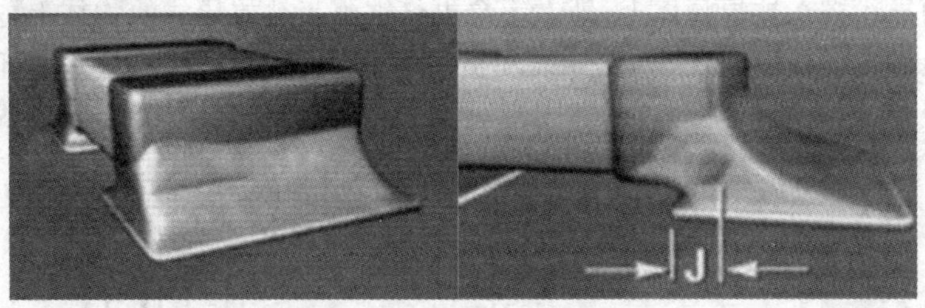

图 5-22 矩形器件焊接要点

2）柱形器件

理想末端焊点宽度等于或大于元件直径宽 W 或焊盘宽度 P，侧面焊点长度 D 等于元件可焊端长度 T 或焊盘长度 S，如图 5-23 所示。

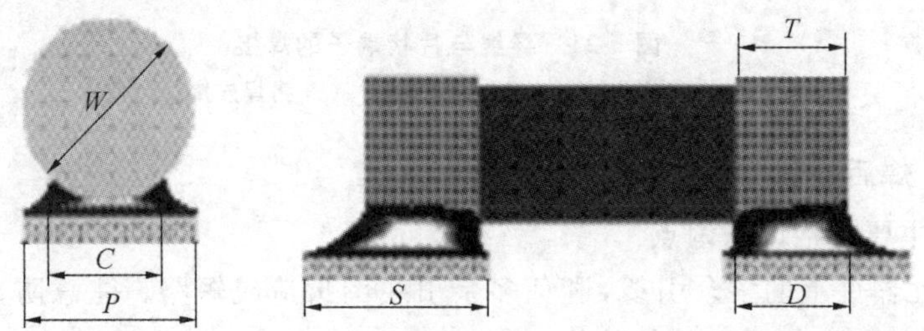

图 5-23 柱形器件焊接要点

3）三极管类

三个管脚应处于焊盘的中心位置，三极管的引脚超出焊点的部分须小于或等于引脚宽度的 1/2，若大于 1/2 则不合格，如图 5-24 所示。

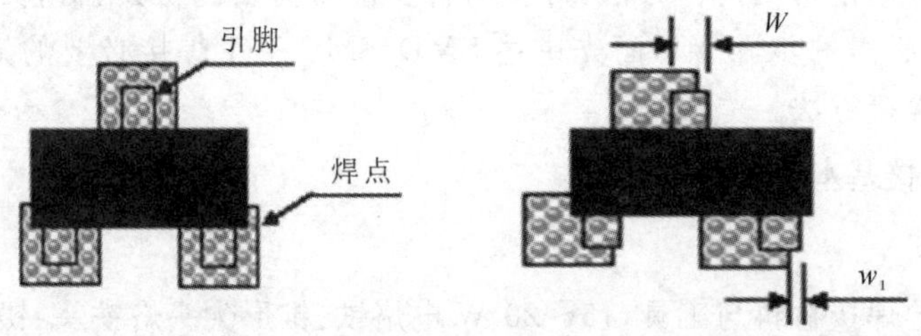

图 5-24 三极管类三个管脚的焊接要点

4）集成类

引脚的正面、侧面吃锡良好；引脚与焊点间呈现弧面焊锡带；引脚的轮廓清晰可见；焊锡需盖至引脚厚度的 1/2 或 0.3 mm 以上，如图 5-25 所示。

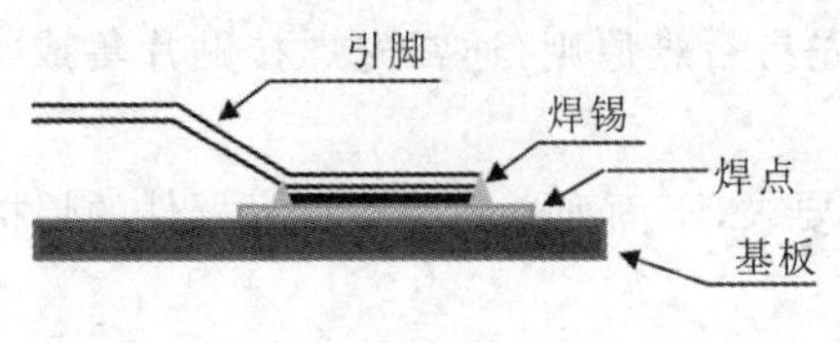

图 5-25 集成芯片的引脚焊接要点

3. 注意事项

焊接前要用干净的高温海绵将烙铁擦净,检查烙铁头是否完好,否则应先更换烙铁头。

烙铁温度不能过高,应在 290 ℃左右,否则将引起足迹铜箔剥离基板。

烙铁头接触元器件的时间不能超过 5 s,否则容易使元器件温度过高而损坏。

焊接完毕后,用毛刷蘸清洗剂清理印制板,清除板上焊渣等杂物。检查焊点是否牢固,有无虚焊现象。

拆卸下来的元器件不能再使用,拆时加热中高温已使其特性恶化,重新使用后极易发生故障。

5.2.2.2 常用焊接方法

1. 点焊法

对于引脚较少的贴片元件通常用点焊法。

第一步:给待焊元器件的一个焊盘上锡,如图 5-26 所示。

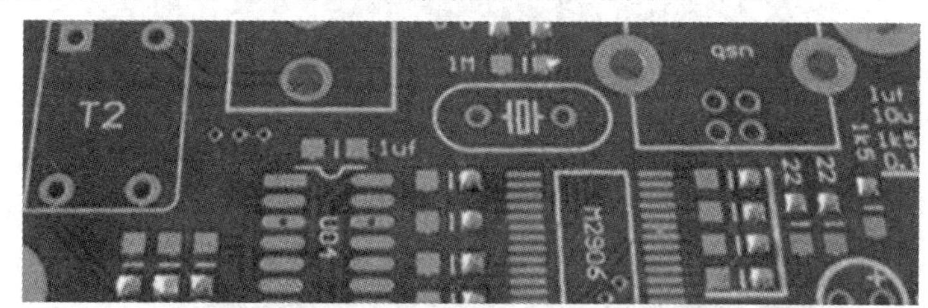

图 5-26 给待焊元器件的一个焊盘上锡

第二步:用镊子夹住待焊元器件靠近已上锡的焊点,用电烙铁加热该点,待焊锡熔化,将待焊器件推进焊盘,如图 5-27 所示。

第三步:移开电烙铁。

第四步:待焊锡凝固后松开镊子。

第五步:待贴片元器件一端固定后,再焊接其他引脚,如图 5-28 所示。

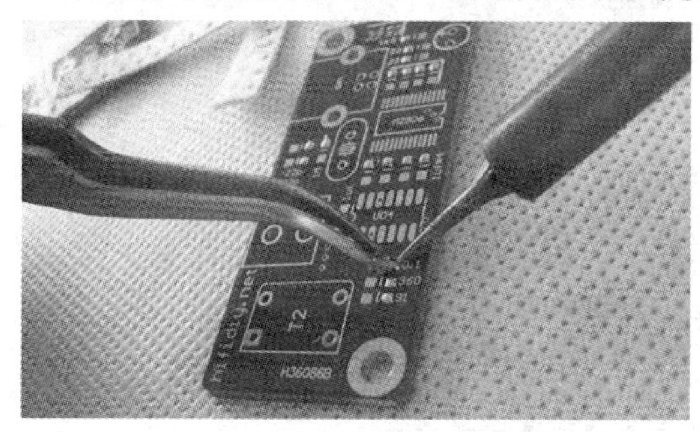

图 5-27 焊接贴片元器件一脚

图 5-28 焊接其他引脚

2. 拖焊法

进行贴片 IC 器件焊接有效的方式是拖焊。如果熟悉了拖焊,你基本可以使用一把烙铁、松香完成所有贴片 IC 的焊接。

在焊接前我们特别提到工具,最好使用斜口的扁头烙铁,考虑到以后实际焊接有防静电的要求,建议使用热风焊台。

下面我们以一个焊接 IC 的实例来演示拖焊法。

第一步：对位。对位是关键，将器件管脚准确与焊盘中心对齐，如图 5-29 所示。

图 5-29　IC 引脚准确对位

第二步：固定。烙铁头加锡，焊接 IC 的一个脚来固定 IC，焊接时注意避免 IC 芯片挪位，如图 5-30 所示。

图 5-30　焊接 IC 的一个脚来固定 IC

第三步：加固。确认对位准确后在 IC 的对称处加锡，然后进一步确认对位是否准确，如图 5-31 所示。

图 5-31　IC 四周加锡固定

第四步：当位置准确无误后，在 IC 的四角部位均匀加适量锡，准备进入拖焊关键环节，如图 5-32、图 5-33 所示。

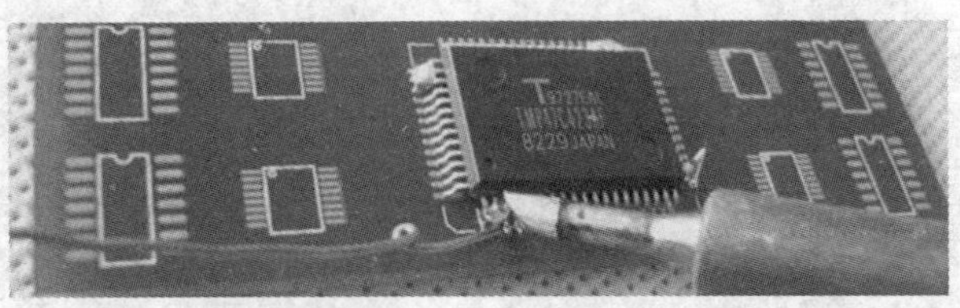

图 5-32　在 IC 一边的头部均匀上焊

图 5-33　四角全部上好焊丝的效果

第五步：拖焊。这步是重点，把 PCB 斜放 45°，将烙铁头擦干净，再把烙铁头放入松香中，如图 5-34 所示。然后把粘有松香的烙铁头迅速放到斜着的 PCB 板 IC 头部的焊锡部分，如图 5-35 所示。待焊锡熔化，均匀地拖动电烙铁，如图 5-36 所示，重复几次即可完成一面的焊接。如果在拖焊的过程中焊锡过多，可将烙铁再次浸入松香，然后在海绵上擦干净，重复上述动作，直至达到如图 5-37 所示的效果。

图 5-34　烙铁头浸入松香

图 5-35　把粘有松香的烙铁头迅速放到斜着的 PCB 板上 IC 头部的焊锡部分

图 5-36　拖焊（熔化焊锡后均匀慢拖）

图 5-37　一面焊接好的效果

第六步：重复上述步骤，完成其余三面的焊接。

第七步：清洗。焊接完成后，表面会残留很多松香，可以用酒精来清洗，如图 5-38 所示。

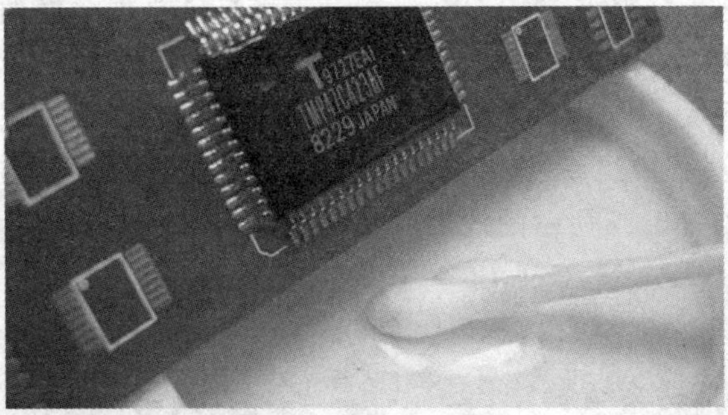

图 5-38　用酒精清洗残留的松香

3. 梳锡法

利用拖焊法进行 IC 焊接非常方便，同时有另外一种民间流传的更方便的 IC 焊接方法——梳锡法，下面以 CS5460 芯片的焊接为例来讲解这个焊接法。

第一步：材料准备。用吸锡线或手动制作梳锡线，一般采用多股导线来制作，如图 5-39 所示。把裸露部分剪平，末端压扁，上锡，浸松香和加锡制作“梳锡线”，如图 5-40 所示。

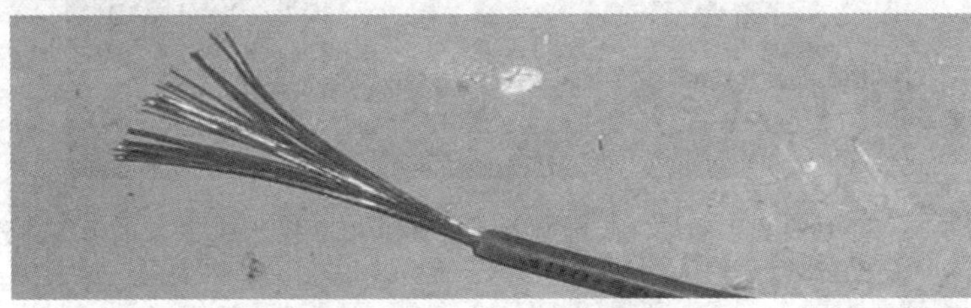

图 5-39　选取一段多股裸线

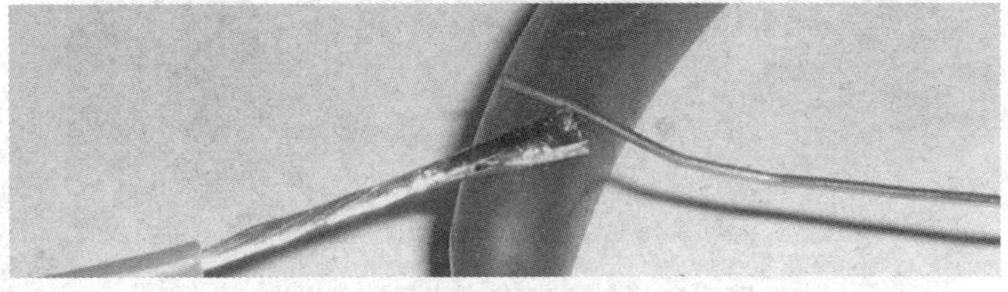

图 5-40　制作梳锡线

第二步：把 IC 对称的 2 个脚准确焊接固定在 PCB 上后，在管脚处涂松香水或焊锡膏，如图 5-41 所示。

图 5-41　把 IC 固定在 PCB 上后，在管脚处涂松香水或焊锡膏

第三步：烙铁压在待焊处加热“锡把”，待锡熔化，“锡把”顺着 IC 脚做“梳理”的动作，如图 5-42 所示。

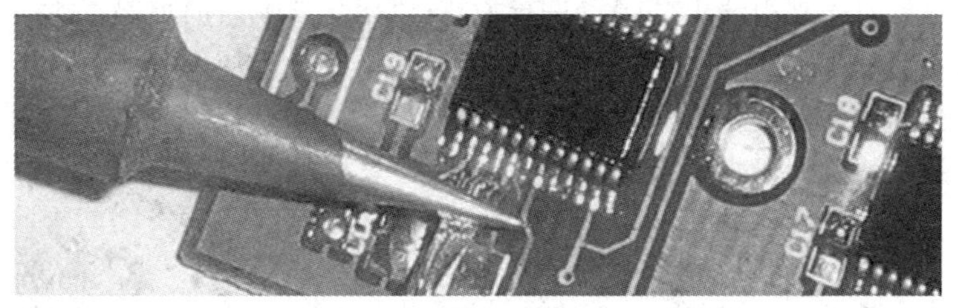

图 5-42　烙铁加热“锡把”，“锡把”顺着 IC 脚做“梳理”的动作

第四步：重复以上步骤，完成所有引脚的焊接。

梳锡法在焊接比较长条多脚的 IC 时可以把几段多股裸线并起来做成一个更大的“锡梳”，这样一“梳”下去就可以搞定 N 多个脚了，一块 IC 三下五除二就 OK 了。“锡梳”的妙处在于：把没锡的地方焊上而把多余的锡带走，这样就很少会出现“贯连”的问题，对焊接密集封装的芯片更是得心应手。

前面介绍了三种焊接方法，不论是哪种方法都需要不断练习，方能达到预期的效果。在练习的过程中，肯定会有很多问题，不要气馁，要不断总结，多向老师请教。

5.2.3　拆焊技术

拆焊又称解焊。在调试、维修或焊错的情况下，常常需要将已焊接的连线或元器件拆卸下来，这个过程就是拆焊，它是焊接技术的一个重要组成部分。在实际操作上，拆焊要比焊接更困难，更需要使用恰当的方法和工具。如果拆焊不当，便很容易损坏元器件，或使铜箔脱落而破坏印制电路板。因此，拆焊技术也是应熟练掌握的一项操作基本功。

常用的拆焊工具有电烙铁、空心针管、吸锡器、镊子、吸锡绳等，在前面第 3 章已经介绍过，在此不再累述。

5.2.3.1　拆焊技术的操作要领

1. 严格控制加热的时间与温度

一般元器件及导线绝缘层的耐热性较差，受热易损元器件对温度更是十分敏感。在拆焊时，如果时间过长、温度过高，会烫坏元器件，甚至会使印制电路板焊盘翘起或脱落，进而给继续装配造成很多麻烦。因此，一定要严格控制加热的时间与温度。

2. 拆焊时不要用力过猛

塑料密封器件、瓷器件和玻璃端子等在加温的情况下，强度都有所降低，拆焊时用力过猛会引起器件和引线脱离或铜箔与印制电路板脱离。

3. 不要强行拆焊

不要用电烙铁去撬或晃动接点，不允许用拉动、摇动或扭动等办法去强行拆除焊接点。

5.2.3.2　用镊子进行拆焊

在没有专用拆焊工具的情况下，用镊子进行拆焊因其方法简单，是印制电路板上元器件拆焊常采用的方法。由于焊点的形式不同，其拆焊的方法也不同。

对于印制电路板中引线之间焊点距离较大的元器件，拆焊时相对容易，一般采用分点拆焊的方法，如图 5-43 所示。操作过程如下。

(1) 固定印制电路板，同时用镊子从元器件面夹住被拆元器件的一根引线。

(2) 用电烙铁对被夹引线上的焊点进行加热，以熔化该焊点的焊锡。

(3) 待焊点上的焊锡全部熔化，将被夹的元器件引线轻轻从焊盘孔中拉出。

(4) 用同样的方法拆焊被拆元器件的另一根引线。

(5) 用烙铁头清除焊盘上多余的焊料。

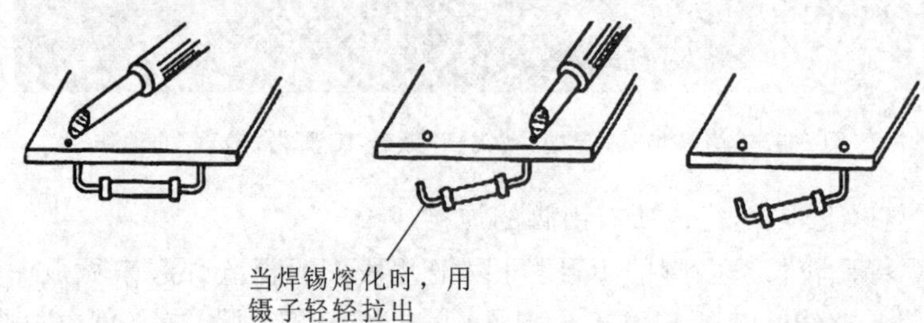
当焊锡熔化时，用
镊子轻轻拉出

图 5-43　分点拆焊示意图

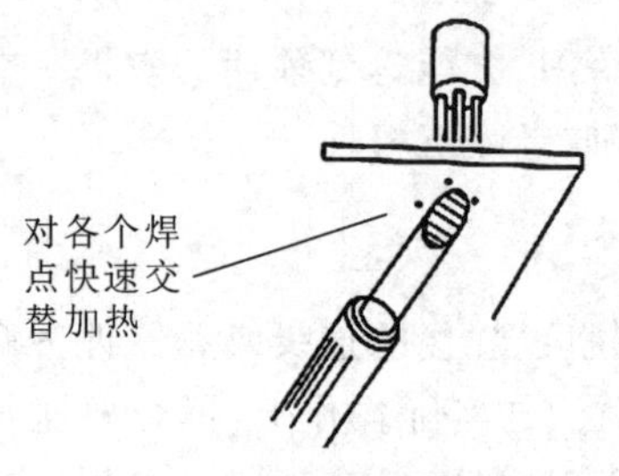
对各个焊
点快速交
替加热

图 5-44　集中拆焊示意图

对于拆焊印制电路板中引线之间焊点距离较小的元器件，如三极管等，拆焊时具有一定的难度，多采用集中拆焊的方法，如图 5-44 所示。操作过程如下。

(1) 固定印制电路板，同时用镊子从元器件一侧夹住被拆焊元器件。

(2) 用电烙铁对被拆元器件的各个焊点快速交替加热，以同时熔化各焊点的焊锡。

(3) 待焊点上的焊锡全部熔化，将被夹的元器件引线轻轻从焊盘孔中拉出。

(4) 用烙铁头清除焊盘上多余的焊料。

注意：① 此办法加热要迅速，注意力要集中，动作要快。

② 如果焊接点引线是弯曲的，要逐点间断加温，先吸取焊接上的焊锡，露出引脚轮廓，并将引线拉直后再拆除元器件。

在拆卸引脚较多、较集中的元器件时（如天线线圈、振荡线圈等），采用同时加热的方法比较有效。

(1) 用较多的焊锡将被拆元器件的所有焊点焊连在一起。

(2) 用镊子夹住被拆元器件。

(3) 用内热式电烙铁头，对被拆焊点连续加热，使被拆焊点同时熔化。

(4) 待焊锡全部熔化后，及时将元器件从焊盘孔中轻轻拉出。

(5) 清理焊盘，用一根不沾锡的 φ3 mm 钢针从焊盘面插入孔中，如焊锡封住焊孔，则需用烙铁熔化焊点。

5.2.3.3　用吸锡工具进行拆焊

1. 用专用吸锡烙铁进行拆焊

对焊锡较多的焊点，可采用吸锡烙铁去锡脱焊。拆焊时，吸锡电烙铁加热和吸锡同时进行，其操作如下：

(1) 吸锡时，根据元器件引线的粗细选用锡嘴的大小。

(2) 吸锡电烙铁通电加热后，将活塞柄推下卡住。

(3) 锡嘴垂直对准吸焊点，待焊点焊锡熔化后，再按下吸锡烙铁的控制按钮，焊锡即被吸进吸锡烙铁中。反复几次，直至元器件从焊点中脱离。

2. 用吸锡器进行拆焊

吸锡器就是专门用于拆焊的工具，装有一种小型手动空气泵，如图 5-45 所示。其拆焊过程如下。

(1) 将吸锡器的吸锡压杆压下。

(2) 用电烙铁将需要拆焊的焊点熔融。

(3) 将吸锡器吸锡嘴套入需拆焊的元件引脚，并没入熔融焊锡。

(4) 按下吸锡按钮，吸锡压杆在弹簧的作用下迅速复原，完成吸锡动作。如果一次吸不干净，可多吸几次，直到焊盘上的锡吸净，而使元器件引脚与铜箔脱离。

3. 用吸锡带进行拆焊

吸锡带是一种通过毛细吸收作用吸取焊料的细铜丝编织带，使用吸锡带去锡脱掉，操作简单，效果较佳，如图 5-46 所示。其拆焊操作方法如下：

(1) 将铜丝编织带(专用吸锡带)放在被拆焊的焊点上。

(2) 用电烙铁对吸锡带和被焊点进行加热。

(3) 一旦焊料熔化，焊点上的焊锡会逐渐熔化并被吸锡带吸去。

(4) 如被拆焊点没完全吸除，可重复进行。每次拆焊时间为 2～3 s。

图 5-45　吸锡器拆焊示意图

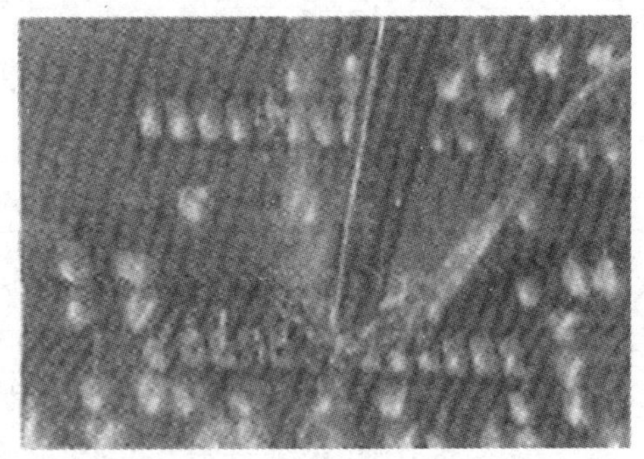

图 5-46　吸锡带拆焊示意图

注意：① 被拆焊点的加热时间不能过长。当焊料熔化时，及时将元器件引线按与印制电路板垂直的方向拔出。

② 尚有焊点没有被熔化的元器件，不能强行用力拉动、摇晃和扭转，以免造成元器件或焊盘的损坏。

③ 拆焊完毕，必须把焊盘孔内的焊料清除干净。

5.2.3.4　利用热风焊台(俗称热风枪)拆焊

如图 5-47 所示，这是拆多脚的贴片元件用的，也可以用于焊接。它吹出的热风温度，可达 400～500 ℃，足以熔化焊锡。热风枪主要由气泵、气流稳定器、线性电路板、手柄、外壳等基本组件构成。其主要作用是拆焊小型贴片元件和贴片集成电路。如果使用不当，会将电路板的其他焊点吹掉，或者损坏塑料排线座，甚至出现短路现象。限于篇幅，本书只介绍一个手机小元件的拆卸的例子。

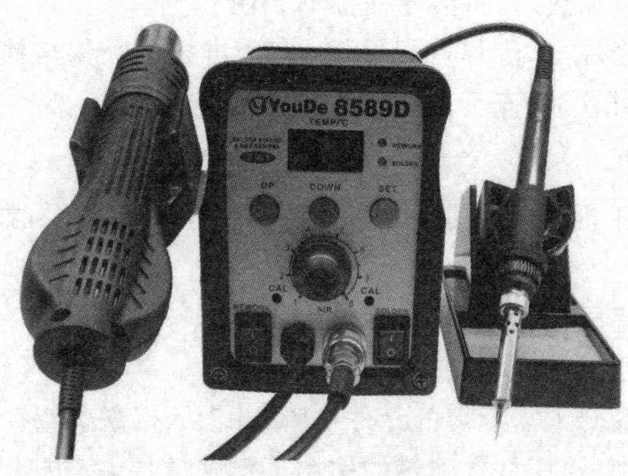

图 5-47 热风焊台

在用热风枪拆卸小元件之前，一定要将手机线路板上的备用电池拆下，特别是备用电池离所拆元件较近时。将线路板固定在手机维修平台上，打开带灯放大镜，仔细观察要拆卸的小元件的位置。用小刷子将小元件周围的杂质清理干净，往小元件上加注少许松香水。安装好热风枪的细嘴喷头，打开热风枪电源开关，调节热风枪温度开关在 2 至 3 挡(280～300 ℃，对于无铅芯片，风枪温度 310～320 ℃)，风速开关在 1 至 2 挡。一只手用手指钳夹住小元件，另一只手拿稳热风枪手柄，使喷头与要拆卸的小元件保持垂直，距离为 2 cm 左右，沿小元件上均匀加热，喷头不可接触小元件。待小元件周围焊锡熔化后，用手指钳将小元件取下。

5.2.3.5 各类焊点的拆焊方法和注意事项

各类焊点的拆焊方法和注意事项如表 5-2 所示。

表 5-2 各类焊点的拆焊方法和注意事项

焊点类型	拆焊方法	注意事项
引线焊点拆焊	首先用烙铁头去掉焊锡，然后用镊子撬起引线并抽出。如引线用缠绕的焊接方法，则要将引线用工具拉直后再抽出	撬、拉引线时不要用力过猛，也不要用烙铁头乱撬，要先弄清引线的方向
引脚不多元器件的焊点拆焊	采用分点拆焊法，用电烙铁直接进行拆焊。一边用电烙铁对焊点加热至焊锡熔化，一边用镊子夹住元器件的引线，轻轻地将其拉出来	这种方法不宜在同一焊点上多次使用，因为印制电路板上的铜箔经过多次加热后很容易与绝缘板脱离而造成电路板的损坏
有塑料骨架的元器件的拆焊	因为这些元器件的骨架不耐高温，所以可以采用间接加热拆焊法。拆焊时，先用电烙铁加热除去焊接点焊锡，露出引线的轮廓，再用镊子或捅针挑开焊盘与引线间的残留焊锡，最后用烙铁头对已挑开的个别焊点加热，待焊锡熔化时，迅速拔下元器件	不可长时间对焊点加热，防止塑料骨架变形

焊点类型		拆焊方法	注意事项
焊点密集的元器件的拆焊	采用空心针管	使用电烙铁除去焊接点焊锡，露出引脚的轮廓。选用直径合适的空心针管，将针孔对准焊盘上的引脚。待电烙铁将焊锡熔化后，迅速将针管插入电路板的焊孔并左右旋转，这样元器件的引线便和焊盘分开了。 优点：引脚和焊点分离彻底，拆焊速度快。很适合体积较大的元器件和引脚密集的元器件的拆焊。 缺点：不适合如双联电容器引脚呈扁片状元器件的拆焊，也不适合像导线这样不规则引脚的拆焊	① 选用针管的直径要合适。直径小了，引脚插不进；直径大了，在旋转时很容易使焊点的铜箔和电路板分离而损坏电路板。 ② 在拆焊中周、集成电路等引脚密集的元器件时，应首先使用电烙铁除去焊接点焊锡，露出引脚的轮廓。以免连续拆焊过程中残留焊锡过多而对其他引脚拆焊造成影响。 ③ 拆焊后若有焊锡将引线插孔封住，可用捅针将其捅开
	采用吸锡电烙铁	它具有焊接和吸锡的双重功能。在使用时，只要把烙铁头靠近焊点，待焊点熔化后按下按钮，即可把熔化的焊锡吸入储锡盒内	
	采用吸锡器	吸锡器本身不具备加热功能，它需要与电烙铁配合使用。拆焊时先用电烙铁对焊点进行加热，待焊锡熔化后撤去电烙铁，再用吸锡器将焊点上的焊锡吸除	撤去电烙铁后，吸锡器要迅速地移至焊点吸锡，避免焊点再次凝固而导致吸锡困难
	采用吸锡绳	使用电烙铁除去焊接点焊锡，露出导线的轮廓。将在松香中浸过的吸锡绳贴在待拆焊点上，用烙铁头加热吸锡绳，通过吸锡绳将热量传导给焊点熔化焊锡，待焊点上的焊锡熔化并吸附在锡绳上，提起吸锡绳。如此重复几次即可把焊锡吸完。此方法在高密度焊点拆焊时具有明显的优势	吸锡绳可以自制，方法是将多股胶质电线去皮后拧成绳状（不宜拧得太紧），再加热吸附上松香助焊剂即可

5.3 波峰焊技术

波峰焊接（wave soldering）技术主要用于传统通孔插装印制电路板的组装工艺，以及表面组装与通孔插装元器件的混装工艺，波峰焊接技术是由最早的浸焊技术发展而来的。

5.3.1 浸焊技术

浸焊（热浸焊接）就是利用锡炉把大量的锡煮熔，把焊接面浸入，使焊点上锡。插件工艺及 SMT 红胶面都需用到。浸焊是将插装好元器件的 PCB 板在熔化的锡炉内浸锡，一次完成众多焊点焊接的方法。

1. 手工浸焊

手工浸焊是由人手持夹具夹住插装好的 PCB 板，人工完成浸锡的方法，其操作过程如下：

(1) 加热使锡炉中的锡温保持在 250 ℃左右；

(2) 在 PCB 板上涂一层（或浸一层）助焊剂；

(3) 用夹具夹住 PCB 板浸入锡炉中，使焊盘表面与 PCB 板接触，浸锡厚度以 PCB 板厚度的 1/2～2/3 为宜，浸锡的时间为 3～5 s；

(4) 以 PCB 板与锡面成 5°～10°的角度使 PCB 板离开锡面，略微冷却后检查焊接质量。如有较多的焊点未焊好，要重复浸锡一次，对只有个别不良焊点的板，可手工补焊。注意经常刮去锡炉表面的锡渣，保持良好的焊接状态，以免因锡渣的产生而影响 PCB 板的干净度及造成清洗问题。

手工浸焊的特点为：设备简单、投入少，但效率低，焊接质量与操作人员的熟练程度有关，易出现漏焊，焊接有贴片的 PCB 板较难取得良好的效果。

2. 机器浸焊

机器浸焊是用机器代替手工夹具夹住插装好的 PCB 板进行浸焊的方法。当所焊接的电路板面积大、元件多、无法靠手工夹具夹住浸焊时，可采用机器浸焊。

机器浸焊的过程为：线路板在浸焊机内运行至锡炉上方时，锡炉做上下运动或 PCB 板做上下运动，使 PCB 板浸入锡炉焊料内，浸入深度为 PCB 板厚度的 1/2～2/3，浸锡时间为 3～5 s，然后 PCB 板离开浸锡位出浸锡机，完成焊接。该方法主要用于电视机主板等面积较大的电路板的焊接，以此代替高波峰机，减少锡渣量，并且板面受热均匀，变形相对较小。

3. 手浸型锡炉

手浸型锡炉在使用过程中，如果不注意保养或错误操作易造成冷焊、短路、假焊等各种问题。在此就手浸型锡炉常见问题及相应对策简述如下：

(1) 助焊剂的正确使用。助焊剂的质量好坏往往会直接影响焊接质量。另外，助焊剂的活性与浓度对焊接也会产生一定的影响。倘若助焊剂的活性太强或浓度太高，不但会造成助焊剂的浪费，还会在 PCB 板第一次过锡时，导致零件脚上焊锡残留过多，造成焊锡的浪费。若助焊剂调配得太稀，会使机板吃锡不好及焊接不良等情况产生。调配助焊剂时，一般先用助焊剂原样去试，然后逐步添加稀释剂，直至再添加稀释剂焊接效果会变差时，再稍稍添加稀释剂，然后再试直至效果最好时为止，这时用比重计测其比重，以后调配时把握此值即可；另外，助焊剂在刚倒入助焊槽使用时，可不添加稀释剂，待工作一段时间其浓度略为升高时，再添加稀释剂调配。在工作过程中，因助焊剂往往离锡炉较近，易造成助焊剂中稀释剂的挥发，使助焊剂的浓度升高。所以应经常测量助焊剂的比重，并适时添加稀释剂调配。

(2) PCB 板浸入助焊剂时不可太多，尽量避免 PCB 板板面触及助焊剂。正常操作应是：助焊剂浸及零件脚的 2/3 左右即可。因为助焊剂之比重较焊锡小许多，所以零件脚浸入锡液时，助焊剂会顺着零件脚往上推，直至 PCB 板面。如果浸及助焊剂过多，不但会造成锡液上助焊剂对有残留污垢影响锡液的质量，而且会造成 PCB 板反正面都有大量助焊剂残留。如果助焊剂的抗阻性能不够或遇潮湿环境，极易造成导电现象，影响产品质量。

(3) 浸锡时应注意操作姿势。尽量避免将 PCB 板垂直浸入锡液，当 PCB 板垂直浸入锡面时，易造成“浮件”产生。另外容易产生“锡爆”(轻微时会有“扑、扑”的声音，严重时会有锡液溅起。主要原因是 PCB 板浸锡前未经预热。当 PCB 板上有零件较为密集时，会有冷空气遇热迅速膨胀，从而产生锡爆现象)。正确操作应是将 PCB 板与锡液表面呈 30°斜角浸入，当 PCB 板与锡液接触时，慢慢向前推动 PCB 板，使 PCB 板与液面呈垂直状态，然后以 30°角拉起。

(4) 手动型锡炉属静态锡炉，因为锡铅的比重不同，长时间的液态静置会使锡铅分离，影响焊接效果，所以建议客户在使用过程中经常搅动锡液(每两个小时左右搅动一次即可)，这样会使锡铅合金充分融合，保证焊接效果。

另外，在大量添加锡条时，锡液的局部温度会下降，应暂停工作，等锡炉温度恢复正常后再开始工作。最好有温度计直接测量锡液的温度，因为有些锡炉长期使用已逐渐老化。

5.3.2 波峰焊接技术

1. 波峰焊接基本原理

波峰焊接是应用最普遍的焊接印制电路板的工艺方法，适宜成批、大量地焊接一面装有分立元件和集成电路的印制电路板。与手工焊接相比，波峰焊接具有生产效率高、焊接质量好、可靠性高等优点。

波峰焊接技术是由浸焊技术发展而来的，两者最主要的区别在于设备的焊锡槽。浸焊时把整块插好电子元器件的PCB板与焊料面平行地浸入熔融焊料缸中，使元器件引线、PCB板铜箔进行焊接的流动焊接方法。波峰焊接是利用焊锡槽内的机械式或电磁式离心泵，将熔融焊料压向喷嘴，形成一股向上平稳喷涌的焊料波峰，并源源不断地从喷嘴中溢出。装有元器件的印制电路板以直线平面运动的方式通过焊料波峰，在焊接面上形成浸润焊点而完成焊接。

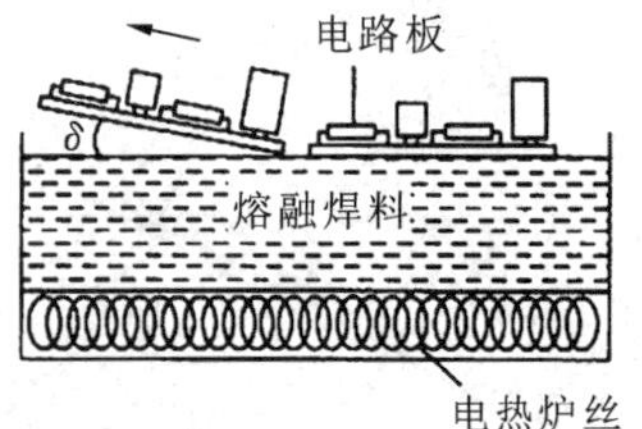

图 5-48　波峰焊接技术原理图

波峰焊接技术原理图如图 5-48 所示。

波峰焊接工艺基本流程如图 5-49 所示，包括炉前检验、喷涂助焊剂、预加热、波峰焊锡、冷却、板底检查等工艺。

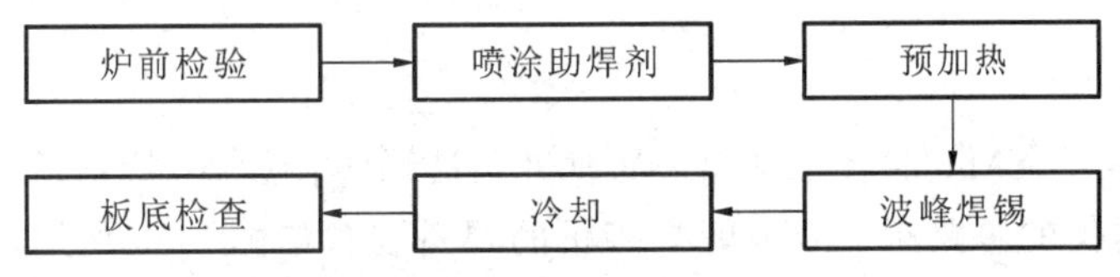

图 5-49　波峰焊接工艺基本流程

2. 波峰焊接技术分类

波峰焊接技术根据其不同实现原理，又可分为单波峰焊、斜坡波峰焊、高波峰焊、双波峰焊等技术。

1）单波峰焊

单波峰焊（见图 5-50）是借助焊料泵把熔融状焊料不断垂直向上地朝狭长出口涌出，形成 20～40 mm高的波峰。这样可使焊料以一定的速度与压力作用于 PCB 板上，充分渗透于待焊接的元器件引线与电路板之间，使之完全湿润并进行焊接。它与热浸焊接相比，可以明显减少漏焊的比例。由于焊料波峰的柔性，即使 PCB 板不够平整，只要翘曲度在 3%以下，仍可得到良好的焊接质量。

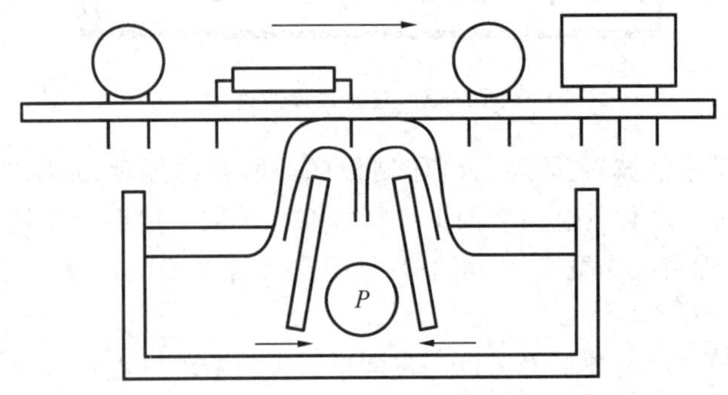

图 5-50　单波峰焊原理

2）斜坡波峰焊

这种波峰焊接机和一般波峰焊机的区别，在于传送导轨以一定角度的斜坡方式安装，如图 5-51 所示。这样的好处是，增加了电路板焊接面与焊锡波峰接触的长度。假如电路板以同样的速度通过波峰，等效增加了焊点浸润的时间，从而可以提高传送导轨的运行速度和焊接效率；不仅有利于焊点内的助焊剂挥发，避免形成夹气焊点，还能让多余的焊锡流下来。

3）高波峰焊

高波峰焊接机适用于 THT 元器件“长脚插焊”工艺，它的焊锡槽及其锡波喷嘴如图5-52所示。其特点是，焊料离心泵的功率比较大，从喷嘴中喷出的锡波高度比较高，并且其高度 H 可以调节，保证元器件的引脚从锡波里顺利通过。一般地，在高波峰焊接机的后面配置剪腿机，用来剪短元器件的引脚。

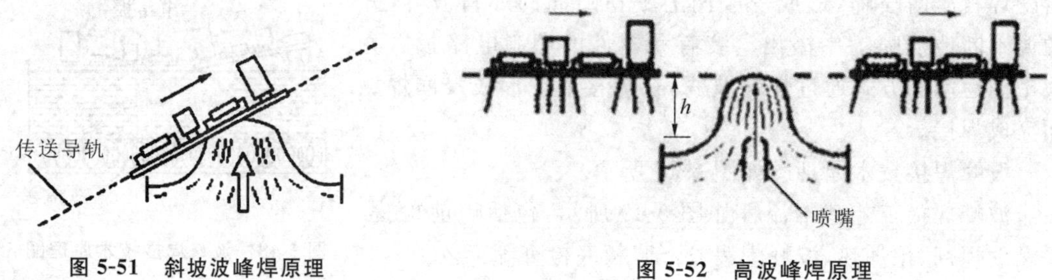

图 5-51　斜坡波峰焊原理　　图 5-52　高波峰焊原理

4）双波峰焊

双波峰焊接机是 SMT 时代发展起来的改进型波峰焊接设备，特别适合焊接那些 THT＋SMT 混合元器件的电路板。双波峰焊接机的焊料波型如图 5-53 所示，使用这种设备焊接印制电路板时，THT 元器件要采用“短脚插焊”工艺。电路板的焊接面要经过两个熔融的铅锡焊料形成的波峰，这两个焊料波峰的形式不同，最常见的波形组合是“紊乱波”＋“宽平波”。

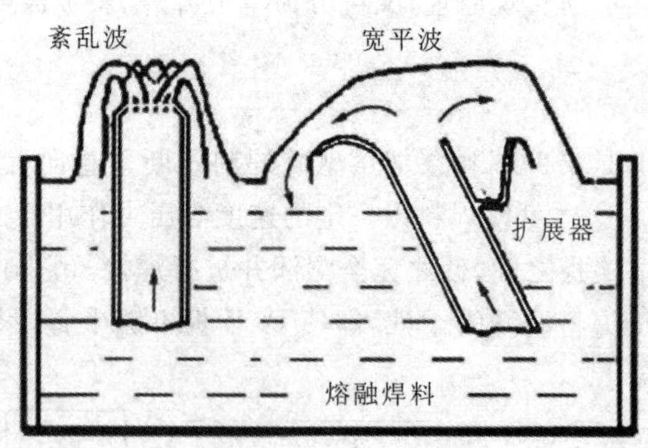

图 5-53　双波峰焊原理

第一个焊料波是紊乱波，使焊料打到印制板底面所有的焊盘、元器件焊端和引脚上，熔融的焊料在经过助焊剂净化的金属表面上进行浸润和扩散。然后印制板底面通过第二个熔融的焊料波，第二个焊料波是宽平波，宽平波将引脚及焊端之间的连桥分开，并将去除拉尖等焊接缺陷。

“空心波”＋“宽平波”的波形组合也比较常见。焊料溶液的温度、波峰的高度和形状、电路板通过波峰的时间和速度这些工艺参数，都可以通过计算机伺服控制系统进行调整。

5.4 表面贴装技术

5.4.1 表面贴装技术 SMT 概述

1. SMT 的定义

SMT 是 surface mount technology 的缩写，译为表面贴装技术。表面贴装技术是将芯片贴装在基板表面进行焊接的一种电子组装技术。

在这个 SMT 的定义中出现了若干用语，下面对这些用语在本书中的含义略做解释界定。

芯片(chip)就是电子元器件，是组成各种电路的基本元素，常用的有片式电阻、片式电容、片式二极管、片式三极管、片式集成电路以及连接器等。

基板就是安装芯片的印刷电路板，简称 PCB 板，它是 printed circuit board 的缩写，常用的是外观呈现布满铜箔细线电路的绿色板。

焊接就是实现芯片与基板间的机械固定和芯片与芯片间的电路连接的工艺，常用的焊料有锡膏和锡条。

贴装就是把芯片的焊端平面与基板的焊点平面进行焊接。

电子组装技术就是把电子元器件安装到 PCB 板上实现机械固定和电路连接的技术。SMT 是其中的一种。图 5-54 所示是用表面贴装技术组装的基板，SOP、QFP 和 PLCC 是集成电路芯片，三者之间用许多铜箔细线相连，实现电路连接和电信号传送。

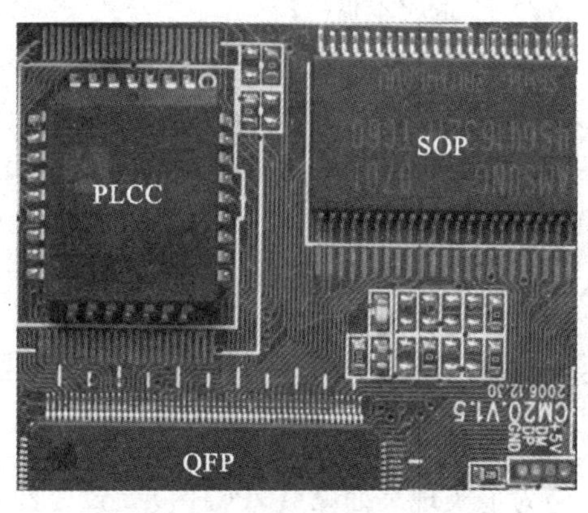

图 5-54　表面贴装技术组装的基板

SMT 几乎被应用于所有的电子产品中，如计算机、机器人等智能产品，手机等通信产品，数码相机、高级音响等娱乐产品。从 20 世纪 80 年代起，SMT 已成为世界上最热门的新一代电子组装技术，被誉为电子组装技术的一次革命。

2. SMT 的特征

SMT 的最大特征就是“贴装”。各种芯片和电路导线及其焊点是在基板的同一侧表面上，芯片看上去就像是被粘贴到基板表面上，我们称这种组装形态为“贴装”。

为加深对“贴装”含义的理解，与另一种电子组装技术——通孔插装技术做比较。通孔插装技术简称 THT，是 through hole technology 的缩写。

通孔插装技术的最大特征就是“插装”。电子元器件和电路导线及焊点分别位于基板的不同侧表面，电子元器件集中在基板的某一侧表面(正面)，而电路导线及焊点则集中于基板的另一侧表面(背面)。基板的焊点上有通孔，电子元器件的引线插过通孔与基板背面的电路导线焊接，实现电子元器件与基板间的机械固定和电子元器件与电子元器件间的电路连接。我们称这种组装形态为“插装”。

图 5-55 所示是用通孔插装技术组装的基板，基板上有电阻、电容，它们的引线插过通孔与基板背面的电路导线相连，实现机械固定和电路连接。

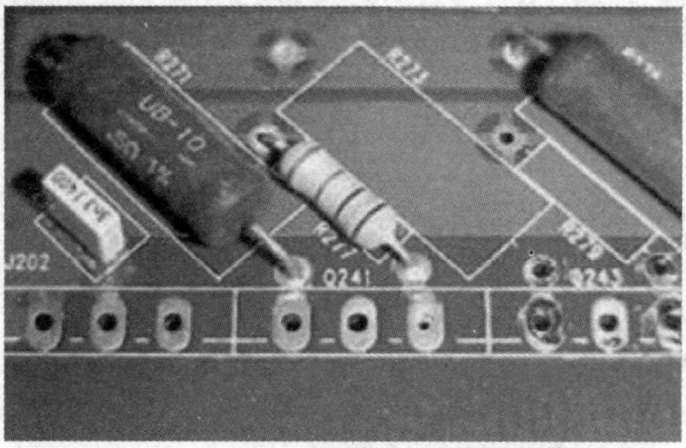

图 5-55　通孔插装技术组装的基板

3. SMT 的优势

1）产品小型化

贴装芯片的体积和重量只有传统插装元件的 1/10～1/5。一般采用 SMT 之后，电子产品体积缩小 40％～60％，重量减轻 60％～80％，适应了电子产品追求轻、薄、短、小的发展方向。

2）产品成本低

贴装芯片的封装成本目前已经低于同功能、同类型的插装元件，因此贴装芯片的售价可比插装元件更低。另外，贴装芯片的引线无须像插装元件那样整形、打弯、剪短，因而减少了工序。据统计，表面贴装方式的加工成本低于通孔插装方式，一般可使生产总成本降低 30％～50％。

3）产品可靠性高

贴装芯片因无引线或短引线，减少了电路间的射频干扰；贴装芯片因易于焊接，大大减少了焊接失效率；贴装芯片因焊点牢固，产品更加耐振动、抗冲击。

4. SMT 生产线的组成

为了实现表面贴装，PCB 板大致要经过三个步骤，即刷锡、贴装和焊接。完成刷锡任务的设备称为印刷机，完成贴装任务的设备称为贴装机，完成焊接任务的设备称为焊接机。可以认为，SMT 的生产线主要由印刷机、贴装机和焊接机组成，如图 5-56 所示。

图 5-56　SMT 生产线的组成

（1）印刷机的作用是把锡膏漏印到 PCB 板的焊点上，为芯片的容易焊接做准备。

（2）贴装机的作用是把芯片贴装到 PCB 板的焊点上，组装成特定功能的电子线路。

（3）焊接机的作用是把芯片与 PCB 板上的焊点牢固地焊接成一个整体，实现机械固定和电路连接。

5. SMT 的术语

表面贴装技术是新一代电子组装技术，正在不断发展和变化中，加之其主要技术及设备主要从日本、德国和美国引进，译语不一，故而同义多语、同物多词的现象不少。在这里举几例，以期在阅读同类资料时有所帮助。

Surface mount technology (SMT) 译为表面贴装技术、表面组装技术或表面安装技术。

Screen printer 译为印刷机或丝印机。

Chip mount 译为贴装机、贴片机或实装机。

Reflow solder 译为回流焊机或再流焊机。

Soldering paste 译为焊膏、焊锡或焊锡膏。

6. SMT 的历史和现状

1）SMT 国外概况

美国是世界上 SMT 起源的国家，从 20 世纪 60 年代起就开始使用 SMT，并一直重视在投资类电子产品和军事装备领域发挥 SMT 的高组装密度和高可靠性能方面的优势，具有很高的水平。

日本在 20 世纪 70 年代从美国引进 SMT 技术应用在消费类电子产品领域，从 20 世纪 80 年代中后期起加速了 SMT 在产业电子设备领域中的全面推广应用。由于投入巨资大力加强基础材料、基础技术和推广应用方面的开发研究工作，日本很快超过了美国，在 SMT 方面处于世界领先地位。

欧洲各国 SMT 的起步较晚，但这些国家重视发展并有较好的工业基础，发展速度也很快，其发展水平仅次于日本和美国。20 世纪 80 年代以来，亚洲的新加坡、韩国也不惜投入巨资，纷纷引进先进技术，使 SMT 获得较快的发展。

2）SMT 国内概况

20 世纪 80 年代以来，中国香港地区和中国台湾地区等投入巨资引进 SMT。中国大陆 SMT 的应用起步于 20 世纪 80 年代初期，最初从美国、日本等国成套引进了 SMT 生产线用于彩电调谐器生产，随后应用于录像机、摄像机及袖珍式高档多波段收音机、随身听等生产中，近几年在计算机、通信设备、航空航天电子产品中也逐渐得到应用。

据 2000 年不完全统计，我国大陆约有 40 多家企业从事表面贴装元器件的生产，全国约有 300 多家引进了 SMT 生产线，不同程度地采用了 SMT 技术，全国已引进 4000～5000 台贴装机。随着改革开放的深入以及加入 WTO 的影响，美国、日本、新加坡和我国台湾地区的一些企业将 SMT 加工厂搬到了中国大陆，仅 2001 至 2002 一年就引进了 4000 余台贴装机。

2009 年，中国 SMT 产业主要集中在珠江三角洲地区和长江三角洲地区，这两个地区产业销售收入占到了整体产业规模的 90%以上，其中仅珠江三角洲地区就占到了整体比重的 47%。另外，环渤海地区 SMT 产业的销售额也达到了 3.1 亿元，占整体产业比重的 7.6%。

从产业自身的发展周期来看，虽然中国的 SMT 产业尚处于发展初期，但是已经呈现出了蓬勃生机。同时，SMT 产业又是一个重要的基础性产业，对于推动中国的电子信息产业制造业结构调整和产业升级有着重要意义。推动中国 SMT 产业快速健康发展需要产业上下游各个环节的共同协作。

5.4.2 刷锡技术

把锡膏印刷到 PCB 板的每个焊点上，这个步骤称为刷锡，而实现刷锡的技术叫作刷锡技术。印刷机是实现刷锡技术的主要设备，从低到高分为 3 个挡次，即手动、半自动和全自动。手动是指 PCB 板的进板、刷锡、出板都靠人工完成。半自动是指 PCB 板的进板和出板靠人工完成，而刷锡是自动完成。全自动是 PCB 板的进板、刷锡、出板都是自动完成。无论采取何种方式，刷锡的基本原理都是相同的。图 5-57 所示为国产半自动印刷机。

1. 刷锡的四要素

(1) PCB 板是指按产品电路图加工好的 PCB 板产品(基板)。

(2) 漏印模板是指按产品电路图加工好的漏印模板。常用 0.15 mm 厚的不锈钢薄板,按照 PCB 板的各焊点位置,镂空成大小与各焊点一致的孔穴。图 5-58 所示即为漏印模板被镂空成的孔穴。

(3) 锡膏是膏状流体,带有一定黏性。

(4) 刮刀呈长条形,其长度一般为 PCB 板的长度(印刷方向)再加上 50 mm 左右。

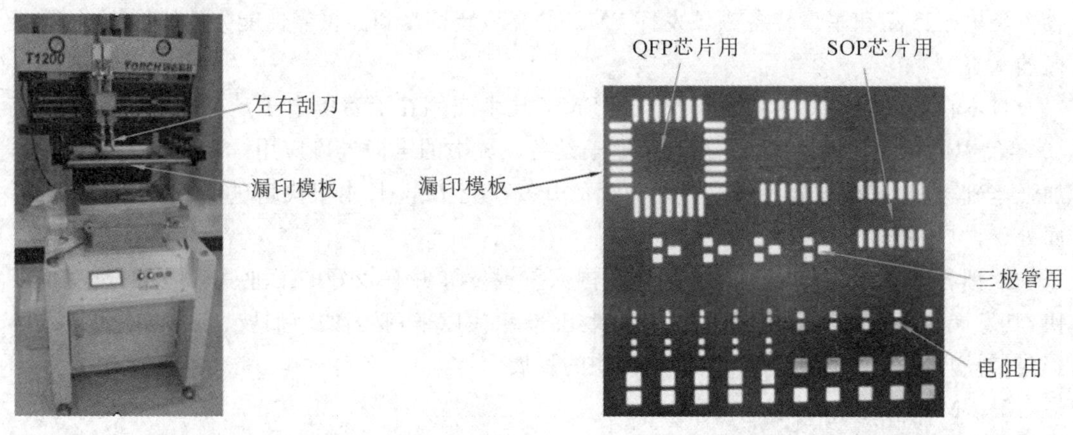

图 5-57　国产半自动印刷机　　图 5-58　漏印模板被镂空成的孔穴

基板就是安装芯片的 PCB 板,常用的是外观呈现布满铜箔细线电路的绿色板。PCB 板的种类很多,这里仅介绍常用基板。

(1) 环氧树脂玻璃纤维基板。

这种基板由环氧树脂和玻璃纤维布组成,单面或双面敷上铜箔层,故俗称敷铜板。环氧树脂和玻璃纤维均是绝缘材料。制作时,把环氧树脂渗透到玻璃纤维布中,并加入黏合剂、阻燃剂等。由于环氧树脂的韧性好而玻璃纤维的强度高,故环氧树脂玻璃纤维基板具有良好的韧性和强度。

(2) 聚酰亚胺树脂玻璃纤维基板。

这种基板由聚酰亚胺树脂和玻璃纤维布组成,单面或双面敷上铜箔层,具有良好的柔性和刚性。特别是在高温下,这种基板的强度和稳定性优于环氧树脂玻璃纤维基板,常用于可靠性要求高的航天及军工产品中。

基板有个很重要的指标称作玻璃化转变温度 Tg(glass transition temperature)。处在 Tg 温度的基板呈现出既硬又脆的状态,类似玻璃,因而得名。温度超过 Tg 时,基板会变软,呈现出橡胶状态,此时基板的机械强度急剧下降。当用波峰焊机或回流焊机对基板进行焊接时,为使焊锡熔融,焊接温度通常要达到 220 ℃左右。如果基板的玻璃化转变温度 Tg 远远低于 220 ℃,则焊接时基板将呈现出橡胶状。橡胶状的基板会因难承受贴装芯片的重量而变形。这种热变形会随后继工序的冷却又向原状回复,从而产生应力。应力作用在焊点上可能导致芯片脱焊,严重时会使芯片损坏。

因此,选择基板时,基板的玻璃化转变温度 Tg 应尽可能接近焊接温度(如 220 ℃左右)。

作为参考,环氧树脂玻璃纤维基板的玻璃化转变温度 Tg 是 125 ℃,聚酰亚胺树脂玻璃纤维基板的玻璃化转变温度 Tg 是 250 ℃,显然后者好于前者。

焊膏(soldering paste)又称焊锡、焊锡膏，是一种焊接材料，呈浆状或膏状，便于印刷机漏印到PCB板上。焊膏具有一定力度的黏性，贴装在PCB板上的芯片被焊膏的黏力黏住，只要PCB板的倾斜角度不大或无外力碰撞，芯片一般不会移动位置。

焊膏主要由合金焊料粉末和焊剂组成，混合比例为合金焊料粉末约占90%，焊剂约占10%。合金焊料粉末，是焊接的主要材料。其主要作用是把芯片与PCB板上的焊点连接成一个整体，实现机械固定和电路连接。合金焊料可分为锡铅(Sn-Pb)合金、锡铅银(Sn-Pb-Ag)合金、锡铅铋(Sn-Pb-Bi)合金等。合金比例的不同会导致焊膏的熔点温度不同。锡铅(Sn-Pb)合金的比例为63%：37%(记为Sn63/Pb37)时，熔点温度是183 ℃；锡铅银(Sn-Pb-Ag)合金的比例为62%：36%：2%(记为Sn62/Pb36/Ag2)时，熔点温度是179 ℃。

合金焊料有个缺点，即在高温下容易与空气中的氧气产生化学反应生成氧化物，在合金焊料表面形成黑色残渣。这个黑色残渣夹杂在焊点中会造成虚焊。防止虚焊的方法是使用焊剂。

焊剂也称助焊剂，是焊接的辅助材料。其主要作用是除去焊接表面的氧化物，防止虚焊。松香是常用的焊剂，它性能优良，除具有去掉焊接表面的氧化物的特性外，还能绝缘、耐湿、长期稳定，并无毒性和腐蚀性。

为了得到更好的焊接效果，常常往焊剂中添加其他的成分，如黏结剂、溶剂等。回流焊接机使用糊状的焊剂，为使芯片与PCB板上的焊点具有更强的黏性，可往焊剂中添加聚丁烯这样的黏结剂。波峰焊接机用液态的焊剂，为使焊剂的固体成分易于溶解，可往焊剂中添加乙醇这样的溶剂。

焊膏成分中含有一定比例的铅，而铅是对人体有害的金属，主要伤害人的神经系统、造血系统和消化系统。电器产品的快速升级换代，使大量的旧电器产品被废弃，残留在PCB板上的铅，处理不当就会造成环境污染。因此，许多国家纷纷限制含铅焊膏的使用，并积极研制和使用无铅焊膏。

2000年1月起，美国正式向工业界推荐使用无铅焊膏。

2004年1月起，日本规定必须使用无铅焊膏。

2006年7月起，欧盟组织规定在欧洲市场上，必须销售无铅的电子产品。

我国也积极推进电子产品的无铅化。2003年3月，拟定了《电子信息产品生产污染防治管理办法》，规定从2006年7月起，国家重点监管的电子信息产品不能含有铅。

目前，无铅焊膏主要采用无毒合金，成分是以锡(Sn)为主，添加银(Ag)、铜(Cu)等金属元素。市场使用最多的配比为Sn96.3/Ag3.2/Cu0.5。虽然无铅焊膏的研究取得了很大进展，但是各方面的性能并未达到都优于传统锡铅(Sn-Pb)合金焊膏的程度。

2. 刷锡的基本原理

首先，把开好孔穴的漏印模板用金属框架绷紧。其次，将PCB板装入漏印模板的下方，进行调位，使漏印模板与PCB板表面接触并使漏印模板的各孔穴与PCB板的各焊点对准，然后把锡膏放在漏印模板上。再次，用刮刀把锡膏从漏印模板的一端推向另一端(常又推回来)。这样，锡膏在刮刀的推压力下，通过漏印模板的孔穴，被印刷(漏印)到PCB板的各焊点上。最后，漏印模板与PCB板脱离(漏印模板上升或PCB板下降)，刷锡过程完成。

5.4.3 贴装技术

印刷机把PCB板上各焊点刷锡后，下一道工序就要将芯片贴装到PCB板上。完成贴装的机器叫作贴片机。贴片机根据自动化程度的高低可分为手动贴片机和自动贴片机两类。

1. 手动贴片机

手动贴片机结构简单，价格相对低廉，常用于贴片环节的教学示范，也可作为 SMT 自动生产线的补充手段，在出现漏焊、虚焊时使用。

如图 5-59 所示是一款带有高精度视频的手动贴片机。

图 5-59　带有高精度视频的手动贴片机

手动贴片机完成贴片主要有三个动作，即吸取、对中和贴放。

1）手动吸取

吸取就是把芯片吸附在吸嘴上，目的是把芯片移动定位到 PCB 板的贴装位置上方。贴片机用贴头(head)和吸嘴(nozzle)来完成对芯片的吸取。吸嘴插到贴头的下方，不同的芯片需用不同大小的吸嘴。吸取小芯片时就向贴头插装小吸嘴，而吸取大芯片时就向贴头插装大吸嘴。吸嘴在结构上有上下通透的中空孔。中空孔的一端插入贴头，另一端紧吸芯片。贴头里装有真空换向阀，当要吸取芯片时打开真空换向阀，使吸嘴内的空气通过中空孔被吸走而形成真空状态。这样，吸嘴外围的大气压力就大于吸嘴内部的真空压力，芯片就在外部空气的压力作用下被吸起，如图 5-60 所示。

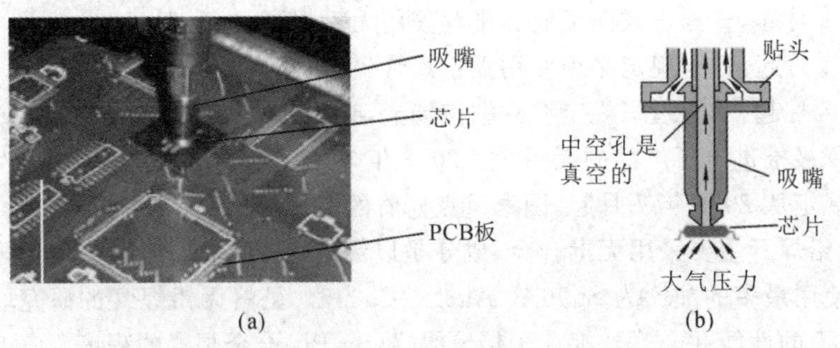

图 5-60　手动吸取

(a) 芯片在外部空气的压力作用下被吸起　(b) 吸取芯片的原理示意图

2）手动对中

对中就是芯片的中心点与贴装位置的中心点对准重合，使芯片的各焊端与 PCB 板上相应位置的各焊点对准重合的过程。

图 5-59 所示的高精度视频手动贴片机，其芯片对中过程通过显示器进行，可以边观察边用手工微调。贴头既可实现 X、Y 方向的平移调整，平移精度可达 2 μm，也可实现角度方向的旋转调整，旋转精度可达 2″。这样的精密调节，可保证芯片对中的高精度要求。对中的好坏用贴装精度来衡量，贴装精度是衡量贴片机好坏的最重要的指标。

贴装精度是指芯片贴装后的位置相对于 PCB 板上标准位置的偏移量的大小。偏移量越小，表明贴装精度越高，一般要求贴装精度达到±0.06 mm 以上。

图 5-61 表示了影响贴装精度的两种偏移量，即 X、Y 方向的平移误差和角度方向的旋转误差。

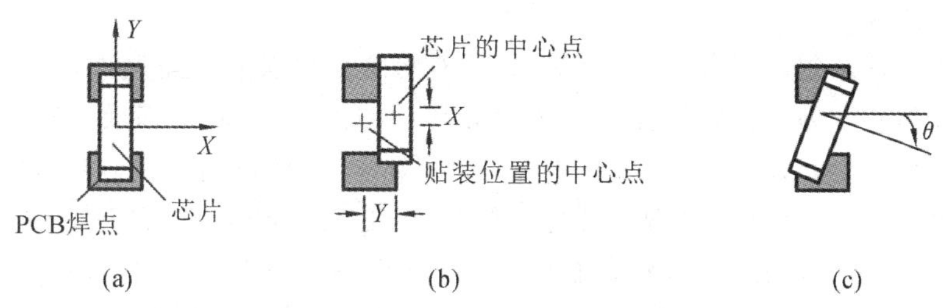

图 5-61　X、Y 方向的平移误差和角度方向的旋转误差

(a) 无误差　(b) X、Y 方向的平移误差　(c) 角度方向的旋转误差

3）手动贴放

贴放就是把对中好的芯片贴到 PCB 板上的相应位置。把吸头下降，使芯片贴到 PCB 板表面，并给予恰当压力，使芯片焊端有 1/2 的厚度浸入焊点的焊膏中。此时，关闭吸头的真空换向阀，使吸嘴内的真空状态失效变成通常的大气状态，从而使吸嘴外围的大气压力与吸嘴内部的大气压力一样，吸嘴失去吸力。同时，由于焊膏的黏力，芯片就被粘在 PCB 板表面，然后吸头上升准备做下一次吸取。

要注意的是，贴装压力不能过大，否则会造成焊膏的挤出量过多，形成焊点与焊点间的桥接现象，产生电路连接错误。

2. 自动贴片机

自动贴片机结构复杂，价格昂贵，常用于基板贴装的大量生产中，如贴装计算机的主板等。自动贴片机是一种具有机械手的机器人，是集机、电、光、软为一体的高精尖技术产品（机是指精密机械，电是指复杂电路，光是指光学识别，软是指控制软件）。如图 5-62 所示是一款日本产的自动贴片机。

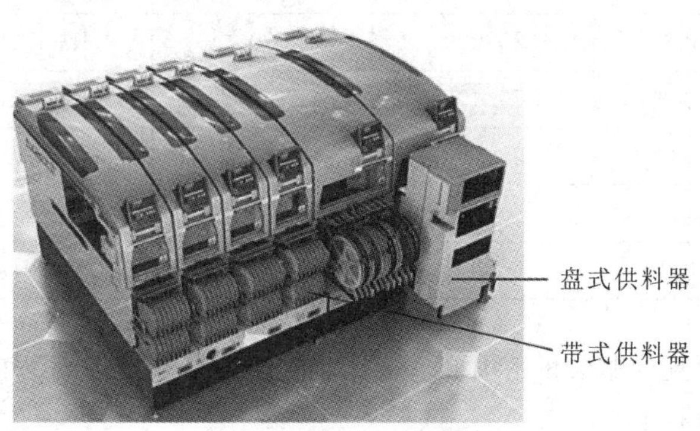

图 5-62　日本产的自动贴片机

自动贴片机的贴装原理与手动贴片机相同，它完成贴片也主要有三个动作，即吸取、对中和贴放，只不过，这些动作是自动完成的。为了实现自动贴片，增加了相应设备。

1）自动吸取

自动吸取增加了供料器(feeder)设备，常用的是带式供料器(tape feeder)、盘式供料器(tray feeder)和杆式供料器(stick feeder)等。这些供料器能根据控制软件给出的指令，把芯片送到吸取位置上，供贴头吸取。

2）自动对中

自动对中增加了对中设备，常用的是基板识别相机（PCB camera）和芯片识别相机（chip camera）。

基板经传送带送到贴装台时，会产生 X、Y 方向的平移误差和角度方向的旋转误差，称为基板定位偏移量。为了精确计算基板定位偏移量的大小，可使用基板识别相机。基板识别相机位于基板的上方，从上往下照射基板的识别标志，以获得偏移量。基板的识别标志常用铜箔做成直径为 1 mm 左右的实心圆点（识别标志也有 1 mm 左右的正方形或三角形）。

另一方面，贴头吸取芯片时，贴头中心点往往偏离芯片的中心点，也会产生 X、Y 方向的平移误差和角度方向的旋转误差，称为芯片吸取偏移量。为了精确计算芯片吸取偏移量的大小，可使用芯片识别相机。芯片识别相机位于贴头的下方，从下向上照射被贴头吸取的芯片，以获得偏移量。

计算出基板定位和芯片吸取偏移量后，需要补正贴头的移动位置，这时贴头移动并旋转，最终使芯片的中心点与贴装位置的中心点对准重合，保证了芯片的各焊端与 PCB 板上相应位置的各焊点对准重合。

3）自动贴放

在贴头上增加了升降侍服电机和压力传感器设备。升降侍服电机能使贴头上下精确移动，而压力传感器能使芯片贴到 PCB 板表面的压力适当。

4）连续贴装

一个芯片的贴装需要做吸取、对中、贴放这三个动作，那么，一块基板上要贴装 N 个芯片，就要把吸取、对中、贴放这三个动作重复 N 次。我们把不间断的 N 次贴装叫作连续贴装。为了实现连续贴装，需要把每个芯片贴装位置的中心点等信息"告诉"贴片机。如表 5-3 所示是常用的连续贴装的信息格式。

表 5-3　连续贴装的信息格式

芯片序号	X 坐标/mm	Y 坐标/mm	贴装角度/(°)	芯片名称	注　释
1	100.000	25.000	90	R3-1.2k	2012R
2	120.200	25.400	0	R4-5.6k	2012R
3	140.030	25.060	−90	IC1-SC1088	SOP16pin
⋮	⋮	⋮	⋮	⋮	⋮
100	100.001	50.001	45	C2-0.01μF	2012C

芯片序号表示要连续贴装的芯片的个数，单位是正整数。表 5-3 表示了要把 100 个芯片连续贴装到一块基板上。

X 坐标和 Y 坐标表示了芯片的贴装位置的中心点，简称贴装坐标，单位是毫米（mm），精确度可达 0.001 mm。例如，芯片 R3-1.2k 的贴装坐标是（100.000，25.000），贴片机就会把芯片 R3-1.2k 贴装到横向坐标 X=100.000 mm，纵向坐标 Y=25.000 mm 的交叉点上。

贴装角度表示了芯片贴装到基板上的摆放角度，单位是度（°）。例如，芯片 R3-1.2k 是以正 90°摆放在基板上的。贴装角度的定义依据不同厂家会有不同。总之，同一个芯片根据电路设计，既可以横着摆放在基板上，也可以竖着摆放在基板上，还可以斜着摆放在基板上，贴装角度就表示了这类摆放状态。

芯片名称是任意命名的符号，表示具有一定意义的实体芯片，单位是字符串。例如，R3-1.2k 表示基板上 R3 的位置是 1.2 kΩ 的电阻。

注释表示需注意的地方。例如，2012R 表示 R3-1.2k 芯片是长 2.0 mm、宽1.2 mm系列的电阻。

3. 表面贴装芯片的基础知识

表面贴装芯片的结构基本上是片状结构，以便表面贴装。常用的有片状电阻、片状电容、片状二极管、片状三极管和片状集成电路。

1）片状电阻

片状电阻的形状是扁形长方体，如图 5-63 所示为片状电阻。

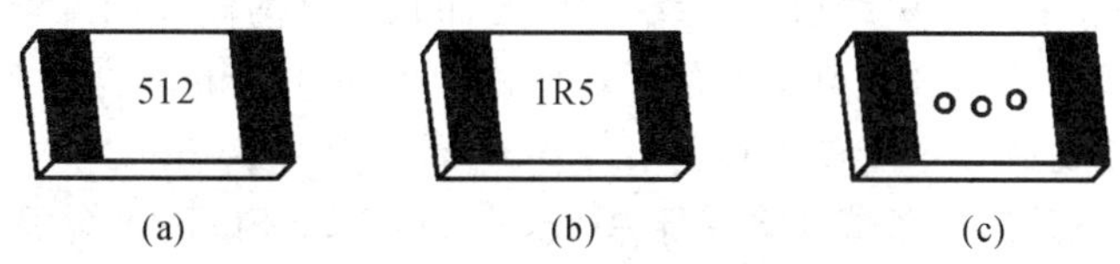

图 5-63　片状电阻

(a) 5.1 kΩ　(b) 1.5 Ω　(c) 0 Ω

(1) 外形尺寸。

片状电阻常用四位数字代号来表示其外形尺寸，前两位数字表示长度，后两位数字表示宽度。例如，2012R 的片状电阻，其长度为 2.0 mm，宽度为 1.2 mm，后缀 R 表明是电阻。

片状电阻就是根据外形尺寸的大小划分成几个系列的，常见的有 3216R 系列、2012R 系列、1608R 系列、1005R 系列和 0603R 系列。每个系列都可以提供电阻值繁多的片状电阻。从系列命名也可看出，片状电阻越来越小型化，0603R 系列的片状电阻长度仅为 0.6 mm，宽度只有 0.3 mm，小到连肉眼都难以辨认。

这里特别要提示的是，目前片状电阻系列命名的外形尺寸有两种单位制，公制(mm)和英制(in)，本书采用公制。日本公司的产品一般采用公制，而欧美公司的产品一般采用英制。由于大量使用国外的产品，我国既采用公制也采用英制，两者的换算关系是 1 in＝2.54 cm＝25.4 mm。这样一来，同一个系列的片状电阻就有两个名字，例如，1608(公制)/0603(英制)。若不说明，有时会混淆而分辨不清，如 0603R 系列，按公制理解，长度为 0.6 mm，宽度为 0.3 mm，而按英制理解，换算成公制则长度为 1.6 mm，宽度为 0.8 mm，结果完全不同。为了便于区分，给出公制/英制外形尺寸对照表(见表 5-4)。

表 5-4　公制/英制外形尺寸对照表

公制/英制	系列长度 L/(mm/in)	宽度 W/(mm/in)	厚度 T/(mm/in)
3216/1206	3.2/0.12	1.6/0.06	0.6/0.024
2012/0805	2.0/0.08	1.2/0.05	0.5/0.020
1608/0603	1.6/0.06	0.8/0.03	0.45/0.018
1005/0402	1.0/0.04	0.5/0.02	0.35/0.014
0603/0201	0.6/0.02	0.3/0.01	0.25/0.010

(2) 电阻值的表示。

3216R 系列、2012R 系列和 1608R 系列一般在芯片表面印有 3 位数字，前 2 位是有效位，第 3 位是 10 次方幂，单位是欧姆(Ω)。例如，512 表示的电阻值是 5100 Ω＝5.1 kΩ，1R5

表示的电阻值是 1.5 Ω，000 表示的电阻值是 0 Ω(跨接电阻做导通用)。

1005R 系列、0603R 系列的芯片太小，表面不印数字，电阻值印在装芯片的大圆盘的标签上。

2）片状电容

片状电容的外形、尺寸以及电容值的表示与片状电阻基本一样，只不过用后缀 C 来表明是电容，常见的有 3216C 系列、2012C 系列、1608C 系列、1005C 系列和 0603C 系列。电容值也用表面印有的 3 位数字表示，单位是皮法拉(pF)。例如，163 表示的电容值是 16 000 pF =0.016 μF。

3）片状二极管和三极管

片状二极管一般采用 2 引线或 3 引线，引线分布在本体两侧并向外伸展，类似翅膀的形状，故称翼形引线。片状二极管典型的外形尺寸是长度为 3.0 mm，宽度为 1.5 mm，厚度为 1.1 mm。引线的长度为 0.6 mm，宽度为 0.4 mm，厚度为 0.15 mm。

片状三极管一般采用 3 条或 4 条翼形引线，有 SOT-23、SOT-29 等几种系列产品，SOT (short outline transistor)是短引线晶体管之意。片状三极管典型的外形尺寸是长度为 6.5 mm，宽度为 5.5 mm，厚度为 2.3 mm。引线的长度为 2.0 mm，宽度为 1.0 mm，厚度为 0.5 mm，引线(电极)间的间距为 2.3 mm。片状二极管和片状三极管如图 5-64 所示。

(a)

(b)

图 5-64　片状二极管和片状三极管

(a) 片状二极管　(b) 片状三极管

4）片状集成电路

片状集成电路按封装形式主要可分为 SOP、QFP、PLCC、BGA 等系列。所谓集成电路封装，是指包装集成电路裸芯的外壳及引出端。外壳起着固定安放、密封保护集成电路裸芯的作用，引出端起着连接集成电路裸芯与外部电路的作用。这部分在第 4 章有介绍，请读者参考。

5.4.4　回流焊接技术

目前，SMT 工艺中用到的焊接机主要有回流焊机和波峰焊机两类。在前面已经介绍过波峰焊机，下面主要介绍回流焊机的有关知识。

1. 回流焊原理

回流焊是英文 reflow soldering 的直译，也称再流焊，主要用于表面贴装芯片的焊接。

回流焊原理就是用适度高温让基板上各焊点的焊锡熔化而再度流动润湿后进行冷却，使芯片的焊端与基板的焊点牢固地焊接成一个整体，实现机械固定和电路连接。所谓适度高温，是指超过焊锡熔点 25%左右的温度。例如，Sn63/Pb37 类型的焊锡，其熔点温度是 183 ℃，则适度高温约为 230 ℃。

所谓流动润湿，是指液态焊锡对基板的焊点、芯片的焊端进行回流扩散，使得液态焊锡的原子渗透（润湿）到焊点焊端的铜材内。

2. 热风对流回流焊机

回流焊机主要有热板传导、红外辐射、热风对流等几种。这里，只介绍热风对流回流焊机，如图 5-65 所示是一款国产的热风对流回流焊机。其主要技术参数如表 5-5 所示。

所谓热风对流回流焊，是指使用加热器进行加热升温，并利用对流风扇强制热流动循环，使芯片焊端和基板焊点的焊锡熔化，产生润湿效应，然后进行冷却从而实现焊接。如图 5-66所示是热风对流回流焊机的原理图。

图 5-65　国产热风对流回流焊机

表 5-5　国产热风对流回流焊机的主要技术参数

项　　目	参数和说明
温区数目	6，上 3 下 3
温度准确度	±2 ℃
温度范围	0～360 ℃
升温时间	25 min
发热来源	全热风对流方式

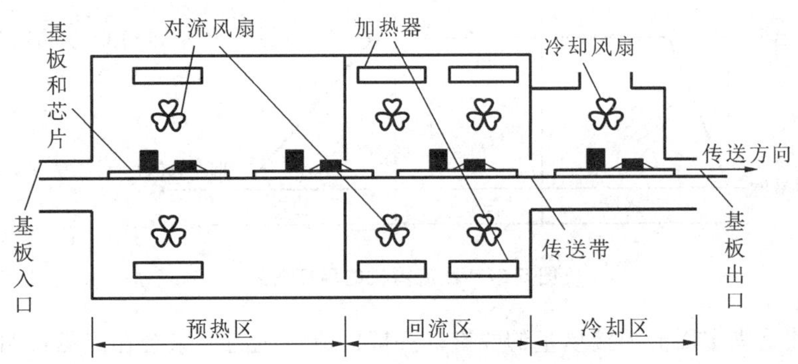

图 5-66　热风对流回流焊机的原理图

基板随着传送带的滚动，依次通过 3 个温区——预热区、回流区、冷却区，完成焊接，全过程需 3～4 min。

1）预热区

预热区的作用有两个。一是将基板的温度从室温逐步提升到接近焊锡熔点的温度，以避免基板突然进入高温的回流区而产生芯片龟裂现象；二是保持这个温度一段时间，使焊锡中的焊剂发挥活性作用，以除去焊点焊端表面的氧化层。

预热区的起点是室温，终点是焊锡熔点温度。

对 Sn63/Pb37 类型的焊锡而言，其熔点温度是 183 ℃，故温度以每秒 2～5 ℃的速度连续上升到 150～160 ℃（活性温度）为宜，并保持 60～90 s（根据不同划分，这段温度的保持时间称为保温区，也称活性区)。预热区一般占整个加热通道长度的 60%～80%，基板通过时间为 110～140 s。

2) 回流区

回流区的作用是，将基板的温度从预热区温度提升到峰值温度(超过焊锡熔点温度的 15%～25%)，保持峰值温度一段时间，以保证焊锡完全熔化而再度流动，润湿基板焊点及芯片焊端。

回流区的起点是焊锡熔点温度，终点是峰值温度下降后到达的焊锡熔点温度。对 Sn63/Pb37 类型的焊锡而言，其熔点温度是 183 ℃，故峰值温度为 210～230 ℃，一般峰值温度的保持时间短于 10 s。回流区一般占整个加热通道长度的 20%～40%，基板通过时间为 50～90 s。

3) 冷却区

冷却区的作用是将基板的温度从焊锡熔点温度迅速降下来，使焊锡凝固形成焊点，完成焊接。

冷却区的起点是焊锡熔点温度，终点是室温。

3. 温度曲线

基板从回流焊机的入口进，在某一段时间内，依次通过温度不同的预热区、回流区、冷却区，到达出口完成焊接。若把时间作为横坐标(*X*)，温度作为纵坐标(*Y*)，描绘焊接过程的温度变化，就形成了一条曲线，称为温度曲线，如图 5-67 所示为回流焊机的温度曲线。

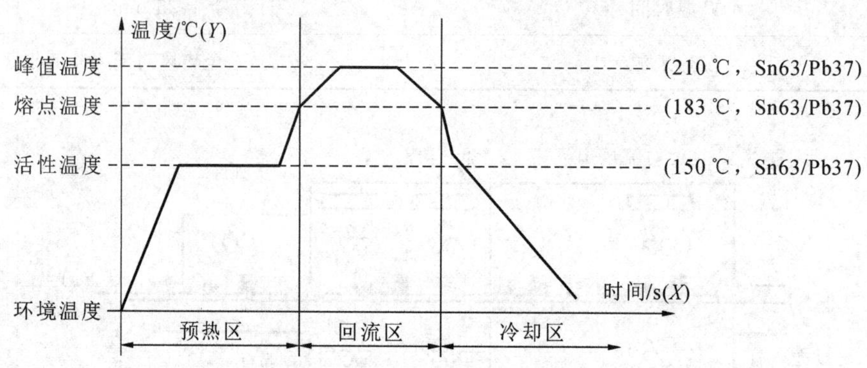

图 5-67 回流焊机的温度曲线

温度曲线是决定回流焊接质量的关键。一般回流焊机的厂家会在产品说明书中给出理想温度曲线，用户可边调整各种参数，边焊接基板，反复多次，最终得到符合实际的理想温度曲线。常常借助由温度测试仪和热电偶及专用软件组成的系统来调整各种参数。

各种参数中最关键的是传送带速度和温区温度设定。传送带速度决定基板通过各个温区的时间，温区温度设定决定基板通过各个温区时所得到的温度。

思 考 题

1. SMT 的英文全称是什么？
2. 表面贴装技术的定义是什么？
3. 电子组装技术的定义是什么？
4. 表面贴装技术的最大特征是什么？
5. 通孔插装技术的最大特征是什么？

6. 表面贴装技术与通孔插装技术相比有何优势？
7. SMT 生产线主要由哪三部分组成？
8. 手动贴片机或自动贴片机完成贴片主要有哪三个动作？
9. 贴片机的贴装精度一般要求达到什么标准？
10. 什么是自动贴片机的连续贴装？
11. PLCC 和 BGA 芯片的外形特征是什么？
12. 回流焊的原理是什么？适用于哪个生产环节？
13. 波峰焊接技术的原理是什么？适用于哪个生产环节？
14. 点焊法、拖焊法、梳锡法各有何特点？分别适用于何种焊接环境？
15. 常见元器件的拆焊方法有哪些？区别在哪里？

第6章 印制电路板的设计与制作

Protel99SE是一款高效的EDA(electronic design automation)设计软件，具有良好的人机界面，使用方便，主要用于电路的原理图设计、印制电路板(PCB)图设计以及电路仿真。本章以实例为主线，按照设计电路的规范流程系统地介绍了Protel99SE常用功能模块的使用，阐述了制板的工艺流程。本章的内容编排主要突出实用性强的特点，图文并茂，读者可对照例题边学习边操作，同时尽可能为工程技术人员提供有价值的参考。

在本章关于元件的叙述中，约定如下表述：

(1) 元件，通常指元器件实物，也可泛指原理图设计中的元件符号，以及电路板设计中的元件封装。

(2) 元件符号是指原理图设计中的元件符号图形(无尺寸要求)。

(3) 元件封装是焊接到电路板的元件，元件封装定义了元件的管脚相对位置以及外形尺寸(有严格尺寸要求)。

6.1 Protel99SE概述

1. Protel的发展历史

随着计算机业的发展，20世纪80年代中期计算机应用进入各个领域。在这种背景下，1987—1988年由美国ACCEL Technologies Inc推出了第一个应用于电子线路设计软件包——TANGO，这个软件包开创了电子设计自动化(EDA)的先河。这个软件包现在看来比较简陋，但在当时给电子线路设计带来了设计方法和方式的革命，人们纷纷开始用计算机来设计电子线路。

随着电子业的飞速发展，TANGO日益显示出其不适应时代发展需要的弱点。为了适应科学技术的发展，Protel Technology公司以其强大的研发能力推出了Protel For Dos作为TANGO的升级版本，从此Protel这个名字在业内日益响亮。

20世纪80年代末，Windows系统开始日益流行，许多应用软件也纷纷开始支持Windows操作系统。Protel也不例外，相继推出了Protel For Windows 1.0、Protel For Windows 1.5等版本。这些版本的可视化功能给用户设计电子线路带来了很大的方便，设计者再也不用记一些烦琐的命令，也让用户体会到资源共享的乐趣。

20世纪90年代中期，Win95开始出现，Protel也紧跟潮流，推出了基于Win95的3.X版本。3.X版本的Protel加入了新颖的主从式结构，但在自动布线方面却没有什么出众的表现。另外，由于3.X版本的Protel是16位和32位的混合型软件，所以不太稳定。

1998年，Protel公司推出了给人全新感觉的Protel98。Protel98这个32位产品是第一个包含5个核心模块的EDA工具，以其出众的自动布线能力获得了业内人士的一致好评。

1999年，Protel公司又推出了最新一代的电子线路设计系统——Protel99。Protel99软件沿袭了Protel以前版本方便易学的特点，内部界面与Protel98大体相同，新增加了一些功能模块。

2000年，Protel公司改进了Protel99，推出了Protel99SE，性能进一步提高，可以对设计过程有更强的控制力，这一版本成了绝对的经典，一直延续至今。

2002 年，Protel 公司更名为 Altium，并推出了 Protel DXP，集成了更多工具，使用方便，功能更强大。

2003 年，推出 Protel 2004 ，对 Protel DXP 进一步完善。

2006 年，推出 Altium Designer 6.0，集成了更多工具，使用方便，功能更强大，特别在 PCB 设计这一块性能大大提高。

截至 2015 年 12 月底，最新的版本为 Altium Designer 15，该版本可以免费试用 30 天。

2. Protel99SE 的组成

Protel99SE 主要由六大模块主成：

(1) Advanced Schematic 99se，是用于原理图设计的系统。这部分包括用于设计原理图的原理图编辑器 Sch 以及用于修改、生成元件的元件库编辑器 SchLib。

(2) Advanced PCB 99se，是用于电路板设计的印刷电路板设计系统。这部分包括用于设计电路板的电路板编辑器 PCB 以及用于修改、生成元件封装的元件封装编辑器 PCBLib。

(3) Advanced Route 99se，用于电路板自动布线。

(4) Advanced PLD 99se，是集成于原理图设计系统的可编程逻辑设计系统。

(5) Advanced SIM 99se，是用于原理图上进行信号模拟仿真的信号模拟仿真系统。

(6) Advanced Integrity 99se，用于分析 PCB 设计和检查设计参数。

除了六大模块外，还有编辑文本的文本编辑器 Text 和用于显示、编辑电子表格的电子表格编辑器 Spread 等。

3. Protel 的主要特色

Protel99SE 是基于 Microsoft Windows 平台的纯 32 位 EDA 设计软件。Protel99SE 提供了一个集成的设计环境，包括了原理图设计和 PCB 布线工具，集成的设计数据库文档管理，支持通过网络进行设计团队协同设计功能。其 Protel99SE 的主要特性如下：

(1) Protel99SE 系统做了纯 32 位代码优化，使得 Protel99SE 设计系统运行稳定而且高效。

(2) SmartTool(智能工具)技术将所有的设计工具集成在单一的设计环境中。

(3) SmartDoc(智能文档)技术将所有的设计数据文件储存在单一的设计数据库中，用设计管理器来统一管理。设计数据库以.ddb 为后缀方式，在设计管理器中统一管理。

(4) SmartTeam(智能工作组)技术能让多个设计者通过网络安全地对同一设计进行单独设计，再通过工作组管理功能将各个部分集成到设计管理器中。

(5) PCB 自动布线规则条件的复合选项极大地方便了布线规则的设计。

(6) 用在线规则检查功能支持集成的规则驱动 PCB 布线。

(7) 继承的 PCB 自动布线系统最新地使用了人工智能技术，如人工神经网络、模糊专家系统、模糊理论和模糊神经网络等技术，即使对于很复杂的电路板，其布线结果也能达到专家级的水平。

(8) 对印刷电路板设计时的自动布局采用两种不同的布局方式，即 Cluster Placer(组群式)和 Statistical Placer(基于统计方式)。在以前的版本中只提供了基于统计方式的布局。

(9) Protel99SE 新增加了自动布局规则设计功能，Placement 标签页是在 Protel99SE 中新增加的，用来设置自动布局规则。

(10) 增强的交互式布局和布线模式，包括“push-and-shove”(推挤)。

(11) 电路板信号完整性规则设计和检查功能可以检测出潜在的阻抗匹配、信号传播延时和信号过载等问题。Signal Integrity 标签页也是在 Protel99SE 中新增加的，用来进行信号完整性的有关规则设计。

(12) 元件封装类生成器的引入改进了元件封装的管理功能。

(13) 广泛的集成向导功能引导设计人员完成复杂的工作。

(14) 原理图到印刷电路板的更新功能加强了 Sch 和 PCB 之间的联系。

(15) 完全支持制板输出和电路板数控加工代码文件生成。

(16) 可以通过 Protel Library Development Center 升级广泛的器件库。

(17) 可以用标准或者用户自定义模板来生成新的原理图文件。

(18) 集成的原理图设计系统收集了超过 60000 个元器件。

(19) 通过完整的 SPICE 3f5 仿真系统可以在原理图中直接进行信号仿真。

(20) 可以选择超过 60 种工业标准计算机电路板布线模板或者用户可以自己生成一个电路板模板。

(21) Protel99SE 开放的文档功能使得用户通过 API 调用方式进行三次开发。

(22) 集成的(Macro)宏编程功能支持使用 Client Basic 编程语言。

6.2 Protel99SE 设计基础

6.2.1 基本概念

1. 电路设计与制板概念

电路设计与制板是指实现一个电子产品从设计构思、电学设计到物理结构设计、电路板实物制作的全过程，大致过程如图 6-1 所示。Protel99SE 主要承担前半部分电路板设计工作。

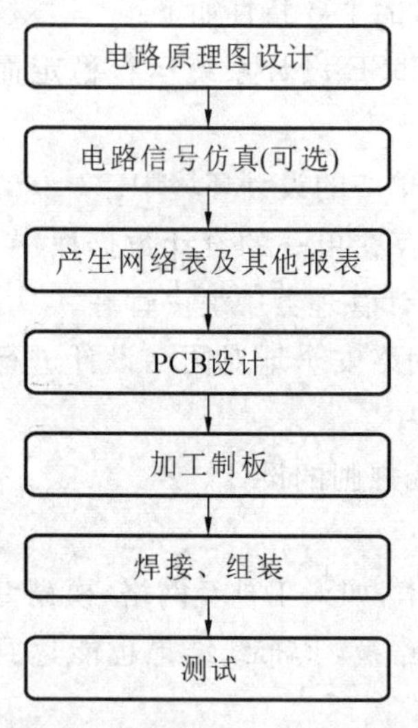

图 6-1 电路设计与制板全过程

PCB 印制电路板的制作材料主要是绝缘材料、金属铜及焊锡等。一般来说，可分为单面板、双面板和多层板。

(1) 单面板是一面敷铜，另一面没有敷铜的电路板。单面板只能在敷铜的一面放置元件和布线，适用于简单的电路板。

(2) 双面板包括顶层(top layer)和底层(bottom layer)两层，两面敷铜，中间为绝缘层，两面均可以布线，一般需要由过孔或焊盘连通。双面板可用于比较复杂的电路，是比较理想的一种印制电路板。

(3) 多层板一般指 3 层以上的电路板。它在双面板的基础上增加了内部电源层、接地层及多个中间信号层。随着电子技术的飞速发展，电路的集成度越来越高，多层板的应用也越来越广泛。但多层电路板层数的增加，给加工工艺带来了难度，同时制作成本也很高。

2. 有关 PCB 印制电路板的几个基本概念

(1) 层：这是印制板材料本身实实在在的铜箔层。

(2) 铜膜导线：是敷铜经腐蚀后形成的，用于连接各个焊盘。印制电路板的设计都是围绕如何布置导线来完成的。

(3) 焊盘：放置、连接导线和元件引脚。

(4) 过孔:连接不同板层间的导线,实现板层的电气连接。分为穿透式过孔、半盲孔、盲孔三种。

(5) 助焊膜:涂于焊盘上提高焊接性能的一层膜,也就是在印制板上比焊盘略大的浅色圆。

(6) 阻焊膜:为了使制成的印制电路板适应波峰焊等焊接形式,要求板子上非焊盘处的铜箔不能粘焊,因此在焊盘以外的各部位都要涂覆一层涂料,用于阻止这些部位上锡。

6.2.2 启动 Protel99SE

启动 Protel99SE 非常简单,主要运行 Protel99SE 的执行程序就可以了,其执行程序的快捷方式一般在桌面、开始菜单、程序菜单位置可以找到。正常启动后的 Protel99SE 程序如图 6-2 所示。

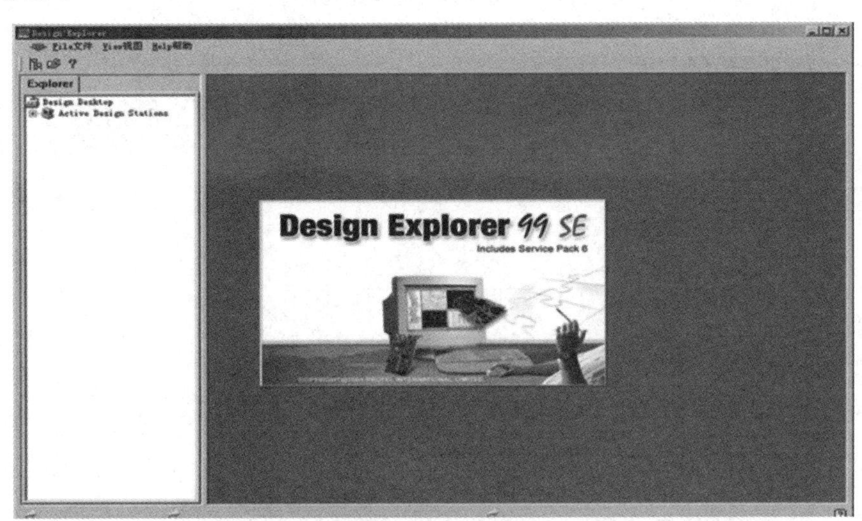

图 6-2 Protel99SE 主窗口

6.2.3 新建设计数据库文件

启动 Protel99SE 后就要建立一个 DDB 设计文件,因为使用 Protel99SE 进行电路原理图设计、PCB 设计以及其他设计的文档,都存放在一个统一的 DDB 数据库中。只是在设计的不同阶段会调用不同的服务器来完成设计,生成的各种文档均保存在这个项目数据库中统一管理。整个电路图设计的第一步就是创建这个项目的数据库。

打开 Protel99SE 后,选择菜单【File】下的【New】,如图 6-3 所示,系统将弹出如图 6-4 所示的 Protel99SE 新建设计数据库的文件路径设置选项卡。

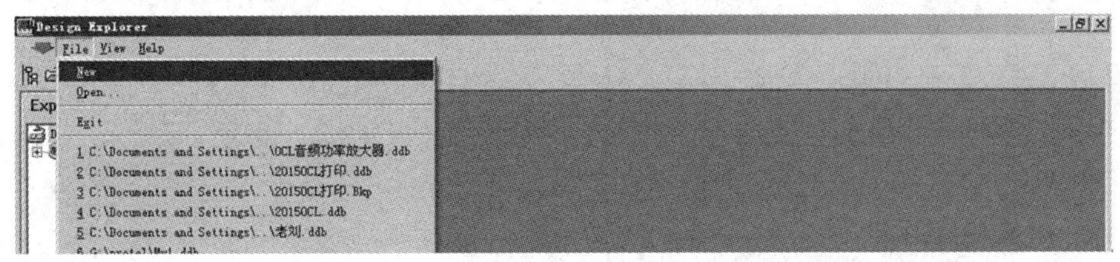

图 6-3 Protel99SE 菜单【File】下的【New】

完成文件名的输入、路径的选择后,单击"OK"按钮,完成创建设计数据库操作,进入如图 6-5 所示的项目管理器窗口。

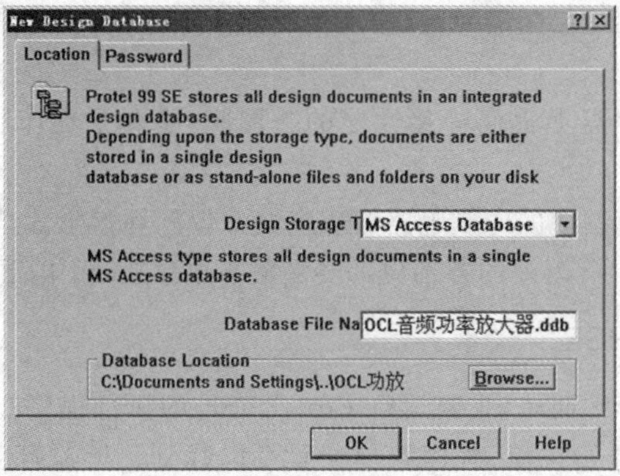

New Design Database
Location Password
Protel 99 SE stores all design documents in an integrated design database.
Depending upon the storage type, documents are either stored in a single design database or as stand-alone files and folders on your disk
Design Storage T MS Access Database
MS Access type stores all design documents in a single MS Access database.
Database File Na OCL音频功率放大器.ddb
Database Location
C:\Documents and Settings\..\OCL功放
Browse...
OK Cancel Help

图 6-4　新建设计数据库对话框

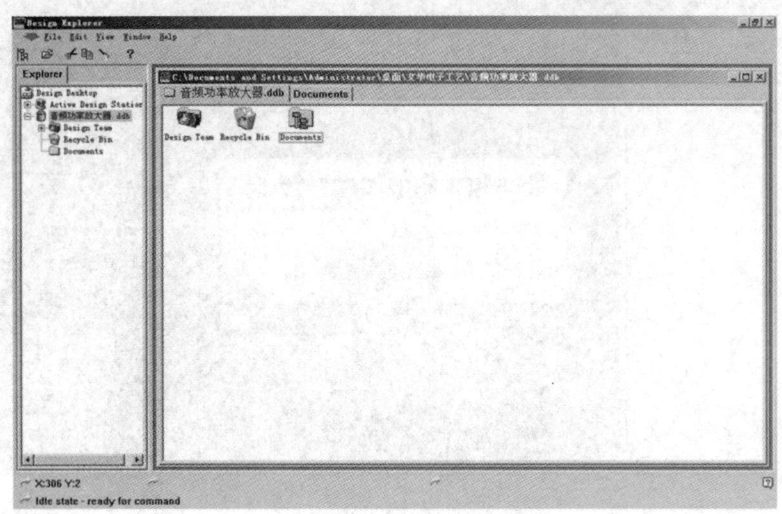

图 6-5　Protel99SE 项目管理器窗口

新建好 DDB 文件后，我们就可以在 Documents 目录下创建需要的原理图、PCB 图、元件符号、元件封装等所有设计文档了。具体操作为：选中左侧 Explorer 栏中的 *.ddb 文件，随后单击右侧 Documents 文件夹，最后在菜单【File】中选中【New】，如图 6-6 所示。

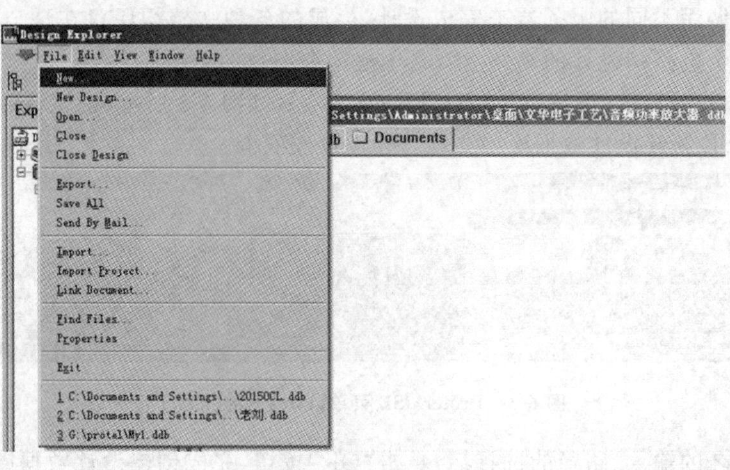

图 6-6　创建设计文件

执行【New】命令后进入新建设计文档的选择对话框，如图 6-7 所示，设计人员可以选择需要建立的文档的类型。

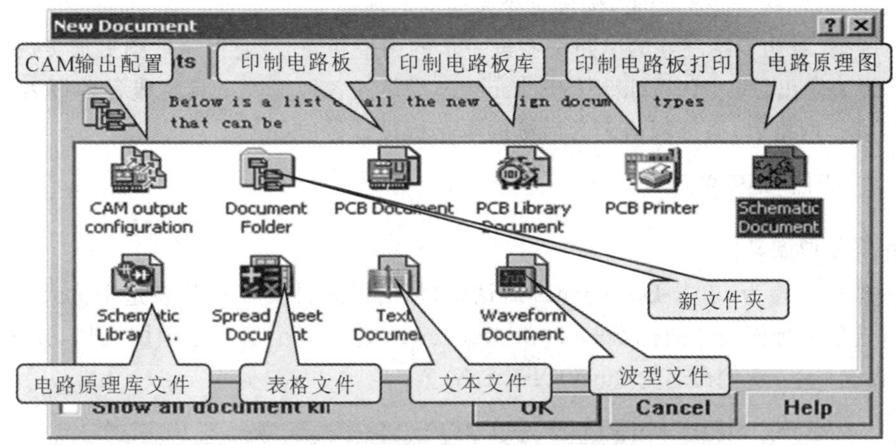

图 6-7　Protel99SE 文件类型种类

 6.3　电路原理图设计

电路原理图设计不仅是整个电路设计的第一步，也是电路设计的根基。由于以后的设计工作都是以此为基础的，因此电路原理图设计的好坏直接影响着以后的设计工作。电路原理图的设计一般可以按图 6-8 所示的流程进行。

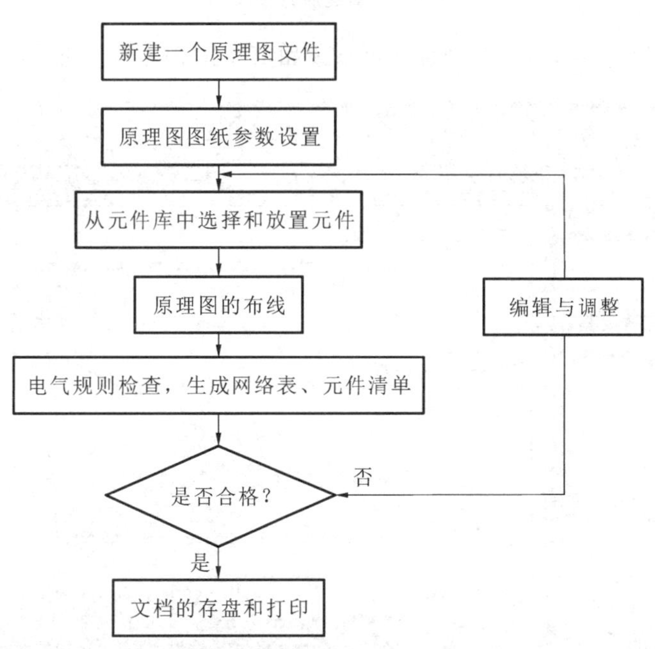

图 6-8　电路原理图设计流程

(1) 设置图纸参数：进入 Protel99SE/Schematic 后，首先要构思好元件图，设置合适的图纸大小是设计好原理图的第一步。图纸大小设定好后，需要设置格栅大小和光标类型等参数。实际中，大多数参数可以使用系统默认值。

(2) 放置元件：用户根据电路图的需要，将元件从元件库里取出放置到图纸上，并对放置元件的序号、元件封装、元件参数等进行定义和设定工作。

(3) 原理图布线：利用 Protel99SE/Schematic 提供的各种工具，将图纸上的元件用具有电气意义的导线、符号连接起来，构成一个完整的原理图。

(4) 调整：对初步绘制好的电路图做进一步的调整和修改，使得原理图更加美观。

(5) 报表输出：通过 Protel99SE/Schematic 提供的各种报表工具生成各种报表，其中最重要的报表是网络表，通过网络表为后续的电路板设计做准备。

6.3.1 新建原理图文件

1. 新建原理图文件

具体操作步骤为，单击 Documents 对话框(所有的设计文档都放在这个 Documents 文件夹里)，选取原理图设计图标 Schematic Document 建立一个新的原理图文档，如图 6-9 所示，再重命名(本节实例命名为 30wOCL1. Sch)。

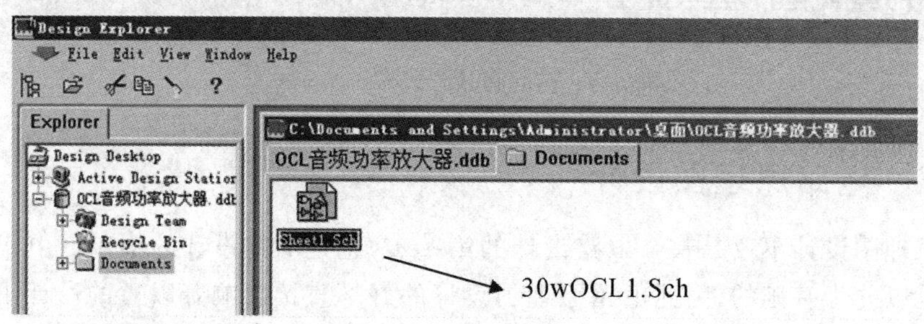

图 6-9 新建原理图文档

新建好原理图文档后，双击该图标即可呈现如图 6-10 所示的界面。

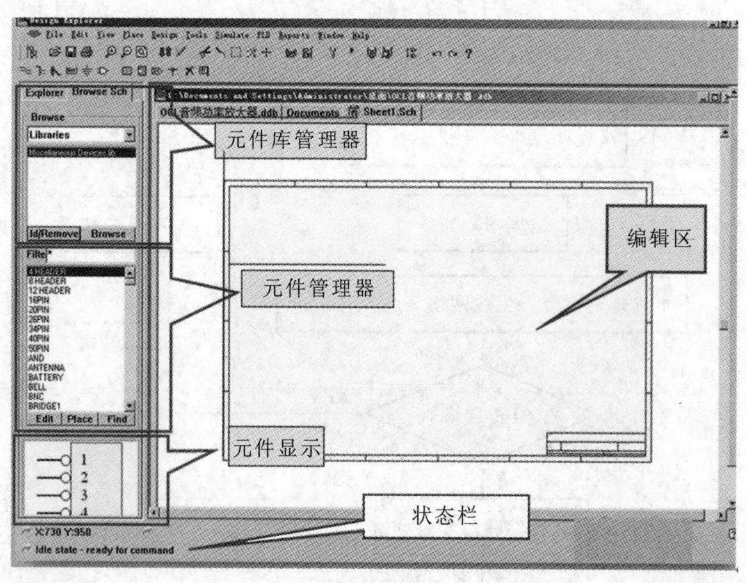

图 6-10 原理图编辑器工作界面

2. 主工具栏、浮动工具栏具体功能介绍

主工具栏、浮动工具栏的主要功能介绍如图 6-11 和图 6-12 所示。

本节实例 OCL 功率放大器电路原理图如图 6-13 所示。

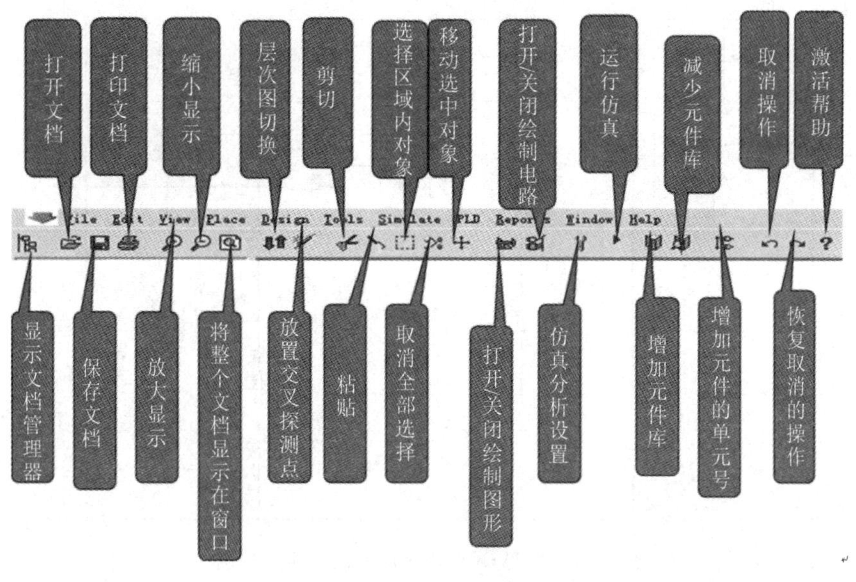

图 6-11　主工具栏功能介绍

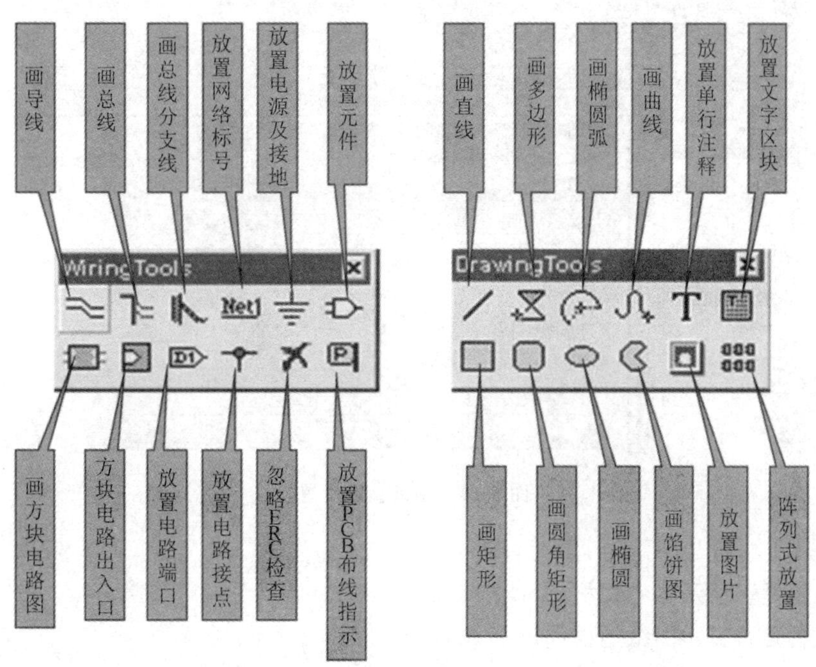

图 6-12　电器连接浮动工具栏与绘图浮动工具栏功能介绍

6.3.2　原理图参数的设置

在原理图界面，可以执行菜单命令 Design—Option（或鼠标右键 Document Options）打开如图 6-14 所示的【Sheet Options】选项卡来设置图纸属性。

常见的【Sheet Options】选项有：

(1) 图纸大小设置在 Standard Style 中选择。

(2) 设定图纸方向在 Orientation 中选择纵向(Landscape)还是横向(Portrait)。

(3) 设置标题栏类型在 Title Block 中选择标准模式(Standard)还是美国国家标准协会

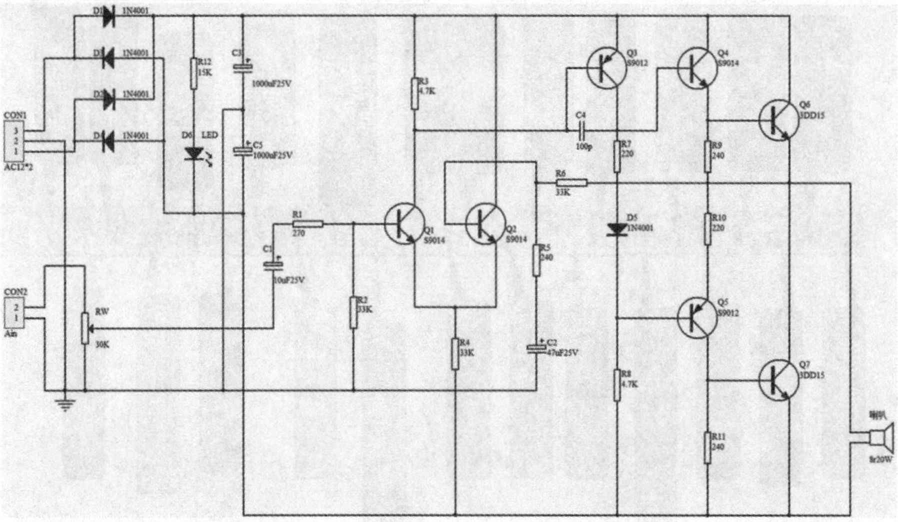

图 6-13　实例 OCL 功率放大器电路原理图

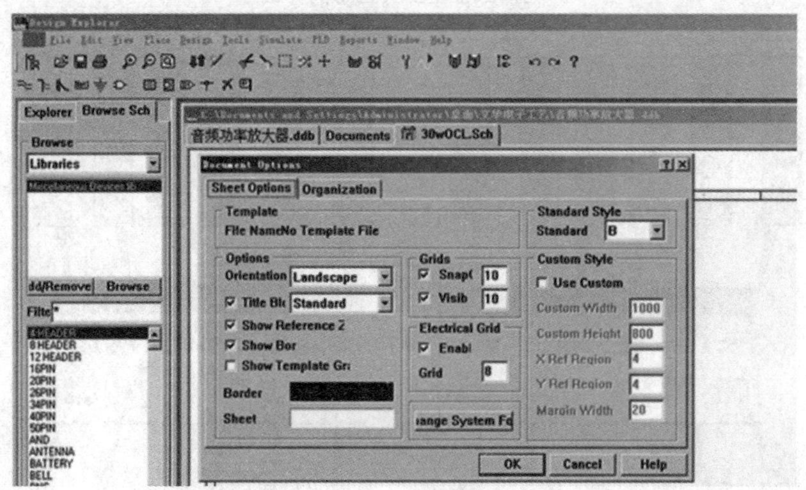

图 6-14　图纸参数设置

模式(ANSI)。

(4) 设置是否显示参考边框(Show Reference Zone)。

(5) 设置是否显示图纸边框(Show Border)。

(6) 设置边框颜色(Border)和工作区颜色(Sheet)。

(7) 设置图纸栅格(Grids)。Grids 区用于设置栅格尺寸,捕获栅格是指光标移动一次的步长;可视栅格指的是图纸上实际显示的栅格之间的距离;电气栅格指的是自动寻找电气节点的半径范围。Snap 用于捕获栅格的设定;Visible 用于可视栅格的设定,此项只影响视觉效果,不影响光标的位移量。

(8) 设置自动寻找电气节点(Electrical Grid)。Electrical Grid 区用于电气栅格的设定,选中此项后,在画导线时,系统会以 Grid 中设置的值为半径,以光标所在的点为中心,向四周搜索电气节点,如果在搜索半径内有电气节点,系统会将光标自动移到该节点上,并且在该节点上显示一个圆点。

(9) 更改系统字形(Change System Font)。

选中如图 6-15 所示的【Sheet Options】左侧的【Organization】选项卡，可设置图纸信息，主要设置选项有：

① Organization 栏用于填写设计者公司或单位的名称。

② Address 栏用于填写设计者公司或单位的地址。

③ Sheet 栏中，No. 用于设置原理图的编号，Total 用于设置电路图总数。

④ Document 栏中，Title 用于设置本张电路图的名称，No. 用于设置图纸编号，Revision 用于设置电路设计的版本或日期。

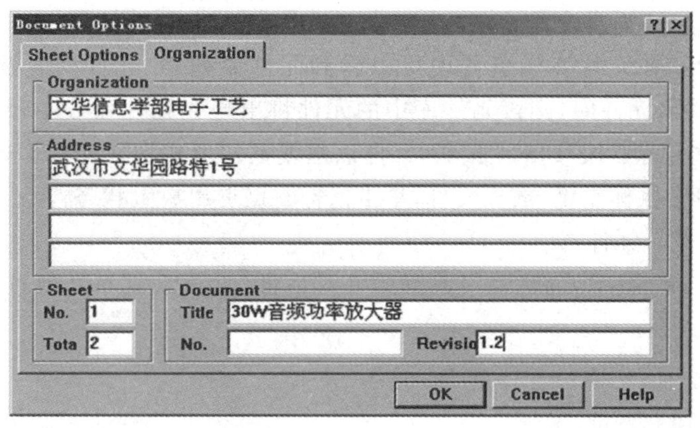

图 6-15 图纸信息设置

6.3.3 放置元件(元件符号)

参数设置好了就可以开始电路原理图元件的放置了。要放置元件，就必须知道元件所在的库并从中取出或者自行制作原理图元件，本节只介绍从元件库取出元件的方式，自行制作原理图元件在本章第 5 节讲述。

1. 将所用元件的库文件载入设计管理器中

(1) 打开设计管理器，选择 Browse Sch 选项卡，单击“Add/Remove”按钮添加/删除元件库，如图 6-16 所示。

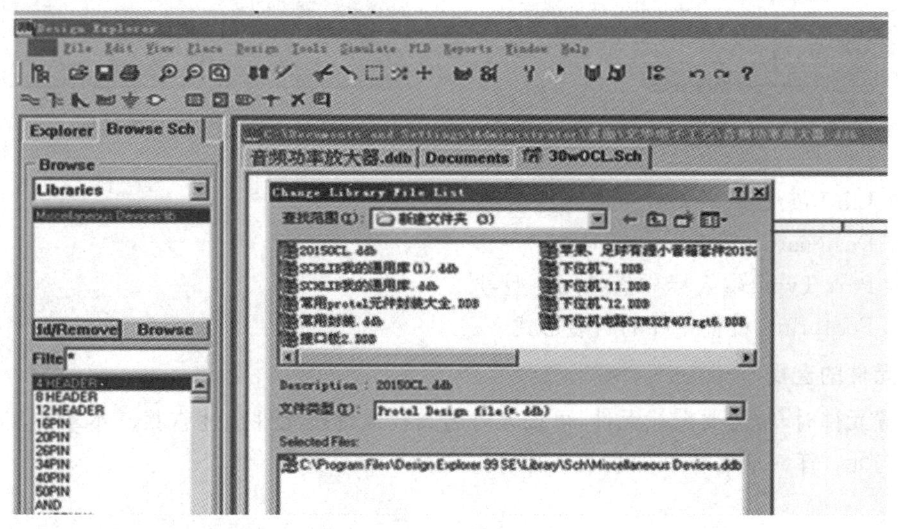

图 6-16 添加/删除元件库

(2) 在 Portel99SE 提供的 Design Explorer 99 SE\Library\Sch 文件夹以及自制的库文件夹下选中元件库文件,然后双击鼠标或单击“Add”按钮,将元件库文件添加到库列表中,添加库后单击“OK”按钮结束添加工作,此时元件库的详细信息将显示在设计管理器中。

(3) 如果要删除设置的元件库,可在 Selected Files 框中选中元件库,然后单击“Remove”按钮移去元件库。

2. 放置元件(元件符号)的方法

常用元件的放置有两种方法:一是通过元件库浏览器放置,二是通过菜单放置。对器件不熟悉的初学者可选择第一种方法。

1) 通过元件库浏览器放置元件

装入元件库后,在元件库浏览器中可以看到元件库列表、元件列表及元件外观,如图6-17所示。选中所需元件库,则该元件库中的元件将出现在元件列表中,双击元件名称(如CAP)或单击元件名称后按“Place”按钮,元件以虚线框的形式粘在光标上,将元件移动到合适位置后,再次单击鼠标左键,放置元件,单击鼠标右键退出放置状态。

2) 通过菜单放置元件

执行菜单 Place→Part,屏幕弹出放置元件对话框(见图 6-18),在放置元件对话框中各项功能如下:

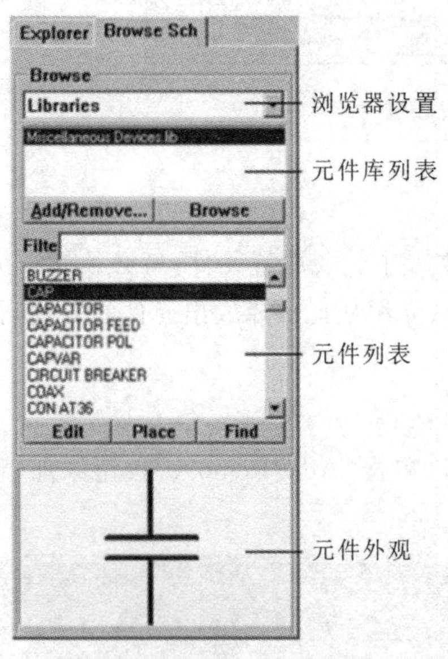

图 6-17 元件库及元件列表

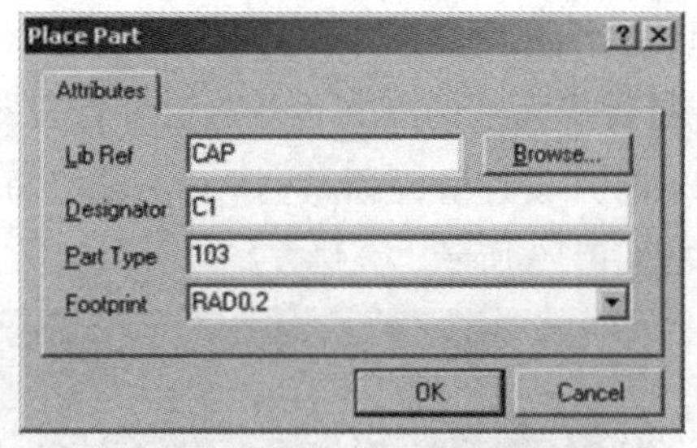

图 6-18 放置元件对话框

(1) Lib Ref:输入需要放置的元件名称。

(2) Designator:输入元件标号。

(3) Part Type:输入标称值或元件型号。

(4) Footprint:设置元件的封装形式。

3. 元件的查找

放置元件时,常需要查找元件,可按元件名查找或者按元件描述查找。本章的实例中常用元件与元件库对应名称表如表 6-1 所示。

表 6-1　本章的实例中常用元件与元件库对应名称表

常用元件	常用元件库名称
电阻	RES2
二极管	DIODE
电容器/电解电容	CAP/ELECTRO1
插座(1～60 芯)	CON1-60
变压器	TRANS1/5
发光二极管	LED
三极管类	PNP/NPN
喇叭	SPEAKER
电位器	POT1/2

4. 元件的移动、旋转、删除等

元件放置后,经常需要进行移动、增加、删除、调整形状等操作,一般采取鼠标＋快捷键的方式进行。

1) 单个元件的移动

常用的方法是用鼠标左键点中要移动的元件,并按住鼠标左键不放,将元件拖到要放置的位置。

2) 批量移动

按住鼠标左键框选要中移动的元件,松开左键后,再用鼠标左键按住不放整体移动到指定位置。

3) 元件的旋转

用鼠标左键点中要旋转的元件不放,按空格键可以使该元件旋转 90°,按 X 键水平方向翻转,按 Y 键垂直方向翻转。

4) 元件的删除

要删除某个元件,可用鼠标左键单击要删除的元件,按 Delete 键删除该元件。

5) 批量删除

先批量选中,再执行 Edit →Clear 即可。

6.3.4　原理图布线

元件的位置调整好后,即可根据电气连接的要求采用画导线、设置网络标号的方法进行布线了。两种方法可选择一种进行,也可以两种方法同时使用。

1. 用画导线的方法布线

选择电气连接工具箱中的电气连线按钮,或在空白区域单击右键,在弹出的菜单中选择 Place Wire,光标变为“十”字状,系统处在画导线状态。按下 Tab 键,出现如图 6-19 所示的导线属性对话框,可以修改连线粗细和颜色。

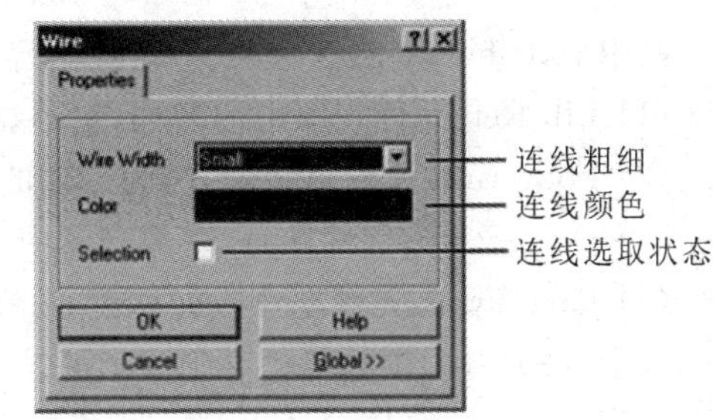

图 6-19　导线属性对话框

将光标移至所需位置,单击鼠标左键,定义

导线起点，将光标移至下一位置，再次单击鼠标左键，完成两点间的连线，单击鼠标右键，结束此条连线。这时仍处于连线状态，可继续进行线路连接，若双击鼠标右键，则退出画线状态。

在连线转折过程中，单击空格键可以改变连线的转折方式，有直角、任意角度、自动走线和 45°走线等方式。

在连线中，当光标接近管脚时，必须让其出现一个圆点，这个圆点代表电气连接的意义，在圆点处单击左键，这条导线就与管脚之间建立了电气连接。

2. 用设置网络标号的方法布线

(1) 首先在相应的元件引脚处画一导线。

(2) 单击工具栏中【NET】按钮，出现随光标移动的虚线方框的网络标号。

(3) 按 Tab 键设置网络标号属性。

(4) 将网络标号放在刚才的导线处，左键确认。

(5) 用(1)～(4)的步骤再将相同的网络标号放在需要连接的另一处。

6.3.5 设置元件属性，放置文字说明

放置到工作区的元件都是尚未定义元件标号、标称值和封装形式等属性的，因此必须重新逐个设置元件的参数。

1. 元件属性编辑

元件放置好后，双击元件(或在放置元件时按键盘上的 Tab 键)可以修改元件属性，屏幕弹出如图 6-20 所示的元件属性对话框。

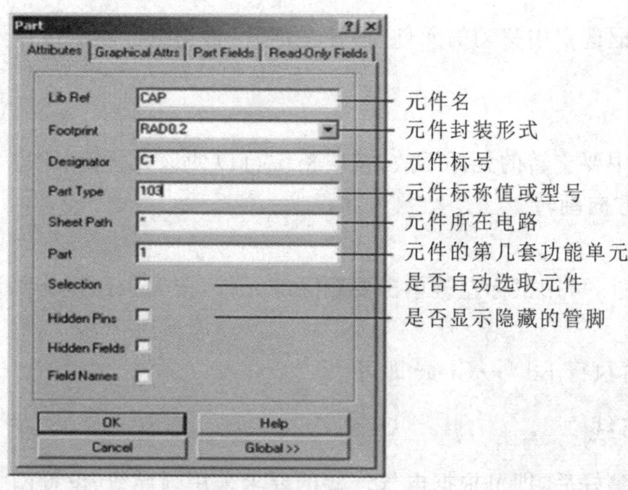

图 6-20 元件属性对话框

其中 Attributes(属性)选项卡主要内容如下：

(1) Lib Ref：元件在库中的名称，它不显示在图纸上。

(2) Footprint：元件封装形式，为元件的安装空间尺寸、管脚相对尺寸等。

(3) Designator：元件标号，在原理图中必须是唯一的。

(4) Part Type：元件型号或标称值，缺省值与 Lib Ref 中的元件名称一致。

其中，(2)～(4)项是我们必须要填的。常用元件的封装形式如表 6-2 所示。

表 6-2 常用元件的封装形式

元件封装类型	元 件 类 型	元件封装类型	元 件 类 型
AXIAL0.3～AXIAL1.0	插针式电阻或无极性双端子元件等	TO-3～TO-220	插针式晶体管、FET与UJT
RAD0.1～RAD0.4	插针式无极性电容、电感等	DIP6～DIP64	双列直插式集成块
RE.2/.4～REB.5/1.0	插针式电解电容等	SIP2～SIP20、FLY4	单列封装的元件或连接头
0402～7257	贴片电阻、电容等	IDC10～IDC50P、DBX等	接插件、连接头等
DIODE0.4～DIODE0.7	插针式二极管	VR1～VR5	可变电阻器
XTAL1	石英晶体振荡器	POWER4、POWER6、SIPX	电源连接头
SO-X、SOJ-X、SOL-X	贴片双排元件		

2. 元件标号全局修改功能

当电路中含有大量同种元件时，若要逐个设置元件封装，不仅费时费力，而且易造成遗漏。Protel99SE 提供有全局修改功能，可以进行批量设置，下面以电阻为例说明批量设置元件封装形式的方法。

双击电阻，屏幕弹出元件属性对话框，单击 Global 按钮，出现如图 6-21 所示的对话框。图中 Attributes To Match By 栏是源属性栏，即匹配条件，用于设置要进行全局修改的源属性；Copy Attributes 栏是目标属性栏，即复制内容，用于设置需要复制的属性内容；Change Scope(修改范围)下拉列表框用于设置修改的范围。

图中元件的名称为 RES2，元件的封装形式为 AXIAL0.4，在 Attributes To Match By 栏中的 Lib Ref 选项中填入 RES2，在 Copy Attributes 栏中的 Footprint 栏中填入 AXIAL0.4，并单击"OK"按钮，则原理图中所有库元件名为 RES2(电阻)的封装形式全部定义为 AXIAL0.4。

3. 统一标注元件标号

元件的标号可以在元件属性对话框中设置，也可以统一标注。统一标注通过执行菜单 Tools→Annotate 实现，系统将弹出如图 6-22 所示的对话框。

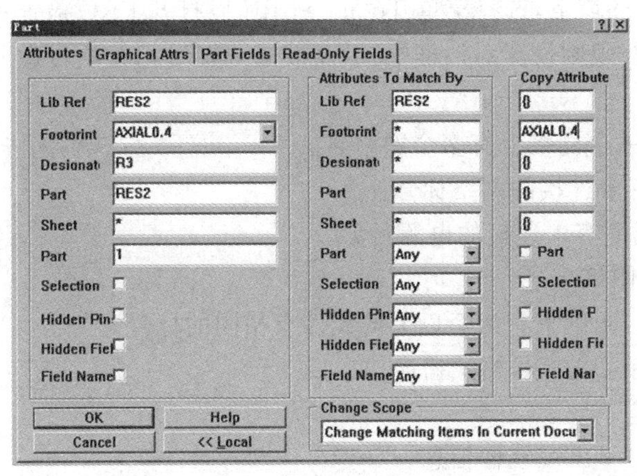

图 6-21 同种元件属性的批量设置

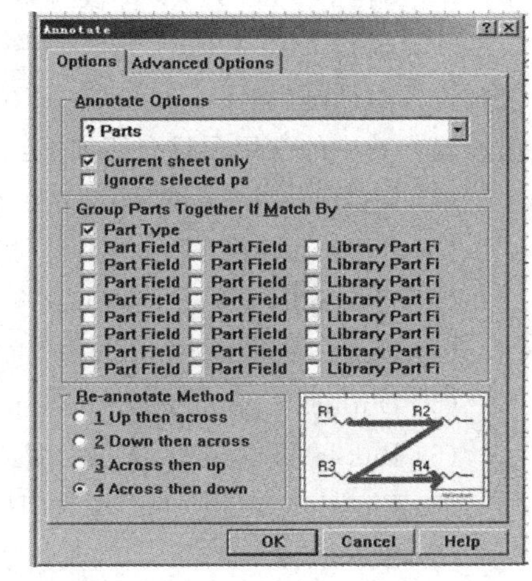

图 6-22 统一标注元件标号对话框

上图中 Annotate Options 下拉列表框共有三项，其中：

(1) All Parts 用于对所有元件进行标注；

(2) ? Parts 用于对电路中尚未标注的元件进行标注；

(3) Reset Designators 则用于取消电路中元件的标注，以便重新标注。

Current Sheet Only 复选框设置是否仅修改当前电路中的元件标号。

Group Parts Together If Match By 用于选择元件分组标注，一般取 Part Type。

Re-annotate Method 区设置重新标注的方式。

4. 放置文字说明

在绘制电路时，通常要在电路中放置一些文字来说明电路，这些文字可以通过放置说明文字的方式实现。

1) 放置标注文字

执行菜单 Place→Annotation，按下 Tab 键，调出标注文字属性对话框，在 Text 栏中填入需要放置的文字(最大为 255 个字符)；在 Font 栏中，单击“Change”按钮，可改变文字的字体及字号，设置完毕单击“OK”按钮结束。将光标移到需要放置标注文字的位置，单击鼠标左键放置文字，单击鼠标右键退出放置状态。

2) 放置文本框

标注文字只能放置一行，当所用文字较多时，可以采用文本框方式解决。

执行菜单 Place→Text Frame，进入放置文本框状态，按下 Tab 键，屏幕出现属性对话框，选择 Text 右边的“Change”按钮，屏幕出现一个文本编辑区，在其中输入文字，满一行，回车换行，完成输入后，单击“OK”按钮退出。

6.3.6 电气规则检查，生成元件清单，创建网络表

在原理图绘制完成以后，必须对原理图进行一些必要的处理，才能最终制作出印制电路板(PCB)，这些处理包括以下三项工作：电气规则检查，生成元件清单，创建网络表。

1. 电气规则检查

电气规则检查(ERC)是对已经绘制完成的电路图进行后续处理，以确保原理图绘制软件能够精确地描述你所设计的电路，从而生成一个有效的网络表文件(.NET 文件)。通过电气规则检查，不仅可以检查出电气特性上的矛盾，还可以检查出绘图方面的矛盾。例如，放了一个网络标号(net label)却没有指定它连接到何处，元件标号(designator)重复等。

若要执行 ERC 检查，可在原理图设计环境下，选择菜单 Tools→ERC 以打开 ERC 检查规则设置对话框(见图 6-23)。在 ERC 检查规则设置对话框中，可以根据需要对相关项目做出设置。其中的常用项目介绍如下：

(1) Multiple net names on net：在同一个网络上有多个网络名。

(2) Unconnected net labels：图纸上有未连接的网络标号。

(3) Unconnected power objects：图纸上有未连接的电源对象。

(4) Duplicate sheet numbers：重复的图纸序号。

(5) Duplicate component designators：图纸上有两个以上的元件有相同的标号。

(6) Bus label format errors：图纸上有总线标号格式错误。

(7) Floating input pins：输入引脚悬空。

(8) Suppress warnings：在报告文件中不出现警告信息。

(9) Create report file：生成报告文件。

(10) Adder error markers:加上错误标志。

(11) Net Identifier Scope:该选项用于网络标号的有效范围,有三个可选项,用于设置网络标识符作用的不同范围。

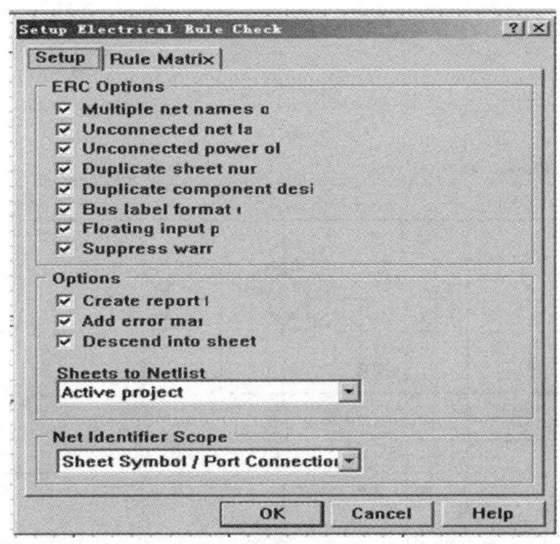

图 6-23　ERC 检查规则设置对话框

该选项可以默认,单击"OK"后,执行 ERC 检查,运行 ERC 检查的结果是:

(1) 会产生一个文本报告文件(. erc),如图 6-24(a)所示,该文件指出了当前工程或当前活动图纸上的电气连接及逻辑错误或警告。

(2) 查出错误以后,会自动在出错的地方加上一个标志⊗,以提示错误位置,如图 6-24(b)所示。

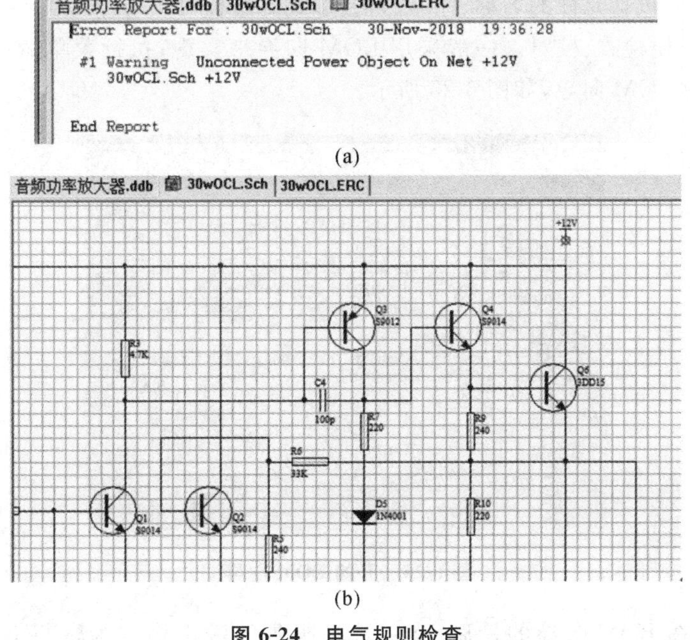

图 6-24　电气规则检查

(a) ERC 电气规则检查的错误提示　(b) ERC 检查后原理图上的错误提示

(c) ERC 检查没有错误提示　(d) 修改后的原理图

音频功率放大器.ddb | 30wOCL.Sch | 30wOCL.ERC

```
Error Report For : 30wOCL.Sch    30-Nov-2018  19:58:08

End Report
```

(c)

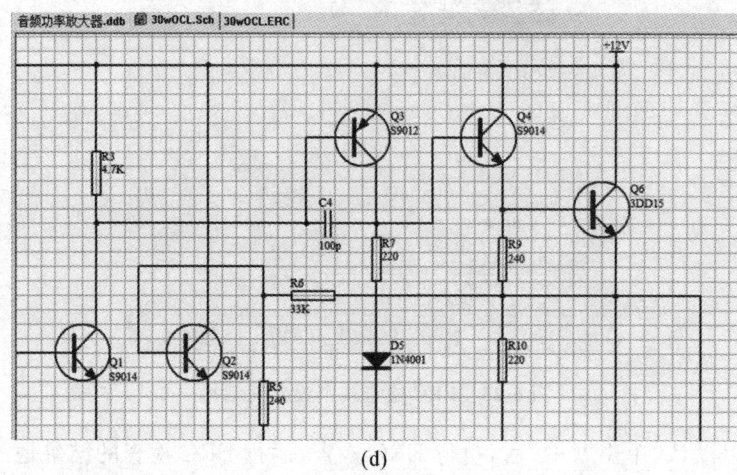

(d)

续图 6-24

在对原理图进行修改后，重新执行 ERC 电气规则检查，直到没有错误出现，如图 6-24(c)所示，修改后的正确原理图如图 6-24(d)所示。

2. 生成元件清单

元件清单主要包括元件的名称、序号、封装形式。这样可以对原理图中的所有元件有一个详细的清单，以便检查、校对。一般采用 BOM 向导来实现，执行菜单命令【Report →Bill of Material】开始 BOM 向导，如图 6-25 所示。

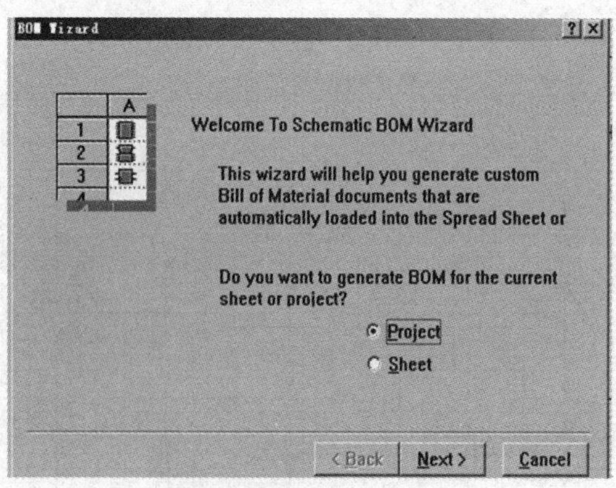

图 6-25　开始 BOM 向导

一路 Next，在 BOM 向导的最后一步，选择报告的输出格式为【Client Spreadsheet】复选框，将生成 Protel99SE 的表格编辑器格式文件，扩展名为 XLS，输出格式如图 6-26 所示。

C:\Documents and Settings\Administrator\桌面\文华电子工艺\音频功率放大器.ddb

音频功率放大器.ddb | Documents | 30wOTL1.Sch | 30wOTL1.ERC | 30wOTL1.REP | 30wOTL1.NET | 30wOTL1.XLS

A1 Part Type

	A	B	C
1	Part Type	Designator	Footprint
2	1N4001	D1	AXIAL0.3
3	1N4001	D2	AXIAL0.3
4	1N4001	D6	AXIAL0.3
5	1N4001	D3	AXIAL0.3
6	1N4001	D4	AXIAL0.3
7	3DD15	Q5	TO-3
8	3DD15	Q7	TO-3
9	4.7k	R3	AXIAL0.3
10	4.7k	R11	AXIAL0.3
11	8r/30w	LB1	SIP2
12	10uf/25v	C3	RB.2/.4
13	15k	R1	AXIAL0.3
14	30k	RW1	VR4
15	33k	R9	AXIAL0.3
16	33k	R10	AXIAL0.3
17	33k	R5	AXIAL0.3
18	47uf/25v	C5	RB.2/.4
19	100p	C4	RAD0.2
20	220r	R6	AXIAL0.3
21	220r	R8	AXIAL0.3
22	240r	R12	AXIAL0.3
23	240r	R4	AXIAL0.3
24	240r	R7	AXIAL0.3
25	270r	R2	AXIAL0.3
26	1000uf/25v	C1	RB.2/.4
27	1000uf/25v	C2	RB.2/.4
28	AC12*2	CN1	SIP3
29	Ain	CN2	SIP2
30	LED	D5	AXIAL0.3

Sheet1

图 6-26　生成的元件清单列表文件

3. 创建网络表

网络表是电路原理图与设计印刷电路板之间联系的纽带，是设计印刷电路板的灵魂，是组成一个电路的所有元件和连线的描述集合。

生成网络表的步骤是，执行 Design →Create Netlist…命令，如图 6-27 所示。

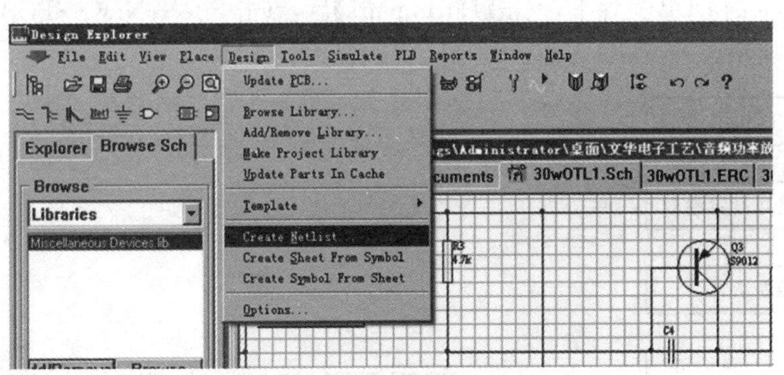

图 6-27　打开生成网络表菜单

执行该命令后，弹出用以控制最终生成的网络表的格式、网络标号的作用范围等设置的对话框，在此仅选择默认选项。点击“OK”，就可以生成一个完整的网络表文件，如图 6-28 所示。

在上面的网络表文件中主要包含元件的描述信息，第一部分是由方括号括起来的，每一组方括号构成一个独立的部分，它描述了原理图中的某个元件的标号、封装及名称参数相关信息；第二部分是由圆括号括起来的，每一组圆括号构成一个独立的部分，它描述了原理图中的某个节点的连接情况，即共有多少个元件的引脚及网络标号连到该节点上。

网络表文件生成之后，就可以用它来进行印刷电路板的设计工作了。

图 6-28　生成的网络表文件

6.4　印制电路板图的设计

印制电路板简称为 PCB(printed circuit board)，又称印制板，是电子产品的重要部件之一。PCB 图的设计可借助 Protel99SE 提供的强大功能来实现，其设计流程一般如图6-29所示。本节将在上一节已完成的电路原理图的基础上阐述如何用 Protel99SE 来绘制 PCB 图。

1. 新建 PCB 文件

在已经建立的 DDB 文件下，点击【Documents】后，点击 File→New→PCB Document 图标，如图 6-30 所示。

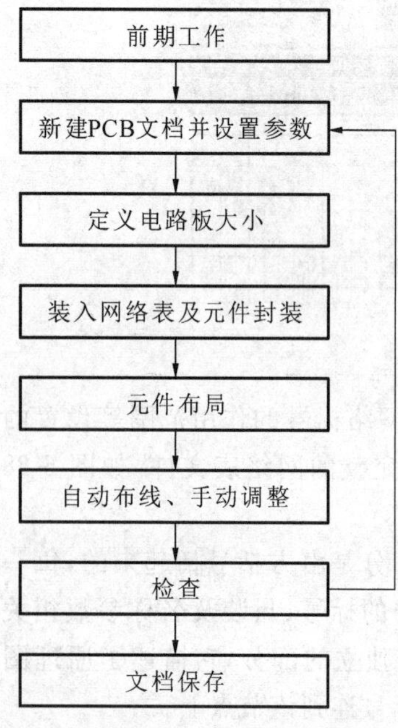

图 6-29　PCB 图的设计流程

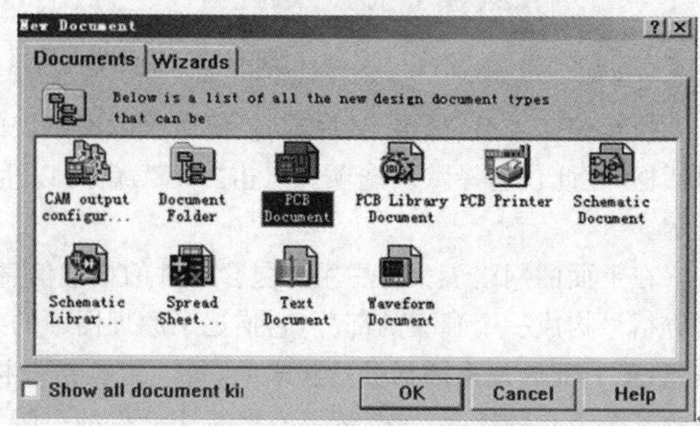

图 6-30　新建 PCB 文件对话框

在文档图标上右键修改文件名。双击图标文件可以打开 PCB 文档编辑器，其主要窗口如图 6-31 所示，可以看出 PCB 的工作界面和原理图的工作界面有很多相似之处。

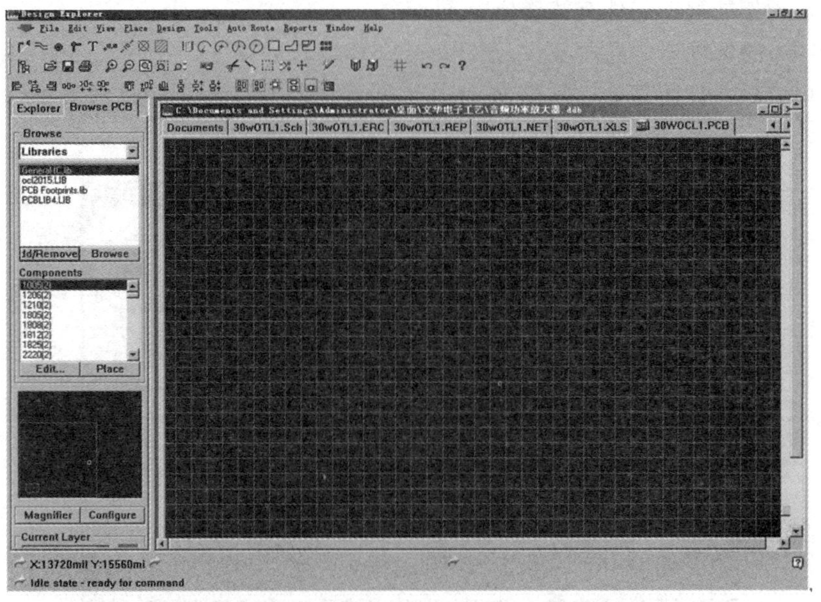

图 6-31　PCB 编辑器的工作界面

2. 电路板层面环境参数设置

在 Design 下拉菜单中执行 Options…命令，如图 6-32 所示，是对层的管理，是为多层 PCB 设计做准备的，当设计多层电路板时，层多，设计区域使用的颜色就多，设计人员需要对某个层的连接做修改调整时，因颜色杂驳，很不方便操作，可以在 Layers 部分关闭不需要操作的层，仅仅留下需要操作的部分，将非常方便用户的修改操作。

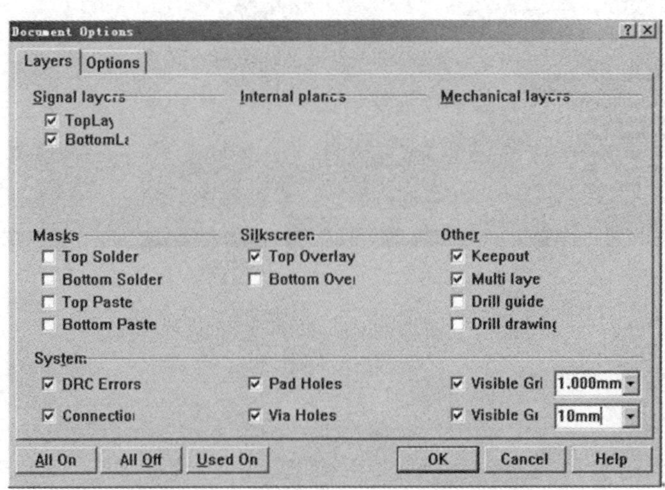

图 6-32　参数 Layers 设置

Layers 分为三个部分，第一部分是电气层的管理，包括了所有的电气布线层（Signal layers、Internal layers）和机械层（Mechanical layers）；第二部分是辅助层部分；第三部分是 PCB 设计区域内辅助信息显示内容，有电气错误（DRC Errors）、字符显示（Connections）、焊盘和过孔的穿孔(Pad Holes、Via Holes)。其中设置屏幕大小辅助栅格很重要,要将此两项都选中并将第一个栅格设置为 1 mm,第二个栅格设置为 10 mm,使我们的工作界面成为公制坐标纸,以便摆放移动元件有精确位置。

在图 6-32 的选项卡中选择第二项 Options(环境),如图 6-33 所示,设置 Measurement Unit(尺寸单位),下拉其菜单后选择 Metric(米制),其余可默认其选项,设置好后点"OK"按钮确认。

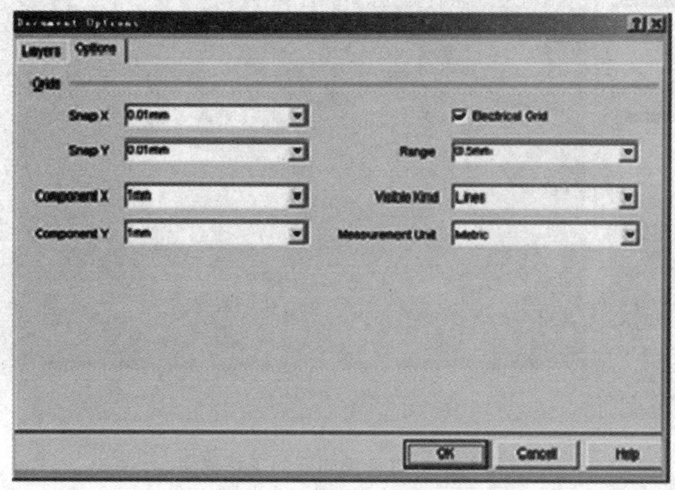

图 6-33 参数 Options 设置

3. 设置设计规则

设计规则在 PCB 的设计中是非常重要的,里面的内容需要结合自已的设计经验逐步地全部掌握。执行 Design 命令下的 Rules 命令,打开设置对话框,如图 6-34 所示。

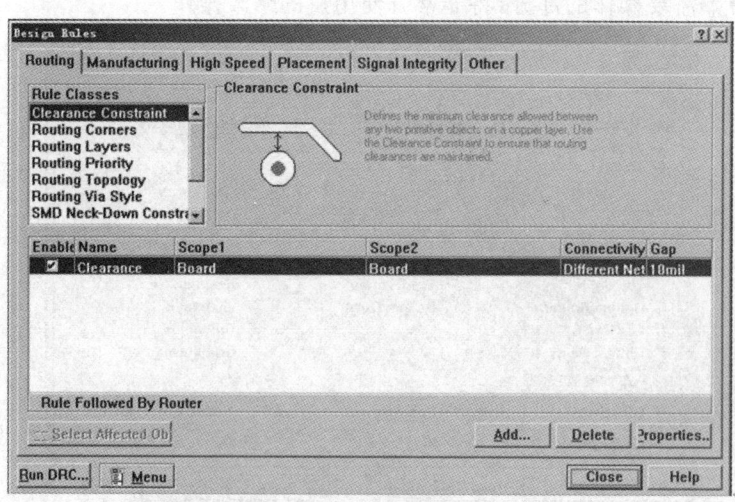

图 6-34 设计规则设置

Rules 命令运行后出现设置对话框,最上一行其中有六个页面选择:

(1) Routing:布线规则设置,包括安全距离强制设置、允许布线的拐角设置定义(圆、角、大小等)、某层布线的方向、优先考虑的布线层、布线时的拓扑优化规则、过孔使用、SMD 器件管脚及引线规则、布线宽度规则等;用户根据产品设计需要进行设置。

(2) Manufacturing：布线时锐角强制限制、穿孔（焊盘、过孔）内孔尺寸及孔环限制、成组层可使用的区域、环型布线设置、电路板电源布线设置、助焊层/阻焊层掩膜设置、测试点的设置和使用规则等。

(3) High Speed：这部分主要是针对高频电路的设置操作，当电路板上工作的频率很高时，尤其要注意电路板上高频部分的布线，若设置不好，或没有修改好这部分的布线，实际生产出的产品是无法正常工作的。包括有从焊盘到布线间的引线长度、连续布线允许最长/最短长度限制、微带线（发射天线、匹配线、耦合线等）布线规则、板上过孔数限制、平行线部分强制约束限制、SMD 器件焊盘使用的过孔尺寸等。

(4) Placement：器件安全间距强制限制、器件方向定位限制、网络适用限制、允许布线层（信号线部分）等。

(5) Signal Integrity：基于电路的电气要求的设置部分，应用于对电路的仿真分析，包括信号波形的上升沿、下降沿，阻抗限制，上升、下降沿过冲响应，信号基准电平，激励信号波形参数，信号波形上升、下降沿参数等。

(6) Other：短路限制等。

4. 设置工作层面颜色

执行 Tools 命令下的 Preferences 命令，打开设置对话框，点击 Colors 标签，出现如图 6-35所示的对话框。颜色一般不必修改，选择默认，但在设计 PCB 时要知道工作在哪个层面，不能混淆。

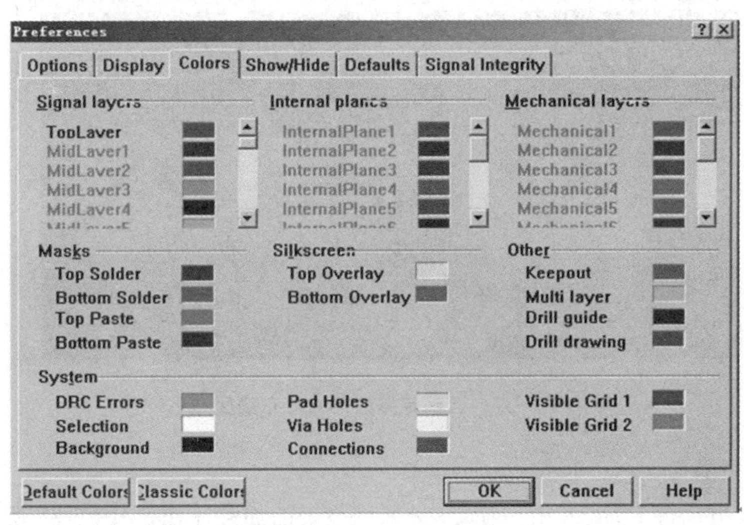

图 6-35　工作层面颜色设置界面

5. 装入元件封装库

在屏幕左边的资源管理器窗口中选择 Browse PCB 页面后，在下面的 Browse 下拉菜单中选择 Libraries（封装库），再点击下面的"Add/Remove"按钮进入封装库管理操作，或者直接在 Design 菜单中执行 Add/Remove Library…操作，执行命令后，可以开始封装库添加和删除操作，方法和原理图库的操作相同，如图 6-36 所示。

6. 规划 PCB 电路板尺寸和布线区域

电路板大小的设置是在 Keep Out Layer 层面上绘制 PCB 板的图形的实际大小，利用放置尺寸工具放置实际线段，将布线区域确定好，如图 6-37 所示。

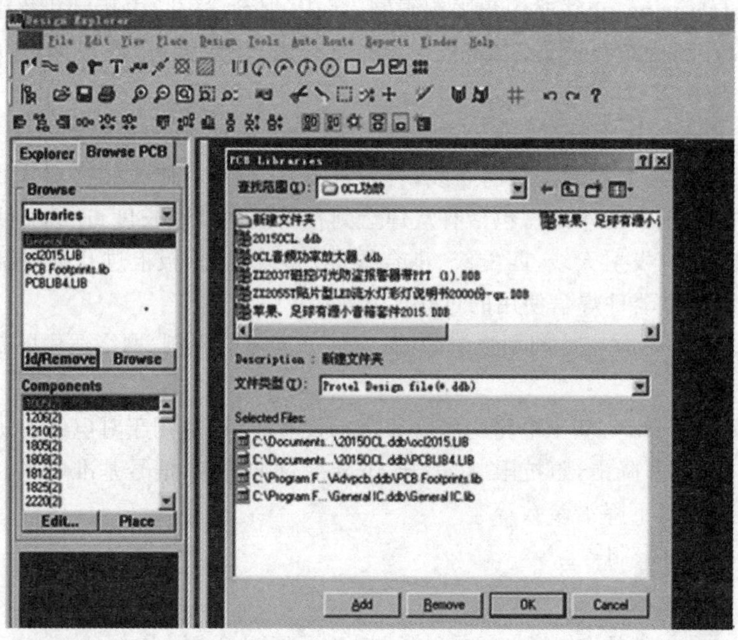

图 6-36　元件封装库的加载

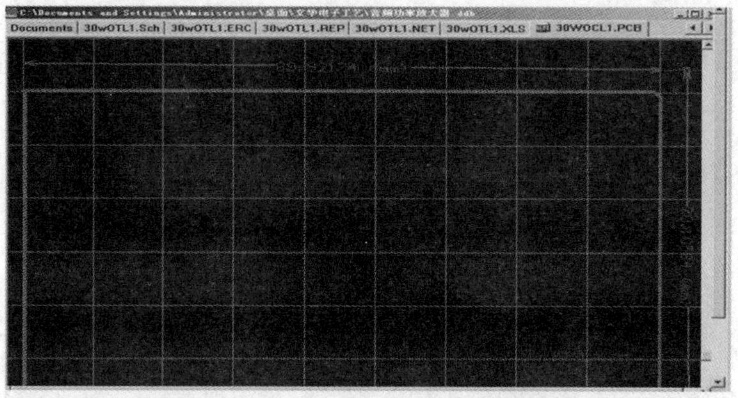

图 6-37　已确定好的尺寸与布线区域

7. 加载网络表

在 Design 中执行 Load Nets…命令，进入网络表的加载操作，如图 6-38 所示。

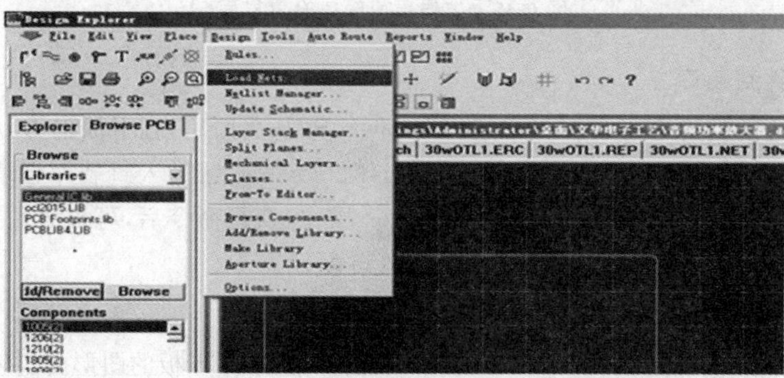

图 6-38　网络表的加载菜单

在打开的对话框中单击 Browse 选中网络表，如图 6-39 所示。

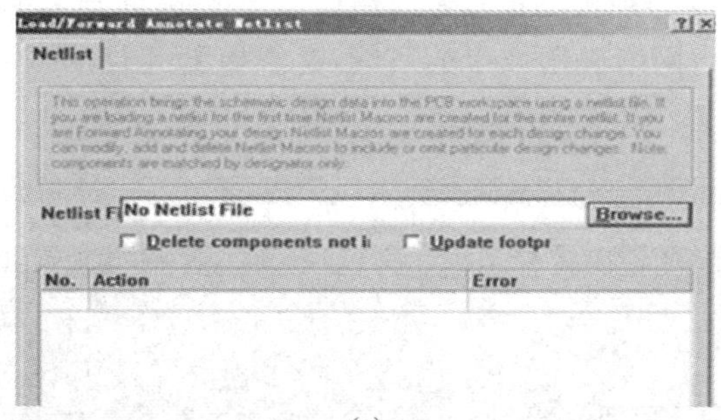

(a)

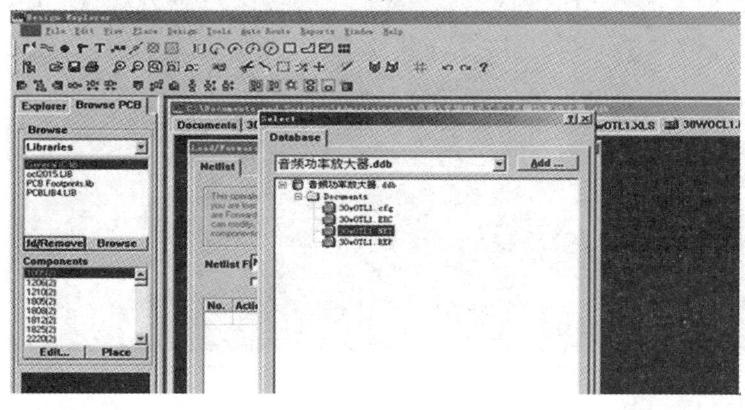

(b)

图 6-39

(a) 加载网络表对话框　(b) 选中要加载的网络表文件

加载网络表后错误提示对话框的实例如图 6-40 所示。

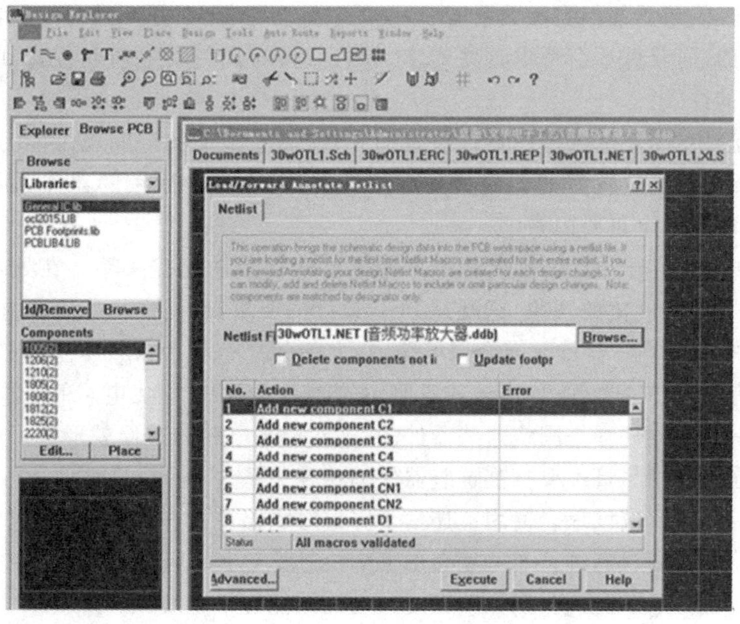

图 6-40　加载网络表后错误提示对话框的实例

当加载网络表对话框中没有错误提示(如图 6-40 显示 All macros validated)时才能点击 Execute 加载网络表,否则必须根据提示修改错误。下图 6-41 所示是在 PCB 的编辑窗口加载后的元器件封装以及由网络表所产生的飞线,是它电器元件的网络连线,只起提示作用,没有实际电器连接的意义。

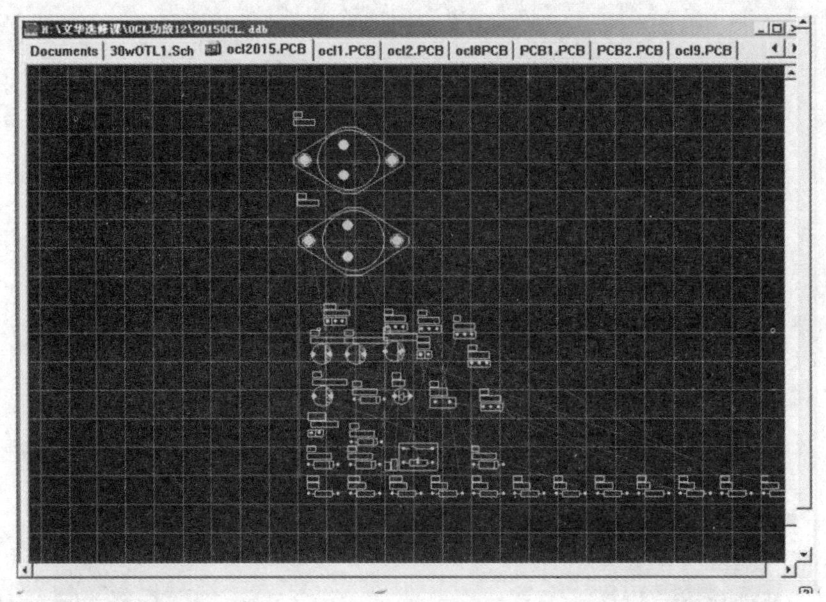

图 6-41　成功加载网络表的实例

8. 元件布局

在 PCB 设计中,元件的布局非常重要。Protel99SE 软件具备自动布局的功能,但建议还是用户自己布局,软件有两个较大的缺陷使布局无法满足用户要求:一是软件布局时对器件位置的考虑仅仅是器件相互的关系概率,而无法综合分析;二是产品对某些器件位置是有特殊定位要求的,而软件不会考虑这些需求,并且软件布局耗费的时间很长,所以建议直接采取手工布局的方式。

在布局处理中,需要综合考虑器件位置的布置,需要很强的空间思维能力,每个器件位置的确定,既要与已经放置好的器件处理好相互关系,也要为后续的器件预备好位置和空间。主要考虑的有两个重要因素:

(1) 电路中"电信号"的流向,也就是考虑器件间前后的相互关系。在处理器件位置时注意不要让"信号"有回流的现象,这既是 PCB 设计的要求,也是产品电信号的要求。

(2) 电路中的"中心"器件。在全局电路中,大部分总有一个或几个主要的器件,在局部电路中,也总有一个中心器件,如嵌入式电路中的嵌入式 CPU 集成电路等、放大电路中的运算放大器等,其他的器件都是围绕这些器件的,这些局部电路的布局就形成了中心围绕的方式——小岛,在布局中尽量不要打乱这些器件的相互关系。

设计复杂产品时,应该综合使用上述两个方式对电路进行布局操作,完成基本布局操作后,对当前电路的布局状态进行布线密度分析,布线密度小的区域可以适当将器件调紧些,而把布线密度大的区域调松些,以保障密度大的区域能轻松布线。

布局的操作诸如移动、翻转、整体移动、放大、缩小、删除等与原理图的元件布局操作一样,在此不再累述。完成手动布局后的实例如图 6-42 所示。

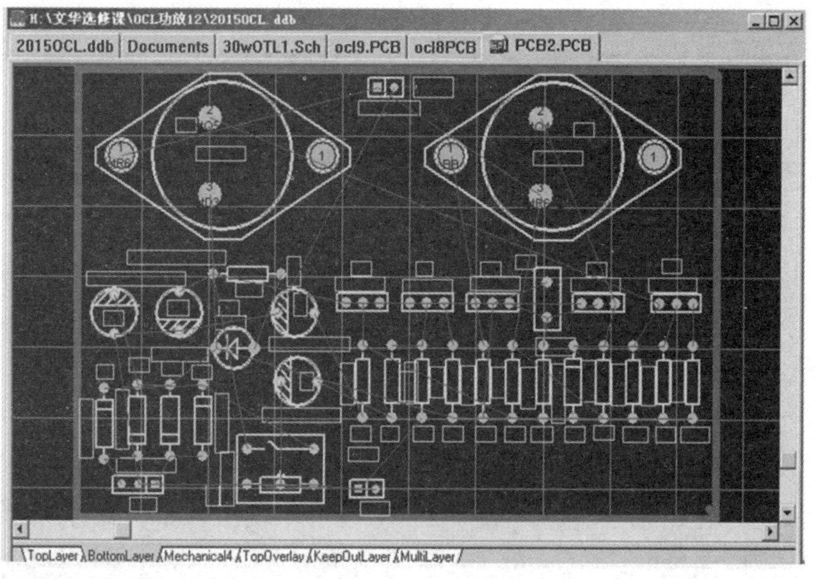

图 6-42　完成手动布局后的实例

9. 自动布线，手动调整

Protel99SE 提供的自动布线方式灵活多样，根据要求可以对整块电路板进行全局自动布线，也可以对指定区域、网络、元件、连线进行布线。本章实例自动布线的结果如图 6-43 所示。

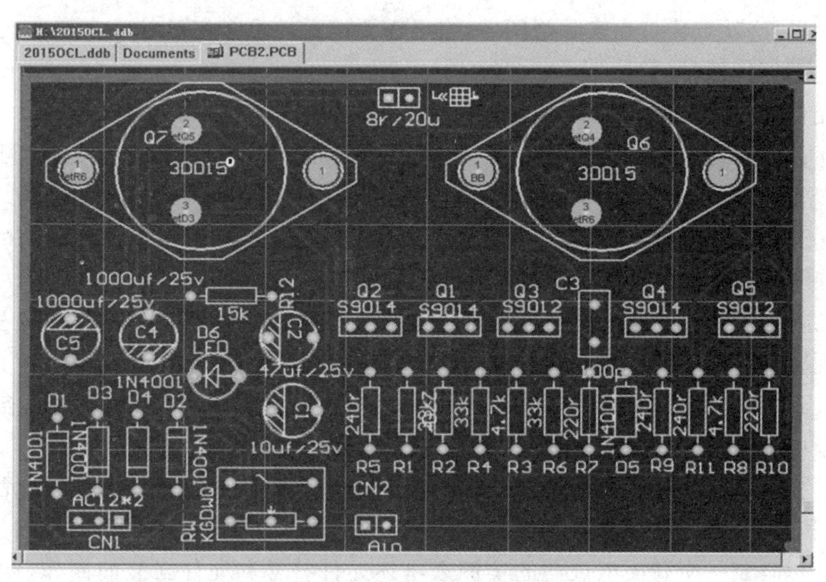

图 6-43　完成自动布线后的实例

完成自动布线命令后，从图 6-43 中可以看出自动布线的结果是疏密不均、线路凌乱，图 6-44 是通过手工调整修改后合格的 PCB 图，区别很大。因此大家要重点训练自己的手动布线能力，在进行了多次熟练的手工布线后再尝试自动布线，才能设计出合格的 PCB 电路板。

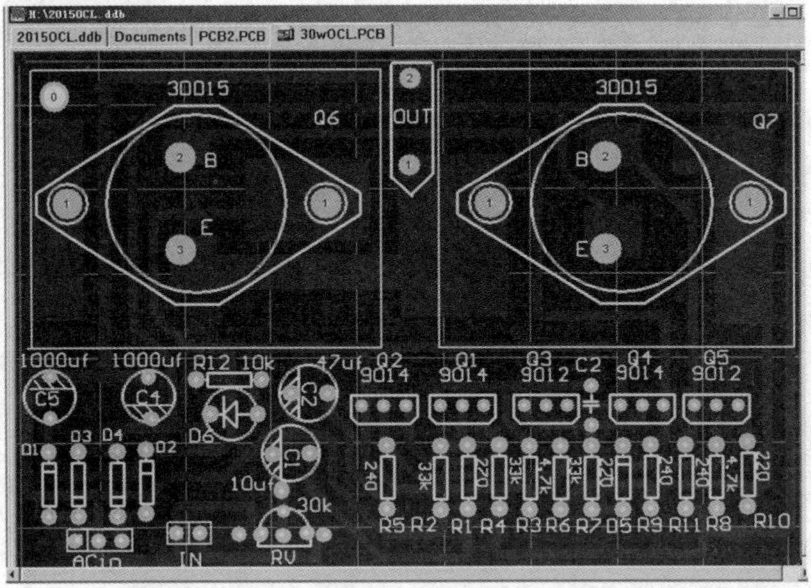

图 6-44　完成手工布线合格的 PCB 图

6.5　自制元件符号和元件封装

Protel99SE 提供了丰富的元件符号和元件封装，可以在元件库中查找，也可以在不断更新的 Protel 官网下载，但是任何一个电路绘图软件，都不可能把目前所有的电子元件做在自己的元件库里，这就意味着在实际绘图中，自己需要的元件可能在 Protel 自带的元件库里是不存在的，需要自己制作元件。

自制元件的要领如下：

(1) 自制元件最重要的是：自制的原理图元件必须对应自制的 PCB 图元件，可以用同步器进行同步设计和网络布线。

(2) 对于 Protel 自带的库元件，不要去修改和删除，只做参考或者复制，参考和复制 Protel 自带的库元件是快速掌握自制元件的方法之一。

(3) 自制元件，要在自己新建的库文件里制作，不要在 Protel 自带的元件库里制作，自己新建的元件库分类一定要细，可以把原理图元件符号库和 PCB 图元件封装库分为阻容元件、CMOS、TTL、电源 IC、接插件、晶体管等库文件，分类越细，查找元件越方便，自制元件是提高电路绘图速度最有效的方法之一。

(4) 自制元件不可能一次就把自己需要的元件全部做完，每次绘图，差什么元件就做什么元件，日积月累，自己的库文件就很丰富了，为今后的快速绘图打下良好的基础。

这里将以自制一个开关电位器的实例来讲述元件符号和元件封装的制作，此开关电位器可用在本章实例 OCL 功率放大器中。

6.5.1　自制元件符号

自制原理图元件符号的一般步骤如图 6-45 所示。这里以开关电位器为例来阐述原理图元件符号的自制过程。

1. 创建原理图库文件

在当前设计管理器环境下，执行菜单命令“File →New”命令，双击 Schematic Library

Document 图标(见图 6-46),创建一个新的原理图库文件,并将其重命名为“我的元件库.Lib”,如图 6-47 所示。

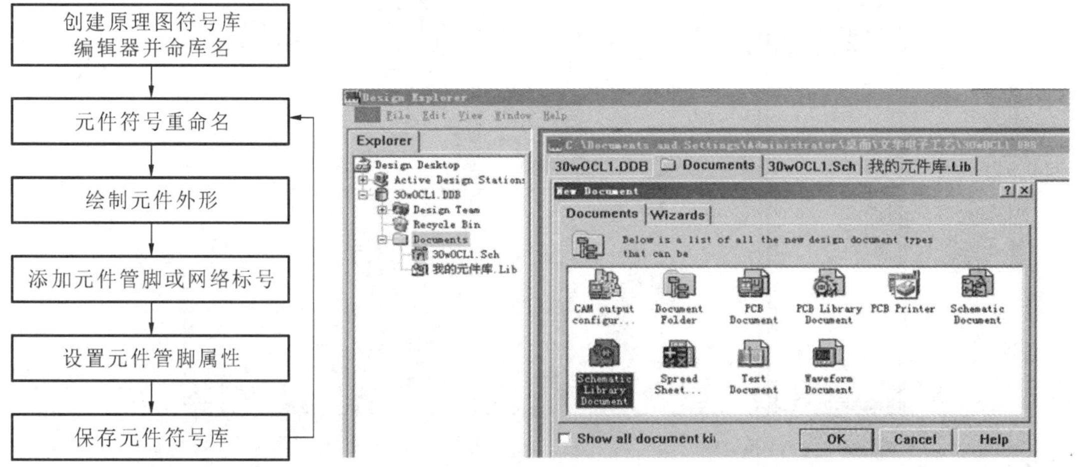

图 6-45　自制元件符号的流程

图 6-46　双击新建原理图库文件

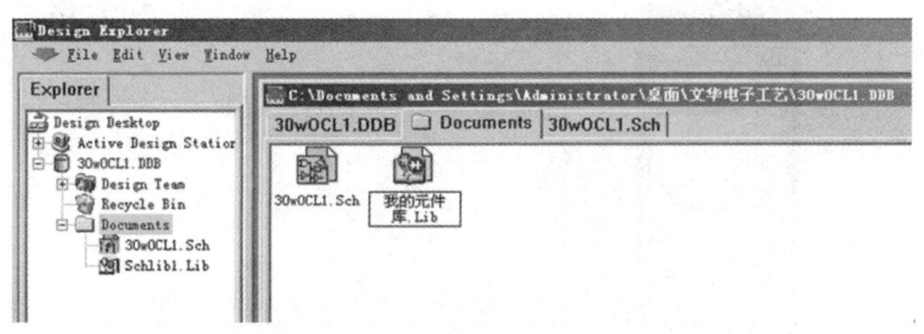

图 6-47　重命名原理图库文件

双击“我的元件库.Lib”文件可以进入原理图库文件的设计界面,如图 6-48 所示。原理图库文件的设计界面与原理图设计界面相似,主要由设计管理器、主工具栏、菜单、常用工具栏、编辑器等组成,不同的是在工作平面区有一个十字坐标轴,将元件的编辑区分为四个象限。象限的定义和数学上的定义相同。一般我们在第四象限进行元件的编辑工作。

点击上图左栏“Browse SchLib”标签,即可见元件管理区有四个区域:Component、Group、Pins、Mode,其主要功能如图 6-49 所示。

2. 新元件重命名

在绘制元件图前,一般先重命名新元件,执行 Tools 菜单中的 Remove Component 命令即可弹出如图 6-50 所示的对话框。

3. 绘制元件外形

元件的外形绘制常用 SchLib Drawing Tools(画图工具栏)中的功能来完成,画图工具栏的图标与对应的功能如表 6-3 所示。

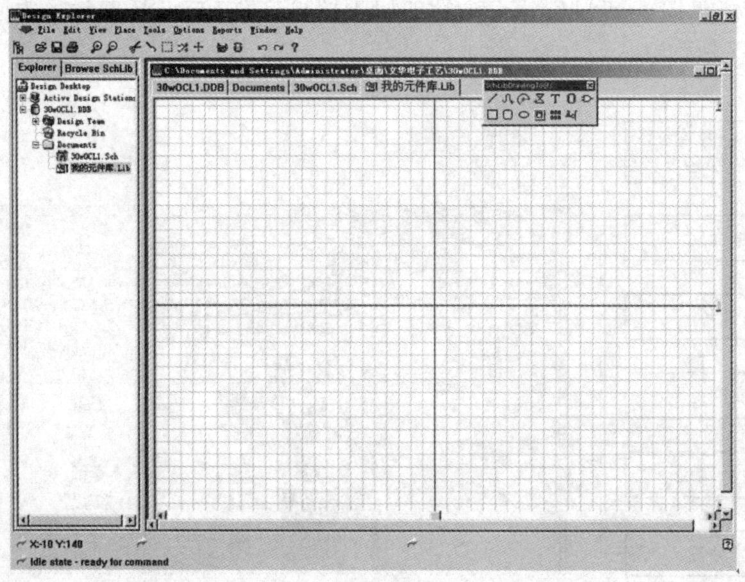

图 6-48　原理图库文件管理器主页面

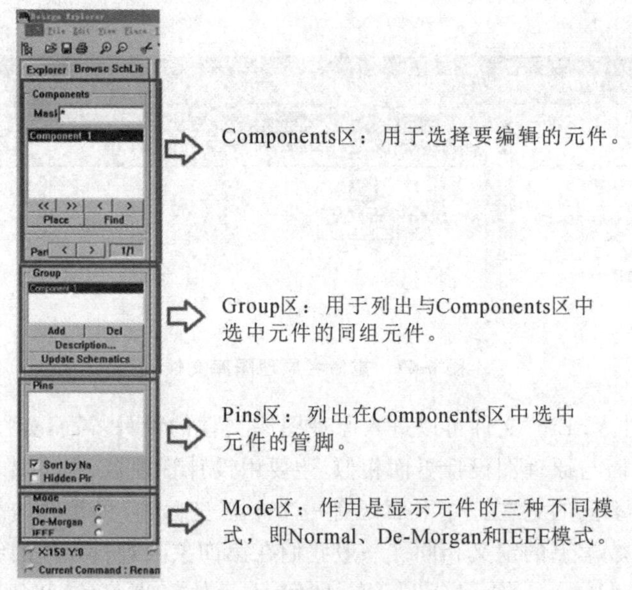

Components区：用于选择要编辑的元件。
Group区：用于列出与Components区中选中元件的同组元件。
Pins区：列出在Components区中选中元件的管脚。
Mode区：作用是显示元件的三种不同模式，即Normal、De-Morgan和IEEE模式。

图 6-49　原理图库文件管理器功能

表 6-3　画图工具栏图标功能

图　标	功　能	图　标	功　能	图　标	功　能
	画直线		新建元件		绘制椭圆
	画曲线		新建功能单元		粘贴图片
	画椭圆线		绘制矩形		阵列式粘贴
	画多边形		绘制圆角矩形		放置管脚
T	放置文字				

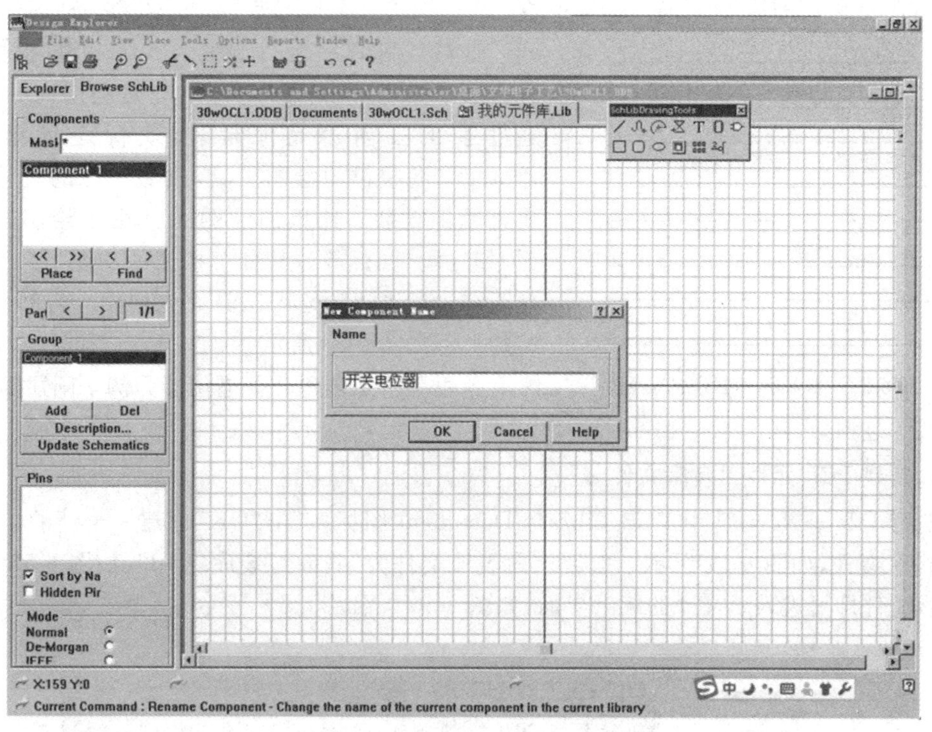

图 6-50 新元件重命名对话框

元件外形图的绘制操作比较简单，但需要足够细心，在此仅给出绘制好的开关电位器的外形图，如图 6-51 所示。

4. 放置管脚，设置管脚属性

给绘制好的外形图放置管脚，点击工具栏中的 放置管脚工具，并定义每个管脚的名称及序列号。具体操作与 6.3 节原理图设计中的设置元件属性一样，请自行参照前面章节。已完成管脚放置与属性设置的开关电位器如图 6-52 所示。

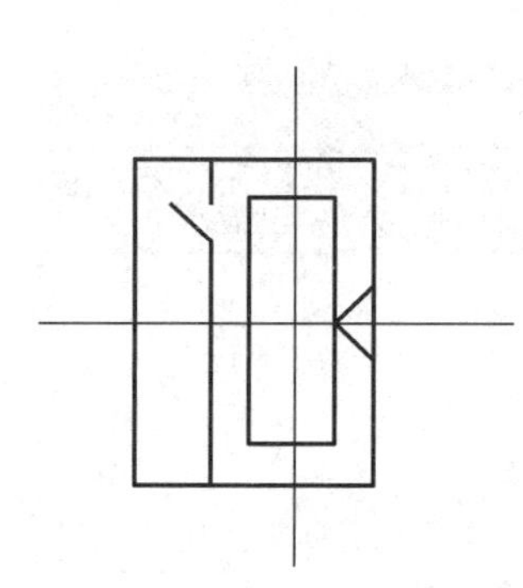

图 6-51 绘制完成的开关电位器外形图

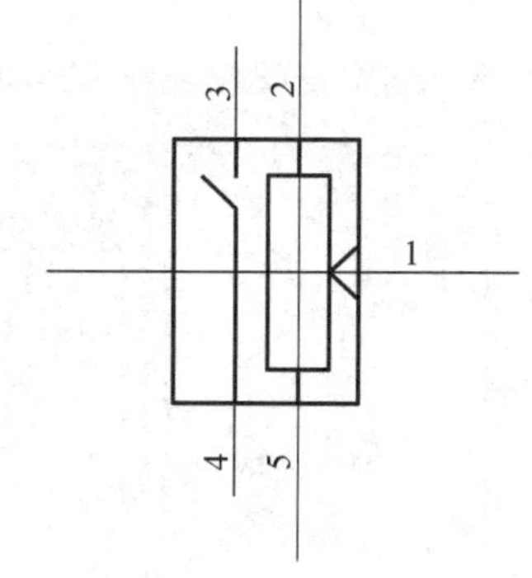

图 6-52 已完成管脚设置的开关电位器元件

5. 保存库文件

如果需要制作新元件符号，只需重复上述 2～4 步即可。

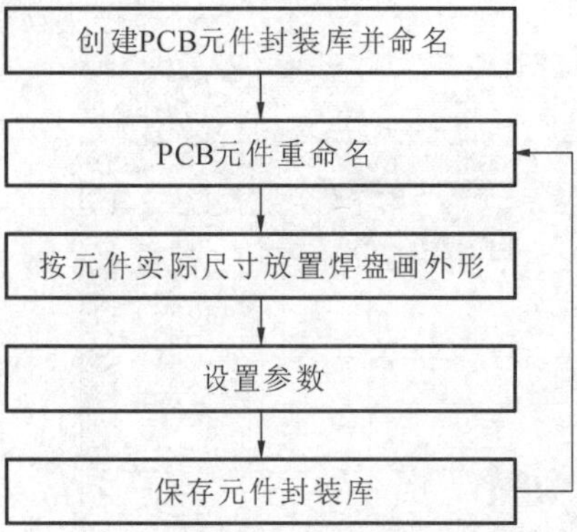

创建PCB元件封装库并命名

↓

PCB元件重命名

↓

按元件实际尺寸放置焊盘画外形

↓

设置参数

↓

保存元件封装库

图 6-53　自制元件封装的流程

6.5.2　自制元件封装

针对自制 PCB 元件封装，Protel99SE 提供了 2 种方法来实现：一是手工创建，二是利用向导创建。通过手工去创建元件封装，实际上就是利用 Protel99SE 提供的绘图工具，按照实际的尺寸绘制出该元件封装。这里的绘图工具用于绘制各种图元，如线段、圆弧等。其各个按钮的功能，与 PCB 设计系统中所讲述的绘图工具完全相同。自制元件封装的流程如图 6-53 所示。

这里以手工创建开关电位器为例来阐述 PCB 元件封装的过程。

1. 创建 PCB 元件封装库文件

执行 File→New，选中 PCB Library Document 图标，点击“OK”创建一个新的 PCB 元件封装库文件，如图 6-54 所示。然后重命名该文件为“我的封装库. LIB”，如图 6-55 所示。双击该文件即可进入库文件的编辑界面，如图 6-56 所示。

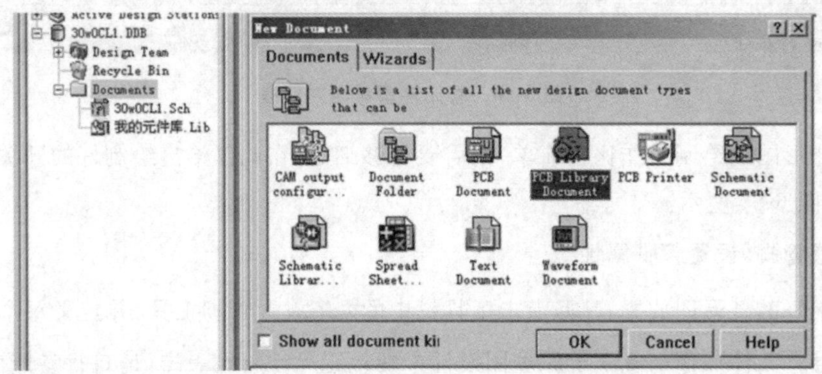

图 6-54　创建 PCB 元件封装库文件的对话框

图 6-55　重命名 PCB 元件封装库文件

2. 重命名要绘制的元件封装

在绘制元件封装前，一般先重命名新元件，执行 Tools 菜单中的 Remove Component 命令即可弹出如图 6-57 所示的对话框。

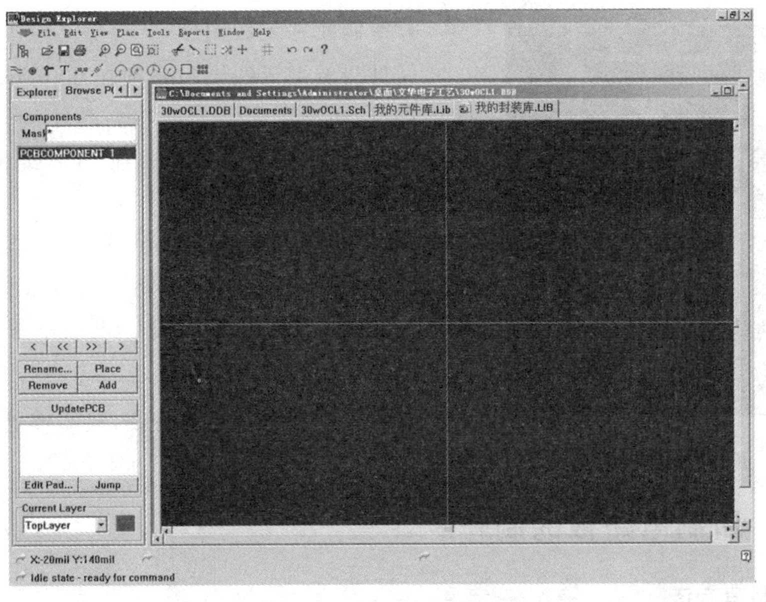

图 6-56　元件封装库文件编辑界面

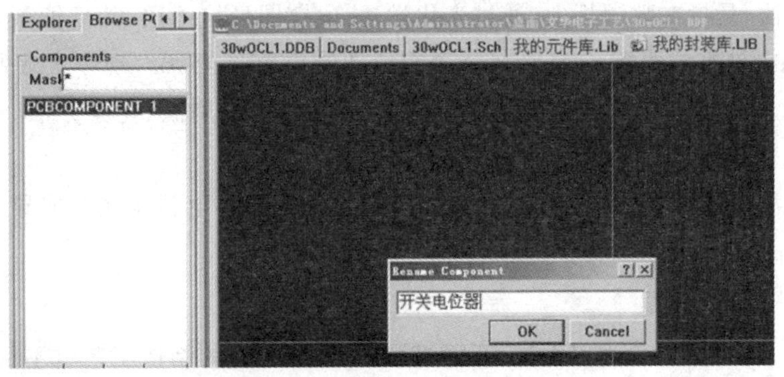

图 6-57　新元件封装重命名对话框

3. 放置管脚焊盘，设置管脚焊盘间的相互距离

自制元件封装，最重要的是画出的要和实际的元件大小一致，否则做出来的板子就插不上元件。每个管脚焊盘之间的距离就是实际元件的管脚距离。我们可以使用 工具放置一个或多个焊盘，然后使用放尺寸工具 来设置焊盘间的相互距离，如图 6-58 所示。

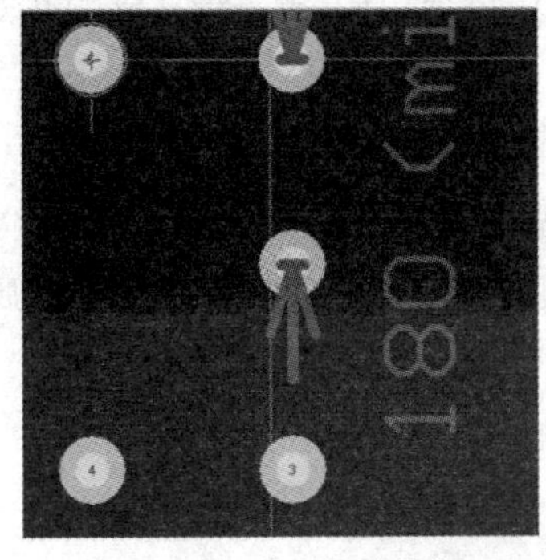

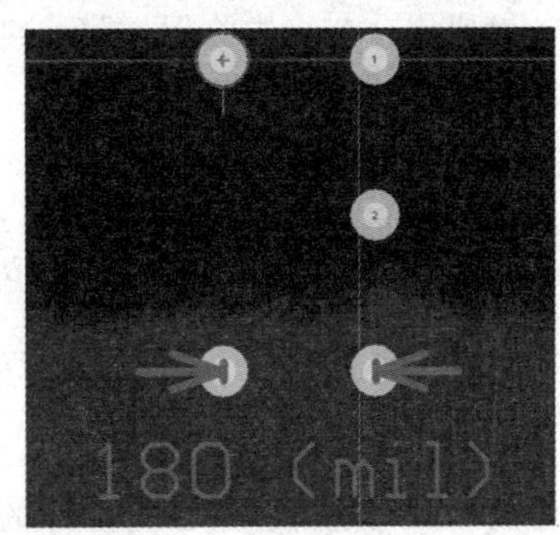

图 6-58　设置管脚焊盘间距

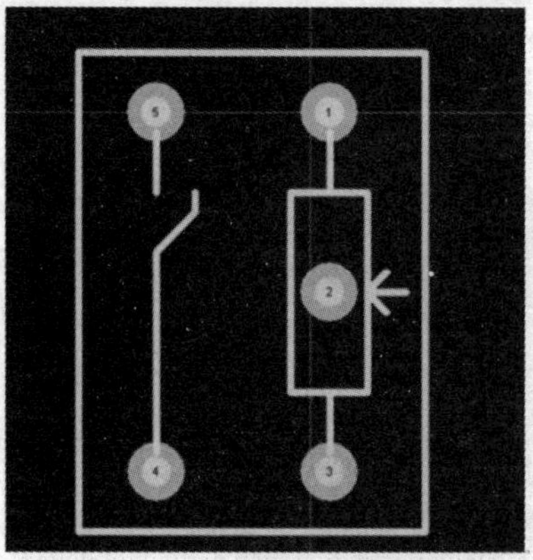

图 6-59　开关电位器元件封装

4. 绘制元件封装图形

元件封装图形的绘制必须在 TopOverLay 顶层丝印层进行，在绘制时一定要在封装库编辑器的中心画元件封装，否则画出来的封装在 PCB 编辑器中就会出现元件难布局的困扰。

先将工作层切换到 TopOverLay 顶层丝印层，执行 Place→Track 后开始绘制元件封装外形。绘制好的开关电位器元件封装如图 6-59 所示。

5. 保存库文件

如果需要制作新元件封装，只需重复上述 2～4 步即可。

6.6　印制电路板的制作

1. PCB 制造方法

PCB 图绘制完成后，即可开始制作 PCB 实物板，PCB 实物板的制作方法一般有：

(1) 减成法，是指在敷铜板上，通过光化学法，电镀图形抗蚀层，然后蚀刻掉非图形部分的铜箔或采用机械方式去除不需要部分而制成印制电路板 PCB。现今大多制板厂的 PCB 制造方法都为 PCB 减成法。减成法根据工艺不同又分为蚀刻法(化学方法，最主要的制作方法)和雕刻法(机械方法，单件制作，快速)。

(2) 加成法，是指在未敷铜箔的基材上，有选择地沉积导电材料而形成导电图形的印制板 PCB。目前在国内并不多见。

2. PCB 制造工艺流程

在前面讲过，电路板分为单面板、双面板和多面板，它们的制造工艺也不尽相同，在此仅大致描述一下其流程。

1) 单面板制造工艺流程

敷铜板下料—表面去油处理—上胶—曝光—显影—固膜—修板—腐蚀—去除保护膜—孔加工—成形—印标记—涂助焊剂—检验—成品。

2) 双面板制造工艺流程

敷铜板下料—孔加工—化学沉铜—电镀铜加厚—贴干膜—图形转移(曝光、显影)—二次电镀铜加厚—镀铅锡合金—去除保护膜—腐蚀—镀金(插头部分)—成型热烙—印标记—涂助焊剂—检验—成品。

3) 多层板制造工艺流程

内层材料处理—定位孔加工—表面清洁处理—制内层走线及图形—腐蚀—层压前处理—外内层材料层压—孔加工—孔金属化—制外层图形—镀耐腐蚀可焊金属—去除感光胶—腐蚀—插头镀金—外形加工—热熔—涂焊剂—成品。

3. PCB 互联方式

在实际制作的 PCB 实物板中，因为设计的原因，PCB 之间需要互联，一般来说，互联的方式采用焊接、插座等方式来实现。

(1) 焊接方式：导线焊接、排线焊接、印刷板之间直接焊接。

(2) 印刷板/插座方式：在印刷板边缘做出印刷插头，与专用印刷板插座相配。

(3) 插头/插座方式。

① 条形连接器：连接线从 2 根到十几根不等，多用于对外连接线较少的情况，如计算机中的电源线、CD-ROM 音频线。

② 矩形连接器：连接线从 8 根到 60 根不等，插头采用扁平电缆压接方式，多用于连接线多且电流不大的地方，如计算机中的硬盘、软驱、光驱的信号线。

③ D 形连接器：用于对外移动设备的连接(要求有可靠的定位和紧固)，如计算机的串/并口对外连接等。

④ 圆形连接器：专用部件，如计算机的键盘、鼠标等。

4. 自己动手制作单面板

这种方法常用于科研、电子设计比赛、电子课程设计、毕业设计、创新制作等环节。它具有成本低廉、制作速度快等优点，可满足一般设计需求。

制作的具体步骤如图 6-60 所示。

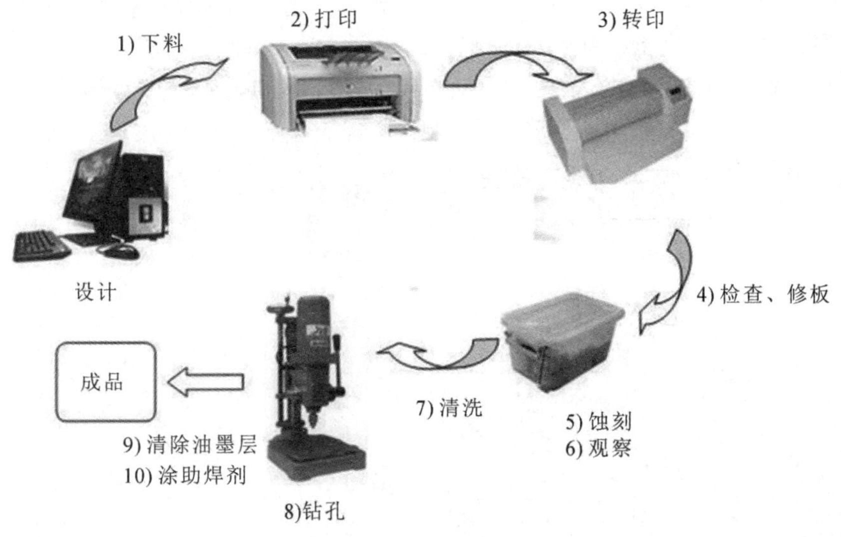

图 6-60　单面 PCB 板制作步骤

(1) 打印：将设计好的印制电路板布线图通过激光打印机打印到热转印纸上。该步骤需要注意的是：布线图应该镜像打印；认真检查打印后的线路是否存在断线，若有断线就要重新打印。

(2) 下料：按照实际设计尺寸用裁板机裁剪覆铜板，去除四周毛刺。

(3) 转印：将热转印纸上的 PCB 图形转移到覆铜板上。操作方法如下：将打印好的热转印纸覆盖在覆铜板上，送入 165 ℃热转印机转印，使墨粉完全吸附在覆铜板上。必须待覆铜板冷却后再揭去热转印纸。

(4) 检查、修板：看覆铜板热转印效果，是否存在断线或沙眼，若是，用油性笔进行描修。

(5) 蚀刻：将描修好的印制电路板完全浸没到环保蚀刻溶液中。

(6) 观察：注意观察蚀刻进程。

(7) 清洗:把蚀刻好的印制板放在流水中清洗残留的溶液。

(8) 钻孔:对印制板上的焊盘孔、安装孔、定位孔进行机械加工。钻孔时注意钻床转速应取高速,进刀不宜过快,以免将铜箔挤出毛刺。

(9) 清除油墨层:用水磨砂纸在水中打磨去除油墨,露出铜的光亮本色。

(10) 涂助焊剂:立即涂助焊剂(可用已配好的松香酒精溶液)。助焊剂可以保护焊盘不氧化,并有利于焊接。

思考题

1. Protel99SE 的操作有哪些方式?

2. 什么是元件封装? 与元件是什么关系?

3. 原理图网络表中,各项内容的含义是什么? 怎样利用网络表检查自己的设计?

4. 在原理图中,器件正确地设置了封装,器件的引脚也正确地连接了,但 PCB 中该器件的管脚却没有网络连接,是什么问题? 怎么解决?

5. 在自动 PCB 设计中,加载网络表后,出现错误,怎么解决?

6. 试述 Protel99SE 设计印制电路的基本步骤。

7. 在 PCB 布局中,应该注意哪些问题?

8. 对于复杂的 PCB,为什么需要在自动布线后进行手工修改?

9. 元件封装的制作要点有哪些?

10. 原理图符号库的制作步骤有哪些?

第7章 电子电路仿真实训

电子电路仿真技术是当今相关领域学习者及工作者必须掌握的技术之一，电子电路仿真软件一般都具有海量而齐全的电子元件库和先进的虚拟仪器、仪表，十分方便测试。另外，仿真电路可以大大减少设计时间及金钱成本。目前在模电、数电的复杂电路虚拟仿真方面最优秀的软件无疑是 Multisim，而在单片机系统仿真方面首推 Proteus 软件。本章以具体项目为例，以操作为主线，以技能为核心，介绍了 Multisim 软件、Proteus 软件在具体项目中的应用。其中，±5 V 稳压电源电路仿真、警笛电路仿真采用 Multisim 软件，电子门铃电路仿真、交通灯电路仿真采用 Proteus 软件。

7.1 Multisim 电路仿真技术应用

Multisim 是电子电路分析与设计的优秀仿真软件，已经成为电子技术领域进行教学、学习和实验必不可少的辅助软件，它界面直观、操作方便，创建电路需要的元件和电路仿真需要的测量仪器都可以直接从屏幕抓取，且元件和仪器的图形与元件实物相近。这里通过 ±5 V稳压电源电路及警笛电路的绘制、仿真来说明 Multisim12 的基本操作。

7.1.1 三端稳压电源电路仿真

7.1.1.1 稳压电源

稳压电源的技术指标可以分为两大类：一类是特性指标，如输出电压、输出电流及电压调节范围；另一类是质量指标，反映一个稳压电源的优劣，包括稳定度、等效内阻（输出电阻）、纹波电压及温度系数等。

稳压电源的性能主要有以下四个指标。

1. 稳定度

当输入电压 U_{sr}（整流、滤波的输出电压）在规定范围内变动时，输出电压 U_{sc} 的变化一般要求很小。由于输入电压变化而引起输出电压变化的程度，称为稳定度指标，常用稳压系数 S 来表示。S 的大小反映一个稳压电源克服输入电压变化的能力。在同样的输入电压变化条件下，S 越小，输出电压的变化越小，电源的稳定度越高。S 通常为 $10^{-4} \sim 10^{-2}$。

2. 输出电阻

负载变化时（从空载到满载），输出电压 U_{sc} 应基本保持不变，稳压电源这方面的性能可用输出电阻表示。输出电阻（又叫等效内阻）用 R_n 表示，它等于输出电压变化量和负载电流变化量之比。R_n 反映负载变动时输出电压维持恒定的能力，R_n 越小，则负载变化时输出电压的变化也越小。性能优良的稳压电源，输出电阻可小到 1 Ω，甚至 0.01 Ω。

3. 温度系数

当环境及温度变化时，会引起输出电压的漂移。良好的稳压电源，应在环境温度变化时有效地抑制输出电压的漂移，保持输出电压稳定，输出电压的漂移用温度系数 K_T 来表示。

4. 纹波电压

所谓纹波电压，是指输出电压中 50 Hz 或 100 Hz 的交流分量，通常用有效值或峰值表示。经过稳压作用，可以使整流滤波后的纹波电压大大降低，降低的倍数反比于稳压系数 S。

7.1.1.2 集成稳压器

集成稳压器具有稳压性能良好、外围元件简单、安装调试方便、体积小、价格低廉等优点，在电子电路中广泛应用，其中以小功率三端集成稳压器的应用最为普遍。集成稳压器常用型号有 78××、79××、CW317××、CW337××。78××是正电压输出，79××是负电压输出，CW317××是可调正电压输出，CW337××是可调负电压输出。7805 和 7905 是其中的代表型号，在使用时，稳压器的输入、输出端常并入瓷介质小容量电容用来抵消电感效应，抑制高频干扰。同时，稳压器的输入与输出之间的电压差不得低于 3 V。

7.1.1.3 仿真实验与分析

使用 7805 和 7905 构成的三端稳压电源如图 7-1 所示，可以输出稳定的±5 V 电压。这里利用 Multisim12 对该电路进行仿真，可以直观地观测到各工作点的性能参数。Multisim12 提供了数字万用表、双踪示波器、四通道示波器、安捷伦万用表、安捷伦示波器、泰克示波器等多种虚拟仪器。这里通过虚拟示波器检测工作点的电压波形可以判断各电路模块的工作状态。

下面就以图 7-1 所示电路为例，学习 Multisim 的基本操作。

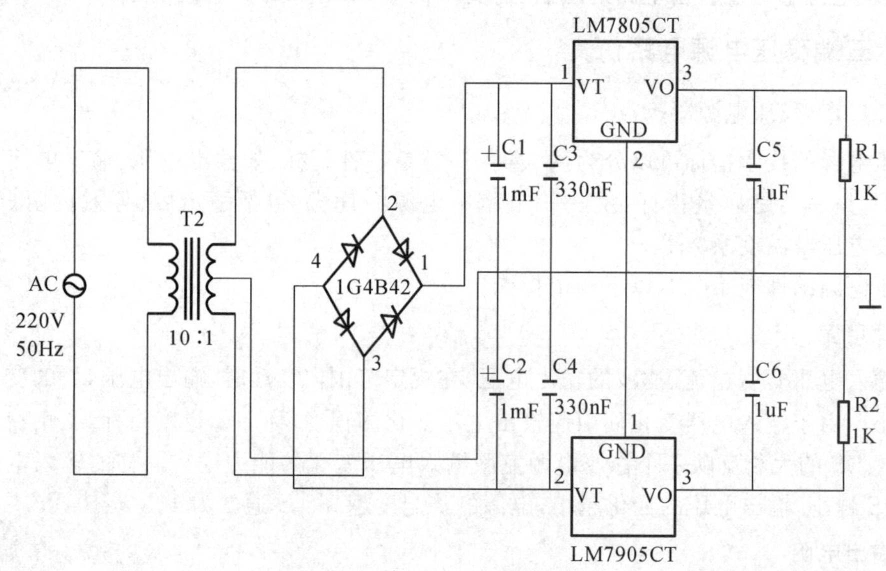

图 7-1 ±5 V 稳压电源

1. 创建电路文件

当启动 Multisim 时，系统会自动打开一个名为“Design1”（设计 1）的空白电路文件，并打开一个新的无标题的电路窗口，在关闭当前电路窗口前将提示是否保存它。也可以执行菜单【File】（文件）→【New】（新建）→【Design】（设计）命令或单击工具栏的 按钮来创建一个新的电路文件。

文件的打开、关闭、保存等操作和其他 Windows 应用程序类似。

2. 放置电路元件

新建电路文件之后就可以在电路编辑窗口放置元件了。放置元件的方法有三种，类似于其他 Windows 应用程序。第一种是通过执行菜单【Place】(放置)→【Component】(元件)命令放置元件或在绘图区单击鼠标右键执行快捷菜单【Place Component】(放置元件)命令放置元件;第二种是利用快捷键 Ctrl+W 放置元件;第三种是利用元件工具栏放置元件,元件工具栏将元件分成逻辑组或元件箱,每个元件箱用工具栏的一个按钮表示,如图 7-2 所示。前两种方法必须打开元件库对话框,然后分类查找;后一种方法适合已知元件在元件库的哪一类中。

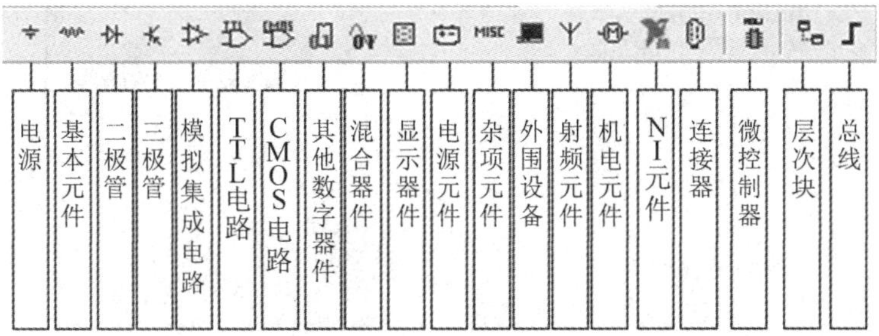

电源 | 基本元件 | 二极管 | 三极管 | 模拟集成电路 | TTL电路 | CMOS电路 | 其他数字器件 | 混合器件 | 显示器件 | 电源元件 | 杂项元件 | 外围设备 | 射频元件 | 机电元件 | NI元件 | 连接器 | 微控制器 | 层次块 | 总线

图 7-2　元件工具栏

1) 放置第一个元件

首先放置一个 220 V/50 Hz 的交流电源,具体步骤如下:

第一步,单击工具栏 ![电源图标] (电源)图标或执行菜单【Place】→【Component】命令,将弹出选择元件对话框,放置元件菜单如图 7-3 所示。

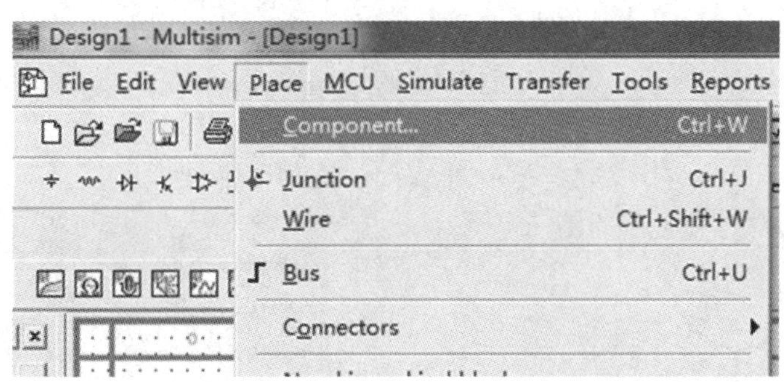

图 7-3　放置元件菜单

第二步,在弹出的对话框【Family】(系列)选择【POWER_SOURCES】(电源),在【Component】栏选择【AC_POWER】(交流电源),单击右侧"OK"(确定)按钮,如图 7-4 所示。

第三步,电路窗口中出现交流电源的悬浮符号,并且跟随鼠标一起移动,如图 7-5 所示。将鼠标移动到适当的位置后单击,即可将交流电源放置在工作窗口中,其元件序号为"V1"。

第四步,在电路窗口中双击交流电源符号,弹出【AC_POWER】属性对话框,在【Value】(参数)选项卡中设置参数,【Voltage(RMS)】:220 V(电压有效值);【Frequency(F)】:50 Hz(频率);其他参数采用默认值,单击"OK"按钮,将电源修改为 220 V/50 Hz 的交流电源,如图 7-6 所示。

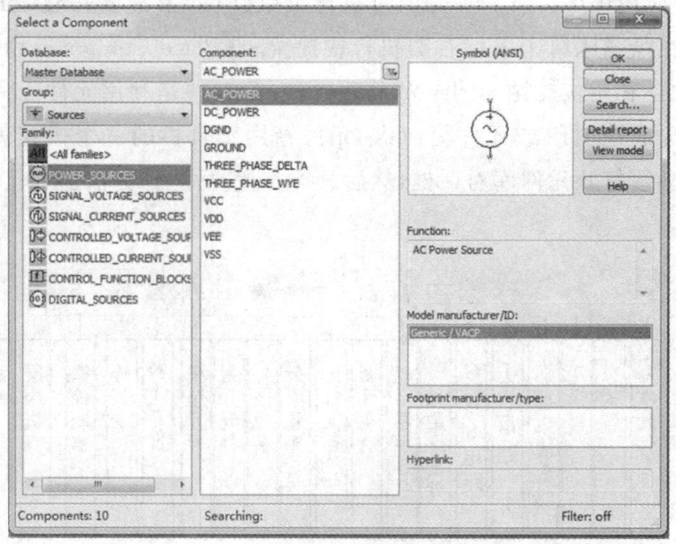

图 7-4　元件选择对话框

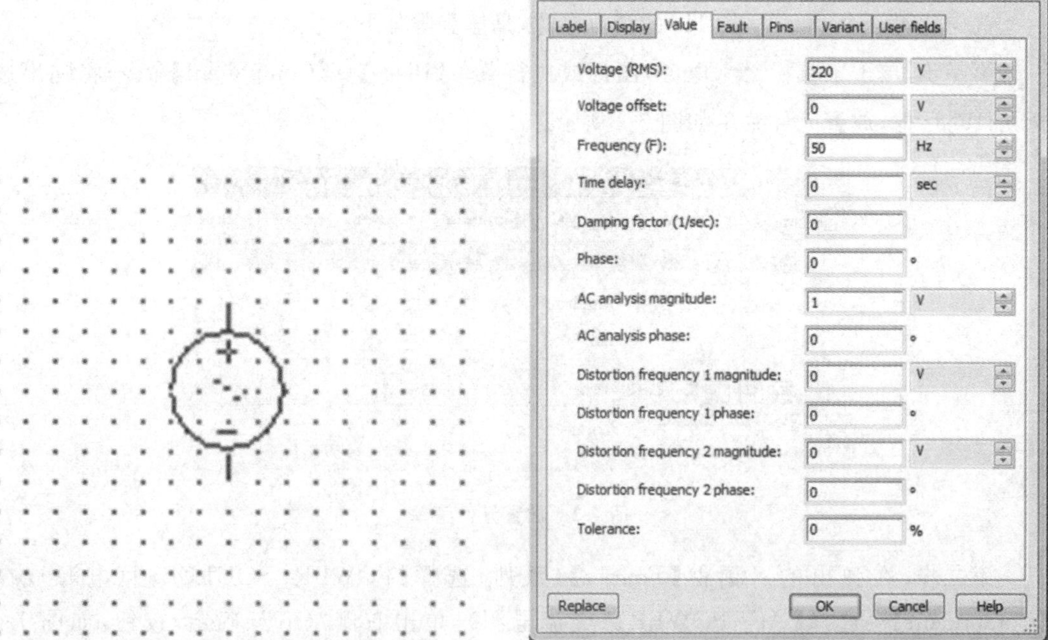

图 7-5　处于悬浮状态的交流电源

图 7-6　【AC_POWER】属性对话框

2）放置其他元件

与以上过程类似，在基本元件箱中找见变压器、电阻和电容，具体操作如下：在【Basic】（基本元件箱）→【TRANSFORMER】（变压器）中，找见 1P2S；在【RESISTOR】（电阻）中，找见 1K 电阻；在【CAPACITOR】（电容）中，找见 1 μF 电容和 330 nF 电容；在【CAP_ELECTROLIT】（电解电容）中，找见 1 mF 电容并把它们放在工作窗口中。

在【Diodes】（二极管）→【FWB】中，找见 1G4B42；在【Power Component】（电源元件）→【VOLTAGE_REGULATOR】（电压调节器）中，分别找见 LM7805CT 和 UPC7905

(Multisim 中 LM7905CT 误差较大,故选用 UPC7905),把它们放在工作窗口中。

执行元件的放置操作,移动或旋转元件,将其放置在适当位置,如图 7-7 所示。

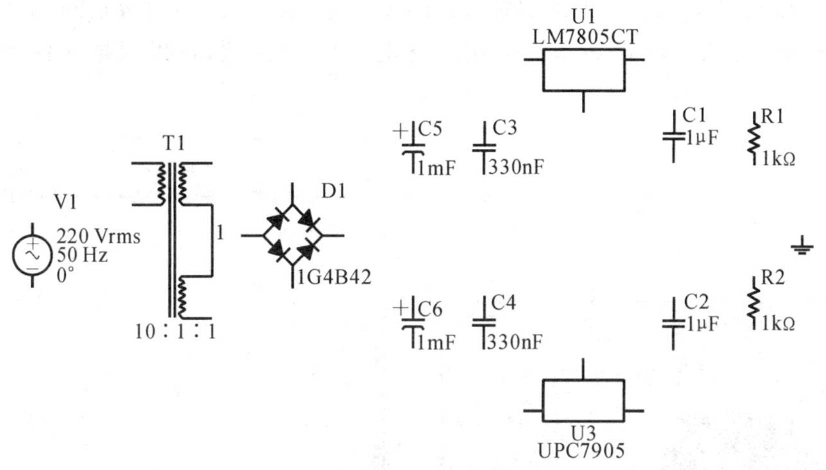

图 7-7　元件放置结果图

3. 元件的基本操作

1) 选择元件

要对元件进行相关操作,首先要选中该元件。要选中某一个元件,可单击元件,被选中元件周围出现蓝色虚线方框,便于识别。也可以按下鼠标左键拖动一个区域,则该区域内的所有元件都被选中。如果要选中不相邻的多个元件,按下 Shift 键,同时用鼠标在要选择的元件上单击左键。在电路窗口中,单击鼠标右键,在右键快捷菜单中选择【Select all】(全选),可以选择电路窗口中的所有元件,执行菜单【Edit】(编辑)→【Select all】命令,或者按下 Ctrl+A 组合键,也可以选择所有元件。

要取消某个或者某些被选中的元件,只需单击电路工作区的空白部分即可。

2) 移动元件

用鼠标按住元件不放,并拖动其到目标位置后松开鼠标即可。多个元件被选择之后,用鼠标拖动其中任意一个元件,则所有被选中的元件都会一起移动。也可以使用键盘的上、下、左、右键使所有被选中的元件做微小移动。

3) 旋转元件

如果元件摆放位置不适当,可用鼠标右键单击该元件,在弹出的快捷菜单中选择【Flip horizontally】(水平镜像)、【Flip vertically】(垂直镜像)、【Rotate 90° clockwise】(顺时针旋转 90°)、【Rotate 90° counter clockwise】(逆时针旋转 90°),则可对元件进行水平翻转、垂直翻转、顺时针 90°旋转、逆时针 90°旋转。

4) 复制、删除元件

在【Edit】(编辑)菜单、右键菜单、标准工具栏中都有 Cut(剪切)、Copy(复制)、Paste(粘贴)和 Delete(删除)4 项。利用它们可以完成对被选择元件的剪切、复制、粘贴和删除操作。

5) 改变颜色

在复杂的电路中,可以将元件设置为不同颜色。要改变元件颜色,用鼠标右键单击该元件,在弹出的右键菜单中选择【Color】(颜色),弹出对话框如图 7-8 所示,选择要改变的颜色即可。

6）元件属性修改

双击元件或者执行菜单【Edit】→【Properties】（属性）都可以弹出该元件的属性对话框，如图 7-9 所示。属性对话框有 Label（标签）、Display（显示）、Value（参数）、Fault（故障）、Pins（引脚）、Variant（变量）和 User fields（用户自定义）7 个选项，可以根据元件情况修改其属性。

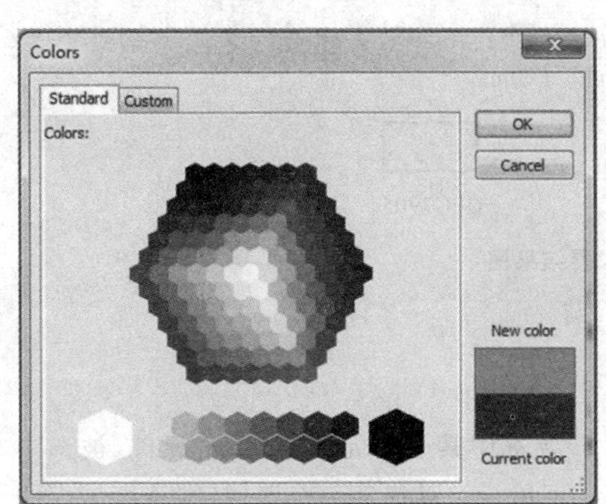

图 7-8　颜色对话框

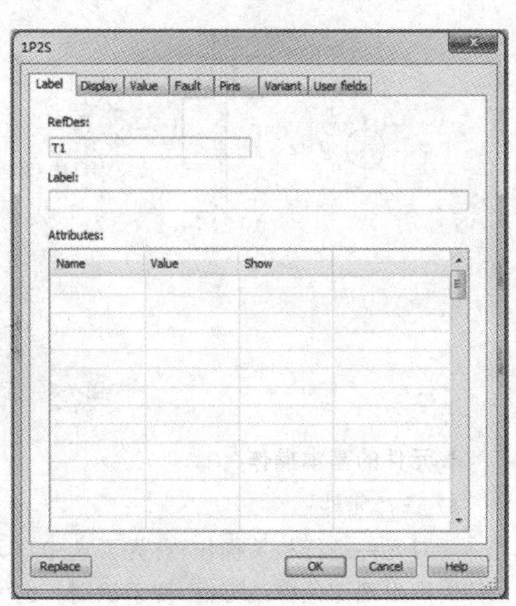

图 7-9　属性对话框

4. 连线

连线有自动和手动两种方式。将鼠标指针指向起点元件的引脚，单击确定本次连线起点，将鼠标指针移至终点元件的引脚单击，可自动完成连线。手动连线由用户控制线路走向，在需要拐弯处单击固定拐点以确定路径来完成连线。连线默认为红色，要改变某段连线的颜色，在连线上单击鼠标右键，从弹出的菜单中选择【Properties】，在弹出的对话框中选择【Net name】标签，在【Net color】项设置要改变的颜色即可。

在连线上单击鼠标右键，在弹出的菜单中选择【Delete】，可删除连线。选择连线，使用键盘的 Delete 键，也可以删除连线。连好线的仿真模型如图 7-10 所示。

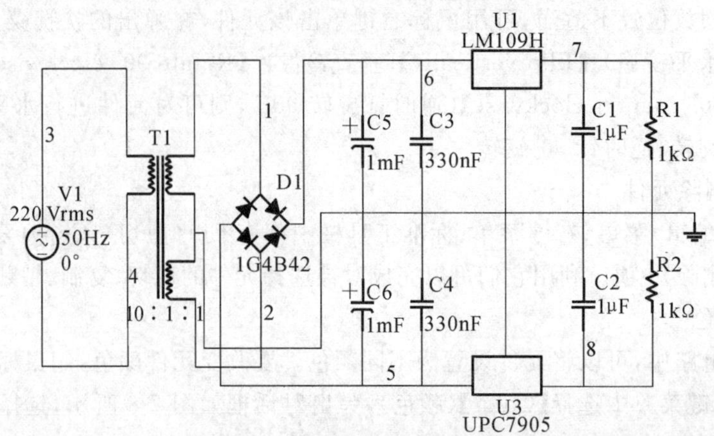

图 7-10　三端稳压电源仿真模型

5. 输入文本

Multisim12 允许增加标题栏(title block)和文本来注释电路。

1) 增加标题栏

执行【Place】→【Title block】命令,弹出【打开】对话框,选择标题栏模板文件,再点击【打开】,电路窗口就会增加标题栏,如图 7-11 所示,是系统默认的标题栏格式。双击标题栏,弹出【标题栏】属性对话框,可以修改相应的信息。其中,可修改的信息有 Title(标题)、Desc.(描述)、Designed by(设计)、Document No.(文档号)、Revision(修改)、Checked by(核查)、Date(日期)、Size(图幅)、Approved by(批准)、Sheet(图纸)of(总数)。

National Instruments 801-111 Peter Street Toronto, ON M5V 2H1 (416) 977-5550	NATIONAL INSTRUMENTS ELECTRONICS WORKBENCH GROUP	
Title: 三端稳压电源	Desc.: 电源初1	
Designed by:	Document No.:0001	Revision: 1.0
Checked by:	Date: 2017-11-21	Size: A3
Approved by:	Sheet 1 of 1	

图 7-11 系统默认的标题栏格式

2) 增加文本

在某些重要部分添加文字说明,有助于对电路图的理解。执行菜单【Place】→【Text】命令,在电路窗口中单击,会出现文本输入框,输入文本即可。双击文字块,可以随时修改输入的文字内容以及字体、字号。

6. 放置虚拟仪器

Multisim12 提供了大量用于仿真电路测试的虚拟仪器,这些仪器的使用和读数方法与真实的仪器相同,就好像在实验室一样,它们的外观也和实验室中的仪表相似。在仿真过程中,用这些仪器能够非常方便地监测电路工作情况,并且能够实时测量、显示和记录电路关键数据,以便对电路工作状态进行分析。

Multisim12 中虚拟仪器的放置有 3 种方法:菜单、快捷键和工具栏。可以在仿真(Simulate)菜单下的仪器(Instruments)菜单栏或屏幕右边工具栏中找到所需仪器并放置到编辑窗口中,如图 7-12 所示。快捷键的使用与 Windows 其他应用程序类似。

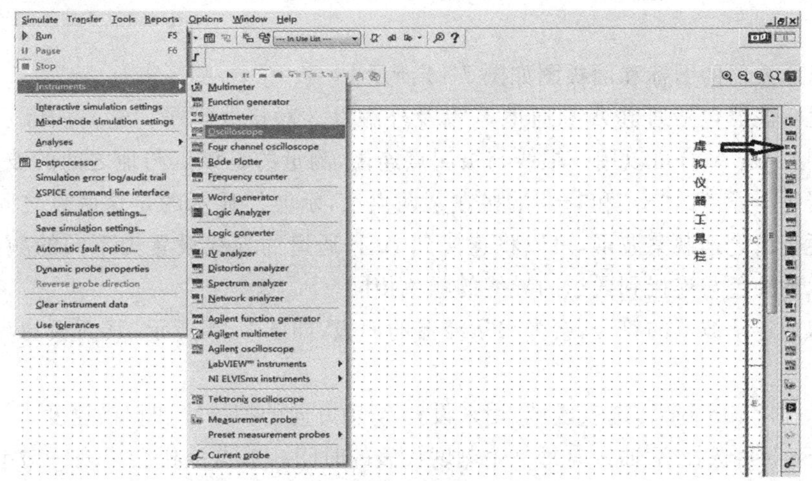

图 7-12 仪器仪表菜单、工具栏示意图

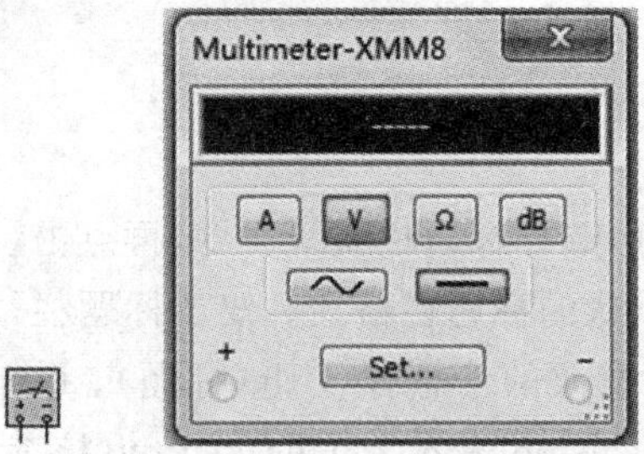

图 7-13　数字万用表的图标和面板

在仿真时，电路窗口内的虚拟仪器有两个显示界面：添加到电路中的仪器图标和进行操作显示的仪器面板。如图 7-13 所示为数字万用表的图标和面板。用户通过仪器图标的外界端子将仪器接入电路，双击仪器图标弹出仪器面板，在仪器面板中可进行设置、显示等操作。

1）放置数字万用表

与实验室里的数字万用表一样，Multisim12 中的数字万用表也是一种多功能的常用仪器，可用来测量交（直）流电压或电流、电阻以及电路两节点间的电压损耗分贝等。它的量程根据待测量参数的大小自动确定，其内阻和流过的电流可设置为近似的理想值，也可根据需要更改。

在 Multisim12 用户界面中，用鼠标指向仪表工具栏中的 Multimeter（数字万用表），单击鼠标左键，就会出现一个随鼠标移动的数字万用表，在电路窗口合适的位置再次点击鼠标左键，数字万用表的图标和标识符就会被放置到工作区上。标识符用来识别仪表的类型和放置次数。

在电路中需要测量电压的地方放置数字万用表，接线方法与现实万用表完全一样，都通过“＋”“－”两个接线端子将仪表与电路相连，完成相应的测试。

数字万用表的控制面板可分为 3 个区，由上到下依次为测量结果显示区、被测信号选择区、仪表参数设置区。

通过单击 A V Ω dB 等按钮，可实现对测量对象（电流、电压、电阻、dB 值）的选取。当选择测量电路中的电流或电压时，需要根据测量直流量或交流量的要求，选择 ～（交流挡）或 —（直流挡）。另外，系统还提供了安捷伦万用表（Agilent Multimeter），其使用方法和 Agilent 34401A 型数字万用表类似。

2）放置示波器

示波器是电子实验中使用最为频繁的仪器之一，可用来显示信号的波形，还可以用来测量信号的频率、幅度和周期等参数，也可以用于波形的比较。在 Multisim12 中提供了双通道示波器、四通道示波器、安捷伦（Agilent）示波器、泰克（Tektronx）示波器，其中，安捷伦示波器和 Agilent 54622D 型数字示波器类似，泰克示波器和 Tektronic TDS 2024 型示波器类似。

双通道示波器的图标和面板图如图 7-14 所示。

双通道示波器包括通道 A 和通道 B 以及外触发 3 对接线端子。它与实际示波器的连接稍有不同：一是 A、B 可以用一根线与被测点连接，测量的是该点与地之间的波形；二是可以将示波器每个通道的“＋”和“－”端接在某两点上，示波器显示的是这两点之间的电压波形。为了便于清楚地观察波形，可以将连接到 A、B 通道的导线设置为不同的颜色，示波器的波形显示的颜色与连接到通道的导线的颜色相同。

双击双通道示波器的符号，会弹出示波器的面板，如图 7-14 所示，其面板的功能及操作如下：

① 时间轴（Timebase）选项区域：用来设置 X 轴方向的扫描线和扫描速度。

比例（Scale）：选择 X 轴方向每一个刻度代表的时间。单击该栏会出现一对上下反转的箭头，可根据信号频率的高低，选择合适的扫描时间。通常，时基的调整与输入信号的频率

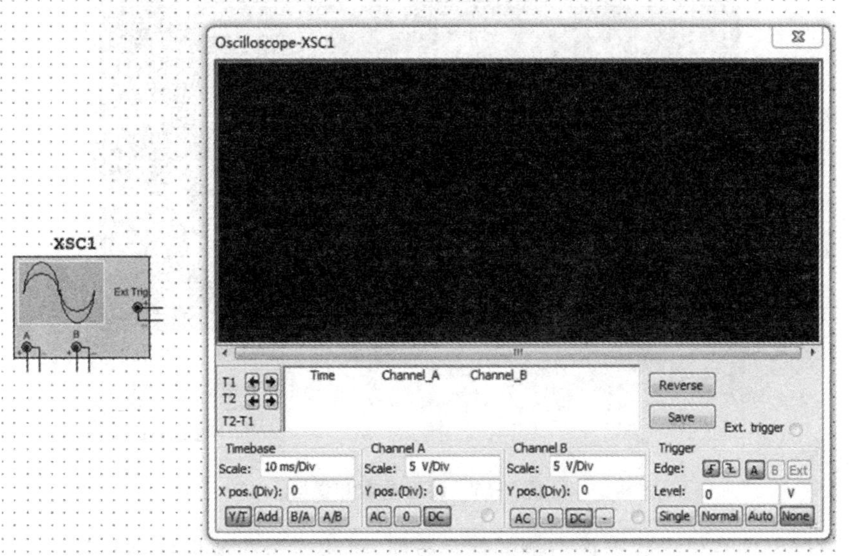

图 7-14 双通道示波器的图标和面板图

成反比，输入信号的频率越高，时基就越小。

X pos.：*X* 轴方向扫描线的起始位置，修改其设置可使扫描线左右移动。

工作方式：Y/T 方式显示以时间 *T* 为横坐标的变化波形；B/A 方式表示将 A 通道信号作为 *X* 轴扫描信号，B 通道信号施加在 *Y* 轴上；A/B 方式与 B/A 方式相反；加载(Add)方式显示的波形为 A 通道的输入信号和 B 通道的输入信号之和。

② 通道 A 选项区域：用来设置 A 通道输入信号在 *Y* 轴的显示刻度。

比例(Scale)：表示 A 通道输入信号的每格电压值。单击该栏会出现一对上下反转的箭头，可根据所测电压信号的大小，选择合适的显示比例。

Y pos.：表示 *Y* 轴方向的显示基准，修改其设置可使扫描线上下移动。

工作方式：AC 表示交流耦合方式，仅显示输入信号的交流成分；0 表示将输入信号接地，可用于确定零电平的基准位置；DC 表示直流耦合方式，实时显示信号的实际大小。

③ 通道 B 选项区域：用来设置 B 通道输入信号在 *Y* 轴的显示刻度，其设置方式与通道 A 选项区域相同。

④ 触发方式选项区域：用来设置示波器的触发方式。

边沿(Edge)：表示将输入信号的上升沿或下降沿作为触发方式。

电平(Level)：用于选择触发电平的电压大小(阈值电压)。

类型：一个(Single)表示单脉冲触发方式，标准(Normal)表示常态触发方式，自动(Auto)表示自动触发方式。

⑤ 波形参数测量区：用来显示两个游标所测得的显示波形的数据，如图 7-15 所示。

在屏幕上有 T1、T2 两个可以移动的游标，游标上方注有 1、2 的三角形标志，用以读取所显示波形的具体数值，并将其显示在屏幕下方的测量数据显示区。数据区显示游标所在的刻度，两游标的时间差，通道 A、B 输入信号在游标处的信号幅度。通过这些操作，可以测量信号的幅度、周期、脉冲信号的宽度、上升时间及下降时间等参数。

⑥ 反向(Reverse)：单击数据区右侧的反向按钮，可改变示波器的背景颜色(黑色或白色)。

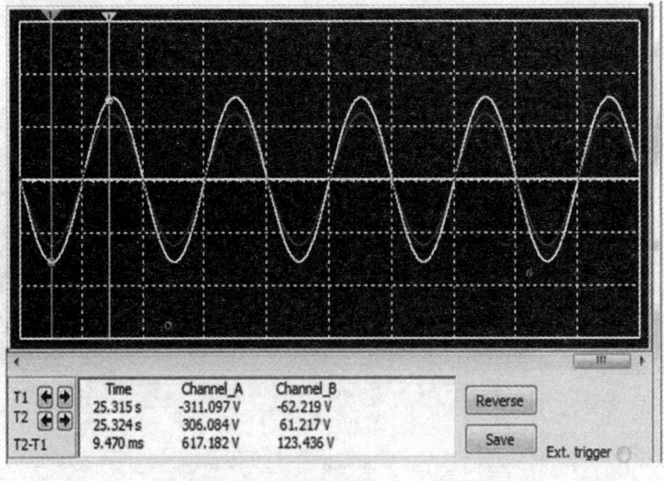

图 7-15 波形参数测量区

⑦ 保存(Save):单击数据区右侧的保存按钮,可将显示的波形保存起来。

3) 放置 IV(伏安特性)分析仪

IV 分析仪,即伏安特性分析仪,类似于晶体管特性测试仪,可用来测量二极管、双极型晶体管和场效应管的伏安特性曲线。

(1) 连接。

IV 分析仪的图标、符号和面板图如图 7-16 所示。

图 7-16 IV 分析仪的图标、符号和面板图

IV 分析仪有 3 个接线端,这 3 个接线端与所选的晶体管类型有关。在测量晶体管伏安特性时,只能单个测量,不能在电路中进行。

(2) 面板操作。

双击 IV 分析仪的符号,会弹出 IV 分析仪的面板,如图 7-16 所示。它由显示区、元件类型选择区、电流范围选项及晶体管符号和连接方法 5 部分组成。具体功能及其操作如下。

① 元件(Components):用来选择晶体管类型。

② 电流范围(Current range):用于改变图形显示区的电流显示范围。

对数(Log):用来设置 Y 轴对数刻度坐标。

线性(Lin):用来设置 Y 轴等刻度坐标。

③ F 区:用来设置 Y 轴电流终止值及其单位。

④ I 区：用来设置 Y 轴电流初始值及其单位。

⑤ 电压范围（Voltage range）：用于改变图形显示区的电压显示范围，其设置与电流范围设置类似。

⑥ 反向（Reverse）：单击反向按钮，可以改变显示区域的背景颜色（黑色或白色）。

⑦ 仿真参数（Simulate param.）：单击仿真参数按钮，可弹出仿真参数设置对话框，如图 7-17 所示。对话框与所选的晶体管类型有关。在仿真参数设置对话框中可以设置晶体管测试所需的扫描参数。

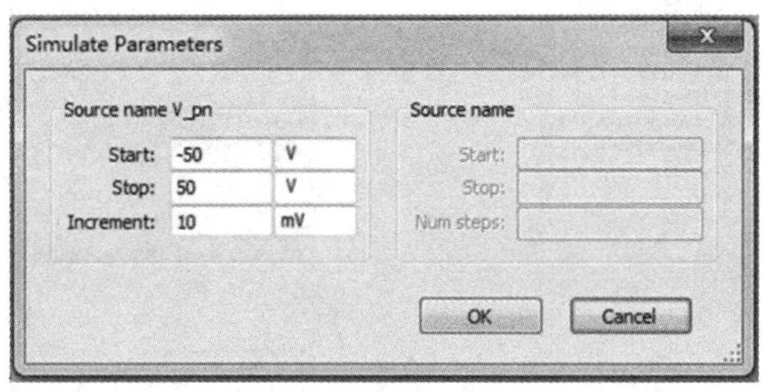

图 7-17　仿真参数设置对话框

7.1.1.4　电路仿真分析

要想完全掌握整个电路的仿真分析方法，首先必须会对每一个元器件进行仿真分析。

1. 元器件仿真

1）变压器仿真

变压器可将某一电压数值的交流电转换成同频率的另一电压数值的交流电，它的一次、二次绕组电压的有效值与一次、二次绕组的匝数成正比，它的一次、二次绕组电流的有效值与一次、二次绕组的匝数成反比。

变压器仿真实验电路如图 7-18 所示，其仿真步骤如下：

第一步：执行菜单【File】（文件）→【New】（新建）→【Design】（设计）命令，系统会新建一个原理图文件，文件名默认为“电路 1”。执行菜单【File】（文件）→Save as【另存为】，可对文件进行改名和选择新的存储路径。

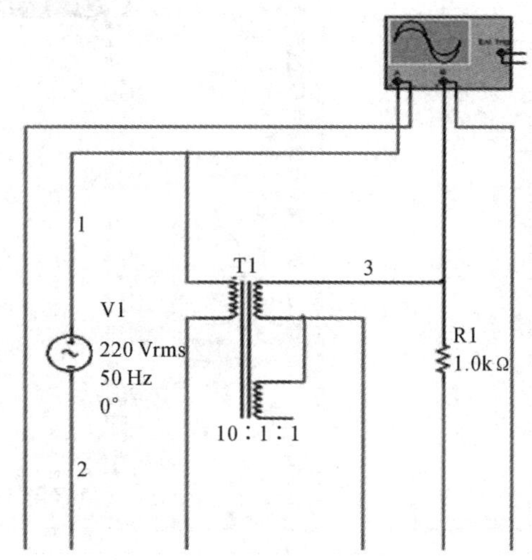

图 7-18　变压器仿真实验电路

第二步：单击元器件工具栏图标，在弹出的选择元件(Select a Component)对话框中系列(Family)栏选择电源(POWER_SOURCES)，在元件(Component)栏选择交流电源(AC_POWER)，单击右侧的确定(OK)按钮，其余选择默认，如图 7-19 所示。

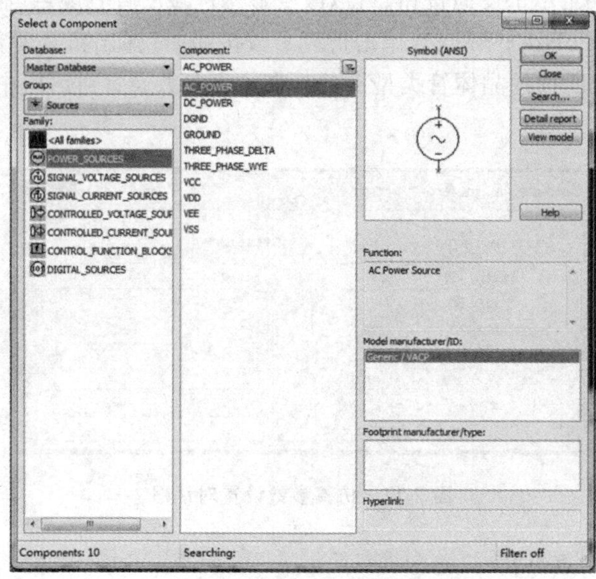

图 7-19　电源元件选择对话框

第三步：在电路窗口中双击交流电源符号，弹出交流电源属性对话框，在参数(Value)选项卡中设置参数有效值[Voltage(RMS)]、频率[Frequency(F)]，其他采用默认值，单击右侧的确定(OK)按钮，将电源修改为 220 V/50 Hz 的交流电源，如图 7-20 所示。

第四步：单击元器件工具栏图标，在弹出的选择元件对话框中系列栏选择变压器(TRANSFORMER)，在元件栏选择 1P2S(副边 2 绕组)，单击右侧的确定(OK)按钮，其余选择默认，如图 7-21 所示。

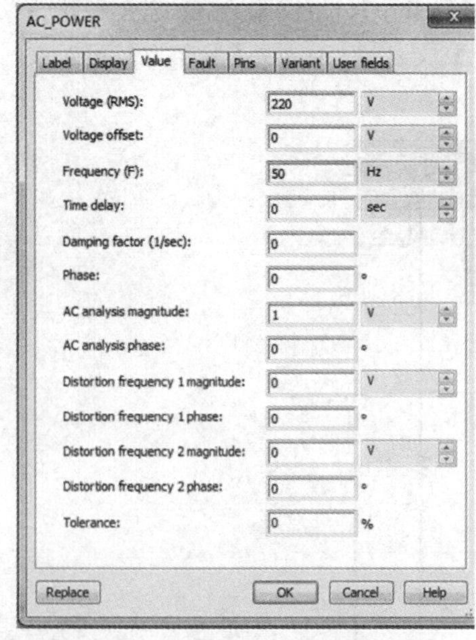

图 7-20　交流电源参数修改对话框

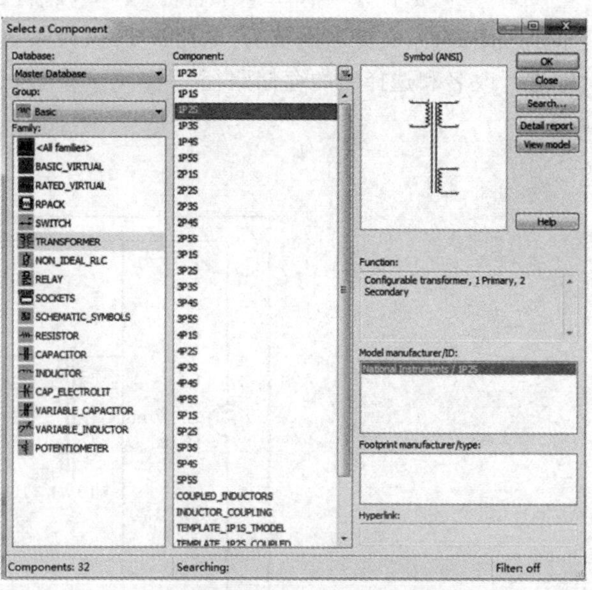

图 7-21　变压器元件选择对话框

第五步：在电路窗口中双击变压器符号，弹出变压器属性对话框，在参数选项卡中设置参数，将二次侧线圈 1(Secondarycoil1)、二次侧线圈 2(Secondarycoil2)的值均改为 1，其他采用默认值，单击右侧的确定(OK)按钮，将变压器变比修改为 10∶1∶1，如图 7-22 所示。

第六步：单击元器件工具栏 图标，在弹出的选择元件对话框中系列栏选择电阻(RESISTOR)，在元件栏选择 1.0K，单击右侧的确定按钮，在电路窗口中放置 1.0 kΩ 的电阻。点击鼠标左键选中电阻，再单击右键，在弹出的菜单中选择顺时针旋转 90°，电阻调整为垂直放置，如图 7-23 所示。

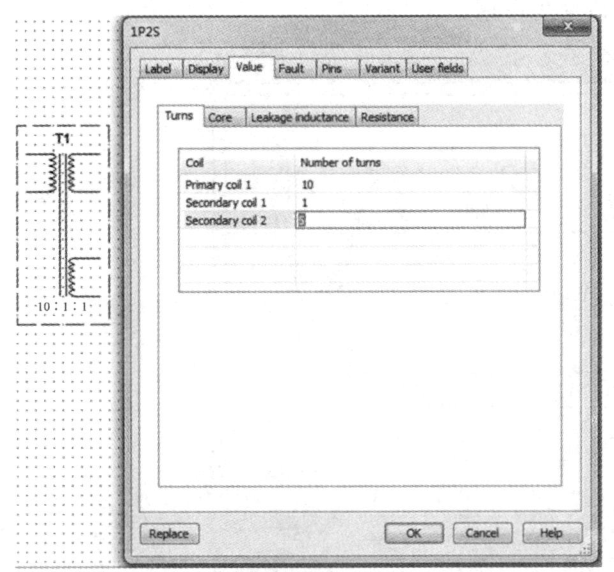

图 7-22　变压器参数修改对话框

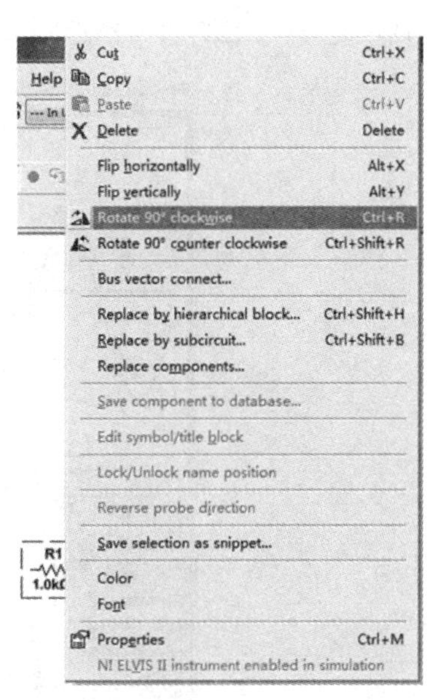

图 7-23　电阻方向调整快捷菜单

第七步：单击元器件工具栏 图标，在弹出的选择元件对话框中系列栏选择电源，在元件栏选择地(GROUND)，在电路窗口中放置接地，如图 7-24 所示。

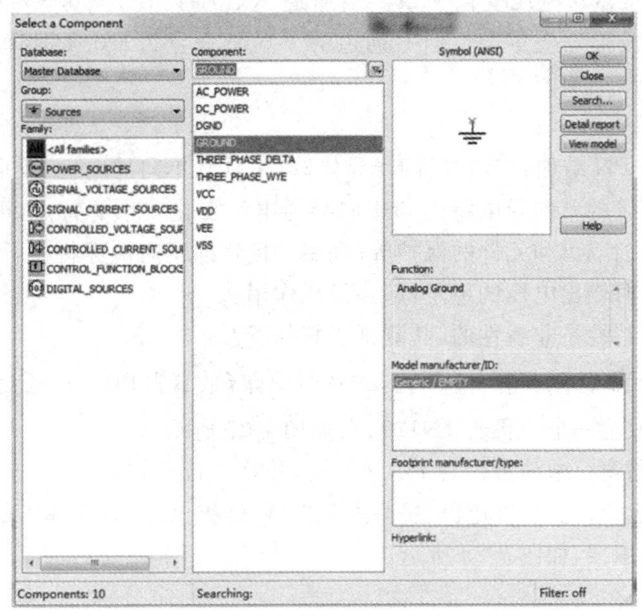

图 7-24　放置接地对话框

第八步：按照图 7-18 连接电路，并在电路窗口放置一台双通道示波器，示波器 A 通道测量电源电压，B 通道测量电阻两端电压。

在示波器 B 通道连线上单击鼠标右键，在弹出的快捷菜单中选择颜色段（Segment color），在弹出的对话框中选择黑色，可将连接线的颜色改为黑色，即设置 B 通道波形的颜色为黑色，以区别 A 通道测量波形的红色。

第九步：单击 ▶ 按钮或执行菜单【仿真】（Simulate）→【运行】（Run）命令，即开始仿真实验。在电路窗口中双击示波器图标，即可观察到测量电压的波形，如图 7-25 所示。单击反向（Reverse）按钮，可将示波器背景颜色改变为白色。

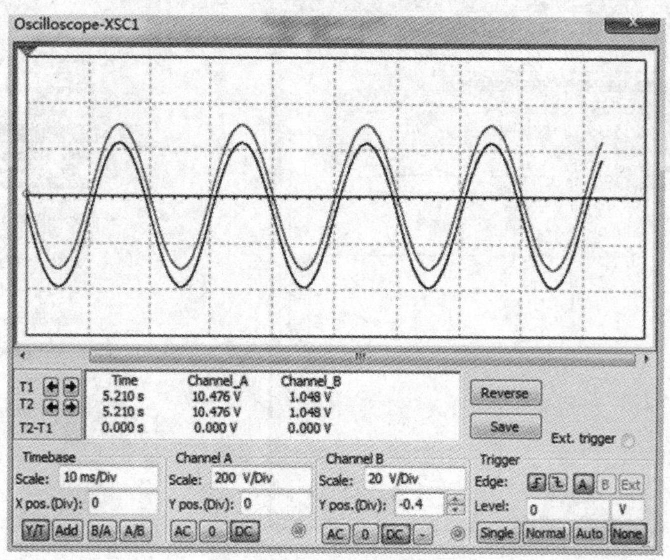

图 7-25　示波器窗口图

从图中可以看到变压器一次、二次侧波形频率相同，电压幅值为 10∶1，与变压器匝数比相同，符合变压器的电压变化关系。当通道 A 比例设置为 200V/Div，通道 B 比例设置为 20V/Div 时，波形完全重合。把 B 通道的 Y 位置设置为－0.4 时即看到图 7-25 中所示波形。

2）二极管仿真

二极管是一个 PN 结加封装构成的半导体器件，具有单向导电性、反向击穿特性和结电容特性。利用二极管的单向导电特性和正向导通电压变化较小的特点，可以完成信号的整流、检波、限幅、钳位、隔离和元件的保护等；利用二极管的反向击穿特性，可以实现反向电流在一定范围内变化时输出电压的稳定，起到稳压作用。

二极管的伏安特性是非线性的，其测试步骤如下：

第一步：单击元器件工具栏 ⊣▶⊢ 图标，或执行菜单【放置】（Place）→【元件】（Component）命令，在电路窗口放置一个二极管 1N1202C，如图 7-26 所示。

第二步：在电路窗口中放置一台 IV 分析仪，并将二极管按图 7-27 连接，单击仿真开关或执行仿真命令，运行仿真。在电路窗口中双击 IV 分析仪图标，在弹出的窗口中可以观察到二极管伏安特性曲线，如图 7-28 所示。

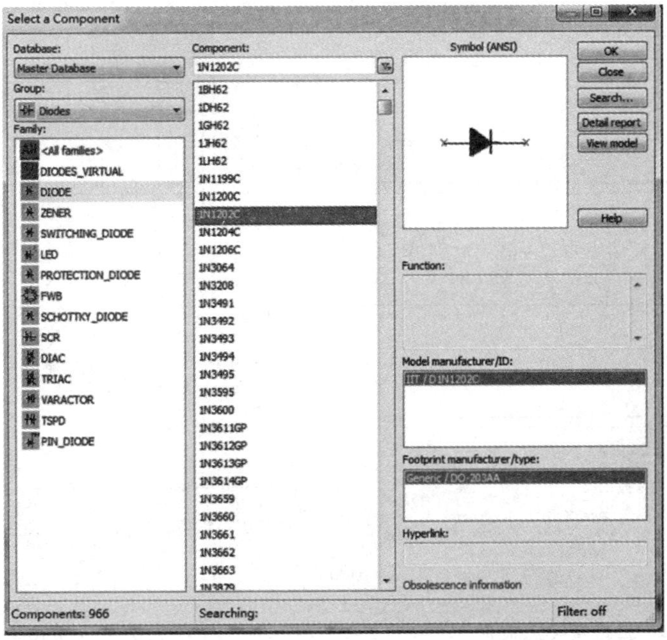

图 7-26　选择二极管 1N1202C

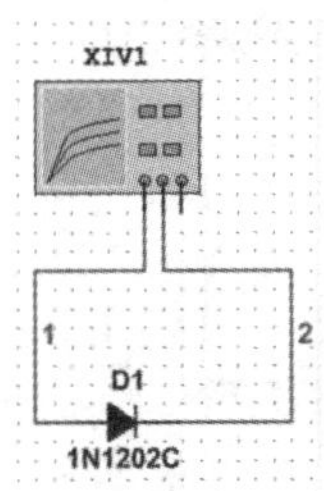

图 7-27　二极管伏安特性测试电路

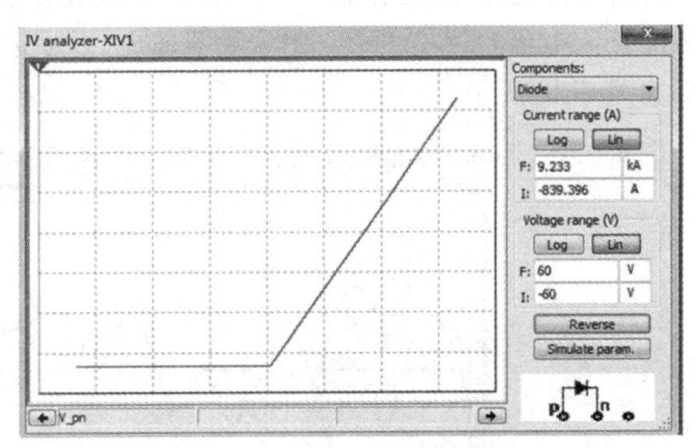

图 7-28　二极管伏安特性曲线

从图 7-28 可以看出，IV 分析仪得到的伏安特性曲线与二极管的伏安特性曲线近似。

二极管整流电路如图 7-29 所示，电源为 15 V/50 Hz 正弦波，示波器测得的波形如图 7-30 所示。从图中可以看出，输入信号的正半周，电阻 R1 上的电压波形和电源相同，二极管导通；输入信号的负半周，电阻 R1 上的电压为零，二极管截止。这与二极管单向导电性相符合。

这种电路，只有电源正半周时二极管导通，其输出电压为输入交流电压的正半周，也称半波整流。其输出的电压值小，$U_o \approx 0.45U_i$，对电源的利用率低，实际应用中一般采用 4 个二极管（或整流桥）构成桥式整流电路，即全波整流电路，如图 7-31 所示。

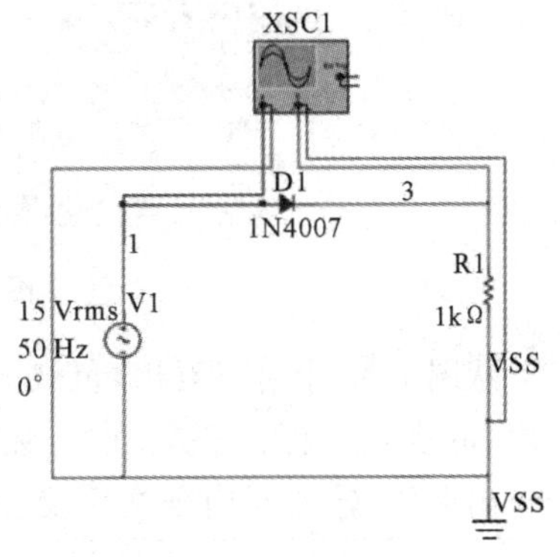

图 7-29　二极管整流电路

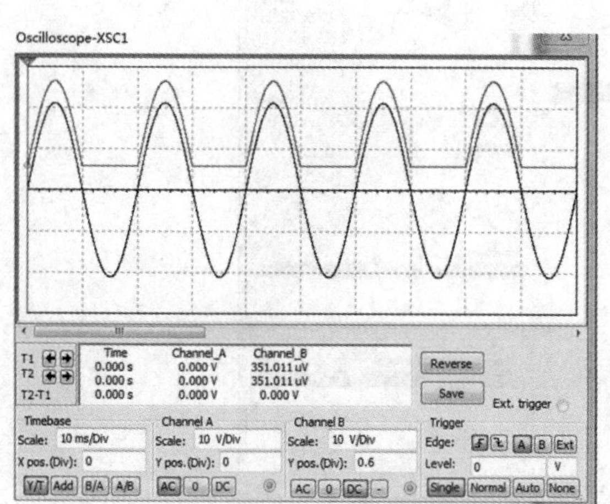

图 7-30　二极管整流波形

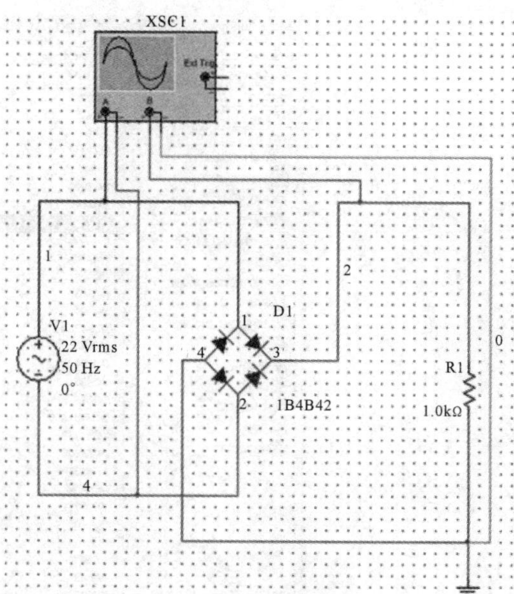

图 7-31　桥式整流电路

桥式整流电路中，无论输入电压是正半周还是负半周，负载电流方向始终是一个方向，负载的直流电压 $U_o \approx 0.9U_i$。用示波器通道 A 测量输入电压，通道 B 测量负载电压，测得的波形如图 7-32 所示。

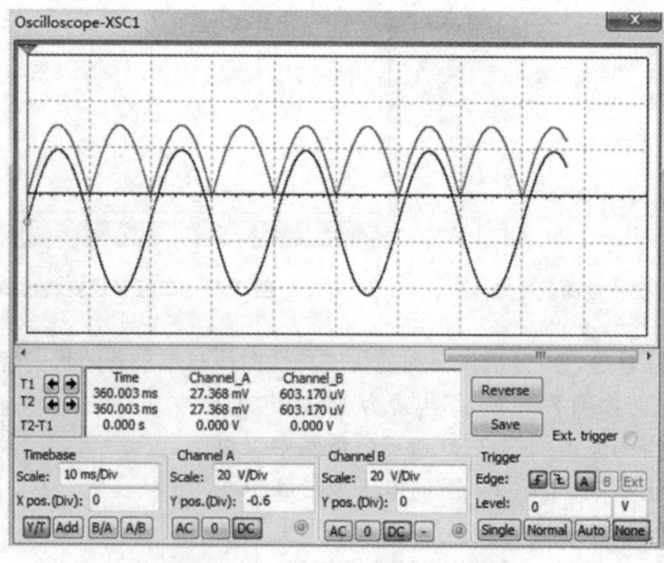

图 7-32　桥式整流电路电压波形

从图 7-32 中可以看出，负载上的电压与电源电压频率相同，无论电源是正半周还是负半周，负载上的电压都是正的。在电路中放置 2 个数字万用表，分别测量输入电压和负载上的输出电压，输入万用表按下交流按钮，输出万用表按下直流按钮，如图 7-33 所示。测得 $U_i = 21.993$ V，$U_o = 18.584$ V，和理论分析 $U_o \approx 0.9U_i$ 相一致。

3）滤波电路仿真

整流电路将交流电整流成单方向脉动的电压和电流，而大多数电子设备需要脉动程度

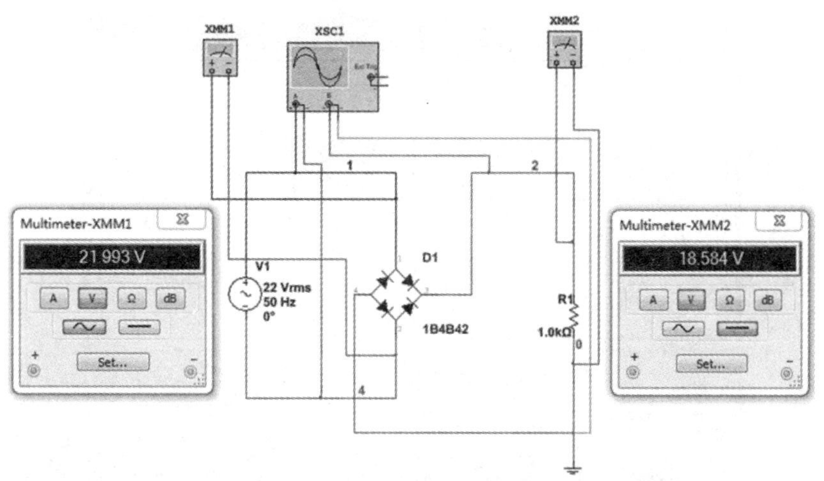

图 7-33　桥式整流电路电压测量电路

小的平滑直流电，这就需要采用滤波电路。滤波电路能将整流脉冲的单方向电压、电流变换成平滑电压、电流，常用的滤波电路有电容滤波、电感滤波和多级滤波，这里主要介绍电容滤波及其仿真。

电容滤波电路是在整流电路输出端并联电容，利用其充放电特性使输出端电压趋于平滑。桥式整流电容滤波电路如图 7-34 所示。

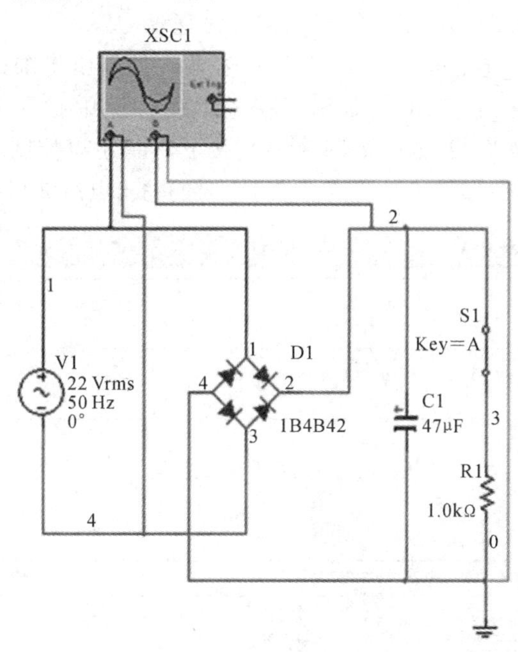

图 7-34　桥式整流电容滤波电路

有了如图 7-31 所示的桥式整流电路，在基本元件库中选择电解电容（CAP_ELECTROLIT），并放置到电路窗口中，正极接输出端电源正极，负极接电源负极，连接好线路，启动仿真。可以观察到带负载时的电压波形，如图 7-35 所示。

由图 7-35 中可以看出，u_2 为正半周，在 $u_2 > u_d$（u_d 为负载输出电压）时，二极管导通，交流电源向电容 C1 充电，同时向负载 R1 供电。当 u_2 下降，在 $u_2 < u_d$ 时，二极管截止，电容通

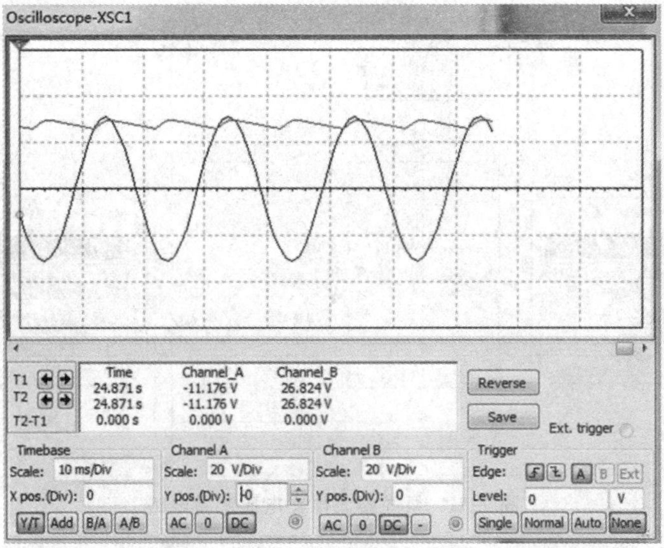

图 7-35　桥式整流电容滤波电路带负载时的电压波形

过负载 R1 放电。u_2 为负半周，在$|u_2|>u_d$ 时，二极管导通，交流电源向电容 C1 充电，同时向负载 R1 供电。当 u_2 下降，在$|u_2|<u_d$ 时，二极管截止，电容通过负载 R1 放电。这样，负载 R1 上得到的是锯齿波。如果增加电容容量使其足够大，则时间常数 $R1C1$ 足够大，即放电过程非常缓慢，可以获得恒定的直流电压(波形为直线)。

如果不接入负载 R1，电容将无放电回路，电容两端的电压将维持一个恒定的值。为便于观察，在电路中增加一个控制开关 S1。在基本元件库中找见开关(SWITCH)，放置 DIPSW1 开关到电路中连好线，如图 7-34 所示。按下 A 键可以控制开关的通断。当开关处于断开位置时，观察到的波形即为不接入负载 R1 时的输出电压波形，如图 7-36 所示。

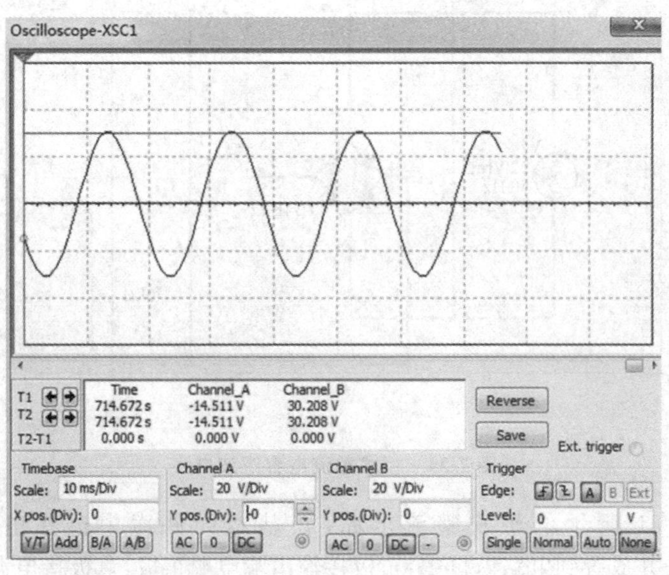

图 7-36　桥式整流电容滤波电路不带负载时的电压波形

2. 三端稳压电源电路仿真

按照图 7-10 所建立的仿真模型进行仿真实验，可以测量电路各工作点的电气参数及电压波形(与实际电路基本相同),并可将这些参数和波形作为实际电路工作状态分析判断的依据。实测中发现,LM7805 和 LM7905 误差较大,这是软件模型的问题,将它们换成 MC7805CT 和 UPC7905,放置一个四通道示波器和一个双通道示波器,如图 7-37 所示。

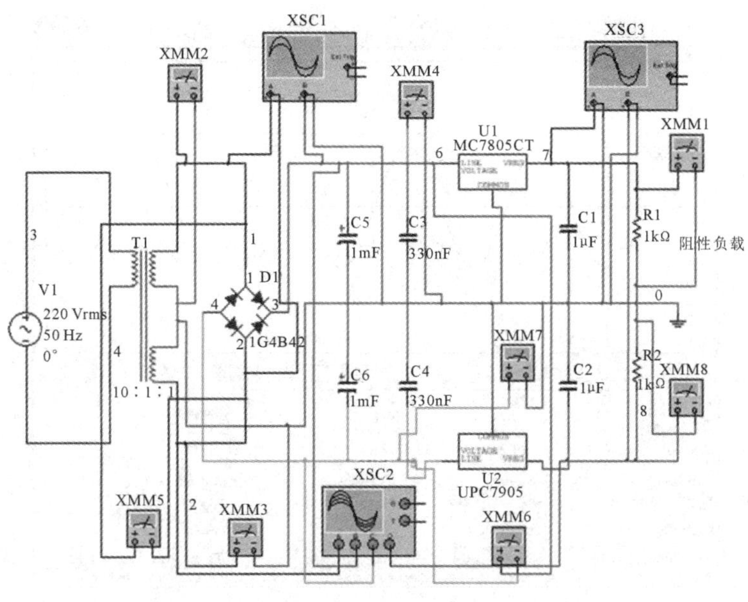

图 7-37 三端稳压电源仿真实验电路

在图 7-37 中,四通道示波器的 A 通道测量变压器二次侧输出电压波形,B 通道测量 7805 输入电压波形,通道 C 测量 7905 输入电压波形,通道 D 测量 7905 输出电压波形。测量结果如图 7-38 所示。通道 A 测得的是一个正弦波形,频率为 50 Hz,有效值为 22 V,峰值为31.074 V,符合 10∶1 的变压器变比。通道 B、C 测量波形为直线,数值分别为 30.176 V、−30.193 V,说明输入电压为恒定的直流电压。因为这里采用了 1000 μF 电容滤波,足以将整流桥输出脉动电压波头滤平。通道 D 所测波形为直线,图中位置测量数据为−5.350 V,说明 7905 输出为恒定−5 V。误差为示波器测量误差。

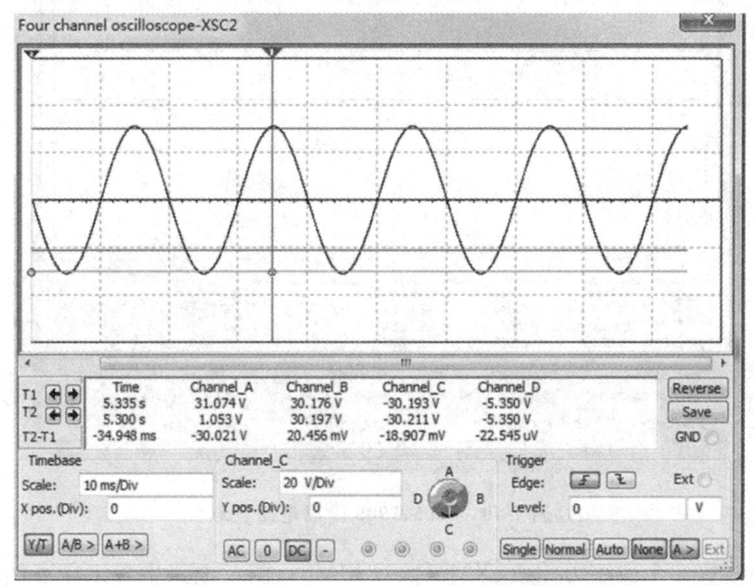

图 7-38 四通道示波器 XSC2 测量波形

在图 7-37 中，双通道示波器 XSC1 的 A 通道测量整流桥的输入电压波形，为变压器二次侧两绕组电压和，正弦波，频率为 50 Hz，有效值为 44 V，峰值为 62.2 V。B 通道测量 7805 的输入电压波形，与图 7-38 一致。测量结果如图 7-39 所示。

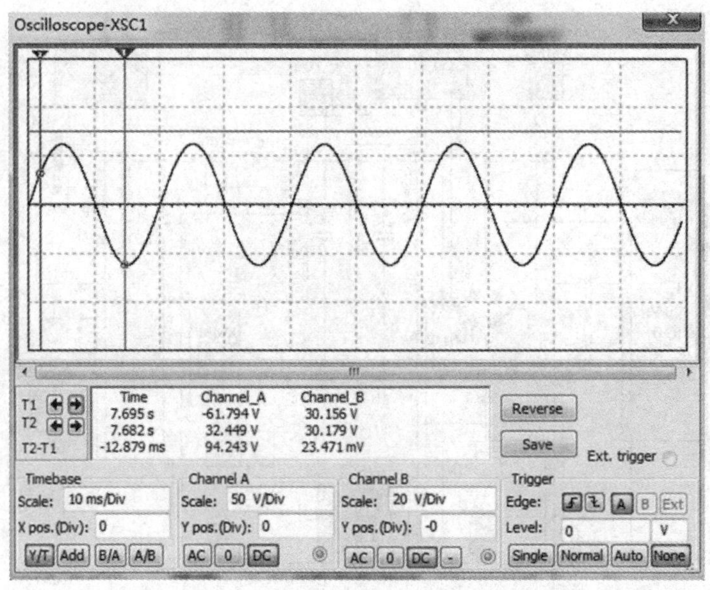

图 7-39 示波器 XSC1 测量波形

在图 7-37 中，双通道示波器 XSC3 的 A、B 通道分别测量 7805 和 7905 的输出电压波形，7805 输出恒定为 5 V 的直流电，7905 输出恒定为－5 V 的直流电，波形为平滑直线且分别位于横轴上下两侧等距离处，如图 7-40 所示。如果将示波器选择交流信号(AC)，测量输出对地交流电压，可得其纹波电压波形，如图 7-41 所示。

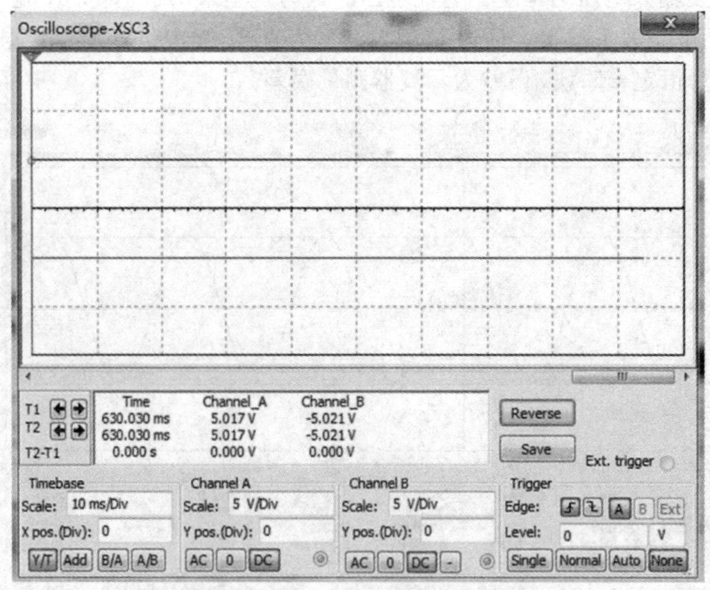

图 7-40 7805、7905 输出电压波形

在电路中放置 8 个数字万用表(XMM1～XMM8)，测量电路中各工作点的电压参数，如图 7-37 所示。变压器二次侧两个绕组的输出电压均为 21.993 V(XMM2 和 XMM3)，符合

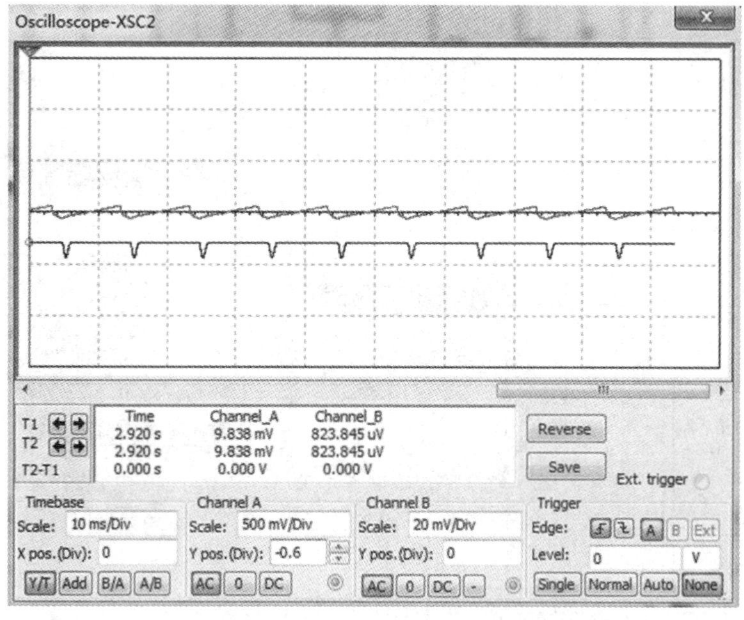

图 7-41 三端稳压电源纹波电压波形

变压器变比。整流桥输入电压为变压器二次侧两个绕组的输出电压之和，为 43.986 V(XMM5)，如图 7-42 所示；整流桥输出电压为 7805 和 7905 输入电压之和，即 XMM6 的测量值(60.407 V)为 XMM4 的测量值(30.196 V)和 XMM7 的测量值(−30 .211 V)的绝对值之和，如图 7-43 所示。当 7805 的输入电压为 7～35 V 时，其输出电压为 4.8～5.2 V。当 7905 的输入电压为−35～−8 V 时，其输出电压为−5.2～−4.8 V。7805 和 7905 的最大输出电流均为 1.5 A，当负载为 1 kΩ 时，输出电压分别为 5.022 V(XMM1)和−5.022 V(XMM8)，如图 7-44 所示。

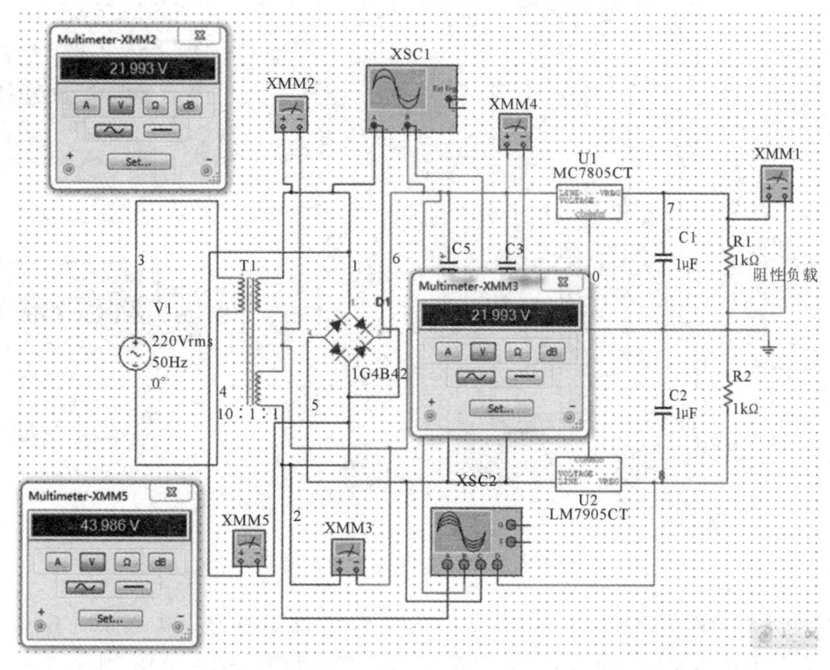

图 7-42 整流桥输入电压测量

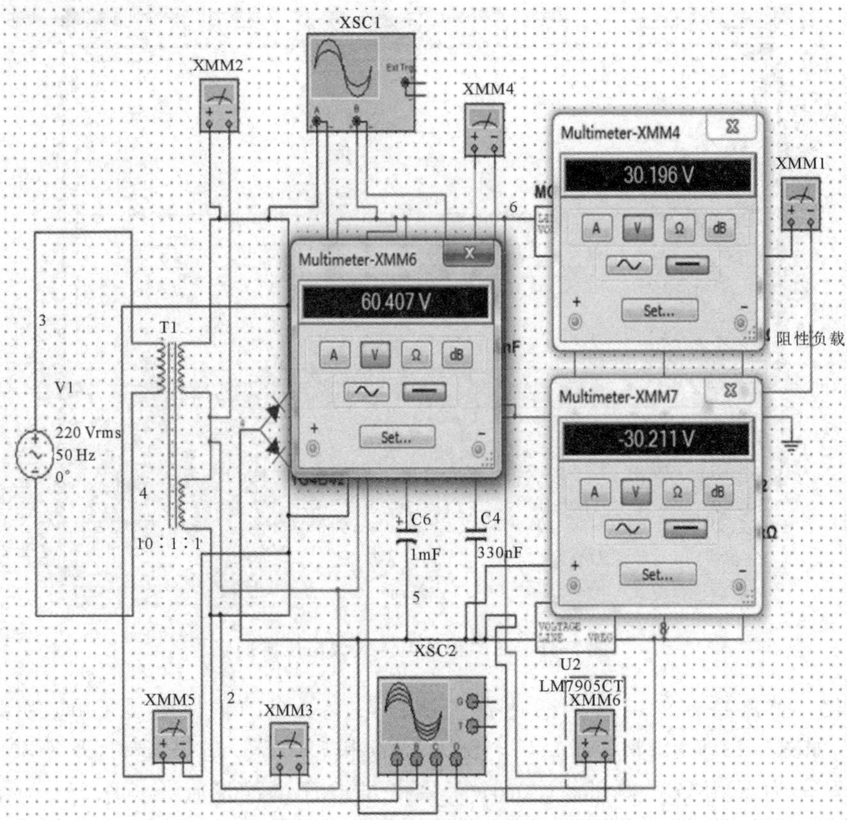

图 7-43 整流桥输出电压测量

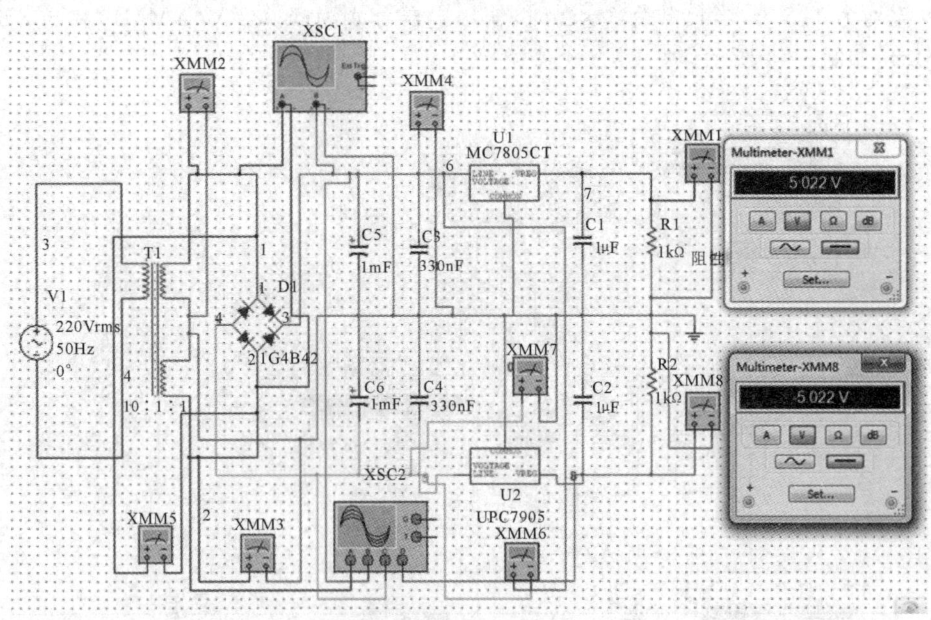

图 7-44 稳压电源输出电压测量

当负载变化时，保持交流输入电压不变，分别将负载变换为 500 Ω、100 Ω、50 Ω、20 Ω、10 Ω，用数字万用表 XMM1 和 XMM8 测量正、负电源对应的输出电压，如表 7-1 所示。

表 7-1 三端稳压电源输出电压测量表

负载电阻/Ω	500	100	50	20	10
7805 输出/V	5.022	5.019	5.019	5.014	5.007
7905 输出/V	−5.017	−5.016	−5.012	−5.004	−4.991

7.1.2 警笛电路设计仿真

1. 555 定时器

555 定时器是一种模拟和数字功能相结合的中规模集成器件。一般用双极型(TTL)工艺制作的称为 555,用互补金属氧化物(CMOS)工艺制作的称为 7555,除单定时器外,还有对应的双定时器 556/7556。555 定时器的电源电压范围宽,可在 4.5～16 V 工作,7555 可在 3～18 V 工作,输出驱动电流约为 200 mA,因而其输出可与 TTL、CMOS 或者模拟电路电平兼容。555 定时器成本低,性能可靠,只需要外接几个电阻、电容,就可以实现多谐振荡器、单稳态触发器及施密特触发器等脉冲产生与变换电路。它常作为定时器广泛应用于仪器仪表、家用电器、电子测量及自动控制等方面。

555 定时器有 8 个引脚,如图 7-45 所示。它的各个引脚功能如下:

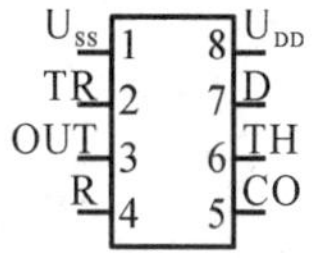

1 脚(GND):外接电源负端 VSS 或接地,一般情况下接地。

2 脚(TRI):低触发端。

3 脚(OUT):输出端。

图 7-45 555 定时器

4 脚(RST):直接清零端。当此端接低电平时,时基电路不工作,此时不论 TR、TH 处于何电平,时基电路输出为"0",该端不用时应接高电平。

5 脚(CON):控制电压端。若此端外接电压,则可改变内部两个比较器的基准电压,当该端不用时,应将该端串入一只 0.01 μF 电容接地,以防引入干扰。

6 脚(THR):TH 高触发端。

7 脚(DIS):放电端。

8 脚(VCC):外接电源 VCC,一般用 5 V。

它内部包括两个电压比较器、三个等值串联电阻、一个 RS 触发器、一个放电管 T 及功率输出级。它提供两个基准电压 VCC/3 和 2VCC/3。555 定时器的功能主要由两个比较器决定。两个比较器的输出电压控制 RS 触发器和放电管的状态。在电源与地之间加上电压,当 5 脚悬空时,则电压比较器 C1 的反相输入端的电压为 2VCC/3,C2 的同相输入端的电压为 VCC/3。若低触发输入端 TR 的电压小于 VCC/3,则比较器 C2 的输出为 0,可使 RS 触发器置 1,使输出端 OUT=1。如果高触发输入端 TH 的电压大于 2VCC/3,同时 TR 端的电压大于 VCC/3,则 C1 的输出为 0,C2 的输出为 1,可将 RS 触发器置 0,使输出为 0 电平。其基本功能表如表 7-2 所示。

表 7-2 555 定时器基本功能表

清零端 R	高触发端 TH	低触发端 TR	OUT	放电管 T	功　　能
0	×	×	0	导通	直接清零
1	＜2VCC/3	＞VCC /3	x	保持上一状态	保持上一状态
1	＞2VCC/3	＜VCC/3	1	截止	置 1
1	＜2VCC/3	＜VCC/3	1	截止	置 1
1	＞2VCC/3	＞VCC /3	0	导通	清零

2. 多谐振荡器

多谐振荡器是555定时器应用的基本电路，是指电路没有稳定状态(即方波发生器)，只有两个暂稳态，其功能是产生一定频率和幅度的矩形波信号，其输出状态不断在“1”和“0”之间变换。利用工具(Tools)下555定时器向导(555 Timer Wizard)命令直接生成多谐振荡器。其参数设置如图7-46所示。

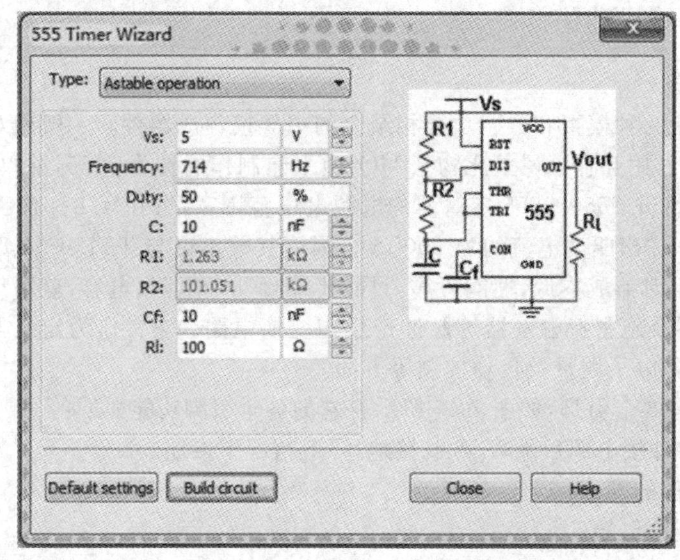

图7-46　555 Timer Wizard对话框

输入电源电压、频率、占空比、电容C和Cf的值、负载电阻R1值，单击生成电路(Build circuit)按钮，即可产生所需电路，如图7-47所示。在加电状态下，由于电容C上电压不能突变，故555芯片处于置位状态，Uo=1，放电管T截止(7脚与地断开)，VCC通过R1、R2对电容C进行充电，当Uc上升到2VCC/3时，Uo=0，T导通，电容C端电压通过R2和放电管T对地进行放电，Uc下降。当Uc下降到VCC/3时，Uo又由0变为1，T截止，VCC又经R1和R2对C充电。如此重复上述过程，在输出端Uo产生了连续的矩形脉冲，如图7-47所示。其中，R1、R2和C是定时元件，它们决定了电路的充放电时间。

多谐振荡器的主要参数：T1=0.7(R1+R2)C；T2=0.7R2C；T= T1+ T2；Q=T1/T2。

3. 警笛电路

用两个555定时器构成低频信号对高频调制的电路，其电路和波形如图7-47所示。它是由两个多谐振荡器构成的模拟声响发声器。调节定时元件R1、R2和C2，使第一个振荡器的振荡频率为714 Hz。调节R3、R4和C4，使第二个振荡器的振荡频率为10 kHz。由于第一个振荡器的输出端接第二个振荡器的复位端，所以当A1的输出电压为高电平时，A2振荡；当A1的输出电压为低电平时，A2停止振荡。接通电源，扬声器产生连续不断的“呜……呜……”类似警车的音响效果。

在Multisim中，用555定时器构建多谐振荡器的方法有两种：一种是利用工具(Tools)下555定时器向导(555 Timer Wizard)命令直接生成多谐振荡器；另一种是在混合器件库(Mixed)的定时器(Timer)中找到555模块，再调用其他相关器件组成多谐振荡器。其仿真方法如下：

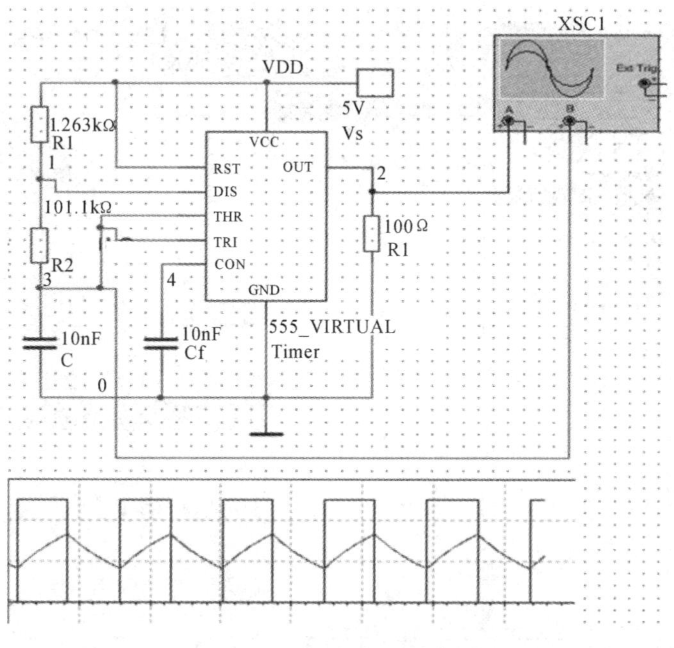

图 7-47　多谐振荡器电路和波形

第一步：为了符合我国的元件图形标准，将电子元件标准改为 DIN 标准，这样电阻符号就变成了矩形符号，蜂鸣器符号就变成了类似电铃的符号。在选项(Options)菜单下执行全局参数选择(Global Preferences)命令，在元件(Components)选项卡中将符号标准(Symbol standard)设为 DIN，如图 7-48 所示。

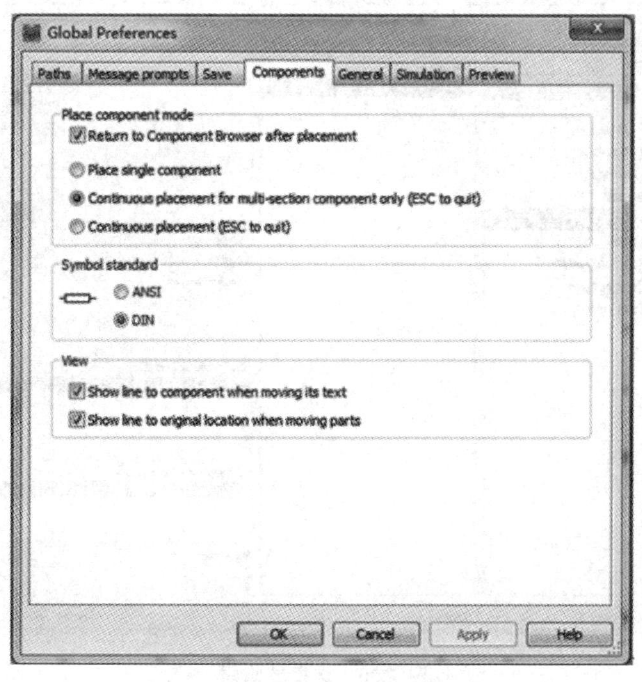

图 7-48　符号标准设置对话框

第二步：建立电路文件，在混合器件库(Mixed)的定时器(Timer)中找到 555 模块，把它放置到电路窗口中，如图 7-49 所示。

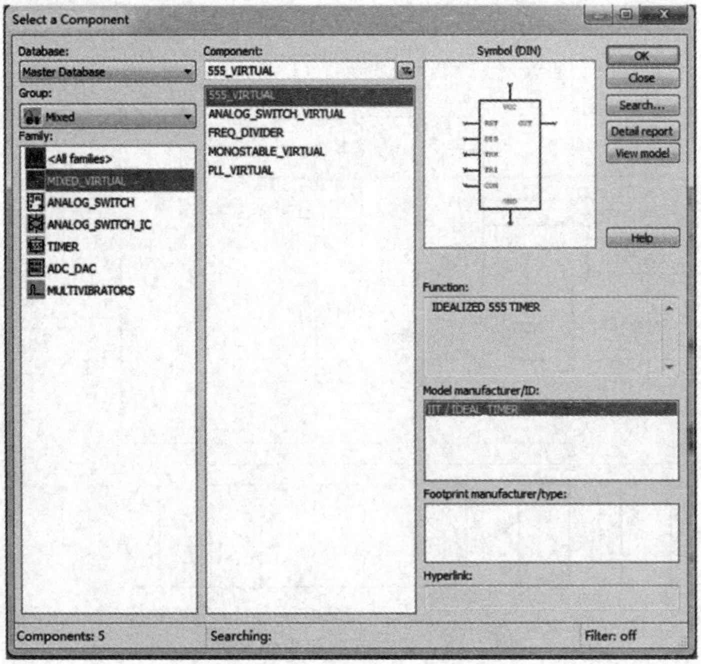

图 7-49　选择 555 定时器

第三步：在指示元件库（Indicator）中选择蜂鸣器（SONALERT），把它放置到电路窗口中，如图 7-50 所示。

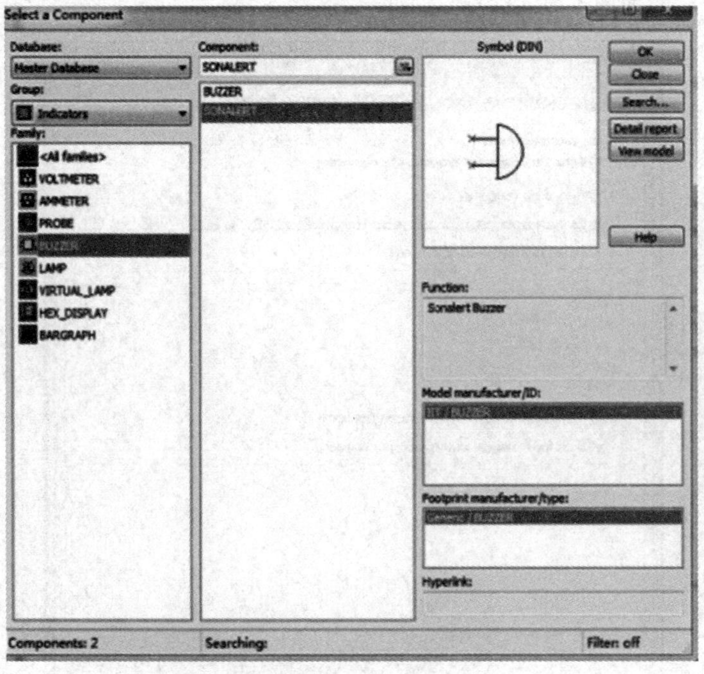

图 7-50　选择蜂鸣器

第四步：在电路窗口中放置其他相关元件，连接好线路，如图 7-51 所示。运行仿真，可观察到其工作波形，如图 7-52 所示。

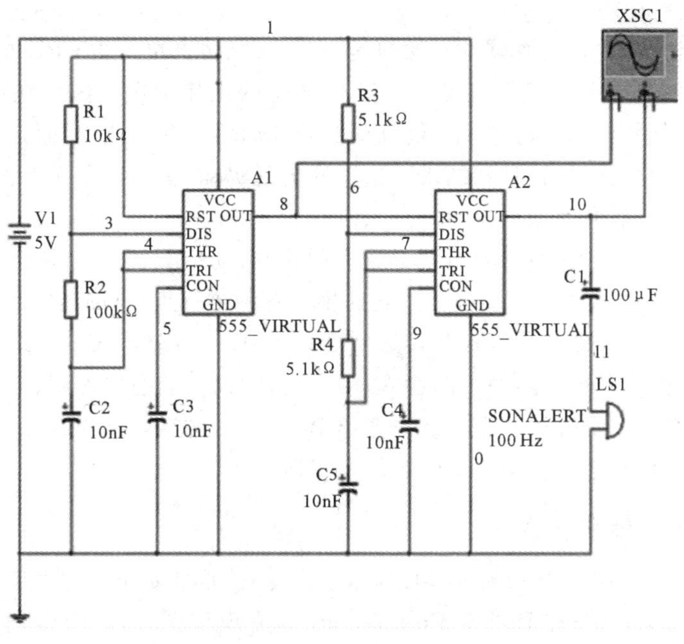

图 7-51　警笛电路原理

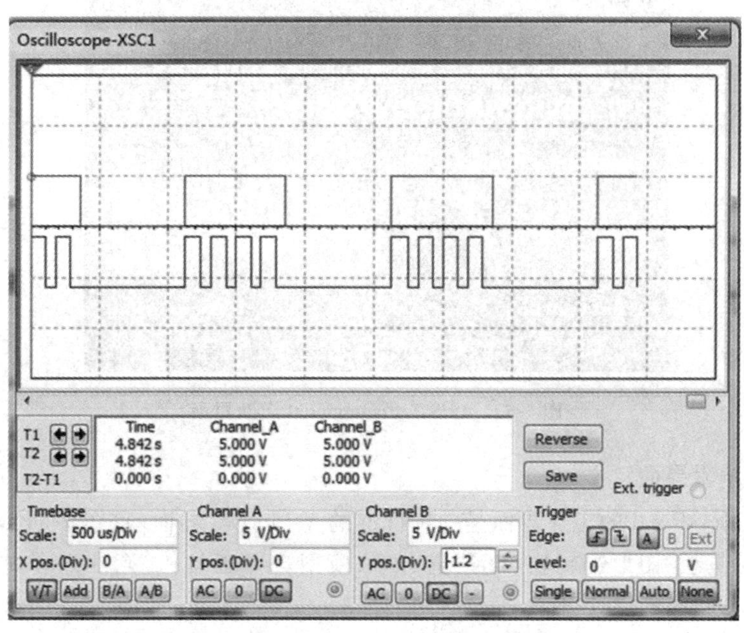

图 7-52　警笛电路工作波形

 7.2　Proteus 电路仿真技术应用

Proteus 是英国 Lab center electronics 公司 1989 年推出的多功能 EDA 软件，目前最新版本是 Proteus8.6。该软件具有模拟电路、数字电路、单片机和嵌入式系统的仿真功能，并提供各种虚拟仪器，同时支持第三方的软件编译和调试环境，如 Keil C51 uVision4 等软件。它是单片机系统设计与仿真的理想工具，从 8051 系列 8 位单片机直至 ARM7 32 位单片机的多种单片机都可以仿真，目前已成为流行的单片机系统设计与仿真平台。另外，该软件还

具有 PCB 板的设计功能。

Proteus 与其他单片机仿真软件不同的是，它不仅能仿真单片机 CPU 的工作情况，也能仿真单片机外围电路或没有单片机参与的其他电路的工作情况。因此在仿真和调试程序时，关心的不再是某些语句执行时单片机寄存器和存储器内容的改变，而是从工程的角度直接看程序运行和电路工作的过程和结果。这样的仿真实验，从某种意义上讲，弥补了实验和工程应用间脱节的矛盾和现象。

Proteus 主要包括 ISIS 和 ARES 两部分应用软件，其中 ISIS 部分是智能原理图输入系统，同时支持 VSM 模式(虚拟仿真模式)，它提供了各种仿真工具，如激励源、虚拟仪器、分析图表和参数测试探针，设计与仿真极其接近实际。ARES 是高级 PCB 布线编辑软件。这两部分软件主要实现 6 部分功能：原理图输入、混合模型仿真、动态器件库、高级布线/编辑、处理器仿真模型和高级图形分析。本章首先介绍 Proteus 7 的基本操作，然后通过 2 个实例介绍 Proteus ISIS 软件在电子工程技术中的仿真实训。

7.2.1 Proteus 7 基本操作

双击桌面上的 ISIS 7 Professional 图标或者单击屏幕左下方的“开始”→“程序”→“Proteus 7 Professional”→“ISIS 7 Professional”，出现如图 7-53 所示的界面，表明进入 Proteus ISIS 集成环境。

图 7-53　ISIS 7 Professional 启动界面

1. 原理图编辑界面

ISIS 7 Professional 的工作界面是一种标准的 Windows 界面(见图 7-54)，包括标题栏、主菜单、标准工具栏、图形编辑窗口、预览窗口、模型选择工具栏、元件列表窗口、方向工具栏、仿真工具栏、状态栏。

1) 标题栏

在标题栏上显示当前所编辑原理图的文件名及 Proteus 软件名称(ISIS Professional)。

2) 主菜单

主菜单包括 File(文件)、View(视图)、Edit(编辑)、Library(库)、Tools(工具)、Design(设计)、Graph(图形)、Source(源)、Debug(调试)、Template(模板)、System(系统)和 Help(帮助)等。单击任一菜单后，都将弹出其子菜单项。

(1) File 菜单：包括常用的文件功能，如新建设计、打开设计、保存设计、导入/导出文件，也可打印、显示设计文档，以及退出 Proteus ISIS 系统等。

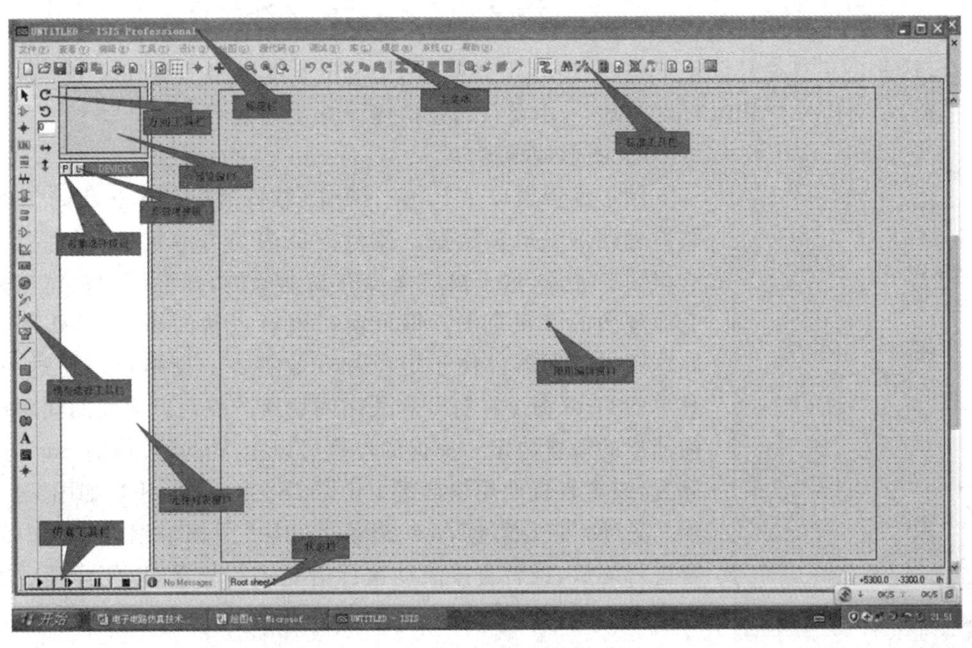

图 7-54　ISIS 7 Professional 原理图编辑界面

(2) View 菜单：包括是否显示网格、设置格点间距、缩放电路图及显示与隐藏各种工具栏等。

(3) Edit 菜单：包括撤销/恢复操作，查找与编辑元器件，剪切、复制、粘贴对象，以及设置多个对象的层叠关系等。

(4) Library 菜单：库操作菜单。它具有选择元器件及符号、制作元器件及符号、设置封装工具、分解元件、编译库、自动放置库、校验封装和调用库管理器等功能。

(5) Tools 菜单：工具菜单。它包括实时注解、自动布线、查找并标记、属性分配工具、全局注解、导入文本数据、元器件清单、电气规则检查、编译网络标号、编译模型、将网络标号导入 PCB 以及从 PCB 返回原理设计等工具栏。

(6) Design 菜单：工程设计菜单。它具有编辑设计属性、编辑原理图属性、编辑设计说明、配置电源、新建/删除原理图和设计目录管理等功能。

(7) Graph 菜单：图形菜单。它具有编辑仿真图形，添加仿真曲线、仿真图形，查看日志，导出数据，清除数据和一致性分析等功能。

(8) Source 菜单：源文件菜单。它具有添加/删除源文件、定义代码生成工具、设置外部文本编辑器和编译等功能。

(9) Debug 菜单：调试菜单，具有启动调试、执行仿真、单步运行、断点设置和重新排布弹出窗口等功能。

(10) Template 菜单：模板菜单，包括设置图形格式、文本格式，设计颜色以及连接点和图形等。

(11) System 菜单：系统设置菜单，包括设置系统环境、路径、图纸尺寸、标注字体、热键以及仿真参数和模式等。

(12) Help 菜单：帮助菜单，包括版权信息、Proteus ISIS 学习教程和示例等。

3）标准工具栏

Proteus ISIS 的主工具栏位于主菜单下面两行，与其他 Windows 应用程序以图标形式给出，包括 File 工具栏、View 工具栏、Edit 工具栏和 Design 工具栏四个部分。工具栏中每一个按钮，都对应一个具体的菜单命令，主要目的是快捷而方便地使用命令。

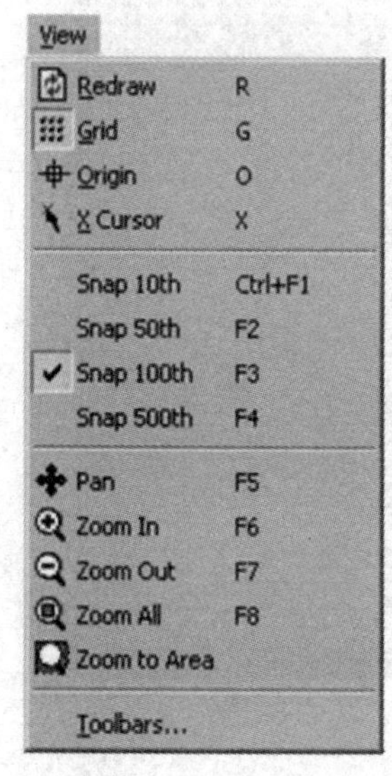

图 7-55　View 菜单

4）图形编辑窗口

图形编辑窗口是 Proteus ISIS 软件的核心部分，用于完成电路原理图的编辑和绘制。蓝色方框内为可编辑区，元件要放到它里面。注意，这个窗口是没有滚动条的，你可用预览窗口来改变原理图的可视范围。编辑窗口内有点状的栅格，其作用是使原理图中的元器件便于定位和安放整齐。栅格可以通过 View 菜单的 Grid 命令在打开和关闭间切换。点与点之间的间距由当前捕捉的设置决定。捕捉的尺度可以由 View 菜单的 Snap 命令设置，或者直接使用快捷键 F4、F3、F2 和 Ctrl＋F1，如图 7-55 所示。另外，可以通过 View 菜单、工具栏图标对编辑窗口中的内容进行缩放，或者直接滚动鼠标滑轮进行缩放，以便详细观察原理图中的每个区域。

5）预览窗口

它可显示两个内容：一个是，当在元件列表中选择一个元件时，它会显示该元件的预览图；另一个是，当鼠标焦点落在原理图编辑窗口时（即放置元件到原理图编辑窗口后或在原理图编辑窗口中点击鼠标后），它会显示整张原理图的缩略图，并会显示一个绿色的方框，绿色方框里面的内容就是当前原理图窗口中显示的内容，因此，可用鼠标在它上面点击来改变绿色方框的位置，从而改变原理图的可视范围。

6）模型选择工具栏

模型选择工具栏主要用于电路原理图的绘制及仿真，主要分为 3 个部分，即基本操作工具、仿真工具和 2D 图形工具，分别如图 7-56、图 7-57、图 7-58 所示。

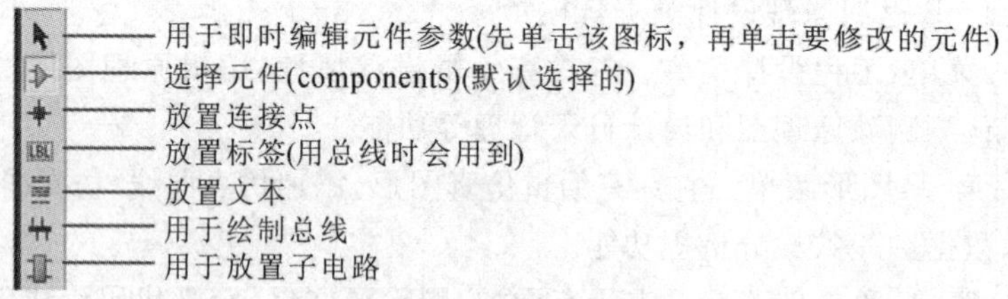

图 7-56　基本操作工具

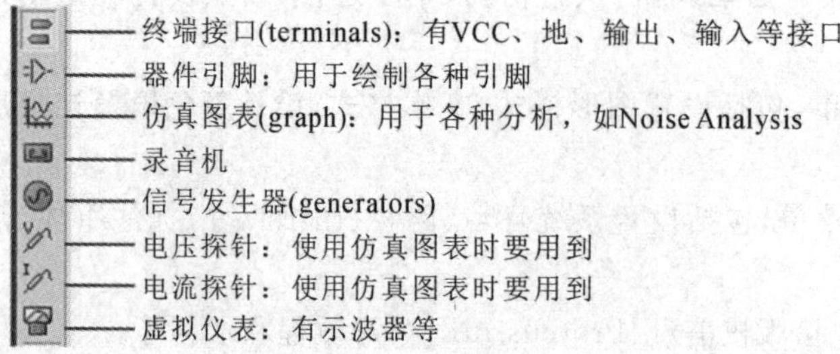

图 7-57　仿真工具

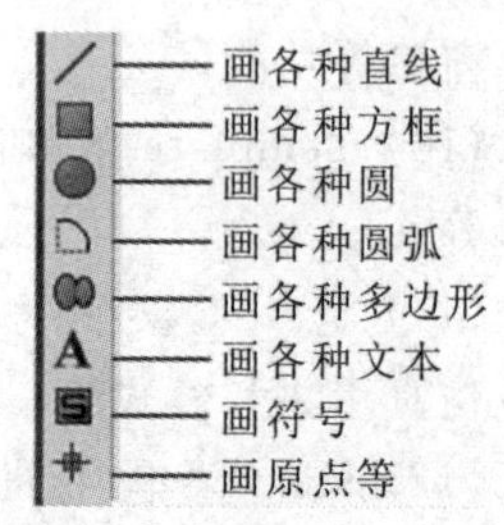

图 7-58　2D 图形工具

7) 元件列表窗口

用于挑选元件(components)、终端接口(terminals)、信号发生器(generators)、仿真图表(graph)等。比如,当你选择元件(Components)时,单击“P”按钮会打开挑选元件对话框,选择了一个元件后(单击了“OK”后),该元件会在元件列表中显示,以后要用到该元件时,只需在元件列表中选择即可。

8) 方向工具栏

利用方向工具栏可以对选中的对象进行旋转或镜像操作,并可在预览窗口中预览操作后的效果。

使用方法:先右键单击元件,再点击(左击)相应的旋转图标。

旋转: 旋转角度只能是90°的整数倍。

翻转: 完成水平翻转和垂直翻转。

9) 仿真工具栏

当原理图绘制完毕后,可以使用仿真工具栏对电路进行仿真控制,可以实现仿真启动、暂停、停止及单步运行,如图7-59所示。

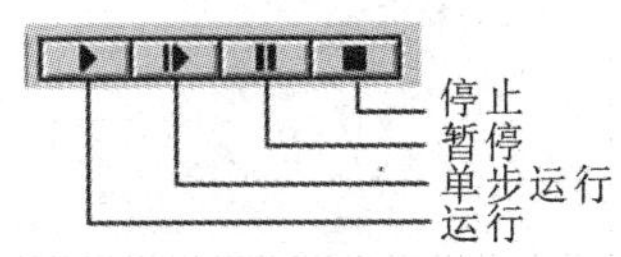

图 7-59 仿真工具栏

10) 状态栏

当绘制原理图时,状态栏的文字显示光标当前停留位置的基本信息,如元件的名称及其基本电气属性,同时还会显示该器件在编辑窗口中的位置坐标。当进行仿真时,会显示实际运行时间和运行信息等内容。

2. 操作简介

1) 绘制原理图

绘制原理图要在原理图编辑窗口中的蓝色方框内完成。原理图编辑窗口的操作是不同于常用的 Windows 应用程序的,正确的操作是:用左键放置元件;右键选择元件;双击右键删除元件;右键拖选多个元件;先右键后左键编辑元件属性;先右键后左键拖动元件;连线用左键,删除用右键;改连接线,先右击连线,再左键拖动;中键放缩原理图。

2) 定制自己的元件

有三个实现途径:一是用 Proteus VSM SDK 开发仿真模型,并制作元件;二是在已有的元件的基础上进行改造,比如把元件改为 bus 接口的;三是利用已制作好的(别人的)元件,我们可以到网上下载一些新元件并把它们添加到自己的元件库里面。这里只介绍后两个。

3) Sub-Circuits 应用

用一个子电路可以把部分电路封装起来,这样可以节省原理图窗口的空间。

7.2.2 三极管电子门铃仿真实训

7.2.2.1 三极管电子门铃

1. 电路构成

如图 7-60 所示,简易三极管电子门铃电路分为三个部分,即 SB 构成开关电路,C* 构成延时电路,其他元件构成音频振荡电路。开关 SB 接通后,电路产生音频振荡,扬声器把振荡电流转换为声音。开关刚断开的一小段时间里,C* 的存电继续维持振荡,过一小段时间后,C* 的电能放完,振荡停止。

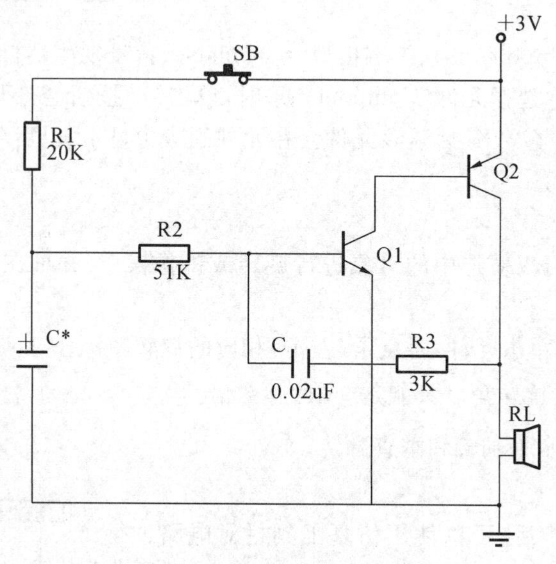

图 7-60 三极管电子门铃

2. 工作原理

图 7-60 中音频振荡电路采用 RC 振荡器，电路简单，容易起振，效率高。电路原理如下：三极管 Q1、Q2 及外围元件构成两级直接耦合放大器，Q1 是 NPN 型小功率高频管，Q2 是 PNP 型小功率低频管。电容 C 和电阻 R3 构成正反馈电路，将 Q2 的集电极输出信号反馈到 Q1 的输入端基极，由于强烈的正反馈使电路产生振荡，振荡频率由 R1、R2、R3 的电阻值及 C 的容量决定，合理选择元件参数，使振荡频率在音频范围内，扬声器便发出声响。当电源开关 SB 刚刚接通时，2 个三极管尚未导通，电源通过 R1、R2、R3、RL 对电容 C 充电，C 两端的电压按照指数规律上升，当这个电压上升到管子导通的门限电压时，Q1、Q2 开始导通。然后出现了正反馈过程：U_C 上升使 I_{B1} 上升，使 I_{C1} 上升，使 U_{C1} 下降，使 U_{B2} 下降，使 U_{C2} 上升，使 U_{B1} 上升，又使 U_{C1} 下降。这个过程立即使 Q1、Q2 饱和导通。然后电容器 C 经由 R3 通过 Q1 发射结和 Q2 集电极发射极放电。随着放电的进行，又发生了下面的正反馈过程：U_C 下降使 I_{B1} 下降，使 U_{C1} 上升，使 U_{B2} 上升，使 U_{C2} 下降，使 U_{B1} 下降，从而使 Q1、Q2 迅速恢复到原来的截止状态。如此周而复始，就在负载上面得到了矩形脉冲信号，可以推动一个喇叭发音。调整 R3 的电阻值可以改变振荡器的频率及脉冲宽度。

3. 元器件选择

三极管 Q1 选择 β 值较大的 NPN 型管 9014，Q2 选用 PNP 型管 9015，C^* 选择铝质 16 V 电解电容，C 选择 22 nF 瓷介电容，电阻选择 1/8 W、5%碳膜电阻，扬声器选用 0.4 W、8 Ω、φ30 的喇叭。

4. 元器件清单

在 Proteus 原理图编辑界面中，用鼠标点击状态栏就会立即生成当前编辑窗口中的所有元件清单，本电路的元件清单如图 7-61 所示，其中电源和扬声器软件没有给出封装形式。由于元件库中没有 9014 和 9015，故选用 2N2222 和 2N3905 代替，或者在工具菜单下使用材料清单命令也可以生成。

7.2.2.2 三极管电子门铃仿真

在 Proteus 中可以对三极管电子门铃进行仿真，改变元件参数，即可得到不同的音调

Reference	Type	Value	Circuit/Package
B1	BATTERY	12V	missing
C1	GENELECT47U16V	47u	ELEC-RAD10
C2	CERAMIC22N	22n	CAP20
C3	GENELECT47U16V	47u	ELEC-RAD10
LS1	SPEAKER	SPEAKER	missing
Q1	2N2222	2N2222	TO18
Q2	2N3905	2N3905	TO92
R1	9C08052A2002JLHFT	20K	RESC2012X50
R2	9C08052A5102JLHFT	51K	RESC2012X50
R3	9C08052A3301JLHFT	3.3K	RESC2012X50

图 7-61 自动生成的电路元件清单

(不同的振荡频率),效果逼真。同时可以对电路关键点的工作波形进行检测,以便更好地掌握电路工作过程。

1. 绘制电路原理图

1) 新建设计文件

利用"文件(File)"菜单"新建设计(New)" 命令,可以进行新建设计文件、改名另存等操作,类似于其他 Windows 应用文件。

2) 放置元器件

电路的原理图是由各种电子元器件组成的,元器件的选取是通过对象选择器窗口来完成的。启动 Proteus ISIS,选择元器件。在对象选择器中单击 P 按钮,出现元件查找对话框,这时查找元器件有两种方式:一种是按照类别查找,一种是按照关键字查找。

第一种查找方式适用于不了解所查找元器件的情况,缺点是检索速度慢。元器件通常以英文名称或器件代号在库中按类别存放。首先要确定元器件属于什么大类,如 resistors(电阻)类、capacitors(电容器)类、switches & relays(开关继电器)类等,然后确定该元器件在大类中所属的子类,如晶体管大类中有 bipolar(双极型晶体管)、generic(普通晶体管)等,最后确定该元件的所属厂商。这样,依次缩小搜索范围,最终可以找到所需元件。

第二种查找方式适用于熟悉元器件名称的情况,搜索效率高。在"关键字(Keywords)"文本框中输入元器件的名称或部分名称,在"元件(Device)"栏中就会显示所有相关器件,然后在其中选取所需器件。

无论哪一种方式,查找到元器件后,单击"确定(OK)"按钮后,光标处于放置元件状态,在图形编辑窗口期望位置单击鼠标左键,完成放置元件。多次点击鼠标左键可以放置多个该元件。另外,对象选择器中的"DEVICES(元器件)"一栏中,会显示所选器件的列表。下面介绍三极管电子门铃电路的绘制方法。

第一步,选择电源(3V 电池组),采用关键字查找方式,在"关键字"文本框中输入"BATTERY",在"结果"窗口出现查询结果,找到所需元件,单击"确定"按钮关闭元件选择界面,如图 7-62 所示。

第二步,放置三极管 2N2222 和 2N3905,采用按照类别查找方式,当然也可以按关键字查找。点击"类别(Category)"下"晶体管(Transistors)"大类,再点击"Bipolar(双极型晶体管)"子类,在元件列表中选取 2N2222 及 2N3905,如图 7-63 所示。

第三步,调整元件方向。在元件列表窗口选择 2N3905,在方向工具栏点击垂直反转按钮,可将其发射极放置在上方。也可在图形编辑窗口点击鼠标左键选择 2N3905,再点击右键选择"Y-镜像"指令,如图 7-64 所示。

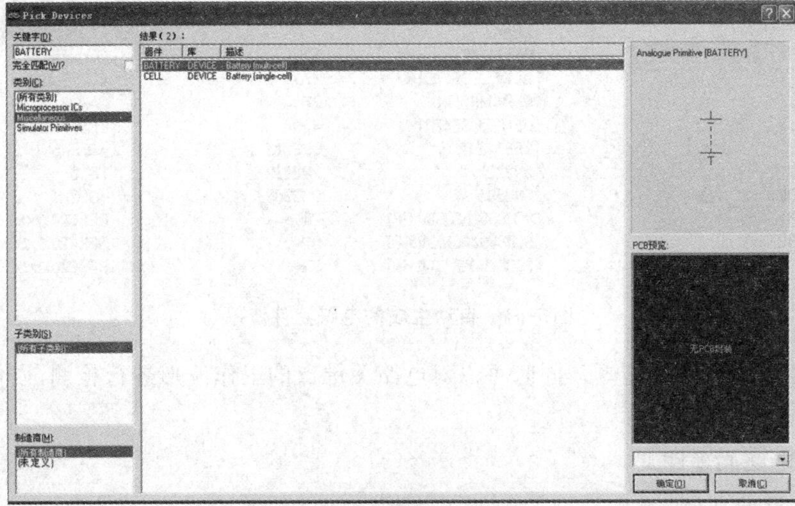

图 7-62　电池选择对话框

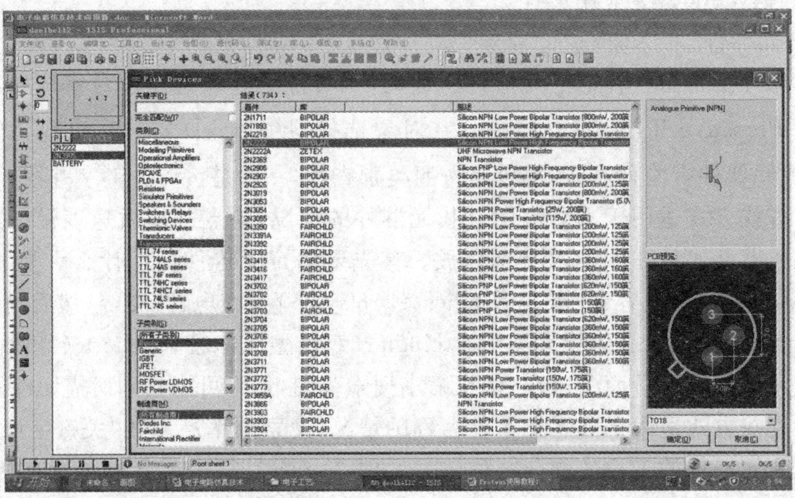

图 7-63　三极管选择对话框

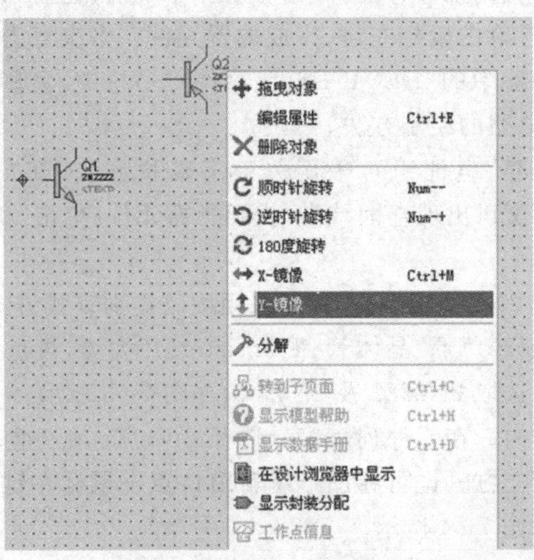

图 7-64　2N3905 镜像操作

第四步，放置按钮元件。在“关键字”文本框中输入“BUTTON(按钮)”，如图 7-65 所示。

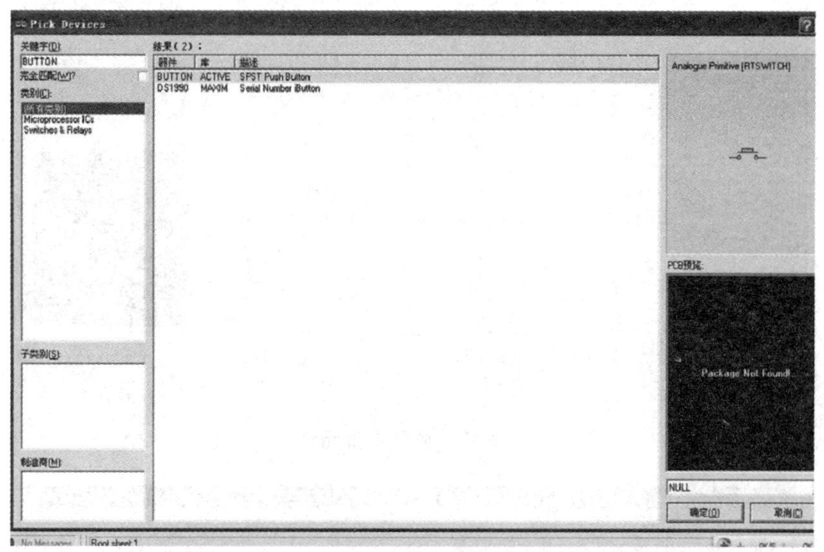

图 7-65 放置按钮元件

第五步，放置扬声器元件。在“关键字”文本框中输入“SPEAKER(扬声器)”，如图 7-66 所示。

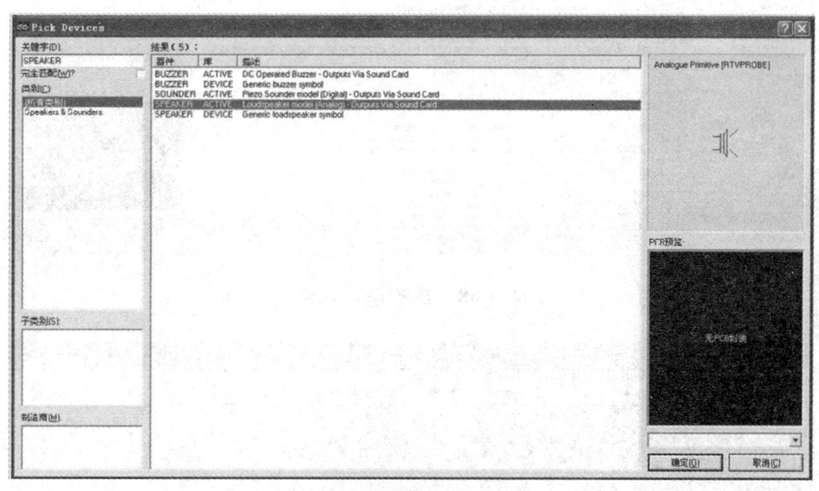

图 7-66 放置扬声器元件

第六步，放置电阻元件。在“Resistors”(电阻)类、“Chip Resistor 1/8W 5%”(片式电阻、1/8 瓦、精度 5%)子类中选择 51 kΩ 电阻，如图 7-67 所示。再分别放置 20 kΩ、3.3 kΩ 电阻，并调整位置及方向。

第七步，放置电容元件。在“Capacitors”(电容)类、“Electrolytic Aluminum”(电解铝电容)子类中选择 47u16V 电容，如图 7-68 所示。然后在“Ceramic”(陶瓷圆片电容)子类中选择 22 nF 电容，将其放置到合适位置并调整方向。

第八步，放置地线。在模型选择工具栏点击终端模式，并选择“GROUND”(地线)放置到窗口中，如图 7-69 所示。

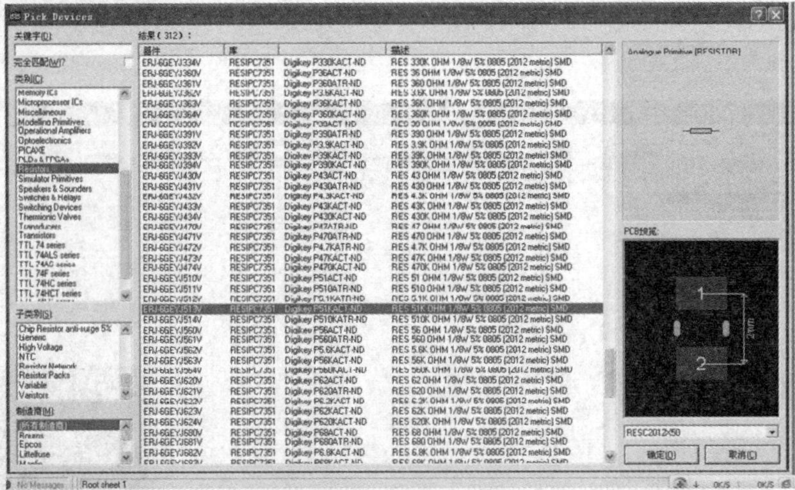

图 7-67　放置电阻元件

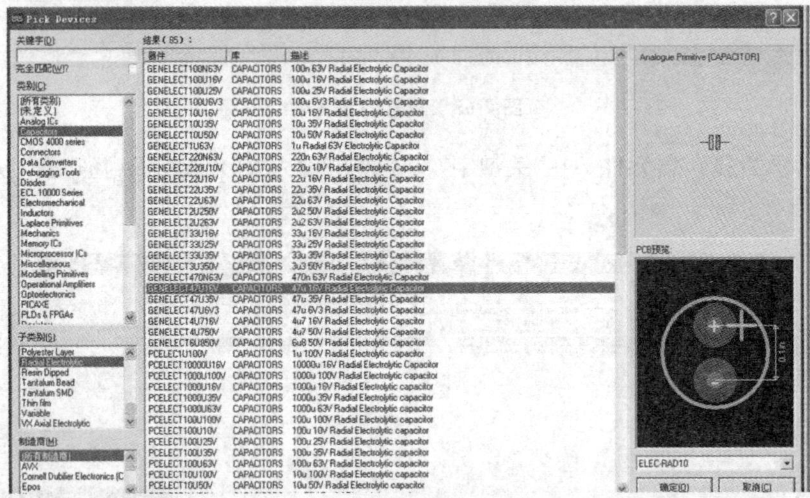

图 7-68　放置电容元件

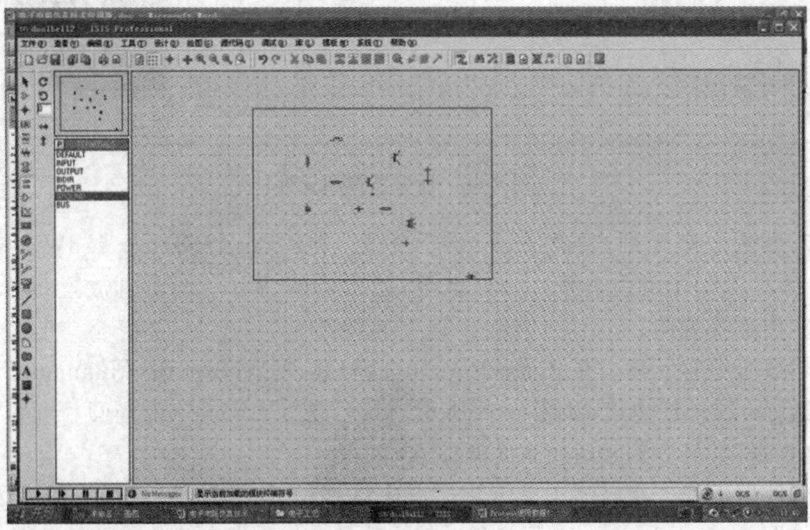

图 7-69　放置地线

第九步，连线。放置好所有元件之后，单击每个元件的末端将它们连接成如图 7-70 所示的电路。

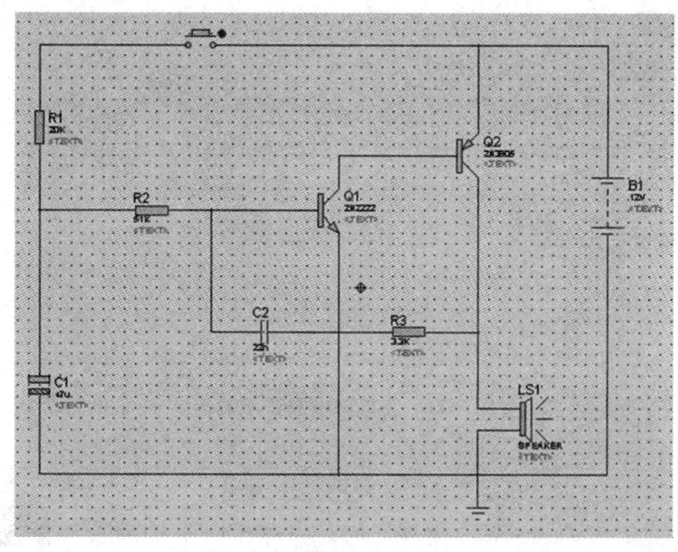

图 7-70　Proteus 下三极管电子门铃电路

2. 调试

元器件连接好后，单击菜单栏中的“调试(Debug)”打开下拉菜单，选择第一行“开始/重新启动调试(Start/Restart Debugging)”或同时按下“Ctrl＋F12”键进行调试。

如果电路没有错误，则在屏幕下方出现调试结束的提示信息；如果有错误，则会在屏幕下方出现错误个数信息提示。单击提示会打开提示界面显示具体错误，按照错误提示修改电路，重新调试，直至错误全部改正。

3. 仿真运行

调试没有错误，单击屏幕下方的运行按钮 ▶ 运行电路，按下电路中的按钮“BUTTON”，可以听见扬声器出声音，松开按钮后，延时一段时间后声音才停止。改变图 7-70中的 R1、R2、R3、C2 的值可以改变门铃的音调，即改变音频振荡器的频率；改变 C1 的值可以改变松开按钮后的延时时间。用示波器可以观察到电路工作过程中各工作点的波形。这里主要观察 Q1 基极和 Q2 集电极的波形。

4. 波形测试

在电路中放置示波器的方法如下：在模型选择工具栏点击（虚拟仪器模式），在仪器列表中出现 12 种仪器，单击对象选择器中的“OSCILLOSCOPE”(示波器)，在预览窗口中出现示波器的符号，然后在编辑窗口中的期望区域单击鼠标左键，放置示波器符号，如图 7-71 所示。

示波器有 4 个通道，分别是 A、B、C 和 D 通道。将 A、B 通道输入分别接在 Q1 基极和 Q2 集电极，其余 2 个通道悬空。接好的电路如图 7-72 所示。

单击仿真运行按钮，弹出示波器的测量面板，如图 7-73 所示。如果没有出现该界面，则在运行状态下在示波器符号上单击鼠标右键出现下拉菜单，在菜单中最下行选择“Digital Oscilloscope”选项，也可以调出如图 7-73 所示的界面。示波器各项设置保持默认。

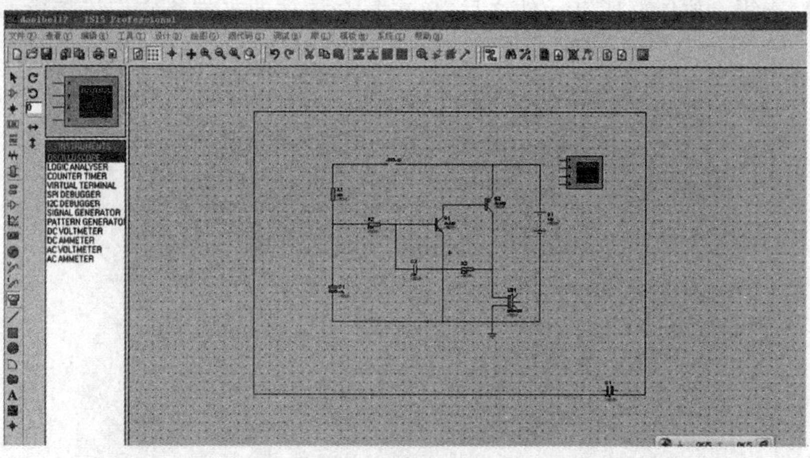

图 7-71　在电路中放置示波器

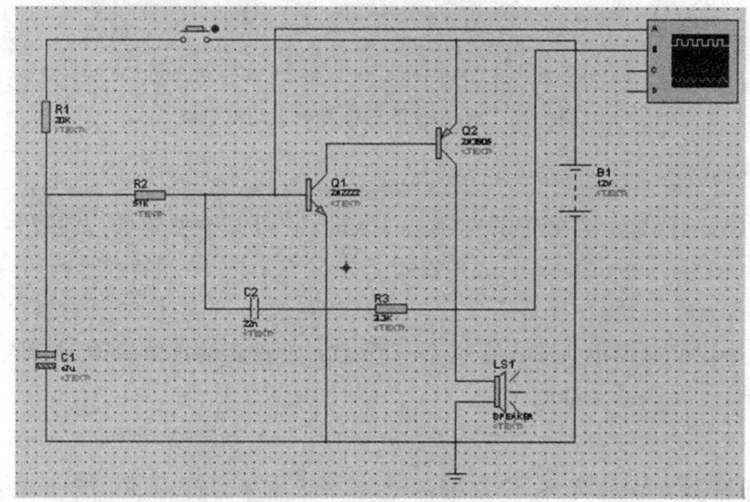

图 7-72　示波器连接图

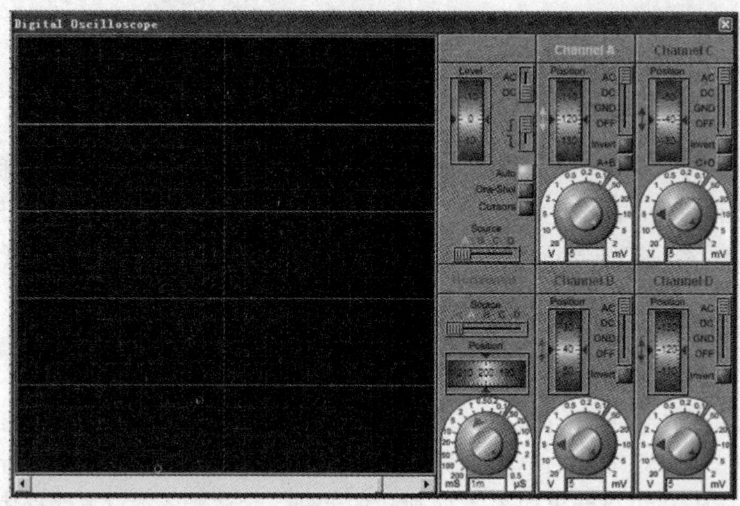

图 7-73　示波器面板图

由图 7-73 中可以看出该界面由 7 部分组成，分别为“Trigger”（触发区）、“Horizontal”（水平区）、“Channel A”（A 通道功能界面）、“Channel B”（B 通道功能界面）、“Channel C”（C 通道功能界面）、“Channel D”（D 通道功能界面）以及波形显示区，下面分别介绍。

（1）A、B、C 和 D 四个通道的功能界面相同。以 A 通道为例，其中“Position”调节显示波形的垂直位置。位置开关旁边为耦合开关，“AC”为交流耦合，“DC”为直流耦合，“GND”为接地，“OFF”为关闭耦合。界面中“Invert”键为通道信号取反按钮。通道中旋钮白色区域的刻度表示波形显示区的 Y 轴每格对应的电压值。旋钮分为内旋钮和外旋钮，内旋钮为微调，用来校正 Y 轴增益，当读取波形幅值时，应将内旋钮旋至刻度“2”的位置，外旋钮是粗调旋钮，用于选取分度值，图中默认 Y 轴每格对应的电压值为 5 V。另外，在 A 和 C 通道中还有“A+B”和“C+D”两个按钮，分别实现将 A 通道与 B 通道、C 通道与 D 通道的信号进行叠加并显示的功能。

（2）在“Horizontal”（水平区）的设置界面中，“Position”调节显示波形的水平位置。旋钮白色区域的刻度表示波形显示区的 X 轴每格对应的时间值。旋钮分为内旋钮和外旋钮，用来调整 X 轴增益。内旋钮是微调的，用来校正 X 轴增益，当读取波形周期时，应将内旋钮旋至刻度“0.5”的位置，外旋钮是粗调旋钮。

（3）“Trigger”（触发区）的“Level”用于调节水平的坐标。而“Cursors ”按钮可以实现在图形区域标识横纵坐标数值，只要在波形显示区域单击鼠标，就可以显示单击处的幅值和周期的大小。在图形区域中单击鼠标右键出现下拉菜单，通过该菜单可以实现清除光标及打印等功能设置。

为了方便观察和读数，将 A、B 通道 Y 轴增益均设为 1 V，X 轴增益设为 0.2 ms。在仿真运行状态下按下门铃按钮，观察到波形如图 7-74 所示。

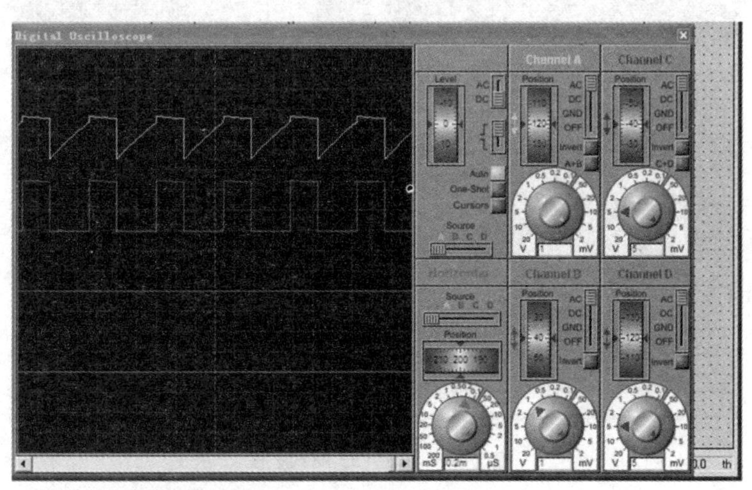

图 7-74　波形检测界面

图 7-74 中，上边 A 通道波形为 Q1 基极（电容 C2）电压波形，下边 B 通道波形为 Q2 集电极（喇叭）电压波形。Q1、Q2 未导通时，喇叭上电压为零，随着电容充电的进行，Q1 基极电压上升，当达到 Q1 导通门限时，在正反馈的作用下，Q1、Q2 迅速饱和导通，Q1 基极电压维持不变，喇叭电压接近电源电压。这时，电容相当于断开反馈通路，通过 R3、Q1 发射结和 Q2 集电极发射极放电，低于 Q1 导通门限电压时，Q1、Q2 截止，然后电容又开始充电。如此周而复始，在喇叭上就得到了图示方波脉冲。电阻 R1、R2、R3 和电容 C2 的值影响充电时间

（方波低电平），R3 和电容 C2 的值影响放电时间（方波高电平）。

将 R1 阻值改变为 100 kΩ，R2、R3、C2 值保持不变，测试波形如图 7-75 所示，电容充电时间明显变长。

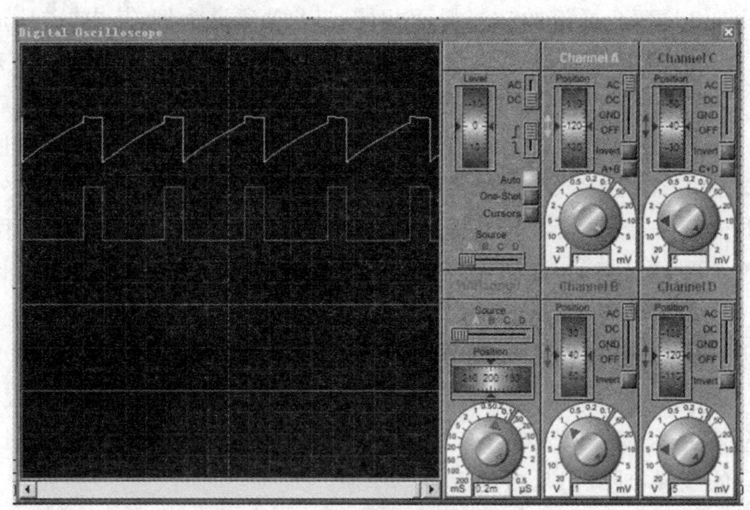

图 7-75　R1＝100 kΩ 波形

将 R3 阻值改变为 33 kΩ，R1、R2、C2 值保持不变，测试波形如图 7-76 所示，电容放电时间明显变长，即脉宽加大。

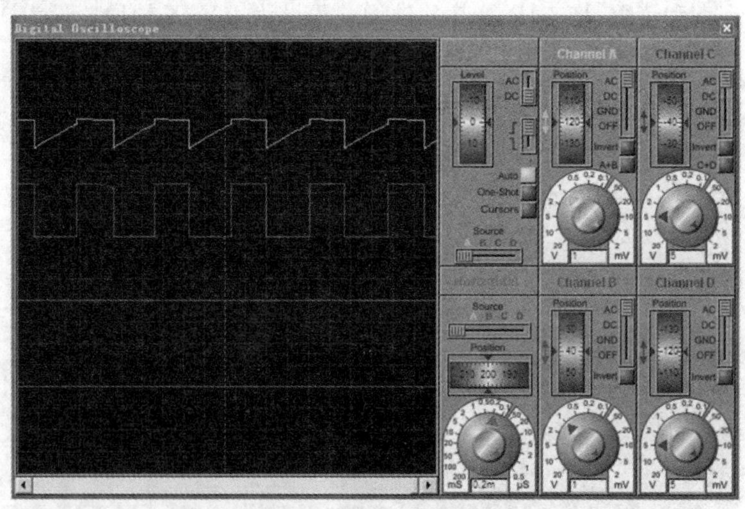

图 7-76　R3＝33 kΩ 波形

7.3　十字路口交通灯控制系统设计仿真实训

国民经济的快速发展和汽车普及率的提高，给城市交通管理带来了巨大压力，并使十字路口的交通堵塞问题日益突出。交通灯控制系统是日常十字路口交通管理的重要设备，它主要用于疏导车辆、行人有序通过路口，从而最大限度地保证交通顺畅。这里给出一种以 AT89S52 单片机为微处理器，利用 LED 和数码管进行车辆和行人的通行指示及倒计时控制系统的设计方法，并完成在 Proteus 环境下的仿真。

7.3.1 交通灯控制系统设计

1. 系统构成

基于 AT89S52 单片机的交通灯控制系统结构框图如图 7-77 所示。系统主要由 AT89S52 单片机、功率驱动电路、倒计时显示电路、车干道红绿灯指示电路、人行道红绿灯指示电路、电源电路、时钟电路及复位电路等几部分组成。

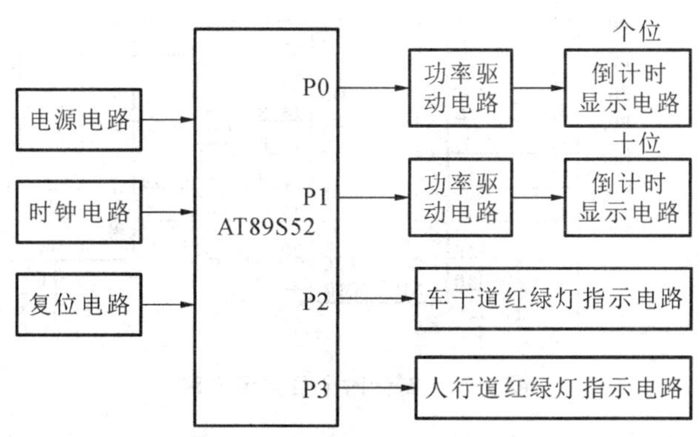

图 7-77　交通灯控制系统结构框图

2. 车干道和人行道红绿灯指示功能

位于十字路口的红绿灯分为两组：一组位于车干道上，包括红灯、黄灯和绿灯，用于控制主干道车辆的禁止和通行；另一组位于人行道上，包括红灯和绿灯，用于指示行人可否从斑马线上横穿马路。

根据车辆和行人路口的实际通行情况，确定出本系统十字路口控制状态转换表，如表 7-3所示。在表中，车干道、人行道的红绿灯指示和倒计时显示共有 6 种状态，正常工作时系统从状态 1 到状态 6 循环出现，并且状态 1～状态 3、状态 4～状态 6 持续时间各为 30 s，在实际应用中每种状态的倒计时时间也可根据实际情况进行适当调整。

表 7-3　十字路口控制状态转换表

状态 倒计时时间/s	状态 1 30～7	状态 2 6～4	状态 3 3～0	状态 4 30～7	状态 5 6～3	状态 6 3～0
车干道东西方向	绿灯亮	绿灯闪	黄灯闪	红灯亮	红灯亮	红灯亮
车干道南北方向	红灯亮	红灯亮	红灯亮	绿灯亮	绿灯闪	黄灯闪
人行道东西方向	红灯亮	红灯亮	红灯亮	绿灯亮	绿灯闪	红灯亮
人行道南北方向	绿灯亮	绿灯闪	红灯亮	红灯亮	红灯亮	红灯亮

3. 系统硬件设计

1）倒计时显示电路

倒计时显示电路主要用于显示系统当前十字路口控制状态所能持续的时间。系统倒计时显示包括个位、十位两位数显示，分别由单片机的 P0、P1 口控制数码管完成。由于个位、十位倒计时显示电路硬件设计相同，下面仅介绍倒计时个位显示电路，如图 7-78 所示。

图 7-78 中，倒计时显示采用八段共阴极 LED 数码管，由于 AT89S52 单片机 P0 口输出电流较小，因此系统接入总线驱动芯片 74LS245 实现数码管功率驱动，其输出驱动电流约为

20 mA。74LS245 具有双向三态功能，可进行数据的输入、输出控制；本电路将片选端$\overline{CE}$接低电平，DIR 接高电平，使 74LS245 一直工作在选通状态，且信号由 A 端向 B 端传输。R10～R17 为限流电阻，阻值为 360 Ω。工作时，单片机由 P0 口将需显示的个位数字段码输出，经 74LS245 驱动后控制 LED 数码管完成倒计时时间个位显示。

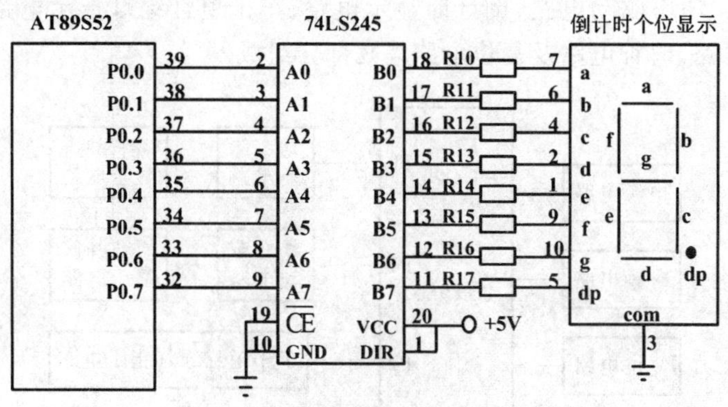

图 7-78　倒计时个位显示电路

2）车干道红绿灯指示电路

车干道红绿灯指示电路主要用于控制车干道南北方向、东西方向车辆的通行和禁止，电路如图 7-79 所示。图中，AT89S52 的 P2.1、P2.2、P2.3 引脚分别控制南北方向红灯、绿灯和黄灯的亮灭，P2.4、P2.5、P2.6 引脚分别控制东西方向红灯、绿灯和黄灯的亮灭。六组红灯、绿灯和黄灯均为共阳极接法，若 P2.1～P2.6 引脚中有低电平输出，相应 LED 灯被点亮。

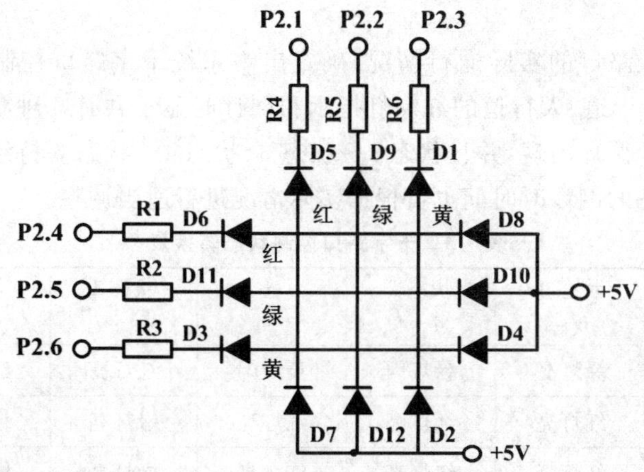

图 7-79　车干道红绿灯指示电路

4. 系统软件设计

系统软件设计主要包括主程序、东西方向按键控制子程序、南北方向按键控制子程序、倒计时红绿灯控制子程序及倒计时时间显示子程序等几部分。

1）主程序

系统主程序流程图如图 7-80 所示。其功能如下：首先，开放系统总中断，允许外部中断 0、外部中断 1、定时器 T0 和定时器 T1 中断，设置外部中断$\overline{INT0}$、$\overline{INT1}$为边沿触发方式；其次，将定时器 T0、定时器 T1 设定在工作方式 1，给 TH0、TL0 赋初值(65 536～50 000)，给 TH1、TL1 赋初值(65 536～10 000)；最后，启动定时器 T0、定时器 T1 工作，等待中断产生。

定时器 T0、T1 中断的功能：① 当系统晶振频率为 12 MHz 时，定时器 T0 中断用于产生 50 ms 定时基准，计数 20 次可得 1 s 时间间隔；② 定时器 T1 中断，用于产生 10 ms 定时时间，触发倒计时时间的显示刷新。

2）东西方向按键控制子程序

当车干道东西方向出现交通事故时，可按下电路中的 A 键，给 AT89S52 单片机 $\overline{\text{INT0}}$ 引脚输入一个下降沿，使系统进入外部中断 0，调用东西方向按键控制子程序，进行事故紧急处理。

东西方向按键控制子程序流程图如图 7-81 所示。当第一次采集到 A 键按下时，强制控制交通灯东西方向红灯亮，南北方向绿灯亮，并停止定时器 0 工作，设置倒计时显示时间为 30 s；当事故处理完毕后，再次按下 A 键，启动定时器 0 工作，使系统恢复正常交通控制。

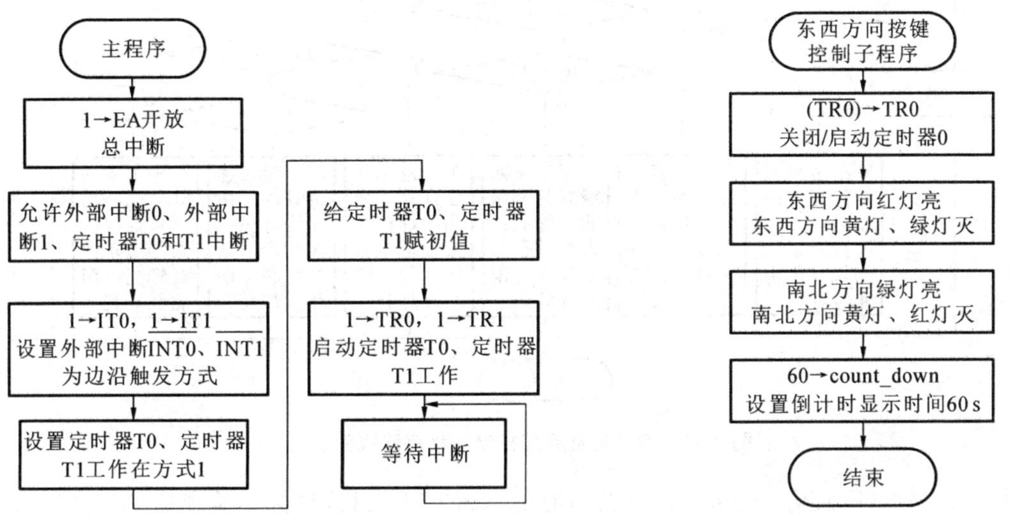

图 7-80 主程序流程图　　**图 7-81 东西方向按键控制子程序流程图**

3）倒计时红绿灯控制子程序

倒计时红绿灯控制子程序主要用来实现车干道、人行道的红绿灯循环指示和倒计时时间控制，其流程图如图 7-82 所示。首先，程序使用变量 time_c 对定时器 T0 的中断次数进行计数，当累计次数为 20 时，实现 1 s 时间定时；其次，给倒计时变量 count_dn 赋初值 30，每隔 1 s，count_dn 值减 1，实现倒计时控制；再次，通过判断 count_dn 值，控制车干道东西方向、南北方向红绿灯显示和人行道红绿灯指示；最后，用标志位 sign 值来控制循环状态切换，当 sign 值为 1 时，进行状态 1～状态 3 切换，当标志位 sign 值为 0 时，进行状态4～状态 6 切换。

7.3.2 交通灯控制系统仿真

本系统的仿真是在 Keil μVision4 和 Proteus 软件环境下完成的。首先，在 Keil μVision4环境下编写 C 语言源程序，并进行编译、链接和调试，生成 HEX 文件。其次，在 Proteus 环境下编辑系统仿真电路，双击 AT89S52，导入已生成的 HEX 文件，设定系统时钟频率为 12 MHz。最后，进行交通灯控制系统的软、硬件交互仿真和联调。

7.3.2.1 μVision4 使用基础

1. μVision4 集成开发环境

μVision4 IDE 是一个基于 Windows 的开发平台，包含一个高效的编辑器、一个项目管

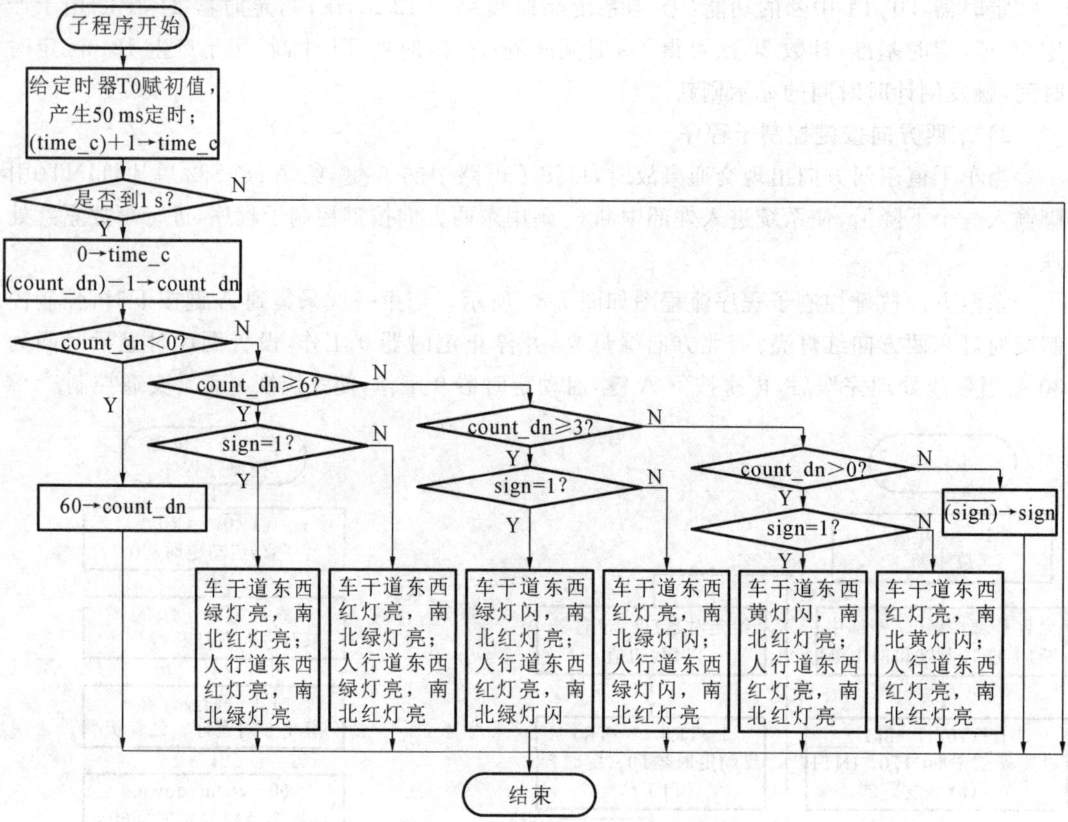

图 7-82　倒计时红绿灯控制子程序流程图

理器和一个 MAKE 工具。μVision4 支持所有的 Keil C51 工具，包括 C 编译器、宏汇编器、连接/定位器、目标代码到 HEX 的转换器。

μVision4 与其他 Windows 应用程序类似，集成开发环境中有标题栏、菜单栏、工具栏、项目管理窗口、工作窗口以及信息窗口（见图 7-83）。在这个窗口里，可以创建项目，编辑文件，配置开发工具，执行编译链接，以及进行窗口管理和项目调试。

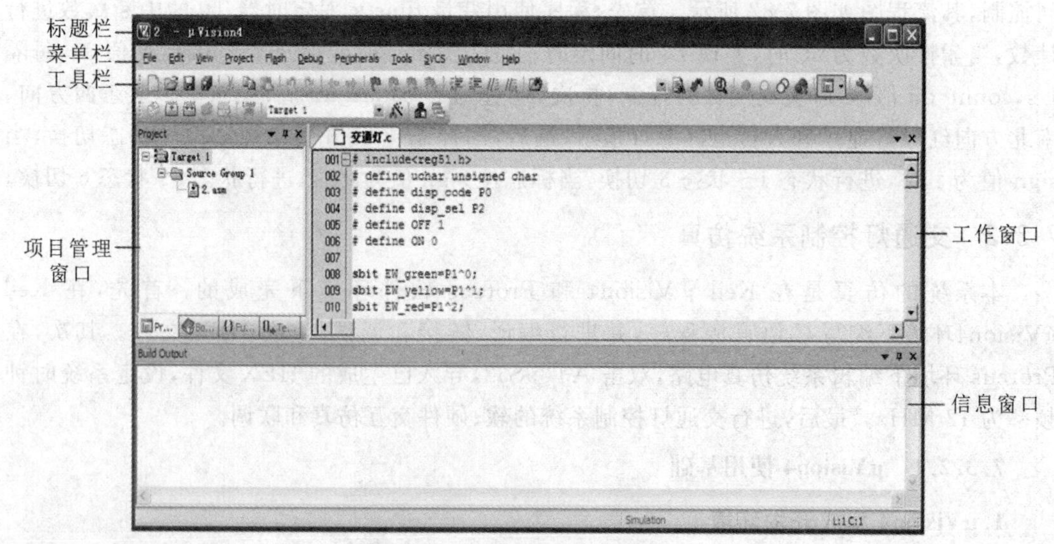

图 7-83　μVision4 集成开发环境

2. 项目创建

首先在需要保存项目的位置建立一个新的文件夹，然后执行 Keil μVision4 程序，再在其中建立项目。通常需要以下几个步骤：

（1）在设定的路径上建立名为“Traffic light”的文件夹，E:\Traffic light。

（2）执行 Keil μVision4 程序，Start →Programs →Keil μVision4 。运行后进入如图7-83所示的开发环境。

（3）创建一个新的项目。从主窗口中，选择“Project”菜单，选择“New μVision Project”，会显示一个文件对话框，如图 7-84 所示，点击“打开”，在底部的“文件名”对话框中输入“Traffic light”（项目名称），点击“保存”，然后会弹出一个 CPU 选择对话框，如图 7-85 所示。

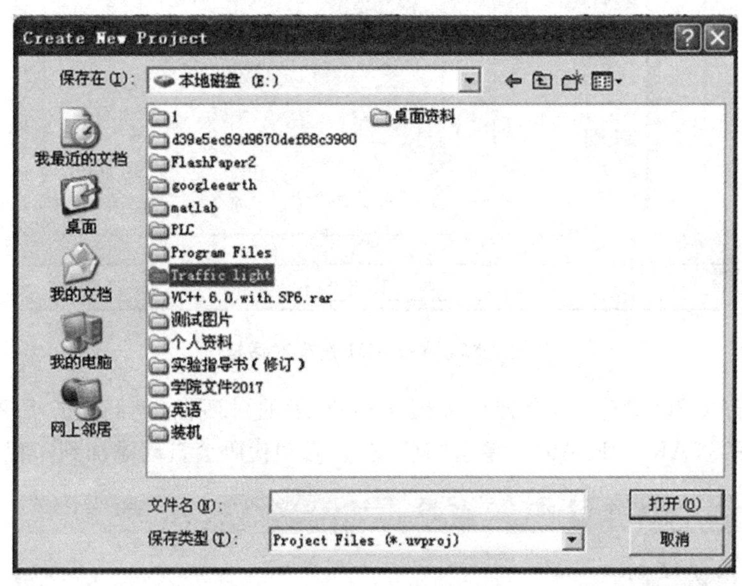

图 7-84　创建新项目对话框

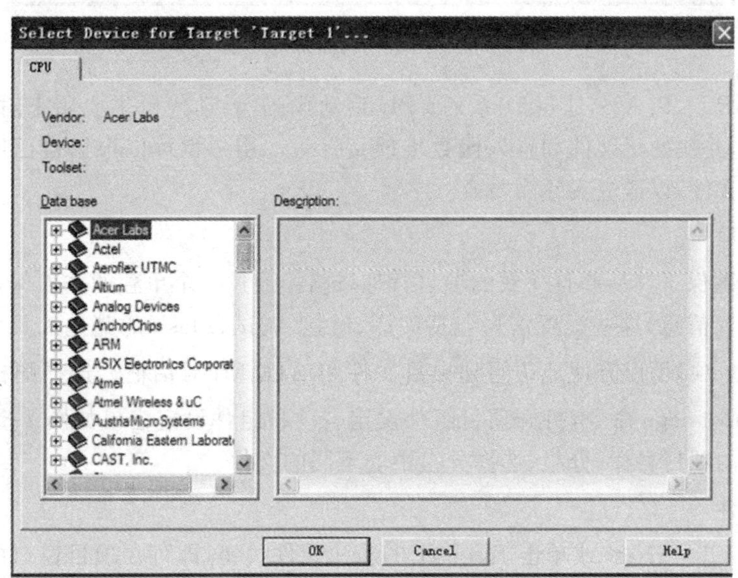

图 7-85　CPU 选择对话框

(4) 在如图 7-85 所示的对话框中，选择"Atmel"，点击"OK"按钮，弹出 Atmel 公司产品列表，或者单击 Atmel 前面的"+" 弹出 Atmel 公司产品列表，然后选择 CPU 型号，这里选 AT89C51，单击"OK"按钮，如图 7-86 所示。

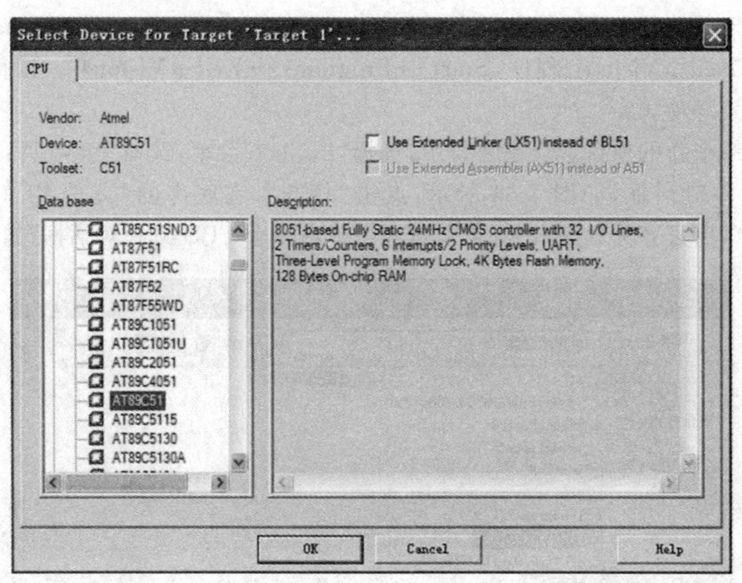

图 7-86　AT89C51 选择对话框

(5) 选择好 CPU 型号后，会弹出如图 7-87 所示的对话框，询问用户是否添加标准的 8051 启动代码(STARTUP. A51)，单击"是"按钮，启动代码会自动添加到工程文件组中去。

图 7-87　启动代码添加对话框

文件 STARTUP. A51 是 8051 系列 CPU 启动代码，启动代码主要用来对 CPU 数据存储器进行清零，并初始化硬件和重入函数堆栈指针等。用户也可以根据自己所用的目标硬件来修改启动文件，以适应实际需要。

3. 项目管理

µVision4 确保了简易并且一致的项目管理风格。通过一个单独的文件保存源代码的文件名和各种配置信息，这些配置信息包括编译、链接、调试、Flash 的其他工具的配置。通过项目的相关菜单项，可以方便地访问到项目文件和项目管理对话框。选择图标或者使用菜单 Project→Manage 命令，打开项目组件设定。项目组件设定窗口如图 7-88 所示。可以在其中建立新的项目目标、分组、选择分组中的不同的文件。

4. 新建文件

使用菜单 File→New 或单击工具栏上的新建文件按钮，即可在项目窗口的右侧打开一个新的文本编辑窗口，在该窗口中输入源程序代码，写完最初的代码后，再次选择下拉菜单 File→Save 保存文件。注意保存时必须加上扩展名。源文件的编写可以使用另外的文本编

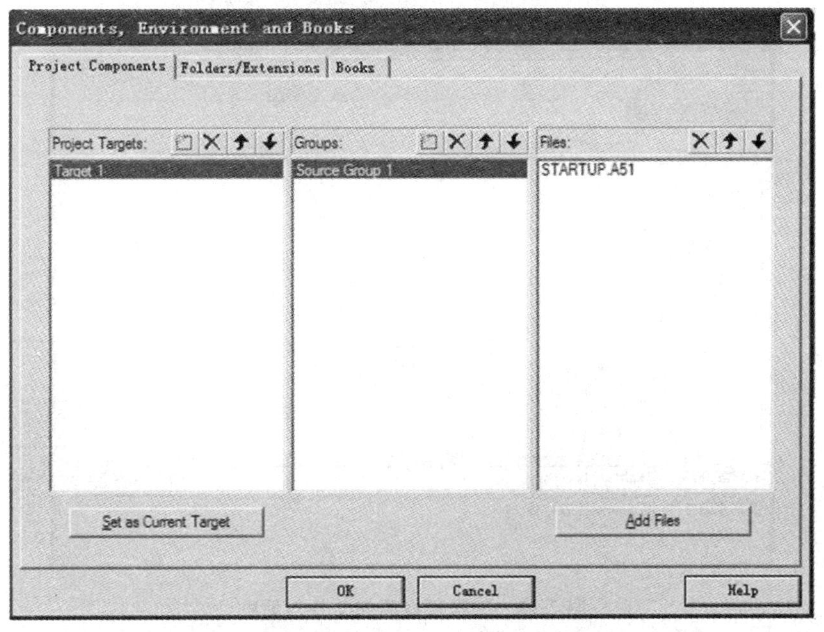

图 7-88　项目组件设定窗口

辑器。虽然源文件已创建并保存好了，但此时与工程项目并无任何关系，还需要采用下述方式把其添加至项目中。右击“Project”窗口“Files”选项卡中的“Source Group 1”，弹出快捷菜单，单击菜单中的“Add Files to Group ‘Source Group 1’”选项，如图 7-89 所示，可打开一个如图 7-90 所示的对话框，从对话框中选择用户创建的源文件，单击“Add”按钮即可把其加入项目中。

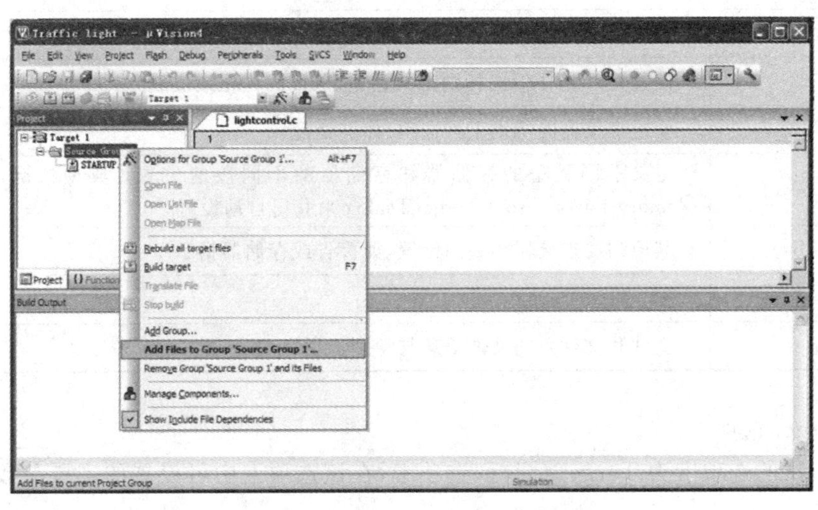

图 7-89　工程项目添加文件快捷菜单

5. 工程设置

工程建立好之后，还要对工程进行进一步的设置，以满足实际需要。µVision4 允许为目标硬件及其相关元件设置必要的参数。µVision4 还可以设置 C51 语言编译器、A51 汇编器、链接及定位和转换等软件开发工具选项。使用鼠标或键盘可以选择相应的项目或更改选项设置。

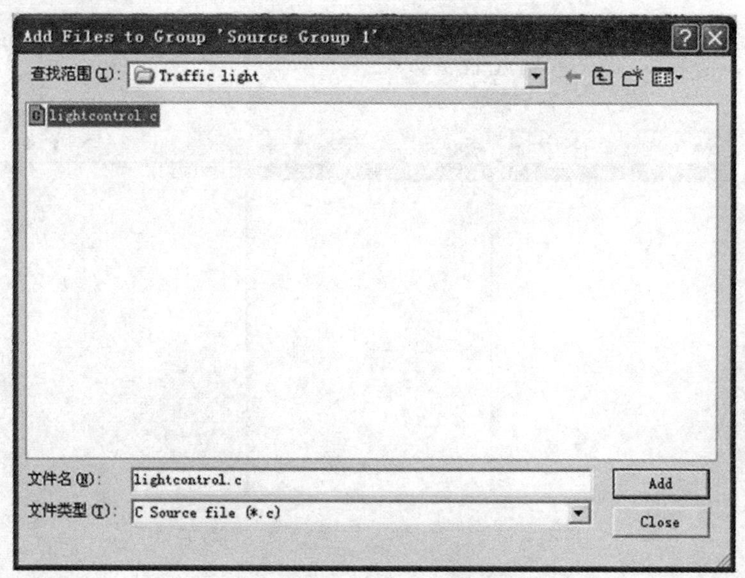

图 7-90　工程项目添加文件对话框

在选择“Project/Options for Target”命令后弹出的对话框中，可以通过各个选项卡定义目标硬件及所选的所有相关参数。各目标硬件选项卡的说明如表 7-4 所示。

表 7-4　目标硬件选项卡说明

选　项　卡	描　　述
Target	定义应用的目标硬件
Output	定义 Keil 工具的输出文件，并定义生成处理后的执行用户程序
Listing	定义 Keil 工具输出的所有列表文件
C51	设置 C51 编译器的特别工具选项，如代码优化或变量分配
A51	设置汇编器的特别工具选项，如宏处理
BL51 Locate	定义不同类型的存储器和存储器的不同段的位置。典型情况下，可选择 Memory Layout from Target Dialog 来获得自动设置
BL51 Misc	其他的与连接器相关的设置，如警告或存储器指示
Debug	μVision4 Debugger 的设置
Utilities	文件和文件组的文件信息与特别选项

1) Target 选项卡

软件默认的选项卡为 Target（目标）选项卡，在该选项卡中可设置的主要参数及其描述如下。

(1) Xtal(MHz)。

Xtal(MHz)用来设置单片机的工作频率，默认值是所选 CPU 的最高可用频率值，如果单片机所用晶振是 11.0592 MHz，那么在文本框中输入 11.0592 即可。

(2) Use On-chip ROM(OxO-OxFFF)。

Use On-chip ROM(OxO-OxFFF)表示使用片上的 Flash ROM。例如，At89c52 有8 KB 的 Flash ROM，就要用到这个选项。如果单片机的 EA 引脚接高电平，那么要选这个选项；

如果单片机的 EA 接低电平,表示使用外部 ROM,那么不要选中该选项。

(3) Off-chip Code Memory。

Off-chip Code Memory 是在片外所接 ROM 的开始地址和大小,如果没有外接程序存储器,那么不要输入任何数据。假如使用一个片外的 ROM,地址从 Ox8000 开始,Size 则为外接 ROM 的大小。

(4) Off-chip Xdata Memory。

Off-chip Xdata Memory 可以输入外接的 Xdata。例如,接一个片外 62256,则可以指定 Xdata 的开始地址为 Ox4000,大小为 Ox8000。

(5) Code Banking。

Code Banking 表示使用 Code Banking 技术,Keil C51 可以支持程序代码超过 64 KB 的情况,最大可以有 2 MB 的程序代码。如果代码超过 64 KB,那么就要使用 Code Banking 技术来支持更多的程序空间。Code Banking 支持自动的 Bank 的切换,它建立一个大型的系统需求,例如,在单片机中实现汉字字库及汉字输入法,都要用到该技术。

(6) Memory Model。

单击 Memory Model 下的三角按钮,共有 3 个选项:

① Small 表示变量存储在内部 RAM 中。

② Compact 表示变量存储在内部 RAM 中,使用 8 位间接寻址。

③ Large 表示变量存储在外部 RAM 中,使用 16 位间接寻址。

一般使用 Small 方式来存储变量,单片机优先把变量存储在内部 RAM 中,如果内部 RAM 不够,才会存储到外部 RAM 中。Compact 方式要自己通过程序来指定页的高位地址,编程比较复杂。Compact 方式适用于比较少的外部 RAM 的情况。Large 方式是指变量会优先分配到外部 RAM 中。要注意 3 种存储方式都支持内部 256 字节和外部 64 KB 的 RAM,区别是变量优先存储在哪里。除非不想把变量存储在内部 RAM 中,才会使用后面的 Compact 和 Large 方式。因为变量存储在内部 RAM 中,运算速度比存储在外部 RAM 中要快得多,大部分的应用都选择 Small 方式。

(7) Code Rom Size。

单击 Code Rom Size 下的三角按钮,共有 3 个选项:

① Small。Program 2K or Less 选项适用于程序存储空间只有 2 KB 的单片机,所有跳转地址只有 2 KB,如果代码跳转超过 2 KB,就会出错。

② Compact。2K Functions,64K Program 选项表示每个子函数的程序大小不超过 2 KB,整个工程可以有 64 KB 的代码。

③ Large。64K Program 选项表示程序或子函数大小都可以大到 64 KB。使用 Code Bank 程序大小还可以更大。Code Rom Size 选择 Large 方式,速度不会比 Small 慢很多,所以一般没有必要选择 Compact 或 Small 方式,通常情况下一般选择此选项即可。

(8) Operating。

单击 Operating 下的三角按钮,共有 3 个选项:

① None 选项表示不使用操作系统。

② RTX-51 Tiny 选项表示使用 Tiny 操作系统。

③ RTX-51 Full 选项表示使用 Full 操作系统。

Keil C51 提供了 Tiny 系统,Tiny 是一个多任务操作系统,使用定时器 0 作为任务切换。一般用 11.0592 MHz 时,切换任务的时间为 30 ms。如果有 10 个任务同时运行,那么切换时间为 300 ms,同时不支持中断系统的任务切换,也没有优先级。因为切换的时间太长,实时性大打折扣,对内部 RAM 的占用也过多。多任务操作系统一般适合于 16 位、32 位这样的速度更快的 CPU。

Keil C51 Full 是比 Tiny 要好一些的系统,但需要用户使用外部 RAM,支持中断方式的多任务和任务优先级,但 Keil C51 中不提供该运行库。

一般情况下不使用操作系统,即该项的默认值为 None。

2) Output 选项卡

Output 选项卡中可设置的主要参数及其描述如下。

(1) Select Folder for Object。

单击该按钮可选择编译后目标文件的存储目录,如果不设置,就存储在项目文件的目录中。

(2) Name of Executable。

设置生成目标文件的名字,默认情况下和项目文件名字一致。目标文件可以生成库或 OBJ、HEX 等文件格式。

(3) Create Executable。

如果要生成 OMF 和 HEX 文件,一般选中 Debug Information 和 Browse Information。选中这两项,才能调试所需要的详细信息,比如要调试 C 语言程序,如果不选中,调试时无法看到高级语言编写的程序。

(4) Create HEX File。

选中该项,编译之后即可生成 HEX 文件。默认情况下该项未选中。如果要把程序写入硬件,必须选中该项。

(5) Create Library。

选中该项时将生成 Lib 库文件。一般的应用是不生成库文件的。默认情况下该项未选中。

(6) After Make。

After Make 栏中有以下几个选项:

Beep When Complete:编译完成后发出蜂鸣声。

Start Debugging:编译完成后即启动调试,一般不选。

Run User Program #1,Run User Program #2:设置编译完成后所要运行的其他应用程序。

3) Listing 选项卡

Listing 选项卡用于调整生成的列表文件选项。

(1) Select Folder for Listing。

该按钮用来选择列表文件存放目录,默认情况下为项目文件所在目录。

在汇编或编译完成后将生成(*.lst)的列表文件,在链接完成后也可产生(*.m51)的列表文件,该页用于对列表文件的内容和形式进行细致的调节。这两个文件可以告诉用户程序中所使用的 idata、data、bit、xdata、code、RAM、ROM 等相关信息,以及程序所需要的代码空间。

实际使用中,一般选中 C Compile Listing 下的 Assemble Code 项,选中该项可以在列表文件中生成 C 语言源程序所对应的汇编代码。

(2) C51 语言选项卡的设置选项。

用于对 Keil 的 C 编译器的编译过程进行控制，其中比较常用的是 Code Optimization 组。

该选项中的 Level 是优化等级，C51 语言在对源程序进行编译时，可以对代码进行 9 级优化，默认为第 8 级，一般无须修改，如果在编译中出现问题，可以尝试降低优化级别。

Emphasis 表示选择编译优先方式，第 1 项是代码量优化(最终生成的代码量最小)，第 2 项是速度优化(最终生成的代码速度最快)，第 3 项是默认值。默认情况下是速度优先，可根据需要更改。

4) Debug 选项卡

Debug 选项卡用来设置 μVision4 调试器，其选项如图 7-91 所示。从图中可以看出，仿真有两种方式：Use Simulator(软件模拟)和 Use Keil Monitor-51 Driver(硬件仿真)。软件模拟是纯粹的软件仿真，此模式下，不需要实际的目标硬件就可以模拟 80C51 单片机系列的很多功能，在硬件做好之前，就可以测试和调试嵌入式应用程序。μVision4 可以模拟很多外围部件，包括串行口、外部 I/O 和定时器。外围部件设置是在从器件数据库选择 CPU 时选定的。

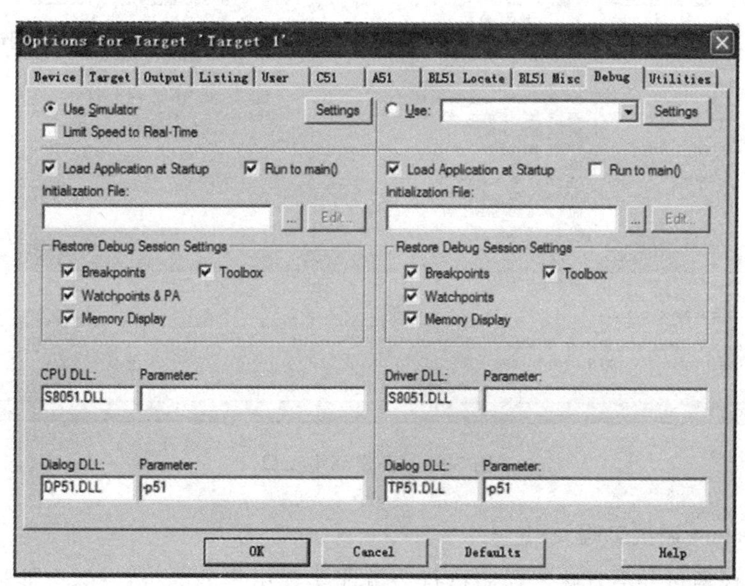

图 7-91　Debug 选项卡

硬件仿真选项有高级 GDI 驱动和 Keil Monitor-51 驱动，运用此功能，用户可以把 Keil C51 嵌入自己的系统中，从而实现在目标硬件上调试程序。若要使用硬件仿真，则应选择 Use 选项，并在该栏后的驱动方式选择框内选择这时的驱动程序库。

Load Application at Startup：选择此选项，Keil 会自动装载程序代码。

Run to main()：调试 C 语言程序时可选择此项，PC 会自动运行到 main 程序处。

6. 编译与链接

工程建立并设置好后，需要对工程进行编译。编译命令位于如图 7-92 所示的 Project 菜单下，也可单击如图 7-93 所示的工具栏中的相应按钮。

Clean target
Build target F7
Rebuild all target files
Batch Build...
Translate E:\Traffic light\lightcontrol.c Ctrl+F7
Stop build

图 7-92 Project 菜单中的编译命令

图 7-93 工具栏编译命令按钮

如果一个项目包含多个源程序文件，而仅对某一个文件进行了修改，则不用对所有文件进行编译，仅对修改过的文件进行编译即可，方法是选择 Project→Build target( )。如果要对所有的源程序进行编译，选择 Project→Rebuild all target files( )即可。

编译之后，如果没有错误，开发环境的下方窗口会显示编译成功的信息，如图 7-94 所示。

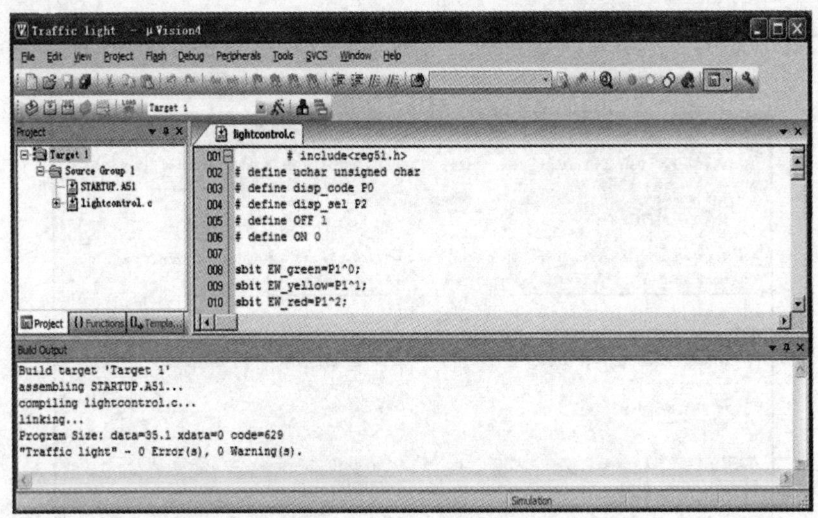

图 7-94 开发环境窗口

7. 用 µVision4 调试工程

源程序编译通过并不意味着程序执行后就能实现用户的既定目标，可能还隐含着很多看不见的错误，这就需要对源程序进行调试。调试相关的命令在 Debug 菜单下。

1）程序执行与断点设置

单击 Debug 菜单下的 Start/Stop Debug( )命令，µVision4 会载入应用程序进入调试启动模式。如图 7-95 所示，µVision4 保持编辑器窗口的布局，并恢复最后一次调试时窗口显示的 CPU 指令，下一条可以执行的语句用黄色箭头标出。

调试时，编辑器的很多功能仍然可以使用。例如，使用查找命令或纠正程序的错误。程序的源文件在同一窗口显示。µVision4 调试模式和编辑模式有以下不同点：

（1）提供 Debug 菜单和 Debug 命令。

（2）不能修改项目结构或工具参数，所有 Build 命令禁止。

程序调试必须明确两个重要的概念，即单步执行和全速执行。全速执行是指一行程序

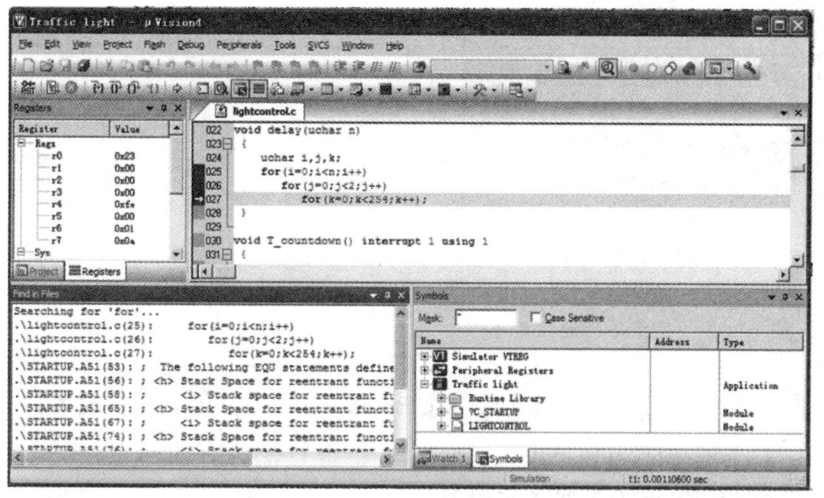

图 7-95 调试模式

执行完后接着执行下一行程序,中间没有间断,程序执行速度很快,只能看到程序执行的总体结果,如果程序中存在错误,则难以判断错误的具体位置。选择菜单命令 Debug→Run( )或按快捷键 F5,程序全速执行。

单步执行是指每一次执行一行程序,执行完该行程序即停止,等待命令执行下一行程序。在这种执行方式下,可以方便地观察每条程序语句的执行结果,可以依次判断程序错误的具体位置。

选择菜单命令 Debug→Step ( )或按快捷键 F11,可以单步执行程序。选择菜单命令 Debug→Step Over ( )或按快捷键 F10,可以以过程单步形式执行命令。所谓过程单步,是指将汇编程语言中的子程序或 C 语言中的函数作为一条语句来执行。

另外,单击 Debug 菜单下的 Step out( )或按快捷键 Ctrl+F11,单步执行跳出当前函数。单击 Debug 菜单下的 Run to Cursor Line ( ),全速运行程序至光标所在行。单击 Debug 菜单下的 Stop( ),程序停止运行。

程序调试时,一些程序必须满足一定的条件才能被执行,如程序中某一变量达到一定的值、按键被按下、有中断产生等事件发生,这些条件发生往往是异步发生或难以预先设定的,这类问题使用单步执行的方法是很难调试的,这时就需要使用程序调试中的另一种重要方法:断点设置。

μVision4 可以用几种不同的方法定义断点。在程序代码翻译以前,也可以在编辑源文件时,设置断点。断点可以用以下的方法定义和修改。

(1) 用快捷菜单的断点命令。在 Editor(编辑器)或 Disassembly(反汇编)窗口选中代码行,单击鼠标右键,打开快捷菜单,如图 7-96 所示。

(2) 用工具栏按钮。在 Editor(编辑器)或 Disassembly(反汇编)窗口选中代码行,然后单击断点按钮( ),如图 7-97 所示。

(3) Debug 菜单下的 Breakpoints 对话框可以查看、定义和修改断点设置。这个对话框可以定义不同访问属性的断点。

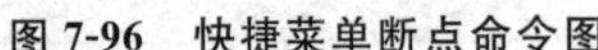

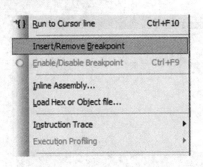

图 7-96 快捷菜单断点命令图

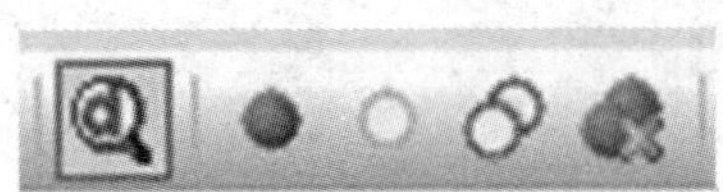

图 7-97 调试工具栏

另外，菜单命令 Debug→Enable/Disable Breakpoint( )用来开启或暂停光标所在行的断点功能。Debug→Disable All Breakpoints 用来暂停所有的断点。Debug→Kill All Breakpoints( )用来清除所有的断点设置。

设置好断点后可以全速运行程序，一旦执行到设置断点的程序行即停止运行，可以在此观察相关变量或特殊寄存器的值，以判断确定程序中存在的问题。

2）调试窗口

μVision4 提供了友好的人机交互界面，如图 7-98 所示，其编译环境包括多个窗口，主要有观察窗口（Watch Window）、存储器窗口（Memory Window）、反汇编窗口（Disassembly Window）、寄存器窗口（Register Window）、输出窗口（Output Window）和串行窗口（Serial Window）等。启动调试模式后，可以通过菜单 View 下的命令打开或关闭这些窗口。

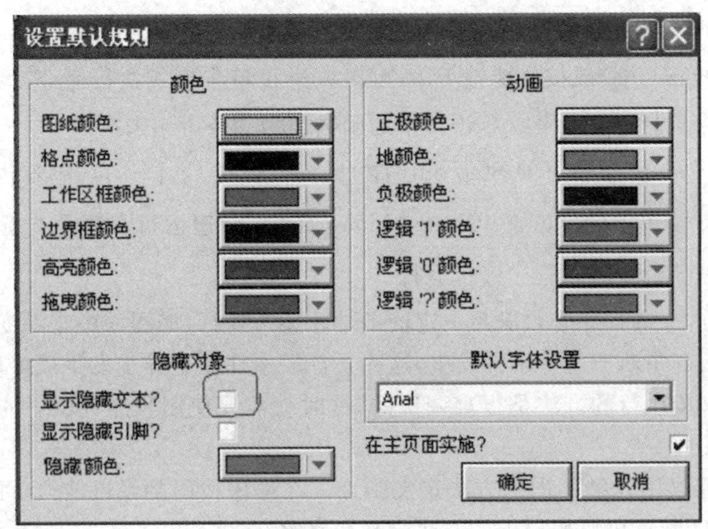

图 7-98 调试窗口

(1) 观察窗口。

观察窗口如图 7-99 所示，观察窗口可以查看和修改程序变量，并列出当前函数的嵌套调用。观察窗口的内容会在程序停止运行后自动更新。也可以使用 View→Periodic Window Update 选项，在目标程序运行时自动更新变量的值。如果要在程序运行中或运行后观察某一变量的值，可以在观察窗口中按 F2 键，然后在文本框中输入相应的变量名字。

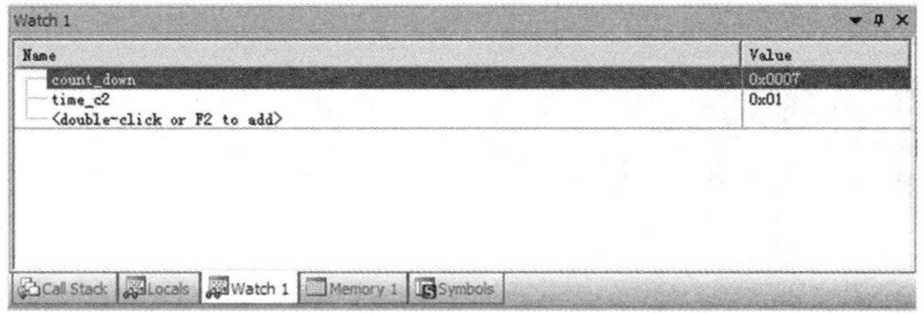

图 7-99　观察窗口

(2) 存储器窗口。

存储器窗口能显示各种存储区的内容，如图 7-100 所示。最多可以通过 4 个不同的页观察 4 个不同的存储区。用上下文菜单可以选择输出格式。

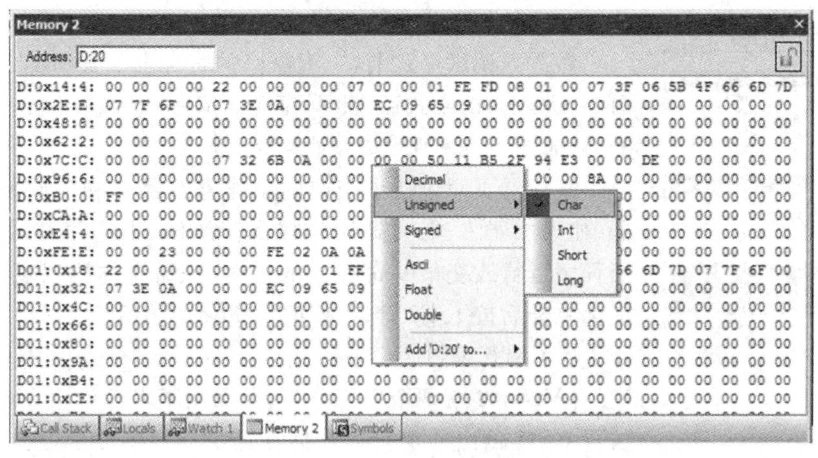

图 7-100　存储器窗口

在存储器窗口 Address 后的文本框内输入"字母:数字"，即可显示相应存储单元的值，其中字母可以是 C、D、I 和 X，分别代表程序存储空间、直接寻址的片内存储空间、间接寻址的片内存储空间和扩展的片外 RAM 空间；数字表示要显示区域的起始地址。例如，输入"D:20"，即可观察到首址为 0x20 的片内 RAM 单元的值。使用 View→Periodic Window Update 选项，可以在程序运行时自动更新存储器窗口。该窗口的显示值可以用不同形式显示，如十进制、十六进制、无符号字符型、有符号字符型等。另外，可以改变存储单元的值，改变显示方式和存储单元值的方法是把光标置于数值上，单击鼠标右键，在弹出的菜单中选择即可。

(3) 反汇编窗口。

如图 7-101 所示，反汇编窗口用源程序和汇编程序的混合代码或汇编代码显示目标应用程序，可在该窗口进行在线汇编，利用该窗口跟踪已经执行的代码，并在该窗口按汇编代码的方式单步执行。

如果选择反汇编窗口作为活动窗口，则所有程序的单步执行命令会工作在 CPU 的指令级，而不是源程序的行。可以用工具栏按钮或上下文菜单命令在选中的文本行上设置或修改断点。可以使用 Debug 菜单打开 In Line Assembly 对话框来修改 CPU 指令，同时允许在调试时纠正错误或在目标程序上进行暂时的改动。

```
Disassembly
    38:              count_down--;
C:0x0817    E532     MOV      A,0x32
C:0x0819    1532     DEC      0x32
C:0x081B    7002     JNZ      C:081F
C:0x081D    1531     DEC      count_down(0x31)
    39:        if(count_down<0)
C:0x081F    C3       CLR      C
C:0x0820    E531     MOV      A,count_down(0x31)
C:0x0822    6480     XRL      A,#P0(0x80)
C:0x0824    9480     SUBB     A,#P0(0x80)
C:0x0826    5006     JNC      C:082E
    40:           count_down=30;
C:0x0828    753100   MOV      count_down(0x31),#0x00
C:0x082B    75321E   MOV      0x32,#0x1E
    41:           if(count_down>=7)
C:0x082E    C3       CLR      C
C:0x082F    E532     MOV      A,0x32
C:0x0831    9407     SUBB     A,#0x07
C:0x0833    E531     MOV      A,count_down(0x31)
C:0x0835    6480     XRL      A,#P0(0x80)
C:0x0837    9480     SUBB     A,#P0(0x80)
C:0x0839    4017     JC       C:0852
    42:            {
```

图 7-101　反汇编窗口

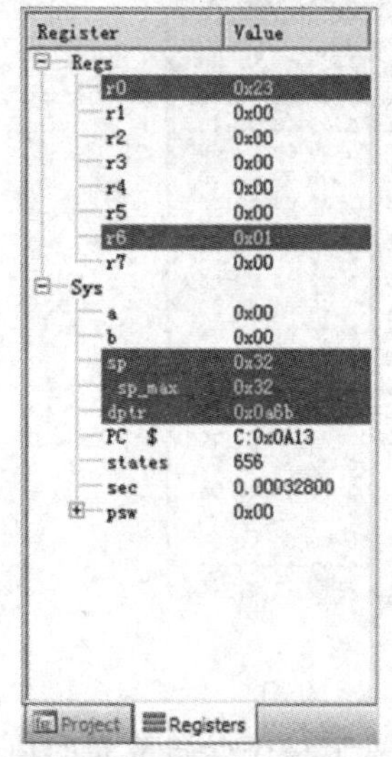

图 7-102　寄存器窗口

(4) 寄存器窗口。

在进入调试模式前，工程窗口的寄存器页面(Registers)是空白的，进入调试模式后，此页面就会显示当前仿真状态下寄存器的值，如图 7-102 所示。

寄存器页面包括了当前的工作寄存器组和一些特殊的寄存器(如累加器 A、乘法器 B、堆栈寄存器 SP、状态寄存器 PSW 等)。当程序运行改变某一寄存器的值时，该寄存器则以反色显示，用鼠标单击后按下 F2 键，可修改该寄存器的值。

(5) 串行窗口。

μVision4 有两个串行窗口，可以用于串行口输入和输出。从仿真 CPU 输出的串行口数据在这个窗口中显示，而在串行窗口键入的字符将被输入到仿真 CPU 中，用该窗口可以在没有硬件的情况下用键盘模拟串行口通信。

7.3.2.2　交通灯控制系统程序调试

交通灯控制系统工程的硬件是基于 Atmel 公司的 AT89C51 微控制器，控制软件采用 C 语言设计，文件名为 Trafficlight. c，位于目录 E:\Traffic light 中，整个工程项目包括一个 8051 系列 CPU 的启动代码 STARTUP. A51、一个包括 51 单片机内部资源定义的头文件 reg51. h、一个源文件 Trafficlight. c。

1. Traffic light 项目文件

在μVision4 中，应用都位于项目文件中，前面已经建立 Traffic light 项目文件，选择 Project 菜单中的 Open Project，从文件夹 E:\Traffic light 中打开 Traffic light. uvproj，载入项目。

2. 编辑 Trafficlight. c

单击菜单 File→New 命令，可弹出一个空白的文本框，在此直接输入或用剪切板粘贴文本式的 C51 源程序。完成后单击菜单 File→Save 命令，以.c 为扩展名将文件命名为 lightcontrol. c 保存至工程文件夹 E:\Traffic light 中。

右键单击工程管理窗口中的“Source Group 1”选项，在出现的菜单中单击“Add Files to Group ‘Source Group 1’”选项，在弹出的对话框中选择 lightcontrol. c 文件，单击“Add”按钮将此文件添加至工程中。

双击 Project 窗口中的 lightcontrol. c,即可对该文件进行编辑。μVision4 在编辑窗口中载入并显示 lightcontrol. c 的内容。

```
# include<reg51.h>
  # define uchar unsigned char
  # define disp_code P0
  # define disp_sel P1
  # define OFF 0
  # define ON 1

 s bit SN_red=P2^1;
 sbit SN_green=P2^2;
 sbit SN_yellow=P2^3;
 sbit EW_red=P2^4;
 sbit EW_green=P2^5;
 sbit EW_yellow=P2^6;
 sbit EW2_red=P3^0;
 sbit EW2_green=P3^1;
 sbit SN2_red=P3^4;
 sbit SN2_green=P3^5;
 bit sign;
 uchar time_c1,time_c2;
 int count_down=30;     //倒计时初始值为 30 s
 uchar time [2];   //显示缓冲区
 uchar disp[]={0x3f,0x06,0x5b,0x4f,0x66,0x6d,0x7d,0x07,0x7f,0x6f};
 //显示代码表
 void delay(uchar n)//延时
 {
   uchar i,j,k;
   for(i=0;i<n;i++)
      for(j=0;j<2;j++)
          for(k=0;k<254;k++);
 }

 void T_countdown() interrupt 1 using 1
 {
 TH0=(65536-50000)/256;
 TL0=(65536-50000)%256;
 // 定时器 T0 中断用于产生 50 ms 定时基准,计数 20 次可得 1 s 时间间隔
 time_c1++;
 if(time_c1==20)   //1 s 定时
 {
 time_c1=0;
 count_down;  //30 s 倒计时
```

```
if(count_down<0)
    count_down=30;
if(count_down>=7)   //用标志位 sign 值来控制循环状态切换
  {
  if(sign)   //当 sign 值为 1 时,进行状态 1~状态 3 切换
  {   //东西方向绿灯亮 24 s,南北方向红灯亮
EW_yellow=OFF;
EW_red=OFF;
EW_green=ON;
SN_yellow=OFF;
    SN_green=OFF;
SN_red=ON;
EW2_red=1;
EW2_green=0;
SN2_red=0;
SN2_green=1;
      }
else      //当标志位 sign 值为 0 时,进行状态 4~状态 6 切换
  {     //南北方向绿灯亮 24 s,东西方向红灯亮
EW_red=ON;
EW_green=OFF;
EW_yellow=OFF;
SN_green=ON;
SN_yellow=OFF;
SN_red=OFF;
     EW2_red=0;
EW2_green=1;
SN2_red=1;
SN2_green=0;
  }
      }
else if(count_down<7&&count_down>3)
    {
if(sign)
//东西方向绿灯闪烁 3 s,南北方向保持红灯亮
{
EW_green=!EW_green;
SN_red=ON;
EW2_red=1;
    EW2_green=0;
    SN2_red=0;
    SN2_green=1;
}
```

```
else   //南北方向绿灯闪烁 3 s,东西方向保持红灯亮
    {
    SN_green=!SN_green;
    EW_red=ON;
    EW2_red=0;
        EW2_green=1;
          SN2_red=1;
          SN2_green=0;
         }
           }
    else if(count_down<=3&&count_down>=0)
        {
    if(sign)
    //东西方向黄灯亮 3 s,南北方向保持红灯亮
    {
    EW_green=OFF;
    EW_yellow=ON;
    SN_red=ON;
        EW2_red=1;
        EW2_green=0;
        SN2_red=0;
        SN2_green=1;
    }
    else
    //南北方向黄灯亮 3 s,东西方向保持红灯亮
    {
    SN_green=OFF;
    SN_yellow=ON;
    EW_red=ON;
        EW2_red=0;
        EW2_green=1;
          SN2_red=1;
          SN2_green=0;
         }
         }
    if(count_down==0)
         sign=!sign;
      }
    }

    /*——倒计时时间显示——*/
    void display () interrupt 3  using 3
    {
      TH1=(65536-10000)/256;    //显示刷新周期为 10 ms
      TL1=(65536-10000)%256;
```

```
time[0]=count_down/10;      //十位
 time[1]=count_down%10;     //个位
   time_c2++;
   if(time_c2==2)     //定时 20 ms
   time_c2=0;
   disp_code=disp[time[1]];    //P0 口显示个位
 disp_sel=disp[time[0]];    //P2 口显示十位
 }
 /*紧急情况东西方向手动控制*/
 void EW_Key()interrupt 0 using 0
 {
 TR0=!TR0;//第一次按下时为手动控制,第二次按下恢复正常
 EW_green=ON;
 EW_red=OFF;
 EW_yellow=OFF;
 SN_green=OFF;
 SN_red=ON;
 SN_yellow=OFF;
 EW2_green=1;
 EW2_red=0;
 SN2_green=0;
 SN2_red=1;
 count_down=30;
 }
 /*紧急情况南北方向手动控制*/
 void SN_Key()interrupt 2 using 2
 {
 TR0=!TR0;
 EW_green=OFF;
 EW_red=ON;
 EW_yellow=OFF;
 SN_green=ON;
 SN_red=OFF;
 SN_yellow=OFF;
 EW2_green=0;
 EW2_red=1;
 SN2_green=1;
 SN2_red=0;
 count_down=30;
 }
 /*——主程序(main program)——*/
 void main()
 {
 delay(10);
 delay(10);
```

```
    delay(10);
        time_c1=0;
        time_c2=0;
          sign=0;
          EA=1;    //允许外部中断
        EX0=1;   //外部中断 0 允许位
        EX1=1;   //外部中断 1 允许位
        IT0=1;   //高电平触发中断
        IT1=1;
          ET0=1;    //定时器中断 0 允许位
          ET1=1;    //定时器中断 1 允许位
          IP=0x05; //中断优先级设置
          TMOD=0x11;
        //定时器 0、定时器 1 全工作在模式 1,16 位定时器,并由 TR 位启动定时器
        TH0=(65536-50000)/256;
        TL0=(65536-50000)%256;
        TH1=(65536-10000)/256;
        TL1=(65536-10000)%256;
        TR0=1;   //启动定时器0
        TR1=1;   //启动定时器1
        while(1);
        }
```

3. 设置工程配置选项

右键单击工程管理窗口中的“Target 1”目录，在出现的菜单中单击“Options for Target ‘Target 1’”选项，在弹出的 Debug 选项卡 Target 标签中，将 CPU 工作频率 Xtal(MHz)设置为 12 MHz，如图 7-103 所示。

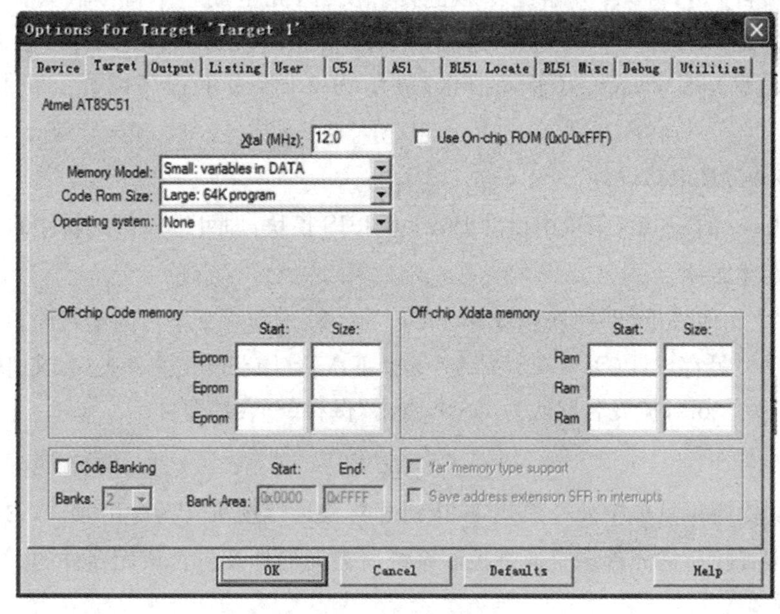

图 7-103　CPU 频率设置对话框

在弹出的 Debug 选项卡 Output 标签中，点击“Select Folder for Objects”，选择 E:\Traffic light 文件夹作为编译、链接后的输出路径，勾选“Create HEX File”复选框，如图 7-104所示。最后，点击“确定”按钮，这样编译后才能在 E:\Traffic light 文件夹中生成同名的 HEX 文件。

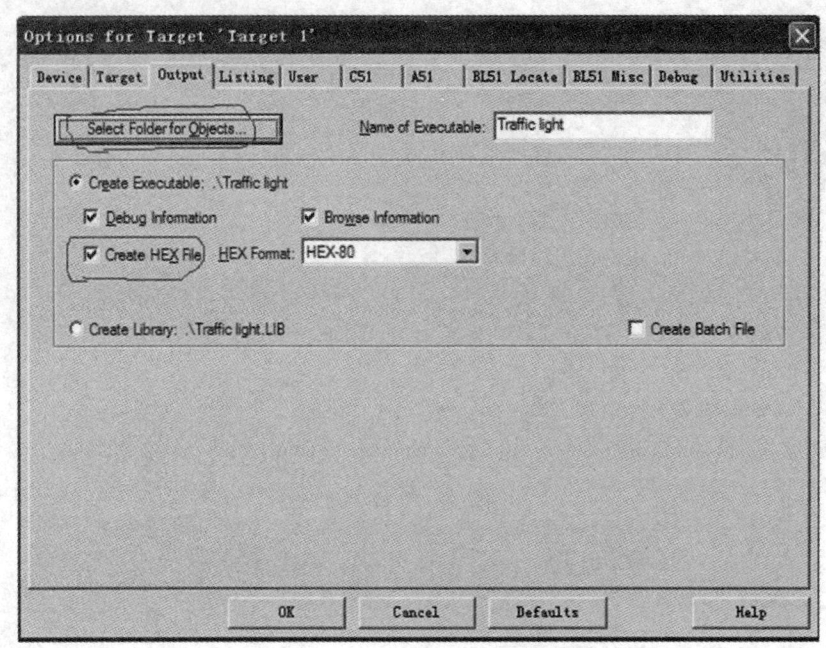

图 7-104　Output 标签设置对话框

4. 编译和链接 Trafficlight. c

完成工程配置选项的基本设置后，用 Project 菜单或 Build 工具栏的 Build Target 命令编译和链接项目。μVision4 开始编译和链接源文件，并生成一个可以载入μVision4 调试器进行调试的绝对目标文件。Build 过程的状态信息出现在 Build Output 输出窗口。当 Errors(错误信息)和 Warnings(警告信息)显示为 0 时，表示程序编译和链接过程没有问题。

7.3.2.3　仿真电路设计

从 Windows 的“开始”菜单中启动 Proteus ISIS 模块，即可进入仿真软件的主界面。

1. 新建设计文件

执行菜单“文件(File)”→“新建设计(New)”命令，出现一个空白的编辑窗口。执行菜单“文件(File)”→“另存设计(Save as)”命令，选择 E:\Traffic light 文件夹，在文件名文本框中输入“TrafficControl”，扩展名默认为.DSN，点击“保存(Save)”即可。

2. 放置元器件

单击左侧绘图工具栏中元件模式按钮和对象选择按钮“P”，弹出元件选择窗口，按照类别或关键字查找所需元件。交通灯控制系统所需元器件及包含该元器件的元器件库名称如表 7-5 所示。

表 7-5　交通灯控制系统所需元器件列表

图中标注元件名称	元件列表中名称	元件库名称	用　　途
U1	AT89C51	MCS8051	控制器
7 段数码管	7SEG-COM-CAT-GRN	DISPLAY	倒计时显示
交通灯	TRAFFIC LIGHTS	ACTIVE	车辆交通红绿黄信号指示
D1～D16	LED	ACTIVE	行人通行红绿信号指示
RP1、RP2	RESPACK-8	DEVICE	P0、P2 口上拉电阻
X1	CRYSTAL	DEVICE	AT89C51 外部晶振
S1～S3	BUTTON	ACTIVE	控制器复位、手动控制按钮
C3	CAP-ELEC	DEVICE	控制器复位电解电容
C1～C2	CERAMIC22P	CAPACITORS	晶振电路瓷片电容
R1～R19	9C08052A1002JLHFT	RESIPC7351	1/8W 5% 0805 贴片电阻

分别放置表 7-5 中元件到电路窗口所需位置，调整元件方向使其在电路中布局合理、美观。

3. 编辑元件属性

在需要编辑属性的元件上单击鼠标右键，选择“编辑属性”命令，如图 7-105 所示。将 AT89C51 的时钟频率(Clock Frequency)修改为 12 MHz，将晶振 CRYSTAL 的工作频率(Frequency)改为“12MHz”，将 R1～R3 的电阻值(Resistance)修改为“10K”，将 R4～R19 的电阻值修改为“10”，将 C1～C2 的电容值(Capacitance)修改为“30p”，将 C3 的电容值修改为“10uF”，给按钮 BUTTON 分别添加文字标号 S1～S3 加以区别。以晶振 CRYSTAL 属性修改为例，其编辑对话框如图 7-106 所示。

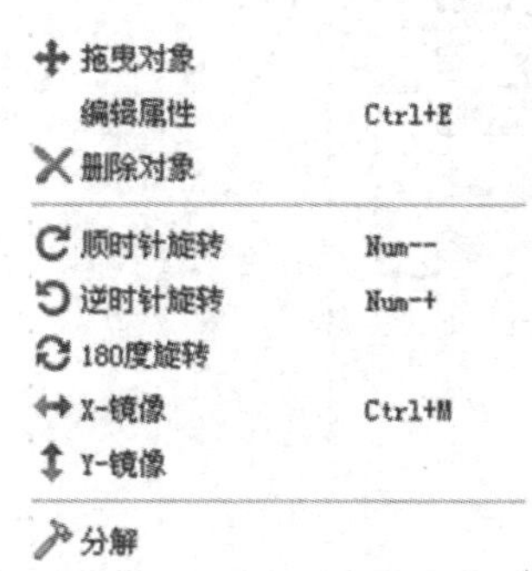

图 7-105　元件属性编辑菜单

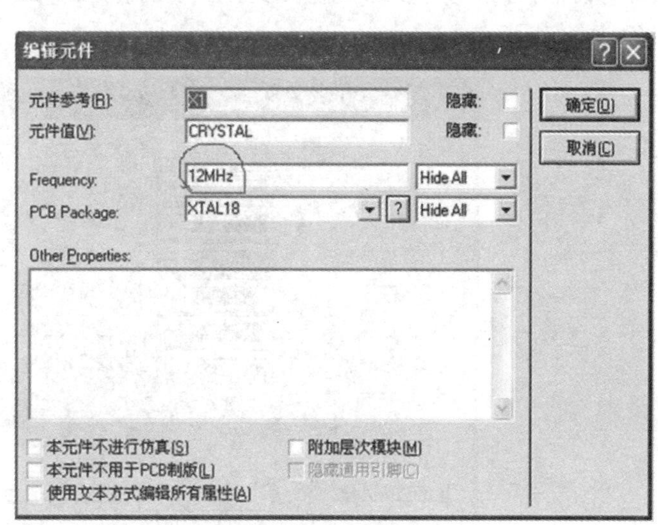

图 7-106　晶振 CRYSTAL 属性修改对话框

每个元器件下面都有一个“TEXT”字符，元件较多时会影响原理图的美观，为取消

“TEXT”字符，需要对元件的文本属性进行设置。双击“TEXT”字符，可弹出“Edit Component Properties”（编辑元件属性）对话框，单击“ Style”（风格）标签，弹出如图 7-107 所示的对话框。

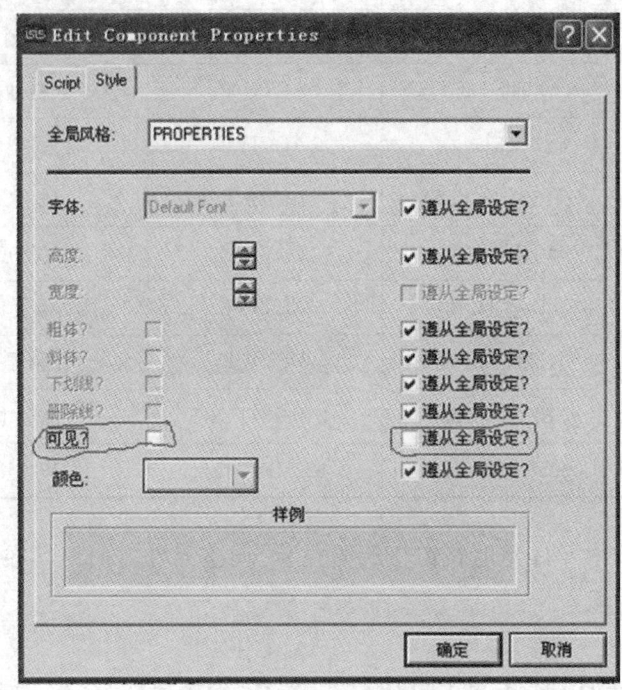

图 7-107　元件文本属性编辑对话框

将 Visible?（可见?）选项默认的 Follow Global（遵从全局设定）勾选状态撤销，“TEXT”字符便可在原理图中隐藏起来。

另外，单击 Proteus 菜单栏的“模板(M)”项中的“设置默认规则”后，可弹出“设置默认规则”对话框，去掉左下角“显示隐藏文本?”中的勾选符号，可将当前电路中的所有“TEXT”字符去掉，如图 7-108 所示。

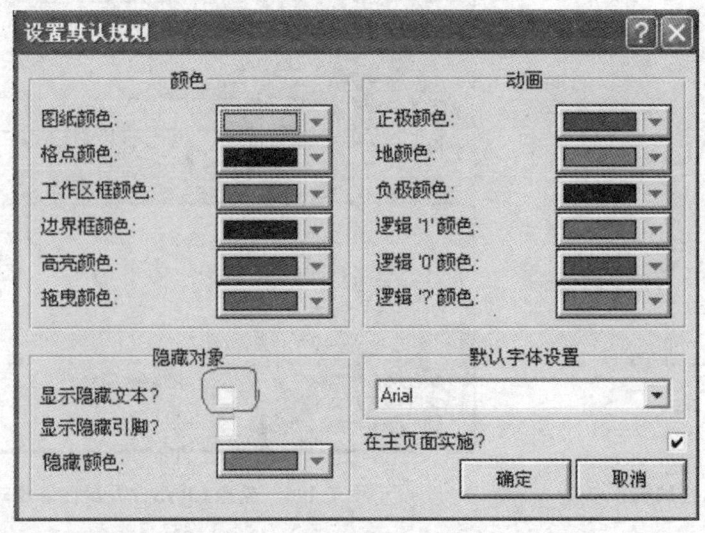

图 7-108　文件文本符号去除对话框

4. 原理图布线

连接任意两个元件时，只需直接单击两个元件的连接点，ISIS 即可自动定出走线的路径并完成两连接点的连线操作。单击“工具”菜单栏中的“自动连线”选项，可使走线方式在自动和手动之间切换。

考虑到电路连线较多，为使电路简洁易读，可采用“连线标号模式”。这种方式不需要将两个连接点用导线连接，只需要在两个连接点处放置相同的“连线标号”即可表示这两点连接。以 P2.1 端口连接为例，其功能是控制南北方向红灯，在窗口左边选择“终端模式”，在“TERMINALS”(终端选择器)列表中选择“DEFAULT”(缺省)(也可选择输出 OUTPUT)端口，水平镜像操作，使其连线端水平向左，并用导线将其和 P2.1 端口连接，按下窗口左边的“连线标号模式”按钮，这时电路窗口中的光标变成笔形，将其移动到 P2.1 端口的连线上，笔端会出现一个小“X”，用鼠标左键单击导线，弹出“编辑导线标号”对话框，在“Label”标签中标号文本框中输入“SN_red”，点击“确定”按钮。同样的，在南北方向两个红灯端口分别放置接线端口并连线，按上述方法在“编辑导线标号”对话框中标号文本框右边点击三角形按钮打开下拉菜单，选择“SN_red”，即表示 P2.1 端口和南北方向两个红灯控制端连接。

按照上述方法完成所有元件的连线或“连线标号”。注意“连线标号”字母不区分大小写，并且“连线标号”总是成对使用，当然也可以多对一，即在电路中至少有两个接线端有相同的“连线标号”。

5. 放置电源端

单击电路左边绘图工具栏“终端模式”按钮，在列表中选择放置“POWER”(电源正极)、“GROUND”(地)。对“POWER”和“GROUND” 可以像其他元器件一样进行拖动、旋转、编辑属性等操作。此外，对“POWER”和“GROUND”也可添加或修改标签名，只是只能通过双击“POWER”和“GROUND”图标，在弹出的对话框中进行添加和修改。

6. 绘制道路标识

为了使仿真效果逼真，在电路中绘制车辆道路和人行道。按下绘图工具栏中的画线工具按钮，画出主干道和人行道，双击线段，在弹出的对话框中去掉“颜色”后面“遵从全局设定”的勾选符号，按下颜色选择按钮，设置线段颜色，如图 7-109 所示。然后在主干道中央放置方向指示线段，并修改线宽及线色。

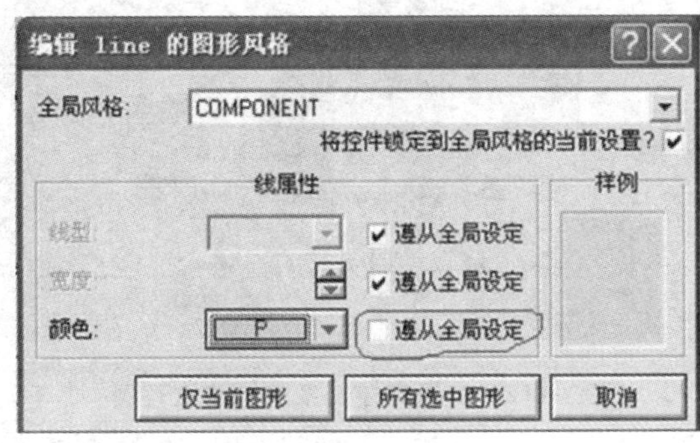

图 7-109　线段颜色修改对话框

接下来放置道路方向及人行道文字标识。单击电路左边绘图工具栏“文字脚本模式”按钮，或在电路中单击鼠标右键，利用快捷菜单“放置”→“文本”命令，在弹出的对话框

“Script”标签中文本窗口输入标识文字，如“人行道”，然后在“Style”标签中改变字色、字体、字号。操作过程如图 7-110、图 7-111 所示。

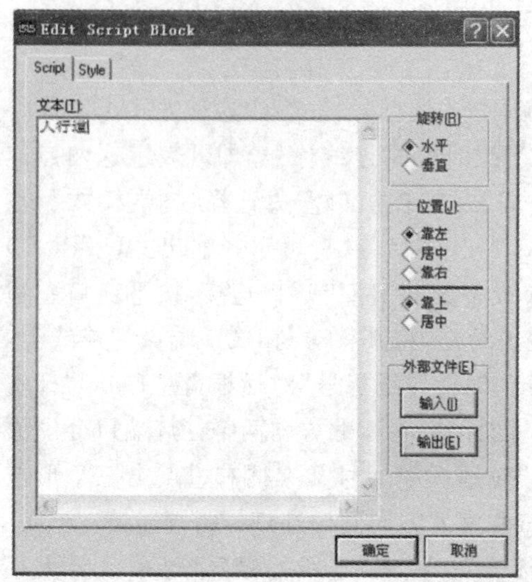

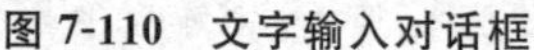
图 7-110　文字输入对话框

图 7-111　文字属性修改对话框

至此，交通灯控制系统电路原理图便绘制完成了，如图 7-112 所示。单击“保存”图标，可保存为.DSN 文件。

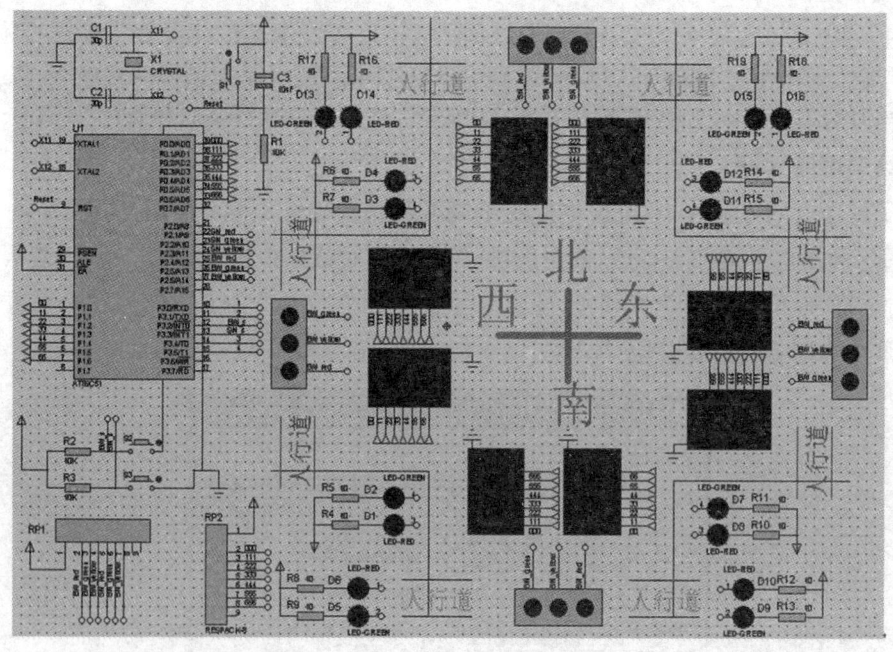

图 7-112　交通灯控制系统电路原理图

需要强调一点，ISIS 主界面里的对象选择窗口是绘图工具栏的公共列表区，在使用不同绘图命令时，对象选择窗口中的内容也有所不同。例如：在“元件模式”时，对象选择窗口中列出的是从元件库中选出来的元件名；而在“终端模式”时，对象选择窗口中列出的是各种终端名。

7. 添加仿真文件

原理图绘制好后，需要加载可执行文件 Traffic light. hex 才能进行仿真运行。双击原理图中的 AT89C51，在弹出的对话框中，单击“Program File”文本框后文件夹按钮，如图 7-113所示，在 E 盘文件夹中找到经过编译生成的可执行文件 Traffic light. hex，单击“打开”按钮完成加载。

编辑元件

元件参考(R): U1 隐藏:
元件值(V): AT89C51 隐藏:
PCB Package: DIL40 ? Hide All
Program File: E:\Traffic light\Traffic light.hex Hide All
Clock Frequency: 12MHz Hide All
Advanced Properties:
Enable trace logging No Hide All
Other Properties:
本元件不进行仿真(S) 附加层次模块(M)
本元件不用于PCB制版(L) 隐藏通用引脚(C)
使用文本方式编辑所有属性(A)
确定(O) 帮助(H) 数据(D) 隐藏的引脚(P) 取消(C)

图 7-113 添加仿真文件对话框

7.3.2.4 仿真运行

单击 ISIS 主界面左下角仿真工具栏运行按钮，启动电路仿真。可以看到电路中的主干道红绿黄灯和人行道红绿灯按照预定状态进行切换，同时数码管实时显示倒计时时间。仿真运行效果如图 7-114 所示。

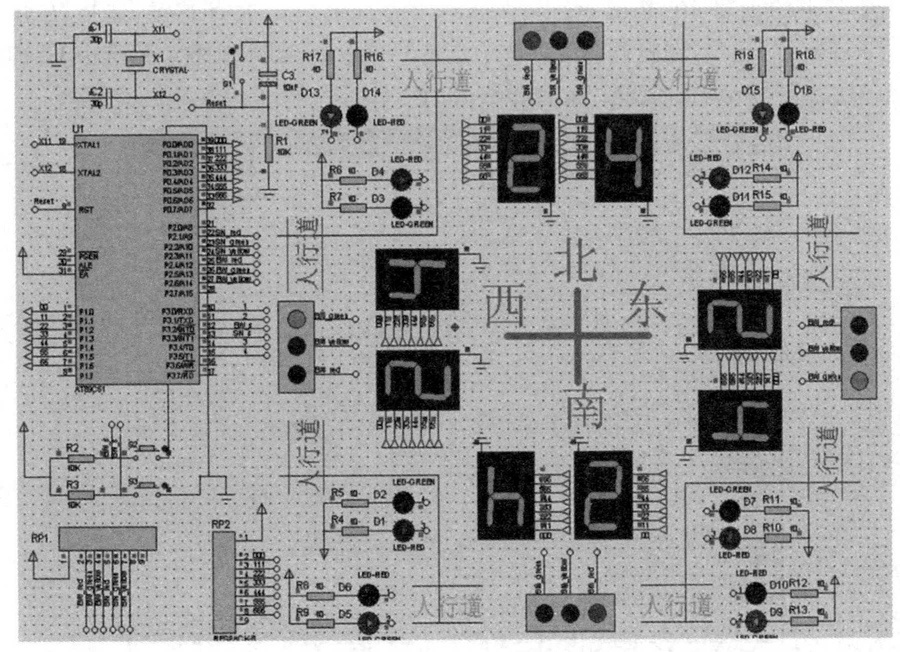

图 7-114 仿真运行效果

按下 S2 按钮，模拟南北方向交通事故，此时只有东西方向允许通车，东西方向绿灯亮，南北方向红灯亮，同时东西方向人行道绿灯亮，倒计时停止，时间定在 30 s，如图 7-115 所示。交通事故解除后，再次按下 S2 按钮，系统恢复正常。

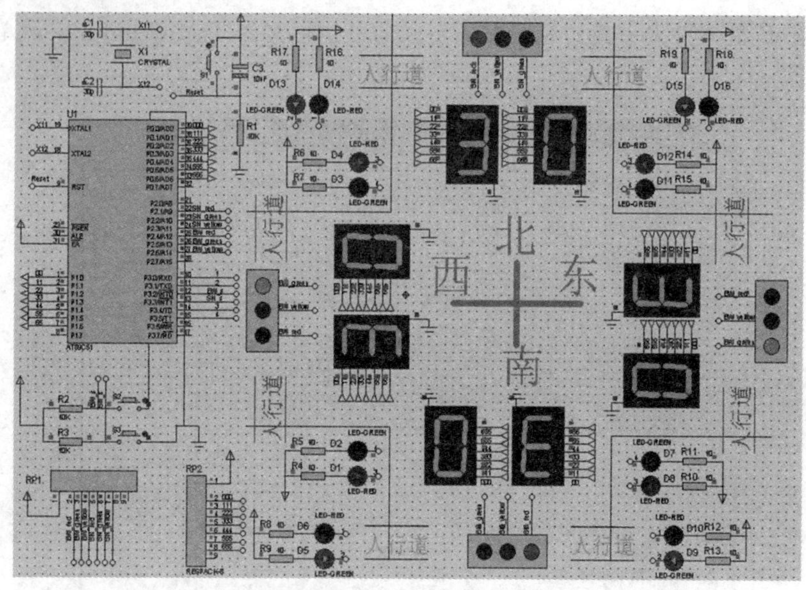

图 7-115　南北方向交通事故模拟图

7.3.3　联机调试

1. 联调环境设置

下载 VDMAGDI. EXE，运行安装到 Keil 安装目录，VDM51. dll 文档会自动安装到 KEIL\C51\BIN 目录。

打开要联调的项目，在 Project Workspace 的"Target 1"上点右键，选择"Options for Target 'Target 1'"选项，在打开的对话框中点击 Debug 选项卡，在右上角选中 Use 选项，并在下拉菜单中选中 Proteus VSM Simulator，如图 7-116 所示。

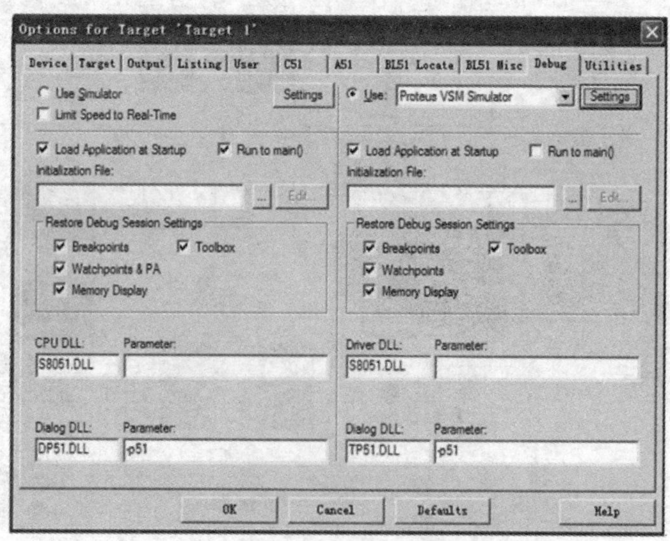

图 7-116　Proteus VSM Simulator 设置对话框

在旁边的 Settings 按钮上点一下，如果是 Proteus 在同一台电脑，则显示 Host：127.0.0.1，Port：8000，点“OK”（确定）保存，如图 7-117 所示。

打开 Proteus，打开 TrafficControl. DSN 文件，点击“调试”（Debug）菜单，选中“使用远程调试监控”，如图 7-118 所示。

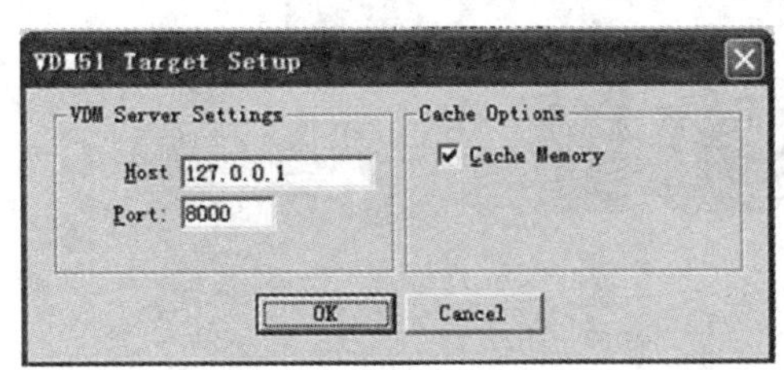

图 7-117　VDM51 设置结果

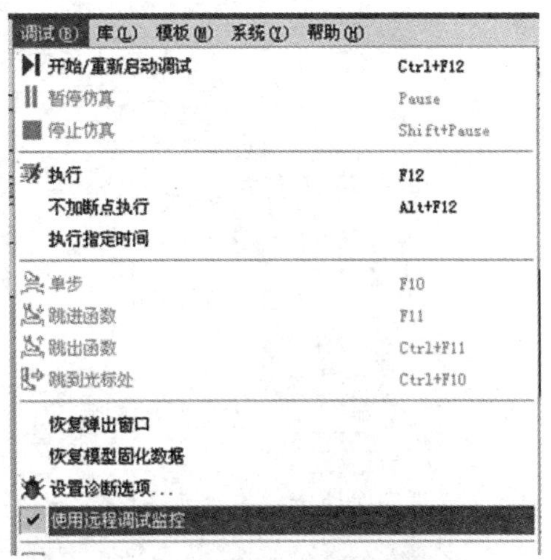

图 7-118　Proteus 远程调试设置

完成后，如果程序和电路图没问题，在 Keil 中 Build All 并且仿真运行后，就可以在 Proteus 看到实时效果了。这时，可以不在 Proteus 中添加仿真文件，在μVision4 中直接调试程序，就好像连接真实单片机调试。

2. 程序调试

Trafficlight. c 程序被编译和链接后，可以用μVision4 调试器对它进行调试。在μVision4中使用 Debug 菜单或工具栏上的 Start/Stop Debug Session 命令可以开始调试。μVision4初始化调试器并启动程序运行，且运行到 main 函数。

(1) 用 View 菜单或 Debug 工具栏上的 Watch Windows 命令打开 Watch 1 窗口显示应用程序的一些变量值。在窗口中双击鼠标左键或按下 F2 键添加需要观察的全局变量，如 EW_red 和 count_down，则列表中会显示该变量。程序运行停止后可以观察到该变量的值。启动 Run 命令，然后停止，Proteus 中电路状态如图 7-119 所示，此时时间停止在 19 s，东西方向红灯亮。

在μVision4 的 Watch 1 窗口中显示变量 EW_red 值为 1，变量 count_down 值为 0x0013，即十进制 19，如图 7-120 所示，与图 7-119 所示结果一致。

通过μVision4 的“Peripherals”（外设）菜单下的“I/O-Ports”（I/O-端口）选项可以查看单片机的各个 I/O 端口，选择 P0 、P2 端口，可以看到各个位的状态，如图 7-121 所示，与图 7-119所示结果一致。

(2) 单步调试。使用菜单 Step 命令或相应的命令按钮或使用功能键 F11 可以单步执行程序，使用菜单 Step Over 命令或相应的命令按钮或使用功能键 F10 可以以过程单步形式执行命令。

按下 F11 键，可以看到源程序窗口中出现一个黄色调试箭头，每按一次 F11 键，箭头下移一行，不断按下 F11 键，可逐条执行语句。

(3) 调试技巧。通过单步执行程序，可以查找程序中存在的问题，但是仅靠单步执行查

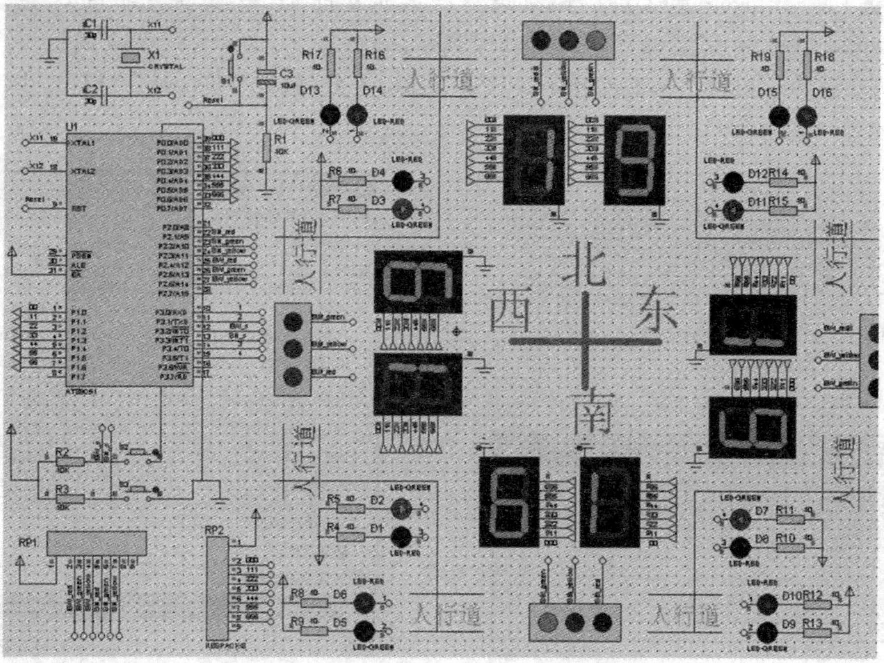

图 7-119　Proteus 远程调试效果

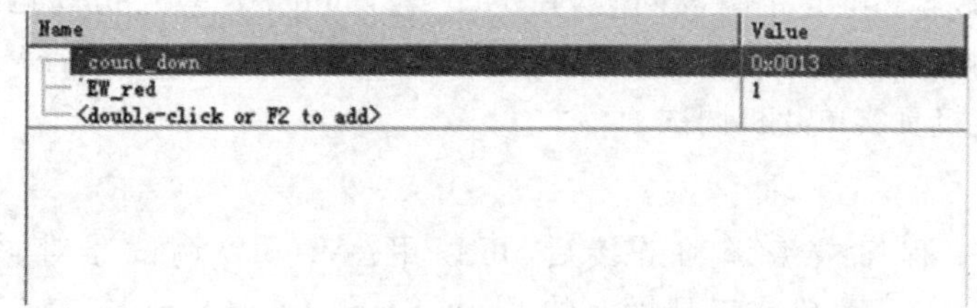

图 7-120　Watch 1 窗口显示效果

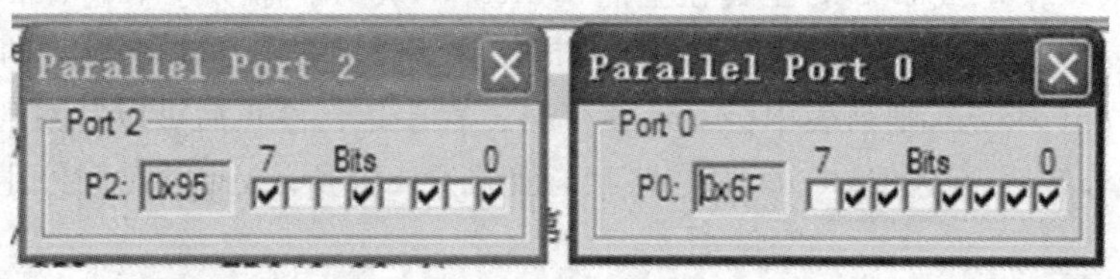

图 7-121　P0 、P2 端口状态图

找错误有时非常困难，而且效率低下，为此可以辅以其他方法。

方法 1：在源程序的任意一行单击，把光标定位于该行，然后单击菜单“Debug”→“Run to Cursor Line”（运行到光标所在行）选项，即可全速执行完黄色箭头与光标之间的程序行。

方法 2：单击菜单“Debug”→“Step Out of Current Function”（单步执行到该函数外）选项，即可全速执行完调试光标所在的函数，黄色调试箭头指向调用函数的下一行语句。

方法 3：执行到调用函数时，按下 F10 键，调试光标不进入函数内，而是全速执行完该函数，然后黄色箭头直接指向主函数中的下一行。

方法 4：利用断点调试。用工具栏或鼠标右键打开快捷编辑菜单的 Insert/Remove

Breakpoints 命令，在 main 函数的开始处设置一个断点。用 Run 命令启动程序，程序全速执行到断点处即停止，便可在此观察有关变量，以确定问题所在。调试结束后，将光标定位于断点所在行，使用 Insert/Remove Breakpoints 命令可移除该处断点；单击菜单“Debug”→“Enable/Disable Breakpoint”（允许/禁止断点）选项，可开启或暂停光标所在行的断点功能；单击菜单“Debug”→“Disable All Breakpoint”（禁止所有断点）选项，可暂停所有断点；单击菜单“Debug”→“Kill All Breakpoint”（清除所有断点）选项，可清除所有的断点设置。

思 考 题

1. 在 Multisim 中，如何放置一个电器元件？
2. 在 Multisim 中，如何调整一个电器元件的位置？
3. 在 Multisim 中，如何增加图纸的标题栏？
4. 如何改变 555 定时器构成的多谐振荡器的频率？
5. 如何改变三极管电子门铃的音调？
6. 在μVision4 集成开发环境中，如何设置 CPU 的型号？
7. 使用μVision4 调试程序时，如何设置断点？
8. 在 Proteus 中，如何添加仿真文件？
9. 如何设置 Proteus 和μVision4 的联调环境？
10. 如何用μVision4 观察应用程序的变量值？

第8章 电子产品检测技术

以电子线路为基础的各种电子产品及装置，在安装完成后必须进行调试，才能正常工作；在调试或使用过程中往往会出现各种电路故障，必须经过检查，查出故障才能排除。所以调试和检查是保证电子产品正常工作的基本环节，也是基本要求。

如图8-1所示，调试与检测技术通常包括电子生产和研制工作中的调整、测试、检验、维修等多项工作。对于生产过程而言，这些工作处于不同工序、不同生产环节。另外，对电路原理的理解和分析，对电子测量技术和相应仪器仪表设备的掌握以及安全防护都有共同的要求。

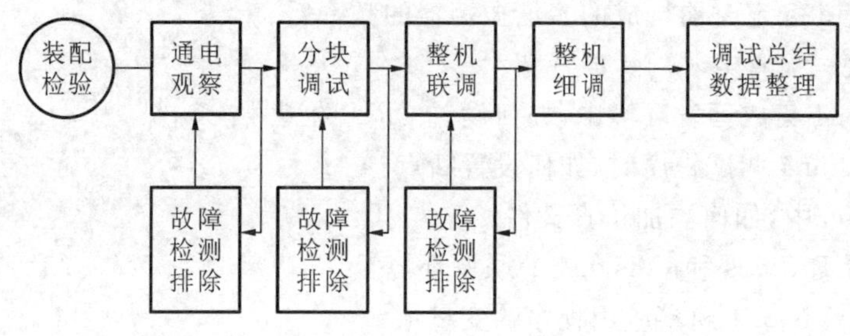

图 8-1 电子产品调试流程

8.1 故障检测的常用方法

采用适当的方法，查找、判断和确定故障具体部位及其原因，是故障检测的关键。下面介绍的各种故障检测方法，是长期实践中总结归纳出来的行之有效的方法。具体应用中还要针对具体检测对象，交叉、灵活地加以运用，并不断总结适合自己工作领域的经验和方法，才能达到快速、准确、有效排查故障的目的。

8.1.1 观察法

观察法是通过人体感觉发现电子线路故障的方法。这是一种最简单、最安全的方法，也是各种仪器设备通用的检测过程的第一步。

观察法分为静态观察法和动态观察法两种。

1. 静态观察法

静态观察法又称为不通电观察法。在电子线路通电前主要通过目视检查找出某些故障。实践证明，占电子线路故障相当比例的焊点失效，导线接头断开，电容器漏液或炸裂，接插件松脱，电接点生锈等故障，完全可以通过观察发现，没有必要对整个电路大动干戈，导致故障升级。

静态观察，要先外后内，循序渐进。打开机壳前先检查电器外表，有无碰伤，按键、插口电线电缆有无损坏，保险丝是否烧断等。打开机壳后，先看机内各种装置和元器件，有无相碰、断线、烧坏等现象，然后用手或工具拨动一些元器件、导线等做进一步检查。对于试验电路或样机，要对照原理检查接线有无错误，元器件是否符合设计要求，IC管脚有无插错方向或折断折弯，有无漏焊、桥接等现象。

当静态观察未发现异常时，可以进一步用动态观察法。

2. 动态观察法

动态观察法也称通电观察法，即给线路通电后，运用人体视、嗅、听、触觉检查线路故障。

通电观察，特别是较大设备通电时尽可能采用隔离变压器和调压器逐渐加电，防止故障扩大。一般情况下还应使用仪表，如电流表、电压表等监视电路状态。

通电后，眼要看电路内有无打火、冒烟等现象；耳要听电路内有无异常声音；鼻要闻电器内部有无炼焦味；手要摸一些管子、集成电路等是否烫手，如有异常发热现象，应立即关机。

8.1.2 测量法

测量法是故障检测中使用最广泛、最有效的方法。根据检测的电参数特性，测量法又可分为电阻法、电压法、电流法、波形法和逻辑状态法。

1. 电阻法

利用万用表测量电子元器件或电路各点之间的电阻值来判断故障的方法称为电阻法。

测量电阻值，有在线测量和离线测量两种基本方式。

在线测量，需要考虑被测元器件受其他并联支路的影响，测量结果应对照原理图分析判断。

离线测量，需要将被测元器件或电路从整个电路或印制电路板上脱焊下来，操作较麻烦，但结果准确可靠。

用电阻法测量集成电路，通常先将一个表笔接地，用另外一个表笔测各引脚对地电阻值，然后交换表笔再测一次，将测量值与正常值进行比较，相差较大者往往是故障所在（不一定是集成电路坏了）。

电阻法对确定开关、接插件、导线、印制电路板导电图形的通断及电阻器的变质，电容器短路，电感线圈断路等故障非常有效而且快捷，但对晶体管、集成电路及电路单元，一般不能直接判定故障，需要对比分析或兼用其他方法。但由于电阻法不用给电路通电，可以将检查风险降到最小，故一般首先采用。

注意事项 （1）使用电阻法时应在线路断电、大电容放电的情况下进行，否则结果不准确，还可能损坏万用表。

（2）在检测低电压供电的集成电路（小于 5 V）时避免用指针式万用表的 10K 挡。

（3）在线测量时应将万用表表笔交替测试，对比分析。

2. 电压法

电子线路正常工作时，线路各点都有一个确定的工作电压，通过测量电压来判断故障的方法称为电压法。电压法是通电检测手段中最基本、最常用的方法，根据电源性质又分为交流和直流两种电压测量方式。

1）交流电压测量

一般电子线路中交流回路较为简单，对 50 Hz 市电升压或降压后的电压只需使用普通万用表，选择合适 AC 量程即可，测高压时要注意安全并养成单手操作的习惯。

对非 50 Hz 的电源，例如变频器输出电压的测量就要考虑所用电压表的频率特性，一般指针式万用表为 45～2000 Hz，数字万用表为 45～500 Hz，超过范围或非正弦波测量结果都不正确。

2）直流电压测量

检测直流电压一般分为三步。

(1) 测量稳定电路输出端是否正常。

(2) 各单元电路及电路的关键“点”，例如放大电路输出点，外接部件电压端等处电压是否正常。

(3) 电路主要元器件如晶体管、集成电路各管脚电压是否正常，对集成电路首先要测电源端。

比较完善的产品说明书中应该给出电路各点的正常工作电压，有些维修资料中还提供集成电路各引脚的工作电压。另外，也可以对比正常工作的同种电路测得各点电压。偏离正常电压较多的部位或元器件，往往就是故障所在。

这种检测方法，要求工作者具有电路分析能力并尽可能收集相关电路的资料数据，才能达到事半功倍的效果。

3. 电流法

电子线路正常工作时，各部分工作电流是稳定的，偏离正常值较大的部位往往是故障所在。这就是用电流法检测线路故障的原理。

电流法有直接测量和间接测量两种方法。

直接测量就是将电流表直接串接在欲检测的回路测得电流值的方法。这种方法直观、准确，但往往需要对线路做“手术”，例如断开导线、脱焊元器件引脚等，因而不大方便。对于整机总电流的测量，一般可通过将电流表两个表笔接到开关上的方式测得，对使用 220 V 交流电的线路必须注意测量安全。

间接测量快捷方便，但如果所选测量点的元器件有故障，则不容易准确判断。如图 8-2 所示，欲通过测 Re 的电压降确定三极管工作电流是否正常，如 Re 本身阻值偏低很多或 Ce 漏电，都可引起误判。

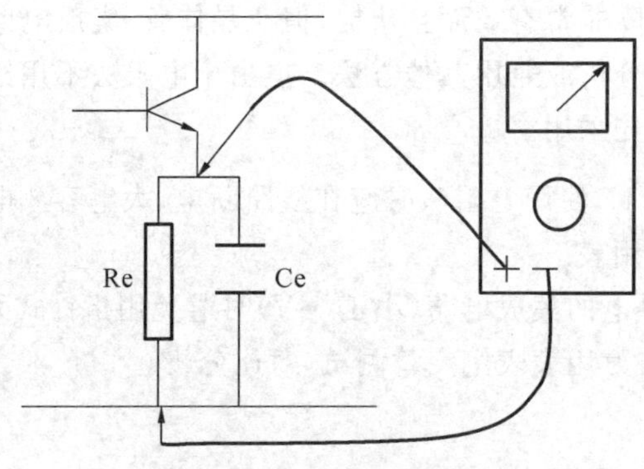

图 8-2　间接测量电流

采用电流法检测故障，应对被测电路正常工作电流值事先心中有数。一方面，大部分线路说明书或元器件样本中都给出正常工作电流值或功耗值；另一方面，通过实践积累可大致判断各种电路和常用元器件工作的电流范围。例如一般运算放大器，TTL 电路静态工作电流不超过几毫安，CMOS 电路则在毫安级以下。

4. 波形法

对于交变信号产生和处理电路来说，采用示波器观察信号通路各点的波形是最直观、最有效的故障检测方法。波形法应用于以下三种情况：

1）波形的有无和形状

在电子线路中一般对电路各点的波形有无和形状是确定的。如果测得该点波形没有或形状相差较大，则故障发生于该电路的可能性较大。当观察到不应出现的自激振荡或调制波形时，虽不能确定故障部位，但可从频率、幅值大小分析故障原因。

2）波形失真

在放大或缓冲等电路中，电路参数失配或元器件选择不当或损坏都会引起波形失真，通过观测波形和分析电路可以找出故障原因。

3）波形参数

利用示波器测量波形的各种参数，如幅值、周期、前后沿相位等，与正常工作时的波形参数对照，找出故障原因。

应用波形法要注意以下两点：

(1) 对电路高电压和大幅度脉冲部位一定注意不能超过示波器的允许电压范围。必要时采用高压探头或对电路观测点采取分压或取样等措施。

(2) 示波器接入电路时本身输入阻抗对电路有一定影响，特别是测量脉冲电路时，要采用有补偿作用的 10∶1 探头，否则观测的波形与实际不符。

5. 逻辑状态法

对于数字电路而言，只需判断电路各部位的逻辑状态即可确定电路工作是否正常。数字逻辑主要有高、低两种电平状态，另外还有脉冲串及高阻状态。可以使用逻辑笔进行电路检测。逻辑笔具有体积小、携带使用方便的优点。功能简单的逻辑笔可测单种电路（TTL 或 CMOS）的逻辑状态，功能较全的逻辑笔除可测多种电路的逻辑状态外，还可定量测脉冲个数，有些还具有脉冲信号发生器作用，可发出单个脉冲或连续脉冲供检测电路用。

8.1.3 跟踪法

信号传输电路，包括信号获取（信号产生）、信号处理（信号放大、转换、滤波、隔离等）以及信号执行电路，在现代电子电路中占有很大比例。这种电路的检测关键是跟踪信号的传输环节。具体应用中根据电路的种类，有信号寻迹法和信号注入法两种。

1. 信号寻迹法

信号寻迹法是在输入端直接输入一定幅值、频率的信号，用示波器由前级到后级逐级观察波形及幅值，如哪一级异常，则故障就在该级；对于各种复杂的电路，也可将各单元电路前后级断开，分别在各单元输入端加入适当信号，检查输出端的输出是否满足设计要求。

针对信号产生和处理电路的信号流向寻找信号踪迹的检测方法，具体检测时又可分为正向寻迹（由输入到输出顺序查找）、反向寻迹（由输出到输入顺序查找）和等分寻迹三种。

正向寻迹是常用的检测方法，可以借助测试仪器（示波器、频率计、万用表等）逐级定性、定量检测信号，从而确定故障部位。图 8-3 所示是交流毫伏表的电路框图及检测示意图。我们用一个固定的正弦波信号加到毫伏表输入端，从衰减电路开始逐级检测各级电路，根据该级电路功能及性能可以判断该处信号是否正常，逐级观测，直到查出故障。

显然，反向寻迹仅仅是检测的顺序不同。

等分寻迹对于单元较多的电路是一种高效的方法。我们以某仪器时基信号产生电路为例说明这种方法。该电路由置于恒温槽中的晶体振荡器产生 5 MHz 信号，经 9 级分频电路，产生测试要求的 1 Hz 和 0.011 Hz 信号，如图 8-4 所示。

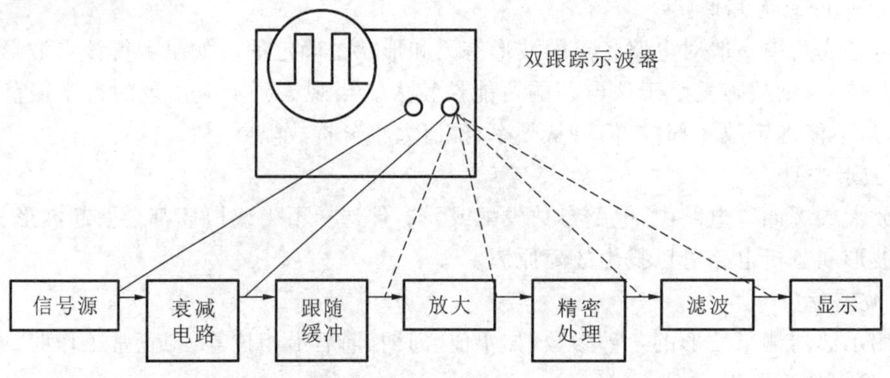

图 8-3 用示波器检测毫伏表电路示意图

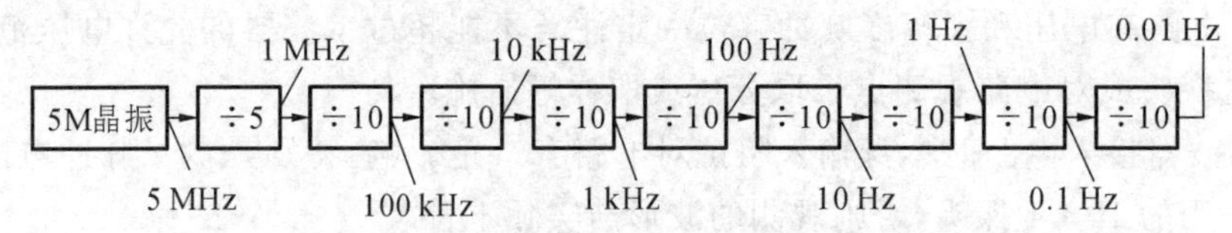

图 8-4 等分寻迹检测故障示意图(分频器)

电路共有 10 个单元,如果第 9 单元有问题,采用正向寻迹法需测试 8 次才能找到。等分寻迹法是将电路分为两部分,先判定故障在哪一部分,然后将有故障的部分再分为两部分检测。仍以第 9 单元故障为例,用等分寻迹法测 1 kHz 信号,发现正常,判定故障在后半部分;再测 1 Hz 信号,仍正常,可确定故障在第 9、10 单元,第三次测 0.1 Hz 信号,即可确定第 9 单元的故障。显然等分寻迹效率大为提高。等分寻迹法适用于多级串联、各级电路故障率大致相同且每次测试时间差不多的电路,对于有分支、有反馈或单元较少的电路则不适用。

2. 信号注入法

对于本身不带信号产生电路或信号产生电路有故障的信号处理电路,信号注入法是有效的检测方法。所谓信号注入,就是在信号处理电路的各级输入端输入已知的外加测试信号,通过终端指示器(例如指示仪表、扬声器、显示器等)或检测仪器来判断电路的工作状态,从而找出电路故障。例如各种广播电视接收设备、收音机均是采用信号注入法检测的典型。

采用信号注入法检测时要注意以下几点:

(1) 信号注入根据具体电路可采用正向、反向或中间注入的顺序。

(2) 注入信号的性质和幅度要根据电路和注入点变化,如上例收音机音频部分注入信号,越靠近扬声器,需要的信号越强,同样信号注入 B 点可能正常,注入 D 点可能过强,使放大器饱和失真。通常将估测注入点的工作信号作为注入信号的参考。

(3) 注入信号时要选择合适接地点,防止信号源和被测电路相互影响。一般情况下可选择靠近注入点的接地点。

(4) 信号与被测电路要选择合适的耦合方式,例如交流信号应串接合适的电容,直流信号串接适当电阻,使信号与被测电路阻抗匹配。

(5) 信号注入有时可采用简单易行的方式,如收音机检测时就可用人体感应信号作为注入信号(即手持导电体碰触相应电路部分)进行判别。同理,有时也必须注意感应信号对外加信号检测的影响。

8.1.4 替换法

替换法是用规格性能相同的正常元器件、单元电路或部件，代替电路中被怀疑的相应部分，从而判断故障所在的一种检测方法，也是电路调试、检修中常用和有效的方法之一。实际应用中，按替换的对象不同，可有三种方法。

1. 元器件替换

元器件替换除某些电路结构较为方便外（例如带插接件的 IC、开关、继电器等），一般都需拆焊，操作比较麻烦且容易损坏周边电路或印制板，因此元器件替换一般只作为其他检测方法均难判别时才采用的方法，并且尽量避免对电路板做“大手术”。例如：怀疑某两个引线元器件开路，可直接焊上一个新元件试验之；怀疑某个电容容量减小，可再并上一只电容试验之。

2. 单元电路替换

当怀疑某一单元电路有故障时，用另一同样类型的正常电路，替换待查机器的相应单元电路，可判定此单元电路是否正常。有些电路有相同的电路若干路，例如立体声电路左右声道完全相同，可用于交叉替换试验。当电子设备采用单元电路多板结构时，替换试验是比较方便的。因此对现场维修要求较高的设备，尽可能采用方便替换的结构，使设备维修性良好。

3. 部件替换

随着集成电路和安装技术的发展，电子产品迅速向集成度更高、功能更多、体积更小的方向发展，不仅元器件级的替换试验困难，单元电路替换也越来越不方便，过去十几块甚至几十块电路的功能，现在用一块集成电路即可完成，在单位面积的印制板上可以容纳更多的电路单元。电路的检测、维修逐渐向板卡级甚至整体方向发展。特别是较为复杂的由若干独立功能件组成的系统，检测时主要采用部件替换方法。

部件替换试验要遵循以下三点：

(1) 用于替换的部件与原部件必须型号、规格一致，或者是主要性能、功能兼容的，并且能正常工作的部件。

(2) 要替换的部件接口工作正常，至少电源及输入、输出口正常，不会使替换部件损坏。这一点要求在替换前分析故障现象并对接口电源做必要检测。

(3) 替换要单独试验，不要一次换多个部件。

需要强调的是，替换法虽是一种常用的检测方法，但不是最佳方法，更不是首选方法。它只是在用其他方法检测的基础上对某一部分有怀疑时才选用的方法。对于采用微处理器的系统还应注意先排除软件故障，然后再进行硬件检测和替换。

8.1.5 比较法

有时用多种检测手段及试验方法都不能判定故障所在，并不复杂的比较法却能出奇制胜。常用的比较法有整机比较法、调整比较法、旁路比较法及排除比较法等四种方法。

1. 整机比较法

整机比较法是将故障机与同一类型正常工作的机器进行比较，查找故障的方法。这种方法对缺乏资料而本身较复杂的设备，例如以微处理器为基础的产品尤为适用。整机比较法是以检测法为基础的。对可能存在故障的电路部分进行工作点测定和波形观察，或者信号监测，比较好坏设备的差别，往往会发现问题。当然由于每台设备不可能完全一致，检测结果还要分析判断，这些常识性问题需要基本理论知识和日常工作经验的积累。

2. 调整比较法

调整比较法是通过整机设备可调元件或改变某些现状，比较调整前后电路的变化来确定故障的一种检测方法。这种方法特别适用于放置时间较长，或经过搬运、跌落等外部条件变化引起故障的设备。正常情况下，检测设备时不应随便变动可调部件。但因为设备受外力作用有可能改变出厂的整定而引起故障，因而在检测时在事先做好复位标记的前提下可改变某些可调电容、电阻、电感等元件，并注意比较调整前后设备的工作状况。有时还需要触动元器件引脚、导线、接插件或者将插件拔出重新插接，或者将怀疑印制板部位重新焊接等，注意观察和记录状态变化前后设备的工作状况，发现故障和排除故障。运用调整比较法时最忌讳乱调乱动而又不做标记。调整和改变现状应一步一步改变，随时比较变化前后的状态，发现调整无效或向坏的方向变化时应及时恢复。

3. 旁路比较法

旁路比较法是用适当容量和耐压的电容对被检测设备电路的某些部位进行旁路比较的检查方法，适用于电源干扰、寄生振荡等故障。因为旁路比较实际是一种交流短路试验，所以一般情况下先选用一种容量较小的电容，临时跨接在有疑问的电路部位和地之间，观察比较故障现象的变化。如果电路向好的方向变化，可适当加大电容容量再试，直到消除故障，根据旁路的部位可以判定故障的部位。

4. 排除比较法

有些组合整机或组合系统中往往有若干相同功能和结构的组件，调试中发现系统功能不正常时，不能确定引起故障的组件，这种情况下采用排除比较法容易确认故障所在。方法是逐一插入组件，同时监视整机或系统，如果系统正常工作，就可排除该组件的嫌疑，再插入另一块组件试验，直到找出故障。

例如，某控制系统用 8 个插卡分别控制 8 个对象，调试中发现系统存在干扰，采用比较排除法，当插入第 5 块卡时干扰现象出现，确认问题出在第 5 块卡上，用其他卡代之，干扰排除。

注意事项 （1）上述方法是递加排除，显然也可采用逆向方向，即递减排除。

（2）这种多单元系统故障有时不是一个单元组件引起的，这种情况下应多次比较才可排除。

（3）采用排除比较法时注意每次插入或拔出单元组件时都要关闭电源，防止带电插拔造成系统损坏。

8.2 电子组装检测技术

电子线路板(PCB)组装技术自出现以来，基本上沿“人工焊接(插装)—自动化插装焊接—表面贴装(混装)”这样一个线路在发展，PCB 的组装检查技术也随之有着阶段性发展，结合计算机技术、工业仪器仪表通信接口标准的发展，逐步产生：初期采用人工目测，结合仪表或仪器测试；仪表或仪器组合测试(IEE488)；针床式在线测试、功能测试；飞针在线测试、结构性工艺检测(X 光)；自动光学检查等。

8.2.1 组装检查的内涵

1. 组装过程中产生的故障和缺陷检查

① 开路、短路；② 缺件、错件；③ 阻容感元件静态参数偏差；④ 极性反。

2. 工艺过程监测

① 焊量不足或过量；② 焊点空洞；③ 焊球或锡珠；④ 移位。

3. 组装检查的目的

① 找出存在的故障；② 故障定位；③ 诊断；④ 分析故障原因；⑤ 减少返修和废品率；⑥ 提高工艺技术水平。

4. 组装检测要求

① 使用，即识别缺陷的能力；② 准确和精度；③ 可靠；④ 速度；⑤ 统计分析；⑥ 经济可承受。

任何一种检测技术均不可能完全100%覆盖PCB组装故障分布情况，在经济条件允许的情况下，组合应用多项检测技术能达到或接近95%的组装故障覆盖率。

8.2.2 检测技术及其分类

1. 人工目测（MVI）

灵活，但是局限于表面故障检查，效率低，一致性差；高劳动强度，易疲劳；故障覆盖率仅为35%左右；主要借助5～40倍放大镜进行高密度、细间距PCB检查工作。

2. 人工测试

直接得到测试的量化指标，测试速度较快，测试规程较难开发；人员劳动强度大，一致性好，投资成本高，需要配备各种信号源、仪表、仪器；人员素质要求极高，先进的仪表仪器可以组成PCB的功能测试平台，如GPIB、VXI等总线系统。

3. 在线测试（ICT）

可测PCB技术性能参数，较高的故障定位；具备一定的故障诊断功能，计算机编程，测试速度极快，自动生成统计报告。测试程序开发需要一定的周期，不同产品需要有相应的针床夹具，对设计的可测试性能要求高。

形式上分为针床式和飞针式两类。

1）针床式

测试点的标准间距2.54 mm、1.27 mm，最小0.63 mm，但在某种程度上与当今EDA软件的无网格布线有矛盾。需选配多种样式的探针，并制作相应的针床夹具。能够实现多点电路隔离，功能强大，测试速度快。

2）飞针式

目前有四针式和八针式两类，八针式多用于印制板制造时的光板测试。仅适用于制造故障检测；无须针床夹具，但测试速度慢；测试点最小间距达0.18 mm；最多两个测试间隔点。

4. 自动光学检查（AOI）

自动光学检查在技术上得益于计算机、集成电路、光学图像处理技术的发展。由于PCB高密度、超细间距、微型元件的应用广泛，类型上属于非接触无损检测，分为黑白、彩色两种，用以替代人工目测。

5. 自动X光检测（AXI）

自动X光检测也属于非接触无损检测范畴，但具备对无铅锡合金等重金属的透视能力，对于组装和制造而言，其在性能及用途上又大致分为两个应用领域：半导体工艺和板级电路组装。

半导体工业用X光机其分辨率达20 μm左右，而板级电路组装能够识别0.2 mm间距焊点。

X光检测技术在板级电路组装方面仅在20世纪90年代初期开始实际使用，最早应用于军事电子设备的板级电路制造。后由于电子产品的PCB中PGA、BGA、CSP等新型封装器件广泛使用，逐步投入商业运作，目前虽已有批量，但因价格不菲，仅在少部分EMS企业中得到应用。

不需要特制夹具，基本类型有2D检测和3D检测两种。

2D检测，即穿透式，其图像亮度靠控制X光管电压电流来控制，对于单面组装PCB类型最为适宜。速度快，达60焊点/秒左右；能够衡量焊点平面指标；双面原件图像有叠加效应；价格相对便宜。

3D检测，即旋转三维同步断层扫描，类似于医学CT，其图像亮度保持一致，尤为适合双面高密度组装的PCB。速度快，60～70焊点/秒；焊点X光图像无叠加效应，仅有部分阴影，适合焊点的细节参数的检查；因结构及控制复杂，价格昂贵。

8.2.3 新型检测技术

1. 数字电路引脚开路测试

利用并检测数字集成电路各引脚间形成的PN结效应，将信号输入和输出的探针逐次在IC各引脚移动，从而判断IC好坏、焊盘与引脚的电连接质量。

2. 电容感应引脚开路测试

利用电路在一定频率电流信号激励下，被测IC引脚与测试点之间的交流变化信号值，位于被测元器件引脚上方或下方的电容传感器间感应的交流电压信号，经传感器将该交流电压值在检测设备中经过滤波、放大转换成为可被测量仪表识别的测试数值，将该数值与标准的测试数值相比较以判断相应引脚焊接质量。

3. 边界扫描测试

该项技术的应用基础是在被测对象输入、输出端子中增加边界扫描单元电路，目的是减少测试点数量，能够验证被测对象的功能、结构故障，简化测试程序，提高可测试率。

在理论上，该项目技术可应用于器件和PCB两个层次。具体技术标准参见IEEE 1149.1，适合于复杂、大规模电路的器件和PCB检测应用。但有一定的成本要求，多用于ICT上。

思 考 题

1. 电子产品的调测过程是怎样的？
2. 常用的测试仪器有哪些？你的掌握程度如何？
3. 电子产品的故障排除有哪些方法？请举例说明。

第9章 电子工艺实训内容

9.1 THT手工焊接训练

9.1.1 实验任务

通过组装直流稳压电源、三极管电子门铃、直流稳压电源充电器或磁控声光报警器，学会识别及测量常用电子元器件，熟悉电子产品制作时的常用工具与材料，训练基本焊接技术。

9.1.2 知识目标

(1) 学习二极管、三极管等常用元器件的工作原理；

(2) 学习常用元器件的基本用途及标志意义；

(3) 学习常用元器件的识别、检测及焊接调试方法；

(4) 学习常用焊接工具材料的性能及用途；

(5) 学习直流稳压电源、三极管电子门铃、直流稳压电源充电器或磁控声光报警器的电路组成、工作原理及装配调试技术。

9.1.3 技能目标

(1) 能熟练使用示波器、万用表、电烙铁、镊子、螺丝刀、斜口钳、剥线钳、锡焊、助焊剂；

(2) 能熟练识别判断常用元器件的类型、型号、数值、极性；

(3) 能熟练使用万用表，学会测量元器件的好坏、参数、极性；

(4) 能熟练进行焊盘焊接、导线焊接、装配等工艺。

(5) 掌握简单电子电路的调试技术；

(6) 能分析简单电子电路的常见故障并排除。

9.1.4 实训项目

1. ±5 V直流稳压电源

1) 电路工作原理

±5 V直流稳压电源电路如图9-1所示。220 V交流电经过变压器降压，然后经过桥式整流器整成正负两路脉动直流电，再用大电容C1、C2平滑滤波分别输入三端稳压器7805和7905稳成+5 V和−5 V电压输出。C3、C4两个电容用于旁路电源中的高次谐波，C5、C6两个电容为直流侧滤波电容，进一步平滑滤波，得到更好的直流输出。

2) 实验仪器、材料

(1) 工具及仪器：双路稳压电源、示波器、万用表、电烙铁、镊子、螺丝刀、尖嘴钳、斜口钳、剥线钳等。

(2) ±5 V直流稳压电源元器件清单，如表9-1所示。

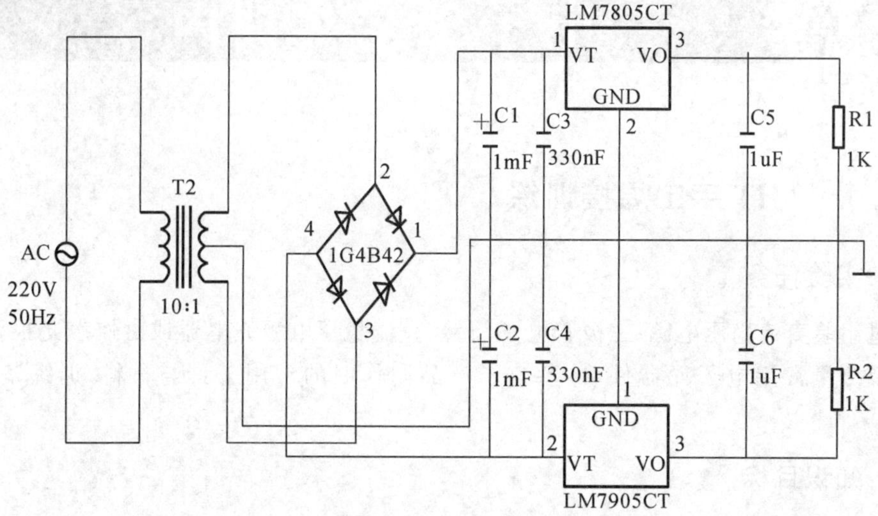

图 9-1 ±5 V 直流稳压电源电路原理图

表 9-1 ±5 V 直流稳压电源元器件清单表

序 号	器件名称	规格型号	数 量
1	变压器	双 15V/12W	1
2	实验板	80×60	1
3	铜柱、螺帽	3×6+10	各 4
4	接线端子	DG103-2p	1
5	接线端子	DG103-3p	1
6	三端稳压器	LM7805	1
7	三端稳压器	LM7905	1
8	瓷片电容	330nF	2
9	瓷片电容	104(0.1uF)	2
10	滤波电容	25V/1000u	2
11	二极管	IN4007	4

3）实验步骤

(1) 元器件检查、测量。

(2) 元器件整形。

(3) 元器件插装。

(4) 检查插装是否正确，是否符合标准。

(5) 焊接。焊接好的成品如图 9-2 所示。

(6) 加电测试。测量 7805、7905 空载输出电压及带负载输出电压，观察各工作点波形。

注意事项 (1) 实验室环境下负载较小时，滤波电容器可选择 470 μF，C5、C6 可选择 104 瓷片电容。

(2) 变压器可选择双 15 V/12 W。变压器初级和电源线连接时需要延长导线，一定要

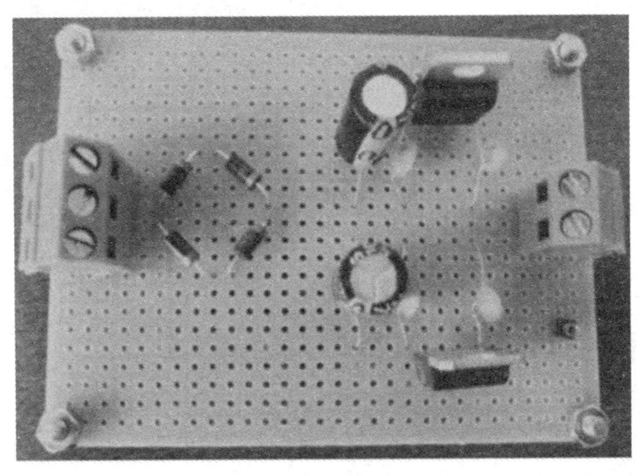

图 9-2 ±5 V 直流稳压电源

用绝缘胶布缠绕裸漏线头处两层以上，防止意外触电或短路。有条件也可以用热缩管。

（3）连线时一定要注意 7805 是 1 脚接输入，2 脚接地；7905 是 1 脚接地，2 脚接输入。

（4）注意二极管的方向，电解电容的极性不能接错。

（5）元器件焊接时，每个引脚一定要与焊盘焊接稳固，切不可不与焊盘焊接而直接连接导线。

（6）使用万用表测各工作点参数时，一定要精力集中，拿正表笔，防止万用表表笔造成短路。

（7）电烙铁使用完后一定要放到架子上，防止烫手、烫线或引起火灾。

4）产品检测与测量技术参数

（1）测量空载电压。焊接好电路，检查无误，接电源，万用表设置 20 V 直流电压挡，黑表笔接地，红表笔分别接 7805、7905 输出，记录测量值。

（2）测量负载电压。正、负输出端分别接入 1 K、10 W 电位器作为负载，分别调节电位器，测得正、负输出端电压大幅下降的值并记录，同时测得此时电位器值并记录。

（3）测量三端稳压器输入点参数。万用表设置 20 V 直流电压挡，黑表笔接地，红表笔分别接 7805、7905 输入端，测量其电压值记录。改变负载，再次测量，观察 7805、7905 输入值是否有变化，并记录观察到的情况。

（4）测量各工作点波形。用示波器分别观察变压器输出端、三端稳压器输入端、三端稳压器输出端的波形。

5）实验成果及要求

完成 THD 的焊接组装，达到工艺标准、功能性能标准。

6）成绩评定

焊点焊接，导线连接，器件装配，功能实现，实验报告。

2. 三极管电子门铃

1）电路工作原理

如图 9-3 所示，简易三极管电子门铃电路分为三个部分，即 SB 构成开关电路，C1 构成延时电路，其他元件构成音频振荡电路。开关 SB 接通后，电路产生音频振荡，扬声器把振荡电流转换为声音。开关刚断开的一小段时间里，C1 的存电继续维持振荡，过一小段时间后，C1 的电能放完，振荡停止。

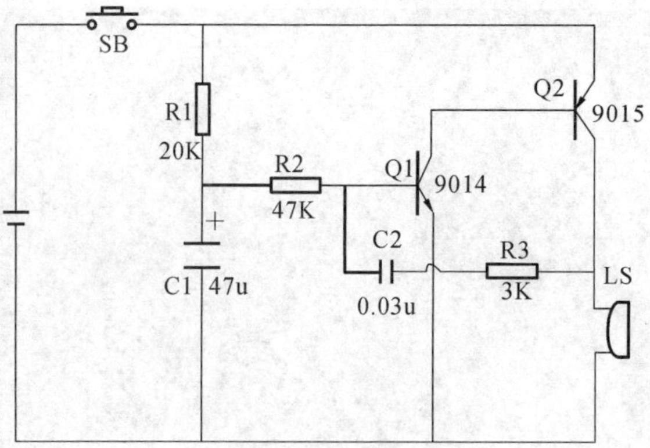

图 9-3　简易三极管电子门铃电路

2）实验仪器、材料

（1）工具及仪器：双路稳压电源、示波器、万用表、电烙铁、镊子、螺丝刀、斜口钳、尖嘴钳、剥线钳等。

（2）简易三极管电子门铃电路元器件清单，如表 9-2 所示。

表 9-2　简易三极管电子门铃元器件清单表

序　号	器件名称	规格型号	数　量
1	电池盒	2 节 5V	1
2	实验板	80×60	1
3	铜柱、螺帽	3×6+10	各 4
4	按钮	6×6	1
5	电阻	20K	1
6	电阻	47K	1
7	电阻	3K	1
8	电容	6V47uF	1
9	电容	0.03uF	1
10	NPN 三极管	9014	1
11	PNP 三极管	9014	1
12	喇叭	0.4W8Ω	1

3）实验步骤

（1）元器件检查、测量。

（2）元器件整形。

（3）元器件插装。

（4）检查插装是否正确，是否符合标准。

（5）焊接。焊接好的成品如图 9-4 所示。

图 9-4　简易三极管电子门铃

注意事项 (1) 电源极性不能接错。

(2) 电解电容极性不能接错。

(3) 三极管的引脚顺序不能接错。

(4) 元器件焊接时,每个引脚一定要与焊盘焊接稳固,切不可不与焊盘焊接而直接连接导线。

(5) 电烙铁使用完后一定要放到架子上,防止烫手、烫线或引起火灾。

4) 产品检测

(1) 按照原理图焊接好电路板,接好电池盒,装入 2 节 5 号电池。

(2) 按下按钮,可听到发出类似警笛的声音,松开按钮,声音延迟一小段时间才消失。

(3) 分别改变 R1、R3、C1、C2 的值,看声音如何变化。

(4) 测量各工作点波形。用示波器分别观察 Q1 基极及喇叭上的波形。

(5) 去掉电池盒,将电源改接到双路稳压电源,测试三极管门铃功能。

(6) 去掉电池盒,将电源接到项目 1 的 +5 V 输出端,测试三极管门铃功能,如图 9-5 所示。

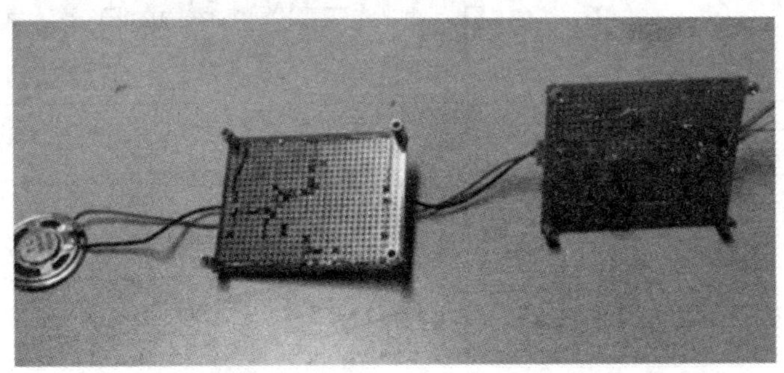

图 9-5 直流稳压电源与三极管电子门铃连接示意图

5) 实验成果及要求

完成 THD 的焊接连装,达到工艺标准、功能性能标准。

6) 成绩评定

焊点焊接,导线连接,器件装配,功能实现,实验报告。

3. 直流稳压电源充电器

1）稳压电源充电器原理

直流稳压电源充电器是将交流电转变为稳定的直流电的一种电路，它由电源变压器、整流滤波、稳压电路以及两组恒流源充电电路组成，如图 9-6 所示。稳压过程是该电路的重点，以 3 V 稳压输出为例介绍其稳压过程。

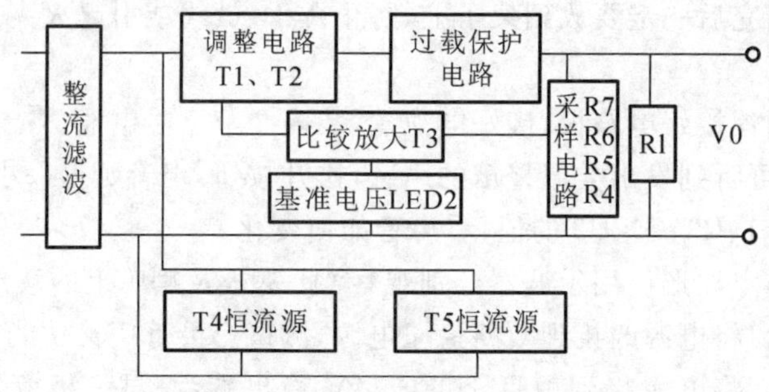

图 9-6　ZX-2052 型直流稳压电源充电器组成框图

上面框图实际上是一个闭环调整系统，原理图如图 9-7 所示。

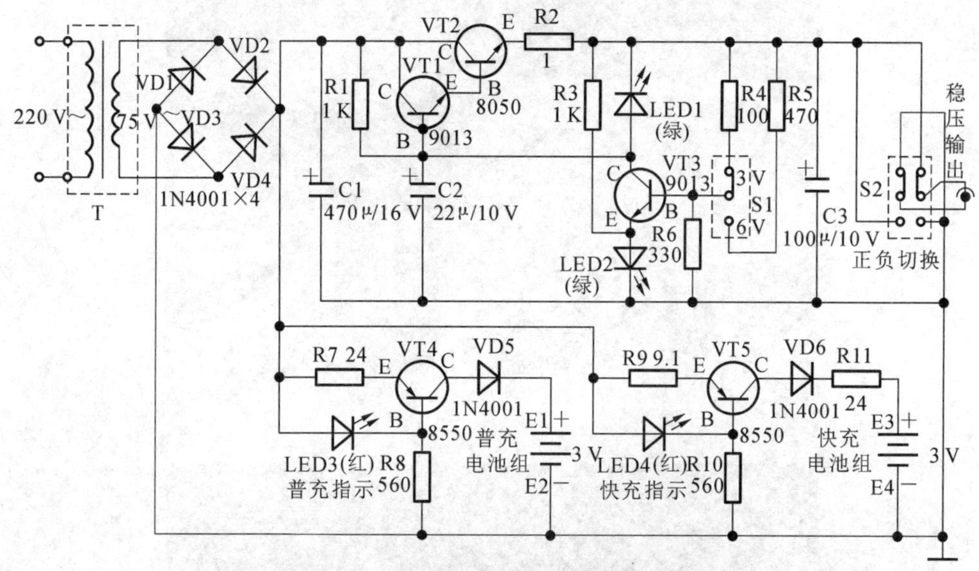

图 9-7　ZX-2052 型直流稳压电源充电器原理图

当电源电压或负载有波动时，从输出电压 $V0$ 得到一反馈取样电压：

$V_f=\frac{R_6}{R_4+R_6}V_0=\eta V_0$，其中取样分压比为 $\eta=\frac{R_6}{R_4+R_6}$。基准电压（LED2 上的电压）不变，而 V_f 经放大器 T3 放大，改变了 VT3 的 VCE 并加到了 VT2 管子的基极。T2 和 T1 组成复合三极管（增加了放大倍数，加强了调整能力），从而改变调整管 T1 的 VCE 的两端的压降，使输出电压 $V0$ 恢复到原来的稳定值上。调整管 VT1 的调整是依靠取样环节 V_f 的微小变化和 T3 的放大作用来实现。放大环节 VT3 的放大倍数越高，调整作用越强，$V0$ 就越稳定。

2）实验仪器、材料

（1）工具及仪器：电烙铁、镊子、螺丝刀、斜口钳、剥线钳、万用表等。

（2）ZX-2052型直流稳压/充电器教学套件，如图9-8所示。

图9-8　ZX-2052型直流稳压电源充电器教学散件一套

3）实验步骤

（1）元器件测量。

（2）元器件整形。

（3）元器件插装。

（4）检查插装是否正确，是否符合标准。

（5）焊接。

注意事项　（1）变压器的连接工艺：变压器初级和电源线相连，电源变压器的初级红色在与电源插头输入线相连时一定要套上热缩管，然后用烙铁将热缩管缩紧，使接头处不外露，以保证安全，次级黑色直接焊在电路板上变压器初级和220 V电源线相连，连接步骤如图9-9所示。

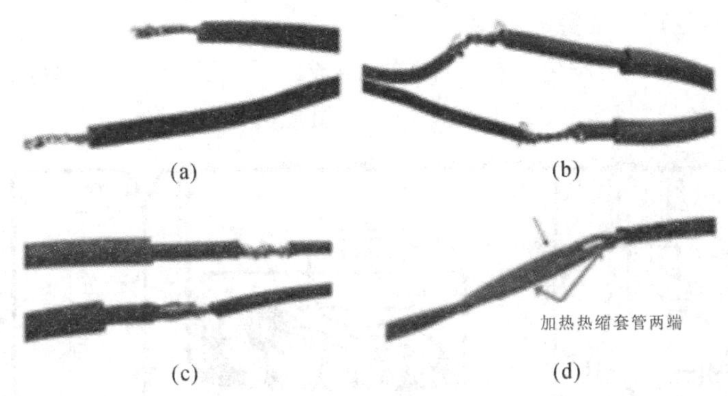

图9-9　变压器电源线连接工艺

（a）两线错位15 mm剥头　（b）对接4～8 mm　（c）连接处焊接　（d）固定热缩套管

（2）电路板IN处接变压器的9 V交流，即变压器的次级端。电路板OUT处接十字线，如图9-10所示。

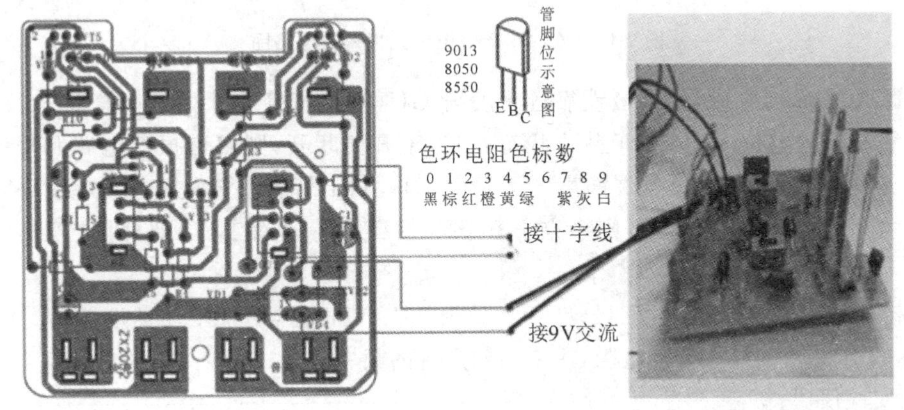

图9-10　电路板OUT处接十字线和电路板IN处接变压器的9 V交流参考图

4）产品检测与测量技术参数(直流稳压电源充电器)

(1) 空载输出电压测量:用万用表直流电压挡 20 V 测量。拨动开关 K1 分别测量两组输出电压,测得的电压值应与面板指标值 3 V、6 V 相对应(记录两个电压值)。面板上 K2 开关为输出电压极性选择开关,应与面板标出的位置符号相对应。

(2) 最大负载电流测量:接上稳压电源测量仪,改变负载,当电压下降 5%时的电流值(记录此时的电流值)。

(3) 过载保护功能测量:接上稳压电源测量仪,改变负载时电流逐渐渐增加到一定值使过载保护指示灯亮 LED1 亮并且电源指示灯亮 LED2 灭(记录此时的电流值)。

(4) 充电电流测量:充电通道内不装电池可用万用表直流电流挡直接测量充电器两端的极片(记录快充、普充电流值)。

5）实验成果及要求

完成 THD 的焊接组装,达到工艺标准、功能性能标准。

6）成绩评定

焊点焊接,导线连接,器件装配,功能实现,实验报告。

4. ZX-2037 磁控声光报警器

1）ZX-2037 磁控声光报警器原理

电路图如图 9-11 所示,本电路由三个部分组成:VT1、VT2 等元件组成的双稳态多谐振荡器,IC 为报警器音乐芯片,VT4、干簧管等元件组成的磁控电路。

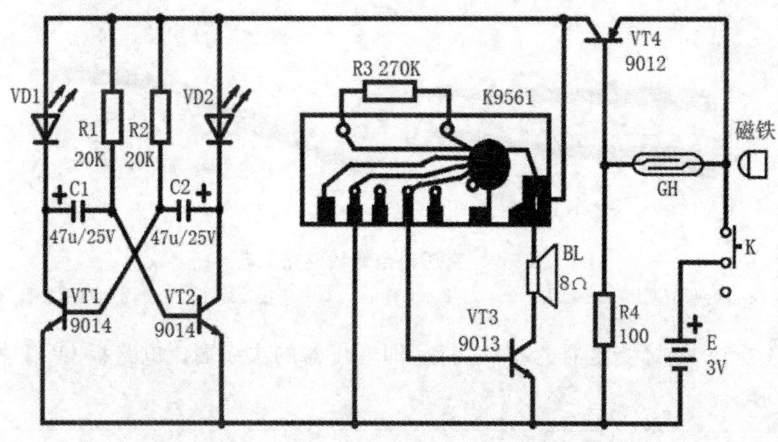

图 9-11 ZX-2037 磁控声光报警器电路图

电源开关 K 闭合后,如果磁铁靠近干簧管 GH,则干簧管 GH 处于闭合状态,VT4 的发射极和基极等电位,VT4 处于截止状态,相当于开关断开,则多谐振荡电路和报警电路因没能提供电源而不工作;当磁铁离开干簧管 GH,则干簧管 GH 处于断开状态,VT4 处于饱和状态,相当于开关闭合,则多谐振荡器和报警器得电而工作,即开始"闪光"和"报警"。

报警器采用 K9561 芯片,三极管 VT3 采用 9013 三极管,用来驱动扬声器 BL 的工作,R3 是 K9561 芯片的外接振荡电阻,用来控制声音的频率。

2）实验仪器、材料

(1) 工具和仪器:电烙铁、镊子、螺丝刀、万用表等。

(2) ZX-2037 磁控声光报警器教学套件，如图9-12所示。

3) 实验步骤

(1) 元器件测量。

(2) 元器件整形。

(3) 元器件插装。

(4) 检查插装是否正确，是否符合标准。

(5) 焊接。

图 9-12　ZX-2037 磁控声光报警器套件

注意事项　(1) 安装过程中遵循“从低到高，元器件标号方向一致性”原则。

(2) 发光二极管正负极，三极管 E/B/C 极性，电解电容正负极性不要装错。

(3) 预制玻璃干簧管时，为防止干簧管破裂，在弯脚时避开干簧管根部。

(4) 要全面考虑注意安装工艺及安装空间。

(5) 音乐发声芯片要先打磨并上助焊剂，装在焊接面。

(6) 主板到音乐芯片有三个短接线要连接。

(7) 发光二极管焊在焊接面，并注意调整高度，从磁控声光报警器外壳小空透出。

(8) 导线和喇叭要求先预制上锡，再连接。

(9) 弯脚开关(单刀双掷)的三个引脚要先除去砂纸氧化层。

4) 实验成果及要求

完成 THD 的焊接组装，达到工艺标准、功能性能标准。

5) 成绩评定

焊点焊接，导线连接，器件装配，功能实现，实验报告。

9.2　SMD/SMC 手工焊接训练

9.2.1　实验任务

通过组装一台彩色流水灯或八路抢答器，学会手工焊接贴片元器件，掌握 SMD 手工焊接技巧，达到熟悉焊接的能力。

9.2.2　知识目标

(1) 学习彩色流水灯工作原理及电路的组成。

(2) 学习集成电路计数器的逻辑功能及使用方法。

(3) 学习时钟脉冲发生器的组成及工作原理，学会时钟脉冲波形的测量。

9.2.3　技能目标

(1) 能熟练掌握手工焊接 SMD 元器件。

(2) 能熟练掌握用万用表测量电路参数：电阻、电压、电流。

(3) 能熟练掌握直流稳压电源、示波器的使用方法，学会测量电路波形、频率、伏值。

9.2.4 实训项目

1. 彩色流水灯

1）彩色流水灯工作原理

如图 9-13 所示为彩色流水灯电路图。集成电路 UN555 及外围元件组成了时钟脉冲产生电路，输出的时钟脉冲信号输入 CD4017 计数器进行计数，并按输入方波的信号节拍轮流顺序驱动点亮 10 个发光二极管。

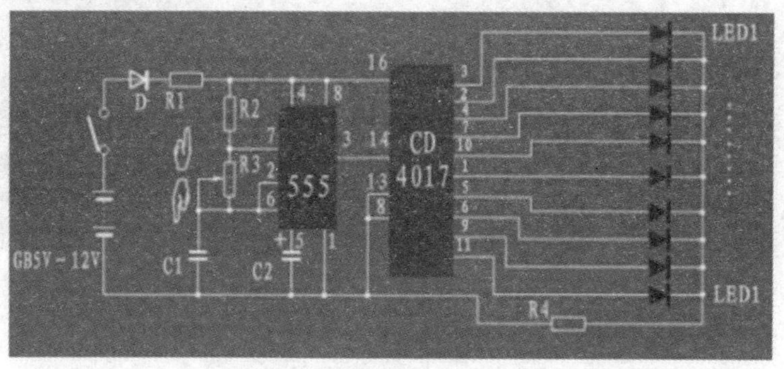

图 9-13 彩色流水灯电路图

2）实验仪器、材料

（1）工具仪器：稳压电源、示波器、电烙铁、镊子、斜口钳、万用表等。

（2）ZX-2055 彩色流水灯教学套件。

3）贴片元件的安装

贴片元件的安装位置如图 9-14 所示。

4）插件元件的安装

插件元件的安装位置如图 9-15 所示。

图 9-14 贴片元件的安装位置

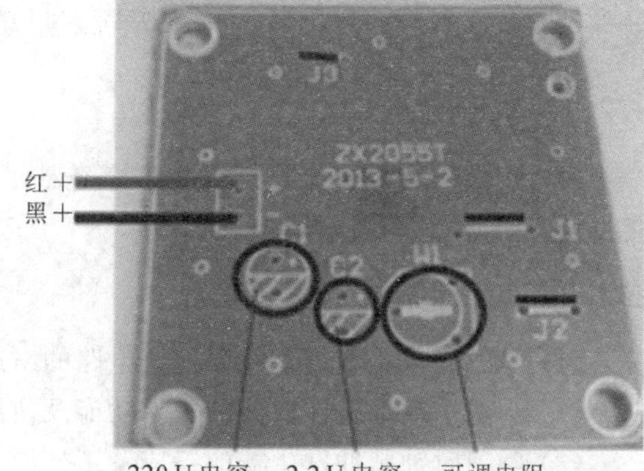

图 9-15 插件元件的安装位置

注意事项 J1、J2、J3 可以利用剪下的电阻或电容引线；电解电容 C1、C2 安装时，阴影部分是负极，正负极端不能装反。

5）产品检测与测量技术参数（彩色流水）

集成电路 NE555 第 3 脚波形、幅值 V_m、频率及整机电流。

6）实验成果及要求

完成 SMD 贴片元器件的手工焊接，达到工艺标准、功能性能标准。

7）成绩评定

焊点焊接，导线连接，整机装配，功能实现，实验报告。

2. 八路抢答器

1）八路抢答器电路原理

八路抢答器电路包括抢答、编码、优先、锁存、数显及复位电路。可同时进行八路优先抢答，按键按下后，蜂鸣器发声，同时(数码管)显示优先抢答者的号数，抢答成功后，再按按键，显示不会改变，除非按复位键。复位后，显示清零，可继续抢答。S1～S8 为抢答键，S9 为复位键。CD4511 是一块集 BCD-7 段锁存、译码、驱动电路于一体的集成电路，其中 1、2、6、7 脚为 BCD 码输入端，9～15 脚为显示输出端，3 脚(LT)为测试输出端，当"LT"为 0 时，输出全为 1，4 脚(BI)为消隐端，BI 为 0 时输出全为 0，5 脚(LE)为锁存允许端，当 LE 由"0"变为"1"时，输出端保持 LE 为 0 时的显示状态。16 脚为电源正，8 脚为电源负。

555 及外围电路组成抢答器迅响电路，数码管接 0.5 寸共阴数码管。八路抢答器电路原理图如图 9-16 所示。

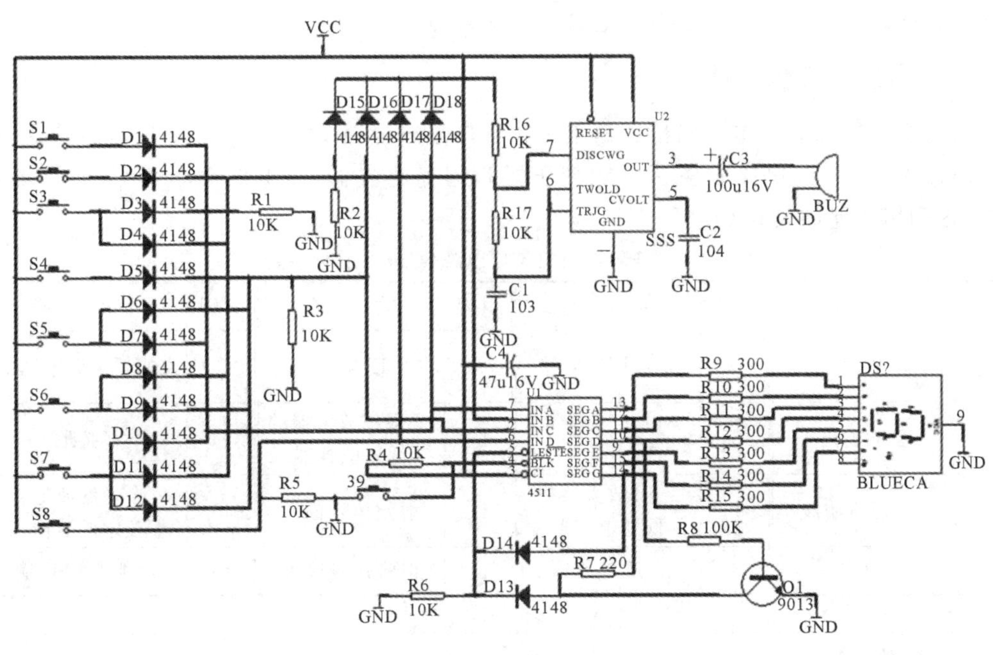

图 9-16 八路抢答器电路原理图

2）实验仪器、材料

(1) 工具仪器：稳压电源、示波器、电烙铁、镊子、斜口钳、万用表等。

(2) 教学套件：ZX-2070 八路抢答器。

3）产品检测与测量技术参数(彩色流水)

集成电路 NE555 第 3 脚波形、幅值 V_m、频率及整机电流。

4）实验成果及要求

完成 SMD 贴片元器件的手工焊接，达到工艺标准、功能性能标准。

5）成绩评定

焊点焊接，导线连接，整机装配，功能实现，实验报告。

9.3 SMT 表面贴装技术训练

9.3.1 实验任务

通过组装一台贴片元件调频收音机产品学习 SMT 现代焊接技术。掌握贴片设备的正确使用方法。

9.3.2 知识目标

(1) 学习无线电传输的基本知识;

(2) 学习收音机工作的基本原理;

(3) 学习 SMT 现代焊接技术的现状和发展方向。

9.3.3 技能目标

(1) 体验 SMT 三道主要工序(刷锡、贴装、焊接)的技术特点。掌握半自动化设备,刷锡机、贴片机、焊接机的操作方法;

(2) 掌握握半自动化设备,刷锡机、贴片机、焊接机的操作方法;

(3) 掌握 SMD 和 THT 混装工艺流程和装配方法。

9.3.4 调频收音机原理

迷你型 FM 收音机电路的核心是单片收音机集成电路 SC1088。它采用特殊的低中频(70 kHz)技术,外围电路省去了中频变压器和陶瓷滤波器,使电路简单可靠,调试方便。SC1088 引脚功能如表 9-3 所示。

表 9-3 FM 收音机集成电路 SC1088 引脚功能

引脚	功　能	引脚	功　能	引脚	功　能	引脚	功　能
1	静噪输出	5	本振调谐回路	9	IF 输入	13	限幅器失调电压电容
2	音频输出	6	IF 反馈	10	IF 限幅放大器的低通电容器	14	接地
3	AF 环路滤波	7	1 dB 放大器的低通电容器	11	射频信号输入	15	全通滤波电容 搜索调谐输入
4	VCC	8	IF 输出	12	射频信号输入	16	电调谐 AFC 输出

1. FM 信号输入

如图 9-17 所示,调频信号由耳机线馈入经 C14、C15 和 L3 的输入电路进入 IC 的 11、12 脚混频电路。此处的 FM 信号为没有调谐的调频信号,即所有调频电台信号均可进入。

2. 本振调谐电路

本振电路中的关键元器件是变容二极管,它是利用 PN 结的结电容与偏压有关的特性制成的"可变电容"。

如图 9-18(a)所示,变容二极管加反向电压 U_d,其结电容 C_d 与 U_d 的特性如图 9-18(b)所示,是非线性关系。这种电压控制的可变电容广泛应用于电调谐、扫频等电路。

本电路中,控制变容二极管 VD1 的电压由 IC 第 16 脚给出。当按下扫描开关 S1 时,IC 内部的 RS 触发器打开恒流源,由 16 脚向电容 C9 充电,C9 两端电压不断上升,VD1 电容量

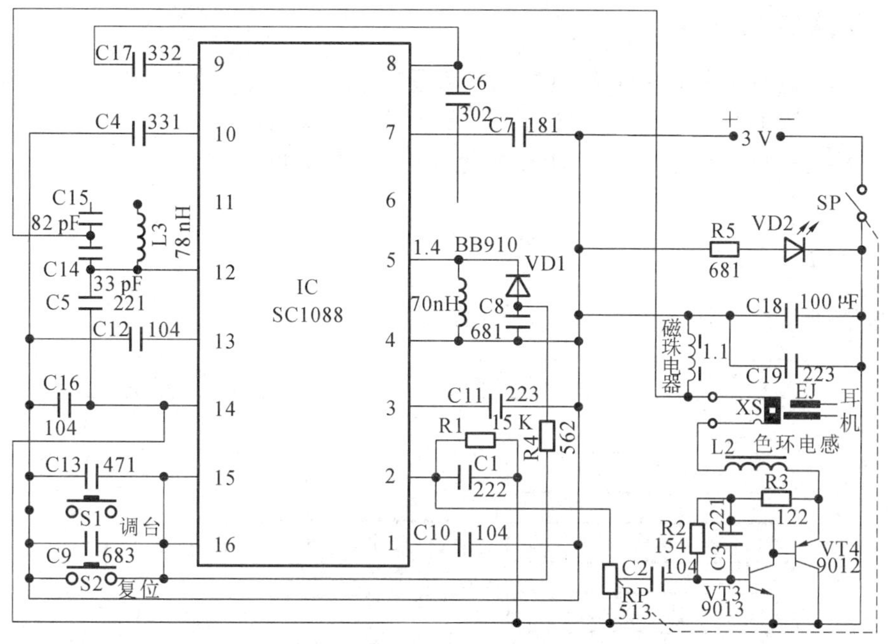

图 9-17 FM 收音机的电路原理图

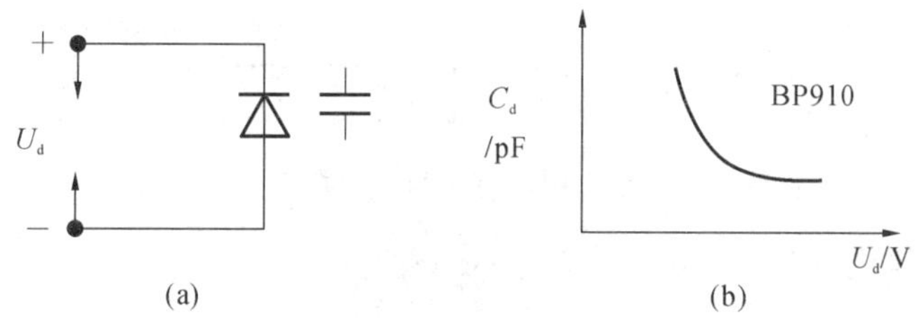

图 9-18 变容二极管

不断变化，由 VD1、C8、L4 构成的本振电路的频率不断变化而进行调谐。当收到电台信号后，信号检测电路使 IC 内的 RS 触发器翻转，恒流源停止对 C9 充电，同时在 AFC(automatic frequency control)电路作用下，锁住所接收的广播节目频率，从而可以稳定接收电台广播，直到再次按下 S1 开始新的搜索。当按下 Reset 开关 S2 时，电容 C9 放电，本振频率回到最低端。

3. 中频放大、限幅与鉴频

电路的中频放大、限幅及鉴频电路的有源器件及电阻均在 IC 内。FM 广播信号和本振电路信号在 IC 内混频器中混频产生 70 kHz 的中频信号，经内部 1 dB 放大器、中频限幅器，送到鉴频器检出音频信号，经内部环路滤波后由 2 脚输出音频信号。电路中 1 脚的 C10 为静噪电容，3 脚的 C11 为 AF(音频)环路滤波电容，6 脚的 C6 为中频反馈电容，7 脚的 C7 为低通电容，8 脚与 9 脚之间的电容 C17 为中频耦合电容，10 脚的 C4 为限幅器的低通电容，13 脚的 C12 为中限幅器失调电压电容，C13 为滤波电容。

4. 耳机放大电路

由于用耳机收听，所需功率很小，本机采用简单的晶体管放大电路，2 脚输出的音频信号经电位器 RP 调节电量后，由 VT3、VT4 组成复合管甲类放大电路。R1 和 C1 组成音频输出负载，线圈 L1 和 L2 为射频与音频隔离线圈。

9.3.5 实验仪器、材料

(1) 工具:恒温电烙铁、斜口钳、镊子、螺丝刀。

(2) 仪器:数字万用表、LCR 测试仪、示波器、直流电源等。

(3) 设备:T1200 刷锡机、BGA3000 贴片机、T300 回流焊机。

(4) ZX-2031 型收音机套件。

9.3.6 SMT 实训流程

SMT 实训(迷你型 FM 收音机)的操作流程如图 9-19 所示。

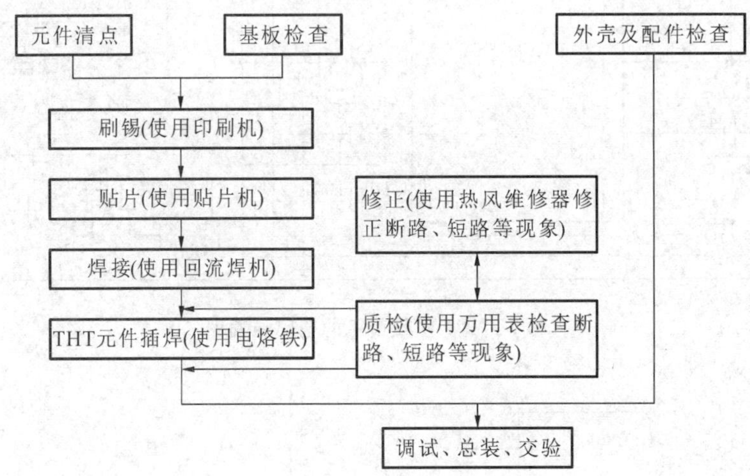

图 9-19 SMT 实训的流程

第一道工艺:刷锡,如图 9-20 所示。

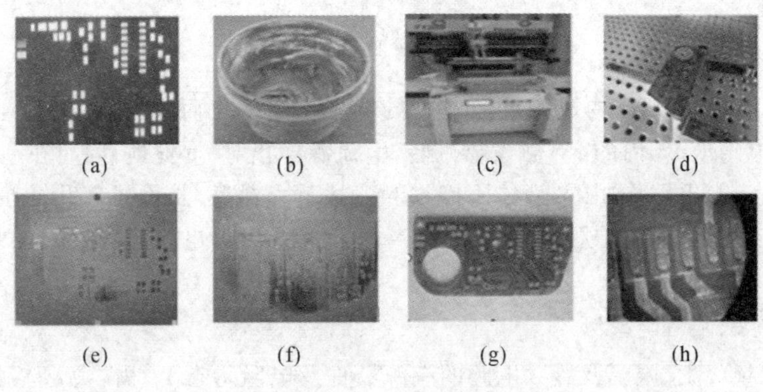

(a) (b) (c) (d)

(e) (f) (g) (h)

图 9-20 刷锡流程

(a) 模板检查 (b) 锡膏回温 (c) 印刷机准备 (d) 基板定位

(e) 模板与基板对位 (f) 锡膏印刷 (g) 印刷完成 (h) 印点检查

在操作时应注意以下几点。

(1) 锡膏的存储方式:放在冰箱内,存储温度为 5～10 ℃。

(2) 锡膏在使用前必须放在室温下回温,2 h 后方可使用。

(3) PCB 板与模板网孔必须对齐,以免印刷偏位。

(4) 加锡膏时不可放入太多的锡膏,锡膏在模板上的厚度为 1.5～2 cm。

(5) 模板印刷的美好度:保证网孔上面没有残留的锡膏。

(6) 锡膏检查:印刷后的锡膏,在焊点上不可有短路、偏位、少锡等不良现象。

第二道工艺:贴片。

贴片时应先粘 IC 芯片,然后粘贴片式电阻、电容等。

注意事项 (1) 元件贴装须注意位置是否与图纸相对应。

(2) IC 芯片须注意指向标识(第一引线位置)。

(3) 贴装时,要向下轻压贴片元件。防止元件因浮在焊膏上,回流焊时出现立碑,偏位现象。元件贴装后的效果如图 9-21 所示。

第三道工艺:焊接。

基板随着传送带的滚动,依次通过 3 个温区,即预热区、回流区、冷却区,完成焊接,全程需 3～4 min。

第四道工艺:焊接质量检查。

不能有虚焊、漏焊以及桥接、立碑现象。出现问题手动补焊。

第五道工艺:THT 元件插装。

将 THT 元件插装在 PCB 板上的相应位置,然后进行手工焊接。

第六道工艺:调试、总装、交验。

(1) 测总电流。开关断开用万用表直流 200 mA(数字表)或 50 mA 挡(指针表)串接在开关断开的两端测电流,如图 9-22 所示,用指针表时注意表笔极性(不插入耳机的场合,工作电压 3 V 时,工作电流约为 5 mA。)

图 9-21 贴片元件贴装后的效果

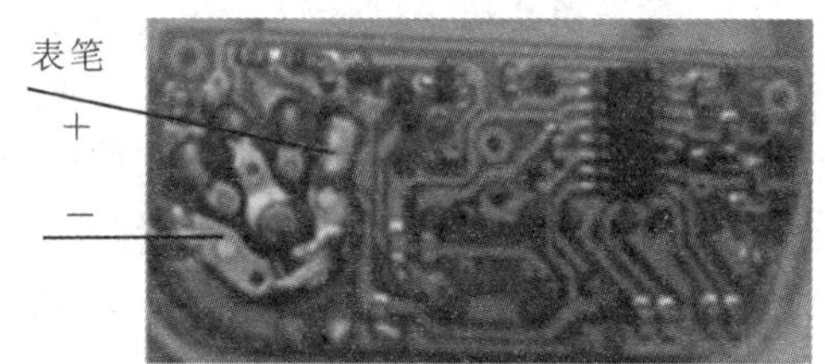

图 9-22 万用表跨接测电流

插入耳机后正常电流应为 7～30 mA(与电源电压有关),样机检测结果如表 9-4 所示,可供参考。

表 9-4 样机检测参考值

工作电压/V	1.8	2	2.5	3	3.2
工作电流/mA	8	11	17	24	28

注意事项 如果电流为零或超过 35 mA 应检查电路。

(2) 搜索电台广播。如果电流在正常范围,可按 S1 搜索电台广播。只要元器件质量完好、安装正确、焊接可靠,不用调任何部分即可收到电台广播。如果收不到广播应仔细检查电路,特别应检查有无错装、虚焊、漏焊等缺陷。

(3) 调接收频段。我国调频广播的频率范围为 87～108 MHz,调试时可找一个当地频率最低的 FM 电台。适当改变 L4 的匝间距,使按过 RESET(S1)键后第一次按 SCAN(S2)键可收到这个电台。由于 SC1088 集成度高,如果元件一致性较好,一般收到低端电台后均可覆盖 FM 频段,故可不调高端而仅做检查(可用一个成品 FM 收音机对照检查)。

(4) 调灵敏度。本机灵敏度由电路及元件决定，调好覆盖后即可正常收听。无线电爱好者可在收听频段中间电台时适当调整 L4 匝距，使灵敏度最高（耳机监听音量最大），不过实际效果不明显。

9.3.7 成绩评定

装配工艺，试听与测量，功能性能实现，实验报告。

9.4 单片机技术训练

9.4.1 实验任务

通过组装一个单片机模拟十字路口交通灯控制系统，掌握 51 系列单片机系统的工作原理及开发技术。

9.4.2 知识目标

(1) 正确理解“单片机控制技术应用”课程的基本概念、理论；
(2) 掌握单片机控制系统的工作原理、性能和特点；
(3) 掌握 MCS-51 系列单片机的接口方法及常见外围电路；
(4) 掌握单片机 C 语言或汇编语言程序设计方法。

9.4.3 技能目标

(1) 掌握单片机控制系统的开发流程；
(2) 掌握单片机控制系统的仿真技术；
(3) 掌握单片机系统程序开发及调试技术；
(4) 掌握单片机控制系统软、硬件联合调试、仿真技术。

9.4.4 十字路口交通灯控制系统工作原理

十字路口交通灯模拟控制系统原理图如图 9-23 所示。整个系统由单片机、晶振电路、复位电路、数码管显示及驱动电路、发光二极管构成。其中六个发光二极管分为两组，分别模拟南北方向和东西方向交通灯，每组三个分别为红色、黄色和绿色。单片机作为系统控制核心，完成内部计时功能并按照交通规则指挥交通灯的显示状态，同时在数码管上显示通行时间。本系统十字路口控制状态转换表如表 9-5 所示。在表中，车干道、人行道的红绿灯指示和倒计时显示共有 6 种状态，正常工作时系统从状态 1 到状态 6 循环出现，并且状态 1～状态 3、状态 4～状态 6 持续时间各为 60 s。人行道的交通指挥模拟这里没有考虑，在实际应用中每个状态的倒计时时间也可根据实际情况进行适当调整。

表 9-5 十字路口控制状态转换表

状态 倒计时时间/s	状态 1 60～6	状态 2 5～3	状态 3 2～0	状态 4 60～6	状态 5 5～3	状态 6 2～0
车干道东西方向	绿灯亮	绿灯闪	黄灯闪	红灯亮	红灯亮	红灯亮
车干道南北方向	红灯亮	红灯亮	红灯亮	绿灯亮	绿灯闪	黄灯闪
人行道东西方向	红灯亮	红灯亮	红灯亮	绿灯亮	绿灯闪	红灯亮
人行道南北方向	绿灯亮	绿灯闪	红灯亮	红灯亮	红灯亮	红灯亮

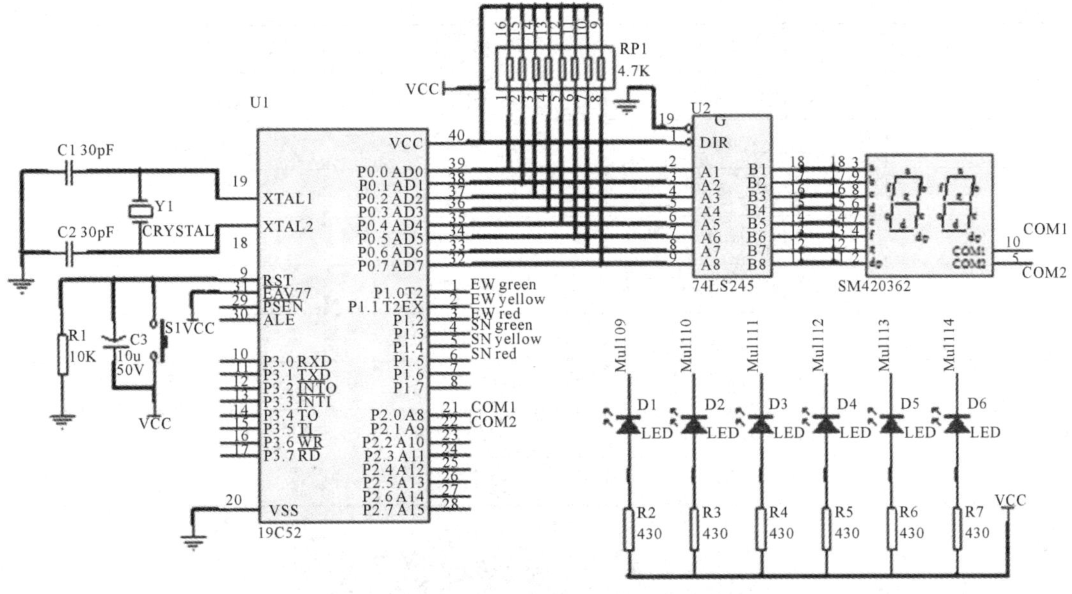

图 9-23　十字路口交通灯模拟控制系统原理图

9.4.5　实验仪器、材料

(1) 工具:电烙铁、斜口钳、尖嘴钳、镊子、螺丝刀等。

(2) 仪器:Proteus、μVision4 软件、数字万用表、直流电源。

(3) MCS-51 单片机开发实验仪,具有烧写程序功能(可用于 STC89C52 等单片机)。

(4) 十字路口交通灯模拟控制系统元器件清单列表见表 9-6。原理图及表 9-6 中 9 脚排阻实际电路中用 4.7K 电阻 8 个代替,如图 9-24 所示。

表 9-6　十字路口交通灯模拟控制系统元器件清单列表

序　　号	器 件 名 称	规 格 型 号	数　　量
1	单片机	STC89C52	1
2	万用板(5 连孔)	100mm×120mm	1
3	铜柱、螺帽	3×6+10	各 4
4	按钮	6×6	1
5	电阻	430Ω	6
6	9 脚排阻	4.7K	1
7	电阻	10K	1
8	磁片电容	30pF	2
9	电解电容	10 μF/50V	1
10	总线驱动器	74LS245	1
11	两位数码管	SM420362	1
12	石英晶振	12MHz	1

续表

序　号	器件名称	规格型号	数　量
13	发光二极管	绿色	2
14	发光二极管	黄色	2
15	发光二极管	红色	2
16	芯片底座	40 引脚	1
17	芯片底座	20 引脚	1
18	带后盖电池盒	装 3 节 5 号电池	1
19	电池	5 号	3
20	两芯插头及连接端子	2.54-2	1 套
21	2.54 排线	25 cm 长	1 排

图 9-24　十字路口交通灯模拟实物

9.4.6　实训步骤

(1) 用μVision4 软件编写控制程序，参考程序见 9.4.7。编译后生成.hex 文件。

(2) 用 Proteus 软件绘制图 9-23 电路原理图，加载第一步编译好的.hex 文件，运行仿真，直到完成控制要求。

(3) 硬件电路接线。根据原理图，选取所需元件并整形，然后在实验板上插好元器件，检查无误。

(4) 焊接完成后，插入芯片。

(5) 接入电源，观察二极管工作状态及时间显示是否符合控制要求。

注意事项　电解电容安装时，阴影部分是负极，正负极端不能装反；发光二极管长脚为正极，短脚为负极，也可以仔细观察内部电极，较小的是正极，大的类似于碗状的是负极。

9.4.7　参考程序

C 语言程序见 7.3.2.2。

汇编语言程序：

```
SECOND  EQU  30H

    ORG  0000H
    LJMP  MAIN
    ORG  000BH
    ORG  0030H
    MAIN:  MOV  TMOD,#01H;设置定时器 0 为方式一
    MOV  TH0,#0A0H;设置定时器的初始值,定时为 50ms
    MOV  TL0,#0A0H
    CLR  TF0      ;清定时器 0 溢出标志
    SETB  TR0      ;启动定时器
    START:  CLR  A
    MOV  P1,A      ;首先关闭显示
    MOV  P3,A
    MOV  P0,A
    ;状态 1,东西方向绿灯亮,南北方向红灯亮,
    MOV  R2,#60
    MOV  R3,#61
    MOV  SECOND,#60     ;60s 初值
    LCALL  STATE1
    LCALL  RENXING1
    ;LCALL  RENXING2
    LCALL  COUNT

    ;状态 2,东西方向绿灯闪,南北方向红灯亮
          MOV  R0,#01H   ;标志位,南北方向绿灯闪
    MOV  R2,#2
    MOV  R3,#4
    MOV  R4,#10
    MOV  SECOND,#3     ;3s 初值
    LCALL  DISPLAY
    LCALL  STATE2
    LCALL  RENXING1
    ;LCALL  RENXING2
    LCALL  COUNT1
    ;状态 3,东西方向黄灯闪,南北方向红灯亮
    MOV  R0,#02H;标志位,南北方向黄灯闪
    MOV  R2,#2
    MOV  R3,#3
    MOV  R4,#10
    MOV  SECOND,#2;2s 初值
    LCALL  STATE3
    LCALL  RENXING1
    LCALL  COUNT1
    ;状态 4,东西方向红灯亮,南北方向绿灯亮
```

```
MOV  R2,#60
MOV  R3,#61
MOV  SECOND,#60;60S 初值
LCALL  STATE4

LCALL  RENXING2
LCALL  COUNT
;状态 5,东西方向红灯亮,南北方向绿灯闪
MOV  R0,#03H;标志位,东西方向绿灯闪
MOV  R2,#2
MOV  R3,#4
MOV  R4,#10
MOV  SECOND,#3;3S 初值
LCALL  STATE5
;LCALL  RENXING3
;LCALL  RENXING4
LCALL  RENXING2
LCALL  COUNT1
;状态 6,东西方向红灯亮,南北方向黄灯闪
MOV  R0,#04H;标志位,东西方向红灯闪
MOV  R2,#2
MOV  R3,#3
MOV  R4,#10
MOV  SECOND,#2;2s 初值
LCALL  STATE6
LCALL  RENXING2
LCALL  COUNT1
LJMP  MAIN
;计时程序
COUNT:  LCALL  DISPLAY
WAIT1:  JNB  TF0,WAIT1
CLR  TF0
MOV  TH0,#0A0H
MOV  TL0,#0A0H
LCALL  DISPLAY
DJNZ  R2,WAIT1
MOV  R2,#20
DEC  SECOND
DJNZ  R3,WAIT1
RET
COUNT1:  LCALL  DISPLAY
WAIT2:  JNB  TF0,WAIT2
CLR  TF0
MOV  TH0,#0A0H
MOV  TL0,#0A0H
```

```
LCALL  DISPLAY
DJNZ  R4,WAIT2
CJNE  R0,#01H,D1
CPL  P2.5
D1:  CJNE  R0,#02H,D2
CPL  P2.6
D2:  CJNE  R0,#03H,D3
CPL  P2.2
D3:  CJNE  R0,#04H,D4
CPL  P2.3
D4:  MOV  R4,#10
DJNZ  R2,WAIT2
MOV  R2,#2
DEC  SECOND
DJNZ  R3,WAIT2
RET
;LED显示状态
STATE1:  CLR  P2.1  ;东西方向绿灯亮,南北方向红灯亮
SETB  P2.2
SETB  P2.3
SETB  P2.4
CLR  P2.5
SETB  P2.6
RET
STATE2:  SETB  P2.2  ;东西方向绿灯闪,南北方向红灯亮
SETB  P2.3
SETB  P2.4
SETB  P2.5
SETB  P2.6
RET
STATE3:  CLR  P2.1            ;东北方向黄灯闪,南北方向红灯亮
SETB  P2.3
SETB  P2.4
SETB  P2.5
CLR  P2.6
RET
STATE4:  SETB  P2.1            ;东西方向红灯亮,南北方向绿灯亮
CLR  P2.2
SETB  P2.3
CLR  P2.4
SETB  P2.5
SETB  P2.6
RET
STATE5:  SETB  P2.1            ;东西方向红灯亮,南北方向绿灯闪
CLR  P2.2
```

```
SETB  P2.3
SETB  P2.5
SETB  P2.6
RET
STATE6:  SETB  P2.1          ;东西方向红灯亮,南北方向黄灯闪
SETB  P2.2
CLR  P2.3
CLR  P2.4
SETB  P2.6
RET
RENXING1:CLR  P3.1
SETB  P3.0
CLR  P3.2
      SETB  P3.3
CLR  P3.4
SETB  P3.5
RET
RENXING2:
  CLR  P3.0
  SETB  P3.1
        CLR  P3.2
      SETB  P3.3
  SETB  P3.4
  CLR  P3.5
RET
DISPLAY:MOV  A,SECOND
MOV  B,#10
DIV  AB
MOV  DPTR,#LEDMAP
MOVC  A,@A+DPTR
MOV  P1,A              ;显示十位
MOV  A,B
MOVC  A,@A+DPTR          ;显示个位
MOV  P0,A
RET
LEDMAP:DB  3FH,06H,5BH,4FH,66H,6DH,7DH,07H,7FH,6FH
END
```


9.4.8 实验成果及要求

完成元器件的手工焊接,完成程序调试,达到工艺标准、功能性能标准。

9.4.9 成绩评定

焊点焊接,导线连接,整机装配,程序调试,仿真结果,功能实现,实验报告。

9.5 PCB 电路板的设计与制作

9.5.1 实验任务

通过第 6 章的内容学习，用 Protel99SE 设计 OCL 音频功率放大器的原理图、PCB 图后，继而打印电路图，热转印，腐蚀，钻孔，焊接，调试，制作出 OCL 实物。

9.5.2 知识目标

(1) 学习三极管组成的音频功率放大器的种类，甲类、乙类、甲乙类、互补推挽的几种形式；

(2) 学习复合三极管组成的几种形式；

(3) 学习克服音频功率放大器失真的方法；

(4) 学习电路板制作工艺流程。

9.5.3 技能目标

(1) 掌握热转印机将打印的 PCB 电路图转印到覆铜板上的方法；

(2) 掌握蚀刻机将 PCB 电路板完好腐蚀；

(3) 掌握使用电动台钻在 PCB 电路板的焊盘准确钻孔。

9.5.4 OCL 音频功率放大器的原理

OCL 功率放大器是一种直接耦合的功率放大器，它具有频响宽、保真度高、动态特性好及易于集成化等特点。OCL 是英文 output capacitor less 的缩写，意为无输出电容。采用正负电源供电，在电压不太高的情况下，也能获得比较大的输出功率，省去了输出端的耦合电容，使放大器低频特性得到扩展。OCL 功率放大电路也是定压式输出电路，由于电路性能比较好，所以广泛地应用在高保真扩音设备中。本次实验主要采用分立元件电路进行设计制作。OCL 音频功率放大器由音量调节、前级放大、互补推挽功率输出三级组成。

9.5.5 实验仪器、材料

(1) 工具：恒温电烙铁、斜口钳、镊子、螺丝刀、砂纸、热转印纸、铜板等。

(2) 仪器：Protel99SE 软件、数字万用表、LCR 测试仪、示波器、直流电源、打印机、热转印机、蚀刻机、钻孔机。

(3) ZX-2024 OCL 音频功放教学套件。

9.5.6 实训步骤

(1) 用 Protel99SE 软件绘制原理图，参见 6.3 节，Protel99SE 软件设计步骤如图 9-25 所示。

(2) 用 Protel99SE 软件绘制 PCB 图，参见 6.4 节。

(3) 单面 PCB 制作。

① 用砂纸在水中打磨覆铜板，除去氧化及油污，如图 9-26(a)所示；

② 检查打印的 PCB 热转印纸有无断线，如图 9-26(b)所示；

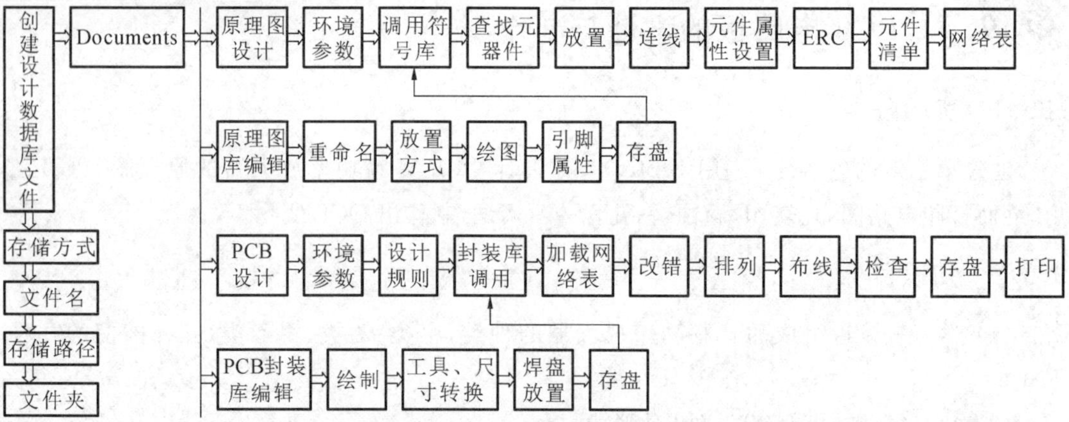

创建设计数据库文件 → 存储方式 → 文件名 → 存储路径 → 文件夹

创建设计数据库文件 → Documents →

原理图设计 → 环境参数 → 调用符号库 → 查找元器件 → 放置 → 连线 → 元件属性设置 → ERC → 元件清单 → 网络表

原理图库编辑 → 重命名 → 放置方式 → 绘图 → 引脚属性 → 存盘（→ 调用符号库）

PCB设计 → 环境参数 → 设计规则 → 封装库调用 → 加载网络表 → 改错 → 排列 → 布线 → 检查 → 存盘 → 打印

PCB封装库编辑 → 绘制 → 工具、尺寸转换 → 焊盘放置 → 存盘（→ 封装库调用）

图 9-25　Protel99SE 软件设计步骤

③ 将 PCB 热转印纸贴在磨覆铜板后平稳送入热转印机中(165 ℃)热转印两遍，冷却后慢慢撕下热转印，如图 9-26(c)所示；

④ 检查有无断线，可用涂改笔添补短线处，如图 9-26(d)所示；

⑤ 送入蚀刻机(45 ℃)进行腐蚀，注意观察蚀刻进度，如图 9-26(e)所示；

⑥ 蚀刻后的 PCB 板用水清洗然后钻孔 0.8 和 1.2 两种孔径，如图 9-26(f)所示；

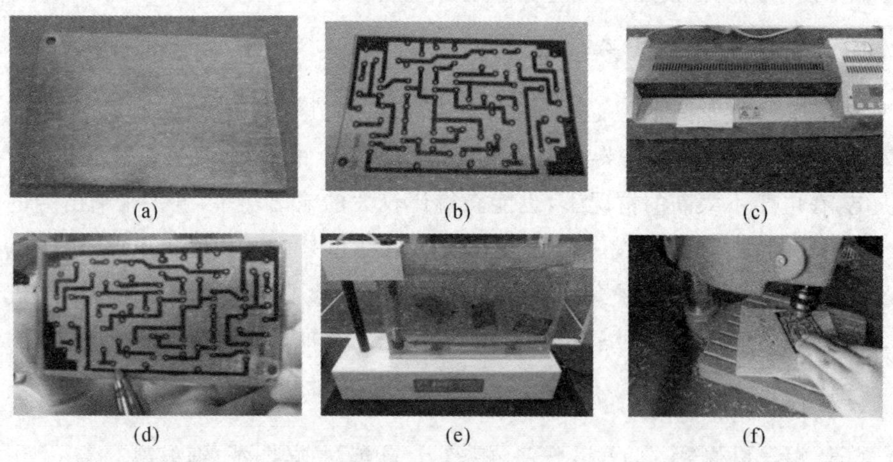

(a)　(b)　(c)　(d)　(e)　(f)

图 9-26　单面 PCB 板制作步骤

(a) 打磨　(b) 打印 PCB　(c) 热转印　(d) 检查热转印效果　(e) 腐蚀　(f) 打孔

⑦ 钻孔后在水中打磨，除去黑色喷墨，吹干；

⑧ 用液体松香助焊剂均匀涂抹在 PCB 板上，吹干。

(4) 焊接、测试。

9.5.7　成绩评定

PCB 制作，焊接，装配工艺，试听与测量，功能性能实现，实验报告。

参考文献

[1] 孙惠康.电子工艺实训教程[M].北京:机械工业出版社,2009.
[2] 王天曦,王豫明.现代电子工艺[M].北京:清华大学出版社,2009.
[3] 王正谋,朱力恒.Protel99SE 电路设计与仿真技术[M].福州:福建科技出版社,2008.
[4] 曹海泉,李威.电工与 SMT 电子工艺实训[M].武汉:华中科技大学出版社,2010.
[5] 王卫平.电子工艺基础[M].3 版.北京:电子工业出版社,2011.
[6] 清源计算机工作室.Protel99 仿真与 PLD 设计[M].北京:机械工业出版社,2000.
[7] 黄金刚,位磊.电子工艺基础与实训[M]. 武汉:华中科技大学出版社,2016.
[8] 赵永杰,王国玉. Multisim 10 电路仿真技术应用[M].北京:电子工业出版社,2012.
[9] 赵明.Proteus 电工电子仿真技术实践[M].黑龙江:哈尔滨工业大学出版社,2015.
[10] 谭克清,陈建国,蒋峰等.电子技能实训[M].北京:人民邮电出版社,2006.
[11] 郭锁利,刘延飞,李琪等.基于 Multisim 的电子系统设计、仿真与综合应用[M].2 版.北京:人民邮电出版社,2012.
[12] 姜志海,赵艳雷,陈松.单片机的 C 语言程序设计与应用——基于 Proteus 仿真[M].3 版.北京:电子工业出版社,2015.